工业和信息化“十三五”人才培养规划教材

大学计算机基础案例教程

（Windows 7+WPS Office 2019+Photoshop CS6）（微课版）

College Basic Computer Course

张赵管 主编
刘海霞 冯秀玲 杨波娟 副主编

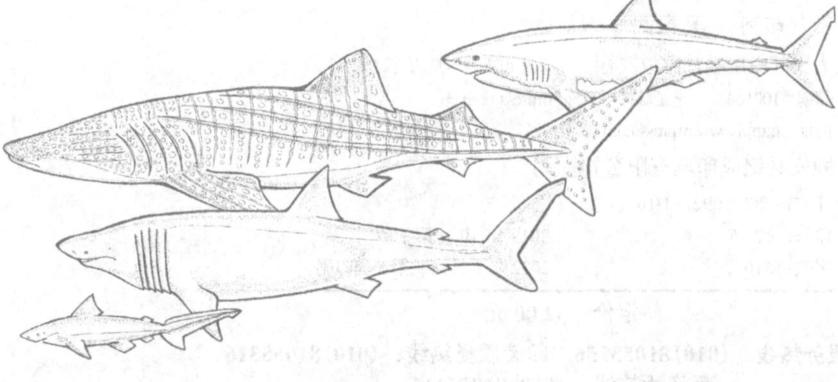

人民邮电出版社
北京

图书在版编目（CIP）数据

大学计算机基础案例教程 : Windows 7+WPS Office 2019+Photoshop CS6 : 微课版 / 张赵管主编. -- 北京 : 人民邮电出版社, 2019.10（2022.9重印）
工业和信息化“十三五”人才培养规划教材
ISBN 978-7-115-51463-9

Ⅰ. ①大… Ⅱ. ①张… Ⅲ. ①Windows操作系统－高等学校－教材②办公自动化－应用软件－高等学校－教材③图象处理软件－高等学校－教材 Ⅳ. ①TP316.7 ②TP317.1③TP391.413

中国版本图书馆CIP数据核字(2019)第173033号

内 容 提 要

本书系统讲解了计算机基础知识与常用办公软件的操作及应用。具体内容包括计算机基础知识、网络基础与Internet应用、Windows 7操作系统、WPS文字、WPS演示、WPS表格及Photoshop CS6图像处理等7个项目。

本书适合作为各类职业院校各专业“计算机应用基础”课程的教材，也可作为各类计算机基础知识培训的教材或计算机初学者的自学参考书。

◆ 主　　编　张赵管
　副 主 编　刘海霞　冯秀玲　杨波娟
　责任编辑　刘　佳
　责任印制　马振武

◆ 人民邮电出版社出版发行　　北京市丰台区成寿寺路11号
　邮编　100164　　电子邮件　315@ptpress.com.cn
　网址　http://www.ptpress.com.cn
　固安县铭成印刷有限公司印刷

◆ 开本：787×1092　1/16
　印张：17.75　　　　2019年10月第1版
　字数：510千字　　　2022年9月河北第5次印刷

定价：52.00元

读者服务热线：(010)81055256　印装质量热线：(010)81055316
反盗版热线：(010)81055315
广告经营许可证：京东市监广登字20170147号

前言 FOREWORD

本书按照《教育部关于以就业为导向深化高等职业教育改革的若干意见》的精神，根据职业院校计算机公共基础教学的需要，并参照教育部考试中心 2018 年最新颁发的《全国计算机等级考试考试大纲（2019 年版）》要求编写而成。

本书特色

（1）选择 WPS Office 作为办公自动化教学软件。

WPS Office 是我国优秀的国产办公软件。该软件绿色小巧、功能强大、安装方便、运行速度快、对计算机配置要求不高，能最大限度地与 MS Office 兼容。WPS Office 已成为众多企事业单位的标准办公软件，同时该软件也是国家计算机等级考试项目。

（2）完全体现“理实一体化”教学思想。

本书的指导思想是在有限的时间内精讲多练，着重培养学生的动手能力和创意能力。操作性任务后均配有一个综合性较强的教学案例，做到一课一练，让学生轻松掌握计算机操作技能。每个项目后均配有“项目自测”，可以检验学生整合知识的能力和独立思考的能力。

（3）强调知识的系统性和内容的实用性。

全书注重知识的连贯性和完整性，避免以往教学案例中将知识碎片化的弊端，每个项目分别设计一个大项目，尽可能多地覆盖本项目应知应会的技能点，且难易程度适中，通过学习案例，相信学生对计算机知识的综合运用能力和解决实际问题的能力有显著提高。

（4）教学案例都配有微课视频。

本书所有教学案例操作过程均已被录制成微课视频，学生通过扫描书中提供的二维码，便可以随扫随看，轻松掌握相关知识，避免课堂上没听懂课后无法完成作业的尴尬。

本书作者

本书由运城职业技术学院计算机应用教研室策划编写，由张赵管任主编；刘海霞、冯秀玲、杨波娟任副主编。另外，李茂林、汪伟、李静、张璐也参与了本书部分内容的编写，在此表示衷心的感谢。

由于作者水平有限，书中难免有错误和不足之处，请广大读者包涵并批评指正，以便我们再版时改进。

编者

2019 年 3 月

目录 CONTENTS

Chapter

1

项目一 计算机基础知识

电子计算机是 20 世纪最伟大的发明之一。经过半个多世纪的发展，计算机的应用已经遍及人类社会的各个领域。由计算机技术和通信技术相结合而形成的信息技术是现代信息社会最重要的技术支柱，其对人类的生产方式、生活方式及思维方式都产生了极其深远的影响。

本模块讲述计算机基础知识中的常识性知识，主要包括计算机的应用、计算机的进制与信息编码、计算机系统的构成、微型计算机的硬件组成及系统集成、计算机的主要性能指标及多媒体技术等。学好这些基础知识将为我们后续学习其他计算机知识打好基础。

任务 1.1 计算机概述

1.1.1 计算机的发展简史

随着生产的发展和社会的进步，人类所使用的计算工具经历了从简单到复杂、从低级到高级的发展过程，相继出现了算盘、计算尺、手摇机械计算机及电动机械计算机等。1946 年，世界上第一台电子计算机 ENIAC 在美国诞生，它是第二次世界大战期间美国军方为了满足弹道计算需要而研制的。这台计算机共用了 18000 多个电子管，占地 170 平方米，总重量为 30 吨，每小时耗电 140 千瓦，每秒能进行 5000 次加法运算。虽然它的功能远远不如现代的一台普通计算机，但它的诞生使信息处理技术进入了一个崭新的时代，标志着人类文明的一次飞跃和电子计算机时代的开始。

电子计算机在诞生后，经过了电子管、晶体管、集成电路（IC）和超大规模集成电路（VLSI）四个阶段的发展，计算机的体积越来越小、功能越来越强、价格越来越低、应用越来越广泛。目前计算机正朝着智能化的方向发展。智能计算机即计算机能够具有像人类那样的学习、思维、推理和判断能力。人工智能的应用将是未来信息处理的主流。

1. 第一代电子计算机（1946—1957）

这个时期的计算机的主要特征是以电子管为主要电子器件，它们体积较大，运算速度较低，存储容量不大，而且价格昂贵，使用也不方便，软件主要采用机器语言或简单的汇编语言编写。这一代计算机主要用于科学计算，只在军事领域和一些科研机构使用。

2. 第二代电子计算机（1958—1964）

这个时期的计算机的主要特征是以晶体管为主要电子器件，其运算速度比第一代计算机提高了近百倍，体积为原来的几十分之一。开始出现操作系统和 BASIC、FORTRAN 等高级语言及其相应的解释程序和编译程序。这一代计算机除用于科学计算外，还用于数据处理和事务处理。

3. 第三代电子计算机（1965—1970）

这个时期的计算机的主要特征是以中、小规模集成电路为主要电子器件，操作系统进一步完善，促使计算机的功能越来越强，应用范围越来越广。出现了计算机技术与通信技术相结合的信息管理系统，因此计算机不仅用于科学计算，还用于数据处理、企业管理、自动控制等领域。

4. 第四代电子计算机（1971—）

这个时期的计算机的主要特征是以大规模集成电路（LSI）或超大规模集成电路（VLSI）为主要电子器件。大规模、超大规模集成电路的出现，使发展微处理器和微型计算机成为可能。1981 年，美国 IBM 公司推出了个人计算机（Personal Computer，PC），从此，计算机开始深入到人类生活的各个方面。

1.1.2 计算机的分类

计算机及相关技术的迅速发展带动计算机的类型也不断分化，形成了各种不同种类的计算机，我们可以从不同的角度对计算机进行分类。

1. 按工作原理可分为模拟计算机和数字计算机

模拟式电子计算机问世较早，是用于系统仿真的模拟解算装置。应用模拟计算机能解各种微分方程和偏微分方程。模拟计算机处理问题的精度较低，信息不易存储，通用性不强，并且电路结构复杂，目前已很少生产。但是，作为专用仿真设备，模拟计算机还将继续发挥作用。

数字式电子计算机是当今电子计算机行业中的主流，它使用不连续的数字量，即 0 和 1 来表示自然界的信息，其基本运算部件是数字逻辑电路。数字计算机具有逻辑判断等功能，处理问题精度高、存储量大、通用性强。人们通常所说的计算机指的就是数字式电子计算机。

2. 按用途可分为通用计算机和专用计算机

通用计算机是面向多种应用领域的计算机，其功能多样，适应性强，应用面广，适合各种不同用户的需求，但运行效率、速度和经济性依据不同的应用对象会受到不同程度的影响。一般的计算机多属此类。

专用计算机是针对某一特定领域而专门设计的计算机，其功能单一，针对某类问题能表现出更有效、更快速和更经济的特性，但不适于其他方面的应用。智能仪表、飞机的自动控制、导弹的导航系统等使用的就是专用计算机。

3. 按规模和速度可分为巨型机、大型机、中型机、小型机、微型机及单片机

巨型计算机又称超级计算机，是计算机中功能最强、运算速度最快、存储容量最大的一类计算机，多用于航天、生物、气象、核能等国家高科技领域和国防尖端技术中，是国家科技发展水平和综合国力的重要标志，它对国家安全、经济和社会发展具有举足轻重的意义。我国研制成功的银河、曙光、天河、神威等系列计算机都属于巨型机。

单片机全称是单片微型计算机，又称单片微控制器，相当于把一个计算机系统集成到一个芯片上。它的最大优点是体积小、重量轻，可放在各种仪器仪表内部，起着有如人类大脑的作用。单片机的应用领域十分广泛，如智能仪表、通信设备、家用电器等。人们常在安装了单片机的产品名称前冠以"智能型"，如智能洗衣机等。

性能介于巨型机和单片机之间的就是大型机、中型机、小型机和微型机。它们的性能指标和结构规模依次递减。其中微型机也被称为个人计算机，是目前应用领域最广泛、发展最快的一类计算机。

1.1.3　计算机的应用

计算机在其出现的早期主要用于数值计算。今天，计算机的应用已经渗透到科学技术的各个领域和社会生活的各个方面。计算机主要应用在以下几个领域。

1. 科学计算

科学计算又称数值计算，主要解决科学研究和工程技术中的数学问题，如卫星轨道的计算、气象预报的计算等。应用计算机进行数值计算，速度快，精度高，可以大大缩短计算周期，节省人力和物力。

2. 信息管理

信息管理又称数据处理，是对原始数据进行收集、加工、存储、利用、输出等一系列活动的统称，是目前计算机应用最广泛的领域。数据处理是现代管理的基础，广泛应用于企业管理、决策系统、办公自动化、情报与图书检索等方面。

3. 过程控制

过程控制也被称为实时控制，是指用计算机作为控制部件对单台设备或整个生产过程进行控制。用计算机进行控制，可以大大提高自动化水平，减轻劳动强度，增强控制的准确性，提高劳动生产率，因此，其在工业生产的各个行业都得到了广泛的应用。

4. 计算机辅助系统

计算机辅助系统包括 CAD、CAM 和 CAI 等。

（1）CAD（Computer Aided Design，计算机辅助设计）是利用计算机系统辅助设计人员进行工程或产品设计，以实现最佳设计效果的一种技术。它已广泛应用于机械、建筑、电子和轻工等领域。

（2）CAM（Computer Aided Manufacturing，计算机辅助制造）是利用计算机系统进行计划、管理和控制加工产品的技术。它可以提高产品质量，降低成本，缩短生产周期，提高生产率和改善劳动条件。

（3）CAI（Computer Aided Instruction，计算机辅助教学）是在计算机辅助下进行的各种教学活动。

其综合应用多媒体等计算机技术，克服了传统教学方式单一、片面的缺点。它的使用能有效提高教学质量和教学效率，实现最优化的教学目标。

5. 网络通信

计算机技术与现代通信技术的结合构成了计算机网络。目前遍布全球的互联网，已把不同地域、不同行业、不同组织的人们联系在了一起。信息共享、文件传输、电子商务、电子政务等领域的迅速发展，使得人类社会的信息化程度日益提高，为人类的生产、生活等各个方面都提供了便利。

6. 人工智能

人工智能（Artificial Intelligence，AI）是指用计算机来模拟人的智能，使计算机具有识别语言、文字、图形和进行推理、学习以及适应环境的能力。人工智能是计算机科学发展以来一直处于前沿的研究领域，其主要研究内容包括自然语言理解、专家系统、机器人以及定理证明等。

1.1.4 未来计算机的发展趋势

计算机技术是当今世界上发展最快的科学技术之一，计算机产品不断升级换代。当前计算机正朝着巨型化、微型化、智能化和网络化等方向发展，计算机的性能越来越优，应用范围也越来越广，已成为工作、学习和生活中必不可少的工具。

1. 巨型化

巨型化是指计算机的运算速度更快、存储容量更大和功能更强。巨型计算机发展集中体现了计算机科学技术的发展水平，推动了计算机系统结构、硬件和软件的理论和技术、计算数学以及计算机应用等多个学科分支的发展。因此，工业发达国家都十分重视巨型计算机的研制。

2. 微型化

因大规模、超大规模集成电路的出现，计算机迅速向微型化方向发展。微型化是指计算机的体积更小、功能更强、携带更方便、价格更便宜。微型化使微型计算机从过去的台式机迅速向笔记本型、掌上型发展。微型化甚至可以使计算机用于仪表、家电、导弹弹头等。

3. 智能化

智能化使计算机具有模拟人的感觉行为和思维过程的能力，具有学习和逻辑推理的能力，具备听、说、看、想、做的能力。目前，已研制出多种具有人的部分智能的机器人，如提供家政、博弈、专家系统等功能的机器人。使计算机成为智能计算机，这也是正在研制的新一代计算机要实现的重要目标。

4. 网络化

从单机走向联网是计算机应用发展的必然结果。所谓计算机网络化，是指用现代通信技术和计算机技术把分布在不同地域的计算机连接起来，组成一个可以互相通信的网络结构。网络化的目的是使网络中的软件、硬件和数据等资源能被网络上的用户共享。

【知识拓展 1】国产超级计算机

超级计算机是计算机中功能最强、运算速度最快、存储容量最大的一类计算机，多用于国家高科技领域和尖端技术研究，是国家科技发展水平和综合国力的重要标志，它对国家安全、经济和社会发展具有举足轻重的意义。正因为如此，长期以来，把握超级计算机领先技术的西方国家，对包括中国在内的发展中国家实行了严格的管制，严禁出口相关的高端技术和产品。

2003 年，我国曾经想从美国进口超级计算机，但被美国国会以威胁国家安全为由驳回。这激发了我国自主研发超级计算机的决心。2013 年 6 月，国防科技大学研制的“天河二号”超级计算机以峰值计算速度每秒 5.49 亿亿次、持续计算速度每秒 3.39 亿亿次双精度浮点运算的优异性能位列世界超级计算机 TOP500 榜首，使我国超级计算机登上世界超算之巅。此后，HPC TOP500 榜单中，“天河二号”创下了“六连冠”

的辉煌战绩。

美国后来发现，“天河二号”里面有些芯片是美国产品，于是又加强了对华技术产品出口管制，宣布对中国禁售高性能处理器，以期拖延中国的技术进步。2016 年中国又造出“神威 · 太湖之光”超级计算机，再次打破世界纪录。而这一次，包括芯片在内的核心部件全部都是中国自主知识产权！

2017 年 11 月，新一期全球超级计算机 500 强榜单发布，中国超级计算机“神威 · 太湖之光”和“天河二号”分列冠亚军，且中国超级计算机上榜总数也超越美国，夺得第一。此后，“神威 · 太湖之光”和“天河二号”连续四次分列 HPC TOP500 榜单冠亚军。

可以说，经过几十年的不懈努力，我国的超级计算机研制已取得了丰硕成果，银河、曙光、联想、浪潮、华为等一大批国产超级计算机系统的出现，使我国成为继美国、日本之后，第三个具备研制高端计算机系统能力的国家。目前，我国自主研发的下一代百亿亿次算力的超级计算机“天河三号”的 E 级原型机已经完成部署，并且顺利通过各项指标的验收，其所有的核心技术和关键技术都达到了整体自主可控。

任务 1.2 计算机的进制与信息编码

计算机科学的研究对象主要包括信息的采集、存储、处理和传输，而这些都与信息的量化和表示密切相关。本节从进位计数制入手，对数据的表示、转换、处理和存储方法进行论述，从而让大家清楚认识计算机对信息的处理方法。

1.2.1 进位计数制

ENIAC 是一台十进制的计算机。美籍匈牙利数学家冯 · 诺依曼在研制新机器 EDVAC 时，改用二进制来表示和实现。二进制的采用极大地简化了机器的逻辑线路，从而改变了整个计算机的发展历史。

1. 进位计数制的概念

数制是指计数的方法，日常生活中最常用的计数制是十进制（逢十进一）。其实，在人类历史发展的过程中，根据生产、生活的需要，人们还创立了其他数制，如 1 小时有 60 分钟，为六十进制；1 星期有 7 天，为七进制；一双鞋有两只，为二进制等。

对于计算机而言，采用二进制处理数据具有运算简单、易于物理实现、可靠性高、通用性强等优点，所以，现代计算机普遍采用二进制，所有的指令和数据都是以二进制数字表示和存储的。

尽管二进制有许多优点，却存在书写起来太长、阅读与记忆不方便等不足。由于八进制或十六进制与二进制之间的转换非常简单，因此，人们在书写和记忆时常采用八进制和十六进制，即可以用八进制和十六进制作为对二进制数字的缩写。

进位计数制中有数码、基数和位权三个要素。

（1）数码：计数制中使用的数字符号被称为数码或数符。如十进制有 0、1、2、3、4、5、6、7、8、9 十个数码，二进制有 0 和 1 两个数码。

（2）基数：一种进位计数制中允许使用的数码的个数被称为基数。如十进制的基数为 10，二进制的基数为 2。

（3）位权：单位数码在该数位上所表示的数量被称为位权。位权以指数形式表示，指数的底是进位计数制的基数。对于十进制，各位数的位权是以 10 为底的幂；对于二进制，各位数的位权是以 2 为底的幂。

2. 常用的进位计数制

计算机中常用的进位计数制有二进制、八进制、十进制和十六进制。表 1-1 列出了计算机中常用的几种进位计数制的表示方法。

表 1-1 计算机中常用的几种进位计数制的表示

进制	基数	数码	权	形式表示
二进制	2	0,1	2^n	B
八进制	8	0,1,2,3,4,5,6,7	8^n	O
十进制	10	0,1,2,3,4,5,6,7,8,9	10^n	D
十六进制	16	0,1,2,3,4,5,6,7,8,9,A,B,C,D,E,F	16^n	H

从表 1-1 可以看出，十六进制的数码除了十进制中的 0～9 共 10 个数字符号外，还使用了 6 个英文字母 A、B、C、D、E、F，它们分别相当于十进制中的 10、11、12、13、14、15。

为了避免不同进位数制的数在使用时产生混淆，在给出一个数时，应指明它的数制，通常用字母 B、O、D、H 或用下标 2、8、10、16 分别表示二进制、八进制、十进制和十六进制数。

例如：1010B、2615O、1234D、3AE8H

或$(1010)_2$、$(2615)_8$、$(1234)_{10}$、$(3AE8)_{16}$

3. 4 种进制数之间的对应关系

为方便认知和记忆，表 1-2 列出了二进制、八进制、十进制和十六进制这 4 种进制数之间的对应关系。

表 1-2 4 种进制数之间的对应关系

十进制	二进制	八进制	十六进制	十进制	二进制	八进制	十六进制
0	0	0	0	8	1000	10	8
1	1	1	1	9	1001	11	9
2	10	2	2	10	1010	12	A
3	11	3	3	11	1011	13	B
4	100	4	4	12	1100	14	C
5	101	5	5	13	1101	15	D
6	110	6	6	14	1110	16	E
7	111	7	7	15	1111	17	F

从表 1-2 可以看出，采用不同数制表示同一个数时，基数越大，则使用的位数越少。比如十进制数 15，只需 1 位十六进制数就可表示，但用二进制时需要 4 位，这就是书写时采用八进制或十六进制的原因。

1.2.2 数制之间的相互转换

下面介绍十进制、二进制、八进制及十六进制之间的转换方法。

1. *R* 进制数转换为十进制数

这里的 *R* 进制通常表示二进制、八进制、十六进制。

R 进制数转换为十进制数的方法很简单，将 *R* 进制数按位权展开求和即可得到相应的十进制数。

例 1：将$(101011.01)_2$、$(325.6)_8$、$(6D.A)_{16}$分别转换为十进制数。

$(101011.01)_2=1\times2^5+0\times2^4+1\times2^3+0\times2^2+1\times2^1+1\times2^0+0\times2^{-1}+1\times2^{-2}$

$=32+8+2+1+0.25$

$=43.25$

$(325.6)_8=3\times8^2+2\times8^1+5\times8^0+6\times8^{-1}$

$=192+16+5+0.75$

$=213.75$

$(6D.A)_{16}=6\times16^{1}+13\times16^{0}+10\times16^{-1}$

$=96+13+0.625$

$=109.625$

2. 十进制数转换为 *R* 进制数

转换规则分为整数和小数两个部分。

整数部分采用“除 *R* 取余”法。即用十进制数连续地除以 *R*，记下每次所得的余数，直至商为 0。将所得余数按从下到上的顺序依次排列起来即为转换结果。

例 2：将十进制数 $(125)_{10}$ 分别转换为二进制数、八进制数和十六进制数。

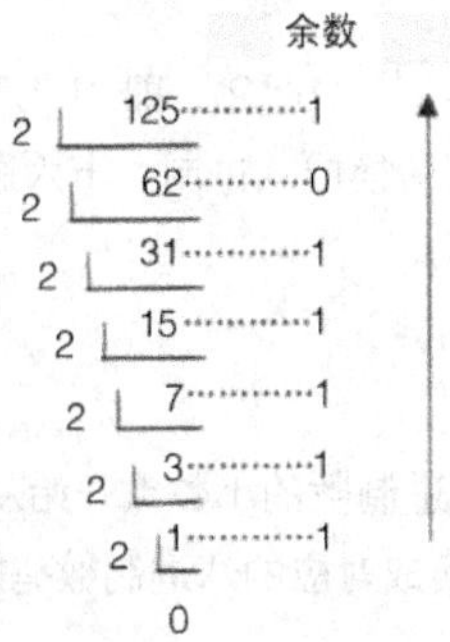

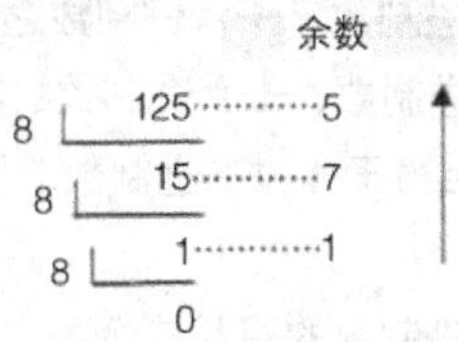

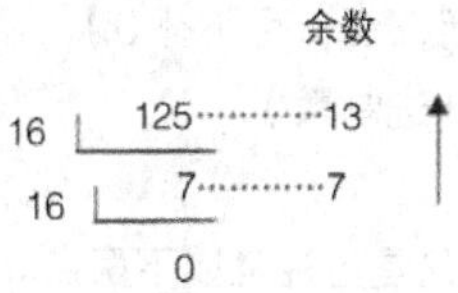

这里，余数 13 用十六进制的 D 来表示。所以，$(125)_{10}=(1111101)_2=(175)_8=(7D)_{16}$。

小数部分采用“乘 *R* 取整”法。即用十进制小数乘以 *R*，得到一个乘积，将乘积的整数部分取出来，将乘积的小数部分再乘以 *R*，重复以上过程，直至乘积的小数部分为 0 或满足转换精度要求为止。将每次取得的整数按从上到下的顺序依次排列起来即为转换结果。

例 3：将十进制小数 $(0.8125)_{10}$ 转换成二进制小数。

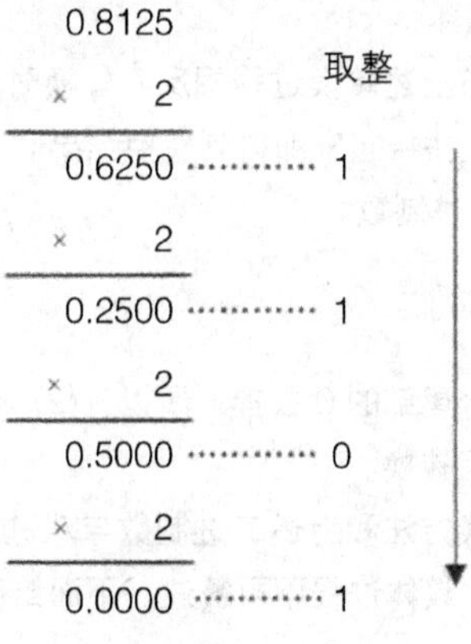

所以，$(0.8125)_{10}=(0.1101)_2$。

在本例中，小数部分正好能够精确转换，没有误差。但要注意的是，并非所有的十进制小数都能完全精确地转换成对应的二进制小数，$(0.1)_{10}$ 就是一个例子。当乘积的小数部分无法乘到全为 0 时，可根据题目要求取其近似值，保留适当的小数位数。

十进制小数转换成八进制小数或十六进制小数的方法与十进制数转换成二进制数方法相同，仅需把乘数换成 8 或 16 即可。

对于既有整数部分又有小数部分的十进制数转换成 R 进制数，转换规则是：将该十进制数的整数部分和小数部分分别进行转换，然后将两个转换结果拼接起来即可。

例 4：将$(125.8125)_{10}$转换成二进制数。

因为：$(125)_{10}=(1111101)_2$

$(0.8125)_{10}=(0.1101)_2$

所以：$(125.8125)_{10}=(1111101.1101)_2$

3. 二进制数与八进制数、十六进制数之间的转换

由于二进制数与八进制数、十六进制数的特殊关系（$8^1=2^3$，$16^1=2^4$，即 1 位八进制数相当于 3 位二进制数，1 位十六进制数相当于 4 位二进制数），所以由二进制转换成八进制、十六进制，或者进行反向的转换，都非常简单。

（1）二进制数与八进制数的相互转换。

转换规则分成整数和小数两个部分。

把二进制数的整数部分转换成八进制数的方法是，从二进制数的小数点开始从右向左，将每三位数字分成一组（最后一组若不足三位，可不补“0”），把每组数换成对应的八进制数码即得到转换结果。

例 5：将二进制整数 10101111001 转换成八进制数。

分组： 10 101 111 001 （整数分组，不足三位，可不补 0）

对应值：2 5 7 1 （每组对应一位八进制数）

结果：$(10101111001)_2=(2571)_8$

把二进制小数转换成八进制数的方法与整数转换相同，只是应注意以下两点。

① 分组方向是小数点开始从左向右。

② 分组时末尾若不足三位，必须在右边加 0 补足三位，否则会出错。

例 6：将二进制数 11100101.1101 转换成八进制数。

分组： 11 100 101 . 110 100

对应值： 3 4 5 . 6 4 （小数分组，不足三位，必须补 0）

所以，$(11100101.1101)_2=(345.64)_8$。

八进制数转换成二进制数的方法与上述转换过程相反。转换时，将每一位八进制数展开为对应的三位二进制数字串，然后把这些数字串依次拼接起来即得到转换结果。

例 7：将八进制数 27.34 转换成二进制数。

2 7 . 3 4

010 111 .011 100

将转换结果中的前导 0 及小数部分尾部的 0 去掉，所以，$(27.34)_8=(10111.0111)_2$。

（2）二进制数与十六进制数的相互转换。

二进制数与十六进制数的相互转换方法和上述二进制数与八进制数间的转换相同，只是在转换时，用四位二进制数与一位十六进制数互换，具体过程不再赘述，下面给出一些转换实例。

例 8：$(1101\ 0101\ 1011)_2=(D5B)_{16}$

$(100\ 1111.1010)_2=(4F.A)_{16}$

$(ABC)_{16}=(1010\ 1011\ 1100)_2$

$(E64.5A)_{16}=(1110\ 0110\ 0100.0101\ 101)_2$

注意

每一位八进制数可用三位二进制数表示，每一位十六进制数可用四位二进制数表示，这是以上三种数制相互转换的要点，所以应该熟记表 1-2 中所列的基本对应关系。

1.2.3 计算机内数据的存储单位

计算机的数据包括文字、数字、声音、图形、图像以及动画等，所有类型的数据在计算机中都是以二进制数的形式表示和存储的。

（1）位（bit）：一个二进制位被称为一个比特，是度量数据的最小单位。1 位的代码只有“0”或“1”。

（2）字节（Byte）：在计算机内部，通常将 8 位二进制数编为一组，称为一个字节。通常用“B”表示。它是数据处理和数据存储的基本单位。一个字节可以存储一个字母、数字或符号，两个字节可以存储一个汉字。

（3）字（Word）：字是计算机能够同时处理的二进制数。一个字是由若干个字节（通常是单字节的 2^n 倍）组成的，是计算机进行数据处理的运算单位。

（4）字长：计算机在进行数据处理时，一次能够存取、加工和传送的二进制的位数，称为字长。在计算机诞生初期，受各种因素限制，计算机的字长只有 8 位。随着电子技术的发展，计算机的并行处理能力越来越强，出现了 16 位、32 位、64 位字长的计算机。字长是评价计算机计算精度和运算速度的主要技术指标。字长越长，计算机处理数据的速度就越快。

有关存储的常用度量单位及其换算关系如下：

字节　　1B=8bit

千字节　　$1KB=2^{10}B=1024B$

兆字节　　$1MB=2^{10}KB=1024KB$

吉字节　　$1GB=2^{10}MB=1024MB$

太字节　　$1TB=2^{10}GB=1024GB$

拍字节　　$1PB=2^{10}TB=1024TB$

1.2.4 数据在计算机中的编码

由于计算机只能识别和处理二进制代码，所以在计算机内部，所有数据都必须被转换为二进制编码。

1. 西文字符编码

计算机中西文字符主要使用 ASCII 码。ASCII 码是“美国信息交换标准代码”（American Standard Code for Information Interchange）的简称，是国际上使用最广泛的一种字符编码。ASCII 码有 7 位的（即基本 ASCII 码）和 8 位的（即扩展 ASCII 码）两种，国际通用的是 7 位 ASCII 码。

基本 ASCII 码的编码规则是：每个字符用 7 位二进制数（$b_6b_5b_4b_3b_2b_1b_0$）来表示，可表示 2^7=128 个字符，其中包括 95 个普通字符和 33 种控制字符。在计算机中，每个 ASCII 码字符可存放在一个字节中，最高位（b_7）为校验位用“0”填充，后 7 位为编码值，如表 1-3 所示。

表 1-3 基本 ASCII 码表

$b_6b_5b_4$ / $b_3b_2b_1b_0$	000	001	010	011	100	101	110	111
0000	NUL	DEL	空格	0	@	P	`	p
0001	SOH	DC1	!	1	A	Q	a	q

续表

$b_6b_5b_4$ / $b_3b_2b_1b_0$	000	001	010	011	100	101	110	111
0010	STX	DC2	"	2	B	R	b	r
0011	ETX	DC3	#	3	C	S	c	s
0100	EOT	DC4	$	4	D	T	d	t
0101	ENG	NAK	%	5	E	U	e	u
0110	ACK	SYN	&	6	F	V	f	v
0111	BEL	ETB	'	7	G	W	g	w
1000	BS	CAN	(	8	H	X	h	x
1001	HT	EM	)	9	I	Y	i	y
1010	LE	SUB	*	:	J	Z	j	z
1011	VT	ESC	+	;	K	[	k	{
1100	FF	FS	,	<	L	\	l	|
1101	CR	GS	–	=	M	]	m	}
1110	SO	RS	.	>	N	^	n	~
1111	SI	US	/	?	O	_	o	DEL

从表中容易看出：

（1）对字符的 ASCII 码值来说，空格<数字<大写字母<小写字母。

（2）三组常用字符——阿拉伯数字、大写英文字母及小写英文字母，在 ASCII 码表中，其值分别是连续递增的。也就是说，知道了每组字符中的某一个字符的 ASCII 码值，则该组中的其他字符的 ASCII 码值就可以计算出来。如：若已知字符“A”的 ASCII 码值为 65，则可计算出字符“E”的 ASCII 码值为 69。

此外，ASCII 码表中的可打印字符在 PC 机标准键上都可以找到。当通过键盘输入字符时，屏幕上显示相应字符，同时将该字符的 ASCII 码送入计算机的存储器中。

为了增加字符的使用数量，把原来的 7 位码扩展成 8 位码，可以表示 2^8=256 个字符，即扩展 ASCII 码。扩展 ASCII 码的最高位不是 0 而是 1。

2. 汉字编码

ASCII 码只对英文字母、数字和标点符号进行了编码。为了使计算机能够处理、显示、打印、交换汉字字符，同样也需要对汉字进行编码。

由于汉字数量巨大，用一个字节远不足以表示全部汉字，所以汉字通常用两个字节来表示，汉字编码比英文字符编码要复杂得多。

汉字信息的编码体系主要有国标码、机内码、区位码、输入码和字形码。

（1）国标码。

1980 年，国家标准总局颁布了用于信息处理的汉字国家标准 GB2312—1980《信息交换用汉字编码字符集（基本集）》，简称“国标码”。该标准收录了 6763 个常用汉字及 682 个符号，采用二个字节来编码。根据使用频度，将汉字分为两级，即一级汉字 3755 个，为常用汉字，按汉语拼音字母的顺序排列；二级汉字 3008 个，为次常用汉字，不易记它的发音，故按部首和笔划排列。任何汉字编码都必须包括国标码规定的这两级汉字。

世界上使用汉字的地区除了中国以外，还有日本与韩国。1995 年，我国发布了新的国标码 GBK（汉字国标扩展编码）。它是对 GB2312—1980 的扩展，支持全部中、日、韩统一汉字字库，故称 CJK 统一汉字。该编码标准兼容 GB2312—1980，共收录 20902 个简、繁体汉字及各种符号。

（2）机内码（内码）。

机内码是计算机内部进行文字（字符、汉字）信息处理时使用的编码，简称内码。当文字信息输入到计算机后，都要转换为机内码，才能进行各种处理，如存储、加工、传输、显示和打印等。对每一个文字，其机内码是唯一的。

计算机既要处理汉字，也要处理英文。为了实现中、英文兼容，通常利用字节的最高位来区分某个码值是代表汉字还是 ASCII 码字符。具体做法是，最高位为“1”视为汉字，为“0”则视为 ASCII 字符。所以，汉字机内码可在国标码的基础上，把两个字节的最高位一律由“0”改为“1”而构成。由此可见，对 ASCII 字符来说，机内码与国标码的码值是相同的，而同一汉字的国标码与机内码的码值并不相同。如果用十六进制来表示，就是在汉字国标码的两个字节上分别加一个 $(80)_H$（即二进制数 10000000）。所以，汉字的国标码与其内码之间存在下列关系：汉字的内码 = 汉字的国标码+ $(8080)_H$。

（3）区位码。

为了方便查询和使用，7445 个汉字及符号按国标码顺序排列在一张 94 行、94 列的二维表中。每一行叫作一个区，每一列叫作一个位。通过行（区）、列（位）坐标就可以唯一确定每一个汉字和符号的位置。其中，1～9 区是各种符号，10～15 区是空区，16～55 区为一级汉字，56～87 区为二级汉字。这样区号和位号各用 2 位十进制数就组成了汉字区位码。汉字区号、位号分别加上 $(A0)_H$，就是其内码的高字节和低字节，即汉字的内码 = 汉字的区位码+ $(A0A0)_H$。

（4）输入码（外码）。

汉字输入码是汉字信息由键盘输入计算机时使用的编码，简称外码。汉字输入法非常多，最广泛使用的是五笔字型输入法和拼音输入法。

输入英文时，想输入什么字符便按什么键，输入码与机内码总是一致的。汉字输入则不同，例如现在要用拼音输入法输入“王”字，在键盘上依次按 W、A、N、G 键，这里的“wang”便是“王”字的输入码。

需要指出，无论采用哪一种汉字输入法，当用户向计算机输入汉字时，存入计算机中的总是它的机内码，与所采用的输入法无关。

（5）字形码。

汉字字形码是指汉字字形存储在字库中的数字化代码，是用于计算机显示和打印输出汉字的“形”，即字形码决定了汉字显示和打印的外形。字形码是汉字的点阵表示，被称为“字模”。同一文字符号可以有多种“字模”，也就是字体或字库。

通常汉字显示使用 16×16 点阵，汉字打印可选用 24×24、32×32、48×48 等点阵。点数愈多，打印的字体愈美观，但汉字占用的存储空间也愈大。例如，计算存储一个 24×24 点阵的汉字需要多少个字节？在 24×24 的网格中描绘一个汉字，整个网格分为 24 行、24 列，每个小格用 1 位二进制编码表示，每一行需要 24 个二进制位，占 3 个字节，24 行共占 24×3=72 个字节。

【知识拓展 2】中国欲打造芯片制造强国

芯片即集成电路，其制造技术代表着当今世界微细制造的最高水平。手机、计算机、家电、汽车、高铁、工业控制等各种电子产品和系统都离不开芯片。没有芯片产业支撑，信息社会就失去了根基，它是衡量一个国家综合实力的重要标志之一，是信息产业的核心。

随着国家和社会的信息化程度迅速提升，若此时没有完全自主知识产权的芯片产品，将会使国家命脉掌握在别人的手中。“棱镜门”事件说明，核心技术受制于人，信息就可能被别人监控。乌克兰电网被黑、伊朗核电站受攻击等事件说明，不掌握核心技术，国家安全就会被人卡脖子。网络信息产品必须实现自主可控、安全可靠或安全可信。

我国是芯片需求第一大国，目前芯片已超过原油，成为我国第一大进口商品，每年进口芯片的费用超过 2000 亿美元。鉴于此，《中国制造 2025》明确提出，2020 年我国芯片自给率要达到 40%，2025 年要达到 50%。而工信部提出的相关实施方案则更是提出了新的目标：10 年内力争实现 70%芯片自主保障且部分达到国际领先水平。

当前，国家已经深刻地意识到发展芯片产业的重要性，从中央到地方都在全面布局，已经搭建起了相对完整的芯片产业链。芯片产业的产业链其实是非常长的，其中包含了设计、制造、封装、测试、组装等多个环节。得益于良好的政策环境，也得益于经济增长的强劲带动，近年来我国整个芯片产业取得了长足进步，特别是在芯片设计方面，同国外厂商之间的差距正在快速缩小，产业规模迅速扩大，从人民生活到工业领域，再到人工智能等方面都在采用国产芯片。但在制造和原材料这两个环节仍相对薄弱。另外，在诸如硅、锗等芯片的上游重要原材料方面，我国在全球市场中的占比不足 1%，这严重制约着国产芯片业的扩产与供给能力。

目前，中国在芯片设计及体系架构方面并不比美国差，甚至有些地方还有些超前，但整个软件的生态系统比较薄弱，需要用很长的时间将软件的指令系统和应用环境建立起来，之后还要建立自己的用户群，而这些都是非常费时费力的过程，也是决定一种处理器成败的关键。中国已经能够生产中低端甚至某些高端的芯片，但生产更精密的芯片需要更大的投入，也需要市场的响应。中国有组织科技攻关的能力，也有推动国产芯片逐渐替代外来芯片所需要的动员力，最重要的就是有决心。

芯片的研发和架构的创新体现了一个国家科技成果的创新程度，一旦在这一领域取得突破性的成果，将会带动整个国力的大幅度提升。目前我们正处在处理器芯片发展的黄金阶段，因此更应该抓住这一市场发展机遇，加快投入和研发力度，并且结合国内应用市场的需求，研发出真正适合国内市场领域发展的芯片产品，这才是芯片产业持续发展的关键所在。

核心技术靠化缘是要不来的。我们必须认识到，没有网络安全就没有国家安全，安全是发展的前提，发展是安全的保障，安全和发展要同时推进。

任务 1.3 计算机系统与常用设备

1.3.1 计算机系统的组成

一个完整的计算机系统是由硬件（Hardware）系统和软件（Software）系统两部分组成的。硬件是构成计算机看得见、摸得着的物理实体的总称。软件是运行在计算机硬件上的程序、运行程序所需的数据和相关文档的总称。硬件是软件发挥作用的舞台和物质基础，软件是使计算机系统发挥强大功能的灵魂，两者相辅相成，缺一不可。通常把没有安装软件的计算机称为“裸机”。

计算机系统的组成如图 1-1 所示。

1. 计算机的硬件系统

一台计算机的硬件系统应由五个基本部分组成：控制器、运算器、存储器、输入设备和输出设备。

（1）控制器。

控制器相当于计算机的指挥中心，用来控制计算机各部件协调一致地工作，并使整个处理过程有条不紊地进行，它的基本功能就是从内存中提取指令和执行指令，并且按照先后顺序向计算机中的各个部件发出控制信号，指挥它们完成各种操作。

（2）运算器。

运算器又称算术逻辑单元（Arithmetic Logic Unit，ALU），是计算机对数据进行加工处理的部件，它的主要功能是执行各种算术运算和逻辑运算。运算器在控制器的控制下实现其功能，运算结果由控制器指挥送到内存储器中。

- 计算机系统
  - 硬件系统
    - 主机
      - 中央处理器（CPU）
        - 运算器
        - 控制器
      - 存储器
        - 内存
          - 随机存储器（RAM）
          - 只读存储器（ROM）
    - 外设
      - 外存：硬盘、光盘、U 盘等
      - 输入设备：键盘、鼠标、扫描仪、话筒等
      - 输出设备：显示器、打印机、音箱、耳机等
  - 软件系统
    - 系统软件
      - 操作系统：Windows、Linux、Mac 等
      - 语言处理程序：机器语言、汇编语言、高级语言
      - 服务程序：诊断程序、测试程序等
      - 数据库管理系统：Access、SQL Server、Oracle 等
    - 应用软件
      - 办公软件：WPS Office、MS Office 等
      - 工具软件：杀毒工具、压缩工具、Internet 工具等
      - 信息管理软件：工资管理、人事管理等
      - 辅助设计软件：AutoCAD、Pro/Engineer 等

图 1-1 计算机系统组成

通常把运算器和控制器集成在一起，合称为中央处理单元（Central Processing Unit，CPU），又称为中央处理器。

（3）存储器。

存储器是用来存储程序和数据的“记忆”装置，相当于存放程序的仓库。

存储器分为内存（又称主存）和外存（又称辅存）两大类。内存用来存放当前正在运行程序的指令和数据，并直接与 CPU 交换信息。内存容量小，存取速度快，断电后其中的信息会全部丢失。外存主要用于永久保存计算机中的程序和数据。外存容量大，价格低，但存储速度较慢，断电后所保存的信息不会丢失。外存不能和 CPU 直接交换信息，必须通过内存来实现和 CPU 之间的信息交换。

（4）输入设备。

输入设备是用来向计算机输入原始数据和程序的设备，它是重要的人机接口。它的主要功能是负责将输入的程序和数据转换成计算机能识别的二进制数存放到内存中。

（5）输出设备。

输出设备是用于将存放在内存中的数据进行输出的设备。它的主要功能是负责将计算机处理后的结果转变为人们所能接受的形式并通过显示、打印等方式进行输出。

通常将输入（Input）设备和输出（Output）设备合称为输入/输出设备，简称 I/O 设备。

计算机硬件的这五大部分通过系统总线完成指令所传达的操作，计算机在接收到指令后，由控制器指挥，将数据从输入设备传送到存储器存放，再由控制器将需要参加运算的数据传送到运算器，由运算器进行处理，处理后的结果由输出设备输出。

2. 计算机的软件系统

硬件是构成计算机的物质基础，软件才是计算机的灵魂。计算机的硬件系统上只有安装了软件后，才

能发挥其应有的功能。安装不同的软件，计算机就可以完成不同的工作。配备了软件的计算机才能成为完整的计算机系统。

针对某一需要而为计算机编制的指令序列被称为程序，程序连同有关的说明文档构成软件。

计算机软件系统可分为系统软件和应用软件两大类。系统软件处于硬件和应用软件之间，支持机器运行，是应用软件的平台；而应用软件则是为解决某一领域实际问题而开发的专用程序，满足某种业务需求。图 1-2 是计算机系统层次结构示意图。

（1）系统软件。

系统软件集管理、监控、维护和运行功能于一体，使计算机可以正常、高效地工作，提供操作计算机最基础的功能。它包括操作系统、语言处理程序、服务程序、数据库管理系统等。

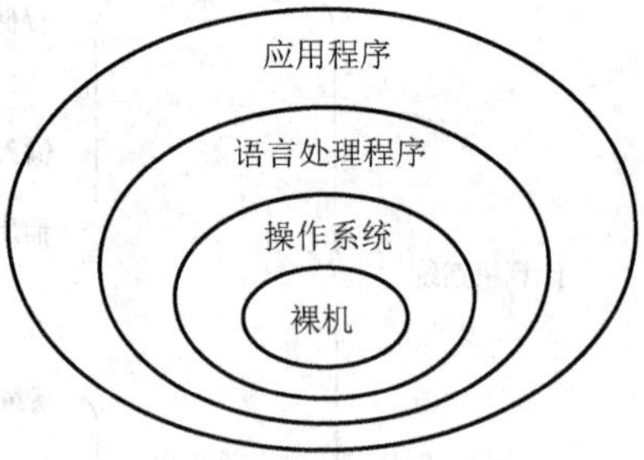

图 1-2　计算机系统层次结构示意图

① 操作系统。

操作系统（OS）是控制和管理计算机硬件和软件资源，合理组织计算机工作流程以及方便用户使用计算机的程序的集合，是系统软件的最重要和最核心的部分。其一般具有处理器管理、存储管理、设备管理、文件管理和用户接口五大功能。使用操作系统的目的有两个：一是管理计算机系统的所有资源；二是为方便用户使用计算机而在计算机与用户之间提供接口。目前常用的操作系统主要有 Windows、Linux、Mac 等。

② 语言处理程序。

计算机语言一般分为三类：机器语言、汇编语言和高级语言。对计算机语言进行有关处理（编译、解释和汇编）的程序被称为语言处理程序。

机器语言：是直接用二进制代码指令表达的计算机语言。机器语言是唯一能被计算机硬件系统理解和执行的语言，不需要翻译，因此，它的处理效率最高，执行速度最快。但机器语言的编写、调试、修改和移植都非常烦琐，所以现在很少使用机器语言编程。

汇编语言：是采用“助记符”来代替机器语言的符号化语言。用汇编语言写出的程序被称为汇编语言源程序，机器无法执行它，必须用计算机配置好的汇编程序把它翻译成机器语言目标程序，才能执行。汇编语言比机器语言在编写、修改、阅读方面均有很大改进，但掌握起来仍然比较困难。

高级语言：高级语言是一种接近生活语言的计算机语言，易于掌握和书写，并具有良好的可移植性。常用的高级语言有 C、Java、Python 等。因为计算机只能接受以二进制形式表示的机器语言，所以任何高级语言都要翻译成二进制代码组成的程序才能在计算机上运行。翻译又有解释程序和编译程序之分。解释程序是逐条解释并执行；而编译程序则是先将源程序编译成目标程序，再将目标程序链接为可执行程序。

③ 服务程序。

服务程序包括诊断程序和测试程序等，是专门用于计算机硬件性能测试和系统故障诊断维护的系统程序，比如可以对 CPU、驱动器、内存、接口等设备的性能和故障进行检测。

④ 数据库管理系统。

数据库管理系统是安装在操作系统之上的一种对数据进行统一管理的系统软件，主要用于建立、使用和维护数据库。常用的数据库管理系统有 Access、SQL Server 和 Oracle 等。

（2）应用软件。

应用软件是为解决某一方面、某一领域的实际问题而利用程序设计语言编制的计算机程序的集合。应用软件主要包括办公软件、信息管理软件、辅助设计软件、工具软件、实时监控软件等。

① 办公软件。

微型计算机的一个很重要的应用领域就是日常办公，金山公司的 WPS Office 和微软公司的 MS Office

都是常用的办公软件。这些软件基本可以满足日常办公的业务需要。

② 信息管理软件。

信息管理软件用于对信息进行输入、存储、修改、检索等操作，如工资管理软件、人事管理软件、仓库管理软件等，这种软件一般需要数据库管理系统进行后台支持。

③ 辅助设计软件。

辅助设计软件用于高效地绘制、修改工程图纸，进行设计中的常规计算，帮助用户寻求最佳设计方案，如工程制图设计软件 AutoCAD、三维造型设计软件 Pro/Engineer 等。

④ 工具软件。

常用的工具软件有防火墙和杀毒软件、图像/动画编辑软件、压缩/解压缩软件、加密/解密软件、备份/恢复软件、下载软件、多媒体播放软件、网络聊天软件等。

⑤ 实时监控软件。

实时监控软件用于随时收集生产装置、飞行器等的运行状态信息，以此为依据按预定的方案实施自动或半自动控制，使设备能够安全、准确地完成任务。

1.3.2　计算机的工作原理

现代计算机普遍采用冯·诺依曼工作原理，所以现代计算机也被称为冯·诺依曼结构计算机。

1. 冯·诺依曼工作原理

1946 年 ENIAC 诞生后，冯·诺依曼简化了计算机的结构，提出了制造电子计算机和程序设计的新思想，奠定了现代计算机的基础。冯·诺依曼原理可以概括为以下 3 个基本点。

（1）计算机内部应采用二进制数来表示指令和数据。

（2）计算机系统应由控制器、运算器、存储器、输入设备和输出设备五大部件组成，并规定了这五个部分的基本功能。

（3）采用存储程序方式。将编好的程序和数据存储在主存储器中，计算机在运行时就能自动地、连续地从存储器中依次取出指令并执行。

其工作原理的核心是“程序存储”和“程序控制”，也就是通常所说的“顺序存储程序”概念，按照这一原理设计的计算机被称为“冯·诺依曼型计算机”。

冯·诺依曼提出的这些理论，解决了计算机的运算自动化问题和速度配合问题，对后来计算机的发展起到了决定性的作用。直至今天，绝大部分的计算机还是采用冯·诺依曼原理的工作方式。

2. 指令及其执行过程

指令是计算机能够识别和执行的一些基本操作，通常包含操作码和操作数两部分。操作码规定计算机要执行的基本操作类型，如加法操作；操作数则告诉计算机哪些数据参与操作。计算机系统中所有指令的集合被称为计算机的指令系统。每种计算机都有一套自己的指令系统，它规定了该计算机所能完成的全部基本操作，如：数据传送、算术和逻辑运算、I/O 等。一条指令的执行过程可以分为 4 个步骤。

（1）取出指令：把要执行的指令从内存取到 CPU 中。

（2）分析指令：把指令送到指令译码器中进行分析。

（3）执行指令：根据指令译码器的译码结果向各个部件发出相应的控制信号，完成指令规定的操作功能。

（4）形成下条指令的地址：为执行下条指令做好准备。

3. 程序的执行过程

程序是由若干条指令构成的指令序列。计算机运行程序时，实际上是顺序执行程序中所包含的指令，即不断重复“取出指令、分析指令、执行指令”这个过程。

计算机在接收到指令后，由控制器指挥，将程序和数据输入到存储器中，计算机的控制器按照程序中的指令序列，把要执行的指令从内存读取到 CPU 中，分析指令功能，进而发出各种控制信号，指挥计算机中的各类部件执行该指令。这种取出指令、分析指令、执行指令的操作不断地重复执行，直到构成程序的所有指令全部执行完毕，就完成了程序的运行，实现了相应的功能。程序的执行过程如图 1-3 所示。

冯·诺依曼的工作原理从本质上讲是采取串行顺序处理数据的工作机制，即使有关的数据都已准备好，也必须逐条执行指令序列。而提高计算机性能的根本方向之一是并行处理。因此，近年来人们在谋求突破传统冯·诺依曼体制的束缚，以提高计算机的运算速度和性能。

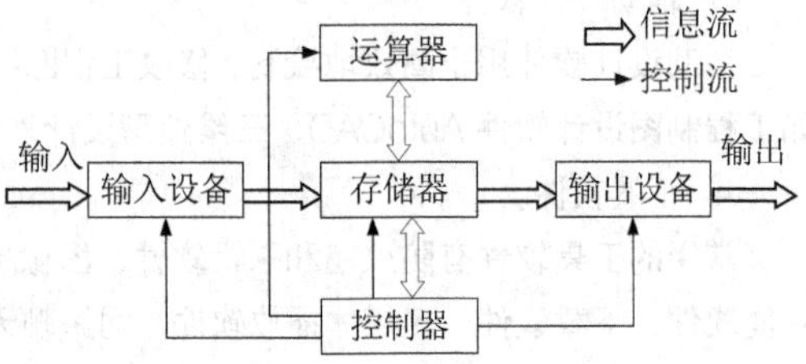

图 1-3 程序的执行过程

1.3.3 微型计算机的硬件组成

微型计算机是使用微处理器作为 CPU 的计算机，这类计算机的一个主要特征就是占用很少的空间。台式计算机、笔记本电脑、平板电脑，以及种类众多的手持设备都属于微型计算机。微型计算机对人类社会的发展产生了极其深远的影响。

1. 中央处理器

在旧式计算机中，运算器和控制器是两个独立部件，各自完成自己的功能。现如今，通常把运算器和控制器集成在一块芯片上，合称为中央处理器（Central Processing Unit，CPU）。

中央处理器是微型计算机的核心部件，它的性能指标对整个微型机具有重大影响，因此，人们往往用CPU 型号作为衡量微型机档次的标准。

图 1-4 微处理器芯片

目前，世界上生产微处理器芯片的公司主要有美国的 Intel 和 AMD，图 1-4 所示为两家公司生产的微处理器的外观。

目前，CPU 发展的主要趋势是：由传统的 32 位处理器向 64 位处理器过渡；由传统的单核 CPU 向 2、4、8、16、32 核等多核 CPU 发展。

2. 存储器

存储器分为内存（又称主存）和外存（又称辅存）两大类。

（1）内存储器。

绝大多数内存储器是由半导体材料构成的。按其功能可分为随机访问存储器（Random Access Memory，RAM）和只读存储器（Read Only Memory，ROM）。

① 随机访问存储器（RAM）。

微型计算机中配置的内存条就是随机访问存储器（RAM），通常所说的计算机内存容量就是指内存条的容量，这是计算机工作的主要存储区，可直接与 CPU 交换信息。一切需要执行的程序和数据都要预先装入该存储器中才能工作。RAM 对计算机性能的影响仅次于 CPU。内存有两个特点：一是其中的数据可以反复使用，只有写入新数据时其中的内容才会被修改；二是断电后原来存储的信息会立即丢失，因此计算机每次启动时都要对 RAM 重新装配。图 1-5 所示为常见内存条的外观。

目前常用的内存条为 DDR3 内存，一般选配的内存容量为 4GB ~ 16GB。

② 只读存储器（ROM）。

只读存储器（ROM）主要用来存放固定不变且经常使用的程序和数据。ROM 里存放的信息一般由制造厂家写入并经固化处理，用户无法修改，即使断电，ROM 里的信息也不会丢失。因此，ROM 主要用于存放计算机系统管理程序，如监控程序、基本输入/输出程序 BIOS 等。

（2）外存储器。

由于价格和技术方面的原因，内存的存储容量受到限制。为了满足存储大量信息的需求，就需要采用价格便宜且容量较大的外存储器作为对主存的后援。目前，常用的外存储器有硬盘、光盘和 U 盘等。

① 硬盘。

硬盘是最重要的外存储器，用来存放需要长期保存的程序和数据。它由一组同样大小、涂有磁性材料的铝合金圆盘片环绕一个共同的轴心组成。硬盘一般都封装在一个质地较硬的金属腔体里。图 1-6 所示为硬盘的外观和内部结构。

图 1-5 内存条

图 1-6 硬盘的外观及内部结构

硬盘具有存储容量大、存取速度快、可靠性高、每兆字节成本低等优点。

影响硬盘的首要性能指标是存储容量。一个硬盘一般由多张盘片组成，每张盘片的每一面（单面或双面）都有一个读写磁头（Head）。使用硬盘前需要通过格式化将盘片划分成若干个同心圆，每个同心圆都被称为磁道，磁道的编号从最外层以 0（第 0 道）开始，每个盘片上划分的磁道数是相同的。盘片组中相同磁道从上向下形成了一个想象的圆柱，被称为硬盘的柱面（Cylinder）。同时将每个磁道再划分为若干扇区，每个扇区的容量为 512 个字节。所以硬盘容量的计算公式为：

硬盘容量 = 512B/扇区 × 扇区数/磁道 × 磁道数 × 面数/盘片 × 盘片数

硬盘的主要生产厂商有 Quantum、Seagate、Maxtor、IBM、西部数据等，目前市面上流行的是容量为 500GB、1TB、2TB、3TB、4TB、6TB 等规格的硬盘。

② U 盘和移动硬盘。

U 盘即 USB 盘的简称，如图 1-7 所示，它是采用闪存（Flash Memory）存储技术的 USB 外存储器，其最大的特点是：易于携带、可靠性高、可以热插拔，并且价格便宜。目前常见的 U 盘容量有 16GB、32GB、64GB 等。有的 U 盘还带有写保护开关，能防止病毒侵入，更加安全可靠。

在需要移动存储的数据量更大时，还可以选用移动硬盘，如图 1-8 所示。目前常见的移动硬盘的容量有 500GB、1TB、2TB、3TB 等。移动硬盘的优点是：容量大、传输速度高、使用方便、可靠性高。

图 1-7 U 盘

图 1-8 移动硬盘

3. 输入设备

输入设备是用来向计算机输入原始数据和程序的设备，是重要的人机接口。常用的输入设备有键盘、鼠标、扫描仪、手写笔、触摸屏、摄像头、话筒等。

（1）键盘。

键盘是计算机必备的输入设备，是人机交互的一个主要媒介。用户在编写程序、录入文字以及发出一些操作命令时都要使用键盘进行输入。目前市场上有各种个性化外形的键盘，但基本都是 101 键和 104 键的键盘。图 1-9 所示为常见的键盘。

图 1-9 键盘

要想使用键盘快速准确地输入文字，必须经过长期的指法训练。

（2）鼠标。

鼠标是目前除键盘之外最常见的一种基本输入设备。鼠标的出现使计算机的操作更加方便，其主要作用是通过移动鼠标快速定位屏幕上的对象，如图标、按钮等，从而实现执行命令、设置参数和选择菜单等输入操作。图 1-10 所示为常见的鼠标。

鼠标控制着屏幕上的一个指针形光标。当移动鼠标时，鼠标指针就会随着鼠标的移动而在屏幕上移动。

鼠标的基本操作包括指向、单击、双击、拖动和单击右键。

（3）扫描仪。

扫描仪是一种将各种形式的图像信息输入到计算机的重要工具，从图片、照片、胶片到各类图形以及文稿资料等都可以通过扫描仪输入到计算机中，进而实现对这些图像形式的信息的存储、处理、使用、输出等。

4．输出设备

输出设备是负责将计算机处理后的信息转变为人们所能识别的信息的设备。常用的输出设备主要有显示器、打印机、绘图仪、投影仪、音箱、耳机等。

（1）显示器。

显示器又称监视器，其作用是将主机处理后的信息以文字、数字、图形、图像等形式显示出来。目前常用的显示器主要有阴极射线管显示器（CRT）和液晶显示器（LCD）两种。

液晶显示器与 CRT 显示器相比，具有机身薄、辐射低、完全平面、图像质量细腻稳定等优点。但 CRT 显示器具有显示分辨率高、色彩还原度高、色度均匀、响应时间极短等液晶显示器难以超越的优点。因此，在专业领域，CRT 显示器还无法被取代。图 1-11 所示为液晶显示器。

（2）打印机。

打印机已成为办公自动化系统的一个重要输出设备。打印机的种类很多，按照工作原理，可以分为针式、喷墨和激光打印机三大类，图 1-12 所示为激光打印机。

图 1-10 鼠标

图 1-11 液晶显示器

图 1-12 激光打印机

针式打印机的优点是耗材便宜（包括打印色带和打印纸），缺点是打印速度慢，噪声大，打印分辨率低。但针式打印机可以打印多层纸，因此，在票据打印中经常选用它。

喷墨打印机的打印效果优于针式打印机，并且无噪声，能够打印彩色图像。缺点是打印速度慢、墨盒消耗快，并且耗材贵，特别是彩色墨盒。

激光打印机是各种打印机中打印效果最好的，其打印速度快、噪声低，并可常年保持打印效果清晰细致，现已成为办公或家用打印机的首选。

人们通常将 CPU、内存及相关电路合称为主机，把输入、输出设备和外存合称为外部设备，简称外设。

1.3.4 微型计算机的系统集成

计算机硬件系统的五大部件并不是孤立存在的，它们在处理信息的过程中需要相互连接和传输。计算机的主板是连接计算机硬件系统五大部件的中枢。如果把 CPU 看成计算机的大脑，那么主板就是计算机的驱干。

主板是主机箱中最大的电路板，又被称为母板，其外观如图 1-13 所示。在主板上集成了 CPU 插座、内存插槽、BIOS 芯片、控制芯片组、系统总线及扩展总线、键盘与鼠标插座以及各种外设接口等。微型机正是通过主板的接口将 CPU、内存、显卡、声卡、网卡、键盘、鼠标等部件连接成一个整体并协调工作的。主板的性能直接影响着整个微机系统的性能。

图 1-13 微型机主板

1. CPU 插座

CPU 要插在主板上，主板上就要有与之对应的位置，这就是 CPU 插座，也被称为 CPU 接口。CPU 的接口有引脚式、卡式、触点式、针脚式等多种类型。不同类型的 CPU 具有不同的 CPU 插座，因此选择 CPU 时，就必须选择带有与之对应插座类型的主板。

2. 系统总线

现代计算机普遍采用总线结构。总线（Bus）是系统各部件之间传递信息的公共通道，各部件由总线连接并通过它传递数据和控制信号。按照传输信号的性质划分，一般可分为地址总线、数据总线和控制总线三种类型。

3. 扩展插槽

扩展插槽是主板上用于固定扩展卡并将其连接到系统总线上的插槽。扩展槽用于添加或增强计算机的特性及功能，如可以在扩展槽上添加网卡、声卡、显卡等。目前，主板上提供的扩展插槽主要有内存插槽、AGP 插槽和 PCI 插槽等。

4. I/O 接口

I/O 接口（输入/输出接口）是主板上用于连接各种外部设备的接口。通过这些 I/O 接口，可以把键盘、鼠标、打印机、扫描仪、移动硬盘、U 盘等外部设备连接到计算机上。

1.3.5 微型计算机的性能指标

微型计算机系统是一个复杂的系统，其功能的强弱或性能的好坏，不是由某个单项指标决定的，而是由字长、主频、存储容量、外设配置及软件配置等多方面的因素综合决定的。对于普通用户来说，可以用以下几个主要指标来评价计算机的性能。

1. 字长

字长是指计算机 CPU 能够同时处理的二进制数据的位数。从存储数据角度而言，字长越长，则计算机的运算精度就越高；从存储指令角度而言，字长越长，则计算机的处理能力就越强，计算机处理数据的速度也越快。目前普遍使用的微处理器的字长主要有 32 位和 64 位两种。

2. 运算速度

通常所说的计算机运算速度，是指每秒钟所能执行的指令条数，一般用“百万条指令/秒”（Million

Instruction Per Second，MIPS）来表示。微型计算机一般采用主频（也叫时钟频率）来描述运算速度。一般说来，主频越高，运算速度就越快。

3. 存储容量

存储容量指存储器可以容纳的二进制信息量。存储容量分内存容量和外存容量，这里主要指内存容量。内存储器容量的大小反映了计算机即时存储信息能力的强弱。内存容量越大，处理数据的范围就越广，运算速度也越快，处理能力也越强。

4. 兼容性

兼容性是指硬件之间、软件之间或是软硬件组合系统之间的相互协调工作的程度。对于硬件来说，几种不同的计算机部件，如 CPU、主板、显示卡等，如果在工作时能够相互配合、稳定地工作，就说它们之间的兼容性比较好，反之就是兼容性不好。对于软件来说，某个软件能在若干个操作系统中稳定运行，就说明这个软件对于各系统有良好的兼容性。

【教学案例】装配一台适合自己的计算机

考上大学后，小张希望拥有一台自己的计算机，一是为了更好地学习计算机知识，二是在课余时间也可以上网、听音乐、玩游戏。经过再三权衡，他决定买一台笔记本电脑。相比台式计算机，笔记本电脑携带方便、重量轻、耗电少、辐射小，停电后电池还可以应急一段时间，其价格比台式计算机贵不了太多，毕业以后也容易出手。

操作步骤

步骤 1　选购笔记本电脑

选购笔记本电脑一般需要考虑以下几个因素。

1. 选择品牌

首先要根据自己的预算，选择适合的品牌。特别值得一提的是，国产笔记本电脑品牌秉承为消费者做好每一款产品的理念，经过多年的发展，产品质量不断提升，得到了很好的市场反响，如联想、华硕、宏基等都是值得信赖的品牌。国外品牌如戴尔、惠普、三星等也是不错的选择。

2. 根据需要选择笔记本电脑的配置

在确定的品牌中选择机型，主要考虑五大硬件：CPU、主板、内存、硬盘、显卡。

选购笔记本电脑时首先要知道自己的需求是什么，这点至关重要。简单地说，为了完成计算机类、艺术设计类、建筑设计类、机械设计类等专业的工作，笔记本电脑的配置要高一些。计算机类的大型数据库系统、艺术设计类的 3D 制作、建筑设计和机械设计的 CAD 系统等都是比较耗资源的，对硬件配置的要求较高，具体来说，就是 CPU 要高档的，显卡要中档以上的独立显卡，内存也要大。

如果计算机的主要用途是上网、查资料、使用常用的办公软件、看电影、听歌等，则对计算机的配置要求不高，可以选购较低价位的硬件，一般来说中低档 CPU、集成显卡即可，时下标准配置的计算机就能满足需求了。

3. 比价时一定要看清笔记本电脑的详细型号

同样的品牌，同样的型号，有时价格会相差很多，因此选购的时候一定要看详细型号。同样的 CPU 有双核与四核之分，内存有单双条、单双通道之分，硬盘也有转速快慢之分，如果不详细比较这些参数，就有可能遭遇调包：高的价位买到的只是同型号的低端产品。

步骤 2　硬盘分区与格式化

新买的笔记本电脑一般都已经对硬盘进行了分区并安装了操作系统。如果对已有分区的多少和大小不满意，可以重新分区并对每个分区进行格式化。可以使用专用的硬盘分区工具，也可以直接进入安装操作系统的环节，在提示分区时，用磁盘管理工具快速分区。

步骤 3 安装操作系统

可以使用 Windows 安装光盘或 U 盘安装 Windows 操作系统，首先必须在计算机的 BIOS 中设置计算机从光盘或 U 盘启动。不同品牌的计算机进入和设置 BIOS 的方法可能不同，具体设置方法根据计算机附带的说明书操作即可。

Windows 7 是智能装机系统，因此安装 Windows 7 的操作很简单，只要插入安装光盘或 U 盘就可以了，系统会自动完成安装过程。

步骤 4 安装驱动程序

操作系统安装完成后，接下来的任务就是安装各种硬件设备的驱动程序，比如主板、显卡、声卡、网卡、打印机、摄像头等设备的驱动程序。如果不安装驱动程序，有些硬件设备可能无法正常运行或运行效果不很理想。

笔记本电脑厂家一般都会随机配送一张驱动光盘。当操作系统安装完成后，将此光盘放入光驱，根据提示分别安装每个设备的驱动程序即可。也可以从网上下载这些驱动程序来安装。

步骤 5 连接宽带上网

对每个年轻人来说，计算机的宽带上网功能都是必不可少的。去学校网络中心申请 IP 地址，然后通过“控制面板”设置好 IP 地址，连接好适当长度的网线，便可以上网了。

当然也可以根据环境条件设置 Wi-Fi 无线上网或其他上网方式。

步骤 6 安装杀毒软件

安装了操作系统及设备驱动程序后，在安装应用软件之前，首先应该下载并安装最新版的杀毒软件。这是因为有些软件，特别是从网上下载的软件，本身可能会携带病毒。安装杀毒软件后，再安装这些软件时，杀毒软件就会报警并杀毒或隔离病毒。必须保证在无病毒的环境下安装和运行应用软件。

目前比较流行的杀毒软件主要有：360 杀毒、瑞星杀毒、金山毒霸等。

步骤 7 安装办公软件

计算机有了一定的保护后，接下来开始安装办公软件。根据自己的需要，选择安装的软件，如办公自动化软件 WPS Office、计算机辅助制图软件 AutoCAD、图像后期处理软件 Photoshop、平面动画设计软件 Flash 和三维动画设计软件 3ds MAX 等。这些软件都比较容易安装，按系统提示操作即可。

步骤 8 安装常用工具软件

各种常用工具软件也是计算机装机的必备软件，如文件压缩软件 WinRAR、资源下载软件迅雷、即时通信软件腾讯 QQ、音乐播放软件 QQ 音乐、视频播放软件暴风影音、图像处理软件美图秀秀、PDF 文件阅读器 Adobe Reader、系统维护软件超级兔子、系统备份/还原软件 Ghost 等。

至此，一台适合自己的笔记本电脑安装完成。

任务 1.4 多媒体技术

多媒体技术是指通过计算机对文本、图形、图像、动画、声音、视频等多种媒体信息进行综合处理和管理，使用户可以通过多种感官与计算机进行实时信息交互的技术，也称为计算机多媒体技术。多媒体技术是一个涉及面极广的综合技术，具有广泛的用途，甚至可取代 DVD 机、传真机等多种设备。

1.4.1 多媒体技术的特征

与传统的计算机技术相比，多媒体技术从本质上具有以下几个基本特征。

1. 交互性

交互性是多媒体技术的关键特征，没有交互性的系统就不是多媒体系统。多媒体信息需要在人机的交互过程中进行传播，人对信息可以主动地选择和控制，可以非线性地访问数据信息。而传统媒体只能单向地、被动地传播信息。

2. 集成性

多媒体技术中集成了许多单一的技术，如图像处理、声音处理、视频处理等技术。多媒体能够同时表示和处理多种信息，但对用户而言，它们是集成一体的。这种集成包括信息的统一获取、存储、组成和合成等方面。

3. 多样性

其多样化表现在多媒体信息是多样化的，同时也指媒体输入、传播、再现和展示手段的多样化。这些信息包括文字、声音、图像、动画、视频等，它们扩大了计算机所能处理的信息空间，使计算机不再局限于处理数值和文本。

4. 实时性

多媒体系统除了能像普通计算机一样处理离散媒体如文本、图像外，还能够综合处理带有时间关系的媒体，如音频、视频和动画，甚至是实况信息。这意味着多媒体系统在处理信息时有着严格的时序要求和很高的速度要求。

1.4.2 多媒体计算机系统

多媒体计算机系统不是单一的技术，而是多种信息技术的集成，即把多种技术综合应用到一个计算机系统中，实现信息输入、信息处理、信息输出等多种功能。

一个完整的多媒体计算机系统由多媒体计算机硬件和多媒体计算机软件两部分组成。

1. 多媒体计算机的硬件

多媒体计算机的主要硬件除了常规的硬件如主机、显示器、键盘、网卡之外，还要有音频信息处理硬件、视频信息处理硬件等部分，如声卡、音箱（或耳机）等，其对显卡的要求也更高。另外，可以根据需要安装视频捕获卡、语音卡等插件，还可以安装数码相机、数字摄像机、扫描仪与触摸屏等采集与播放音频的专用外部设备。

2. 多媒体计算机的软件

多媒体计算机的软件主要由多媒体驱动软件、多媒体操作系统、多媒体数据处理软件、多媒体创作工具软件和多媒体应用软件等组成。多媒体计算机的软件系统是以操作系统为基础的。

多媒体系统在不同的领域需要不同的应用软件和开发工具，而多媒体开发和创作工具为多媒体系统提供了方便直观的创作途径。

1.4.3 多媒体技术的应用

从 PC 喇叭到创新声卡，再到目前丰富的多媒体应用，多媒体正改变着我们生活的方方面面。多媒体的应用领域已拓展到广告、艺术、教育、娱乐、工程、医药、商业及科学研究等行业。

1. 教育与培训

以多媒体计算机为核心的现代教育技术使教学手段丰富多彩。实践已证明多媒体教学系统有如下效果：多媒体课件图文并茂，有声有色；多媒体教学系统能够激发学生学习兴趣；帮助学生理解学习内容；使教学内容更清晰化和条理化。如图 1-14 所示为一间多媒体教室。

图 1-14 多媒体教室

2. 家庭生活与娱乐

在多媒体技术的帮助下，人们可以以家庭为信息中心，在家中工作、娱乐，可以在家中观看数字家庭影院，收发传真和电子邮件，制作家庭相册，通过视频通信与亲属或同事“面对面”地交谈，处理工作事宜，通过多媒体电子出版物学习并提高自己。

3. 宣传广告

多媒体系统能够将文字、图像、音乐、视频、动画等数字资源整合在一个交互式的整体中，并以图文并茂，生动活泼的动态形式表现出来，给人以很强的视觉冲击力，留下深刻的印象。多媒体技术能够利用多种交互手段，使原本枯燥无味的播讲变成互动的双向信息交流，在宣传广告效果上有特殊的优势。

4. 虚拟现实

虚拟现实是一项与多媒体技术密切相关的技术，它通过综合应用计算机图像处理、传感技术、显示系统等技术和设备，以模拟仿真的方式构成虚拟世界，并通过特殊设备（如头盔和数据手套）提供给用户一个与该虚拟世界相互作用的三维交互式用户界面。虚拟现实广泛应用于医学、军事航天、工业仿真、室内设计、娱乐等领域。

1.4.4 多媒体技术的发展趋势

总的来说，多媒体技术正在向两个方向发展：一个是网络化发展趋势。与宽带网络通信等技术的相互结合，使多媒体技术进入了科研设计、企业管理、远程教育、远程医疗等领域；另一个是多媒体终端的智能化趋势。开发更加智能的多媒体芯片和软件，使多媒体终端更加智能化。

1. 多媒体技术的网络化发展趋势

多媒体技术的网络化是指通过对多媒体技术在网络中的实时运用提高人们的交流效果。通过多媒体技术的网络化运用，我们可以实现同世界各地的人们就共同关心的问题进行全面、广泛地交流；通过多媒体技术的网络化运用，我们可以远程实现对事物的可视化等，从而更加全面地了解和掌握事物，进而做出更加准确的判断。

2. 多媒体终端的智能化发展趋势

通过对多媒体计算机硬件体系结构、视频音频接口软件等不断改进，使多媒体计算机的性能指标进一步提升。但要满足多媒体智能化的要求，还需对软件做进一步的开发和研究，使多媒体终端设备更加智能化，对多媒体终端增加如文字的识别和输入、图形的识别和理解、机器人视觉和计算机视觉等智能。多媒体技术正朝着更加智能化和人性化方向发展，不断满足人们生活日益增长的美好生活需求。

【知识拓展 3】为何计算机运行速度越来越慢

近来，小王发现自己的计算机运行速度越来越慢，请你帮他分析原因并找出解决方案。

解决方案

1. 计算机运行速度越来越慢的原因

计算机运行变慢的原因很多，有软件方面的，也有硬件方面的，还有可能是病毒引起的。

软件方面：计算机垃圾文件过多，开机时加载程序太多，计算机中存在大量无用或不常用的程序、无效的注册表、无用的插件、计算机设置等，这些都会导致计算机的运行速度越来越慢。

硬件方面：硬盘剩余空间太少或硬盘出现坏道、内存太小、CPU 档次太低、散热不好等也会使计算机的运行速度越来越慢。

另外，软件漏洞、木马病毒等也会极大地影响计算机的运行速度。

2. 提高计算机运行速度的办法

首先可以使用 360 安全卫士对计算机进行全面体检。使用 360 安全卫士优化计算机，是较方便、也较可靠的方法之一，尤其适合对计算机不太熟悉的用户。

进入“360 安全卫士”界面，如图 1-15 所示，使用“查杀修复”功能，可全面、智能地拦截各类病毒木马，扫描并修复计算机中存在的高危漏洞；“计算机清理”功能可以清理计算机中的垃圾文件、使用痕迹、软件插件、无用的注册表等，节省磁盘空间，让系统运行更加有效率；“优化加速”功能可提升计算机开机速度、系统速度、上网速度及硬盘速度；通过“软件管家”可以强力卸载计算机中的无用程序、清除软件残留的垃圾。

图 1-15　“360 安全卫士”界面

另外，还要注意以下几点。

① 计算机桌面上的快捷方式越少越好。虽然在桌面上设置快捷方式可以很方便地打开程序或文件，但是要付出占用系统资源和牺牲速度的代价。

② C 盘只存放 Windows 安装文件和一些必须安装在 C 盘的程序，其他应用软件一律不要安装在 C 盘，可以安装在 D 盘或 E 盘。

③ 只打开需要使用的应用程序，暂时不用的程序应全部关闭，因为每打开一个软件就要占用一定的系统资源，拖慢计算机运行速度。

硬件方面应注意以下几点。

① 硬盘坏道。

长期使用计算机后，硬盘的磨损会很大，尤其是在一些长期开机和非正常关机的情况下。因此平时要养成良好的习惯，不要“非法关机”，尽量减少对硬盘的损伤。

② 注意散热。

定期清理计算机机箱内的灰尘，尤其是要清理干净 CPU 风扇的灰尘，可在 CPU 和风扇之间涂好硅胶，还可以更换更加强劲的风扇。

③ 升级 CPU、内存、硬盘、显卡等硬件。

随着软件的不断升级，原有计算机硬件对运行这些软件可能会有些力不从心，这时可以根据需要升级 CPU、硬盘、内存或显卡等硬件。

【项目自测】

一、选择题

1. 英文缩写 CAD 的中文意思是（　　）。
   A. 计算机辅助教学　　B. 计算机辅助设计
   C. 计算机辅助制造　　D. 计算机辅助测试
2. 已知三个字符 a、X 和 5，按它们的 ASCII 码值升序排序，结果是（　　）。
   A. 5,a,X　　B. a,5,X　　C. X,a,5　　D. 5,X,a
3. 汉字在计算机内部的存储、处理和传输都使用汉字的（　　）。
   A. 国标码　　B. 机内码　　C. 区位码　　D. 字形码
4. 计算机能直接识别和执行的语言是（　　）。
   A. 机器语言　　B. 汇编语言　　C. 高级语言　　D. 数据库语言
5. 已知一汉字的国标码是 5E38，则其内码是（　　）。
   A. DE38　　B. DEB8　　C. 5EB8　　D. 7E58
6. 用高级程序设计语言编写的程序，要转换为等价的可执行程序，必须经过（　　）。
   A. 汇编　　B. 编辑　　C. 解释　　D. 编译和链接
7. 下面几个不同数制的整数中，最大的一个是（　　）。
   A. $(1001001)_2$　　B. $(77)_8$　　C. $(70)_{10}$　　D. $(5A)_{16}$
8. 微型计算机的主机包括（　　）。
   A. 运算器和控制器　　B. CPU 和 UPS　　C. CPU 和内存储器　　D. UPS 和内存储器
9. 微型计算机中，控制器的基本功能是（　　）。
   A. 进行算术运算和逻辑运算　　B. 存储各种控制信息
   C. 保持各种控制状态　　D. 控制机器各个部件协调一致地工作
10. 能将高级语言源程序转换为目标程序的是（　　）。
    A. 调试程序　　B. 解释程序　　C. 编译程序　　D. 编辑程序
11. 能直接与 CPU 交换信息的存储器是（　　）。
    A. 内存　　B. 硬盘　　C. U 盘　　D. CD-ROM
12. 1KB 的准确数值是（　　）。
    A. 1000bits　　B. 1024bits　　C. 1000Bytes　　D. 1024Bytes
13. ROM 中的信息是（　　）。
    A. 由生产厂家预先写入的　　B. 在安装系统时写入的
    C. 由用户根据需求写入的　　D. 由程序临时存入的
14. 中央处理器主要由（　　）组成。
    A. 运算器和控制器　　B. 控制器和存储器
    C. 运算器和存储器　　D. I/O 设备和控制器
15. 已知英文字母 m 的 ASCII 码值为 6DH，那么 ASCII 码值为 70H 的英文字母是（　　）。
    A. P　　B. Q　　C. p　　D. q

16. 系统总线是计算机各部件间传递信息的公共通道，它分为（　　）。

A. 数据总线和控制总线　　B. 数据总线和地址总线

C. 地址总线和控制总线　　D. 数据总线、地址总线和控制总线

17. 计算机的各种存储器，存取速度从快到慢排列正确的是（　　）。

A. 内存、硬盘、U 盘、Cache　　B. Cache、内存、硬盘、U 盘

C. Cache、硬盘、内存、U 盘　　D. 内存、Cache、硬盘、U 盘

18. 用 8 位二进制数能表示的最大的无符号整数等于十进制整数（　　）。

A. 255　　B. 256　　C. 127　　D. 128

19. 存储一个 48×48 点的汉字字型码需要的字节数是（　　）。

A. 144　　B. 256　　C. 288　　D. 512

20. 现代计算机普遍采用冯・诺依曼型体系结构。冯・诺依曼提出的两个重要概念是（　　）。

A. 采用二进制和存储程序控制的概念

B. 引入 CPU 和内存储器的概念

C. 机器语言和十六进制

D. ASCII 编码和指令系统

二、任选一种汉字输入法，利用写字板软件输入下面的短文。

学习并不是一件苦差事

不少年少的朋友，都曾经忽略过、讨厌过、甚至憎恨过学习，认为读书、学习，就是世上最苦的一件差事。

是的，没错。很多年前，我也是这样认为的，上学、念书，比父辈们的起早摸黑、肩挑背磨都辛苦得多。因此，我一心想早日走出校门，脱离“苦海”。当我真正离开学校，步入社会后，才知道了生存的艰难和人世间的辛酸。

刚出外漂泊时，我的年龄还小，没想到接触的都是重体力活儿——挑石子、抬石头、铲泥沙。记忆最深的就是在铁路上抬枕木，那时的一根标准水泥枕木是 480 斤重，以两边的螺丝为中心，套好绳子四个人抬，每人正好 120 斤，抬上这样的枕木，我身上的骨头就像被压散了架。一天下来，倒在床上，就会想起在学校里念书的时光，尽管学习也辛苦，但和我抬枕木比起来，那不知要轻松多少倍。我不得不后悔，当初不理智的选择。

约翰・亚当斯是美国的第二任总统，他在童年时，对读书和学习也是毫无兴趣。望子成龙的老亚当斯十分愤怒，便忍不住问他 10 岁的儿子：“你长大后想干什么，孩子？”

“当农民。”小亚当斯说。

“好吧，”老亚当斯更加气愤，“明天早上你同我一起去彭尼渡口，帮我收割茅草。我要教你怎样当农民……”

第二天，父亲带着小亚当斯沿着小河干了一整天活，弄得他满身是泥，累得他气喘吁吁。小亚当斯对当农民的热情一下子锐减不少，后来，他对学习才逐渐产生兴趣，并最终当上了美国总统。

看来，学习并不是一件苦差事，因为在这个世界上，比学习更辛苦的事还多着呢！

Chapter

2

项目二
网络基础与 Internet 应用

随着计算机技术和通信技术的飞速发展，计算机网络的应用越来越深入、广泛。网上办公、网上教育、网上交流、网上购物、网上就医、网上炒股、网上投诉、网络营销、网络游戏……新的功能和应用不断涌现，为人们的工作、学习和生活带来了革命性的便利。

但网络是一把“双刃剑”，它在带给人们众多好处的同时，也带来了隐患。我们要注意网络安全，防止网络受到病毒或黑客攻击而造成信息泄密或财产损失。同时也要正确处理好上网和学习、工作之间的关系。如果沉迷于网络游戏、网络交友，必将影响自己的学习和工作；如果在网上做一些违反道德和法律的事情，也必将受到道德谴责和法律制裁。

任务 2.1 计算机网络基础

20 世纪 60 年代，随着计算机应用的发展，出现了多台计算机互连的需求，用户希望通过联网的方式来实现计算机之间的相互通信和资源共享，随着计算机技术和通信技术的日渐成熟，诞生了计算机网络。

所谓计算机网络，是指将地理位置不同且具有独立功能的多台计算机及其外部设备，通过通信线路和通信设备连接起来，在网络操作系统、网络管理软件及网络通信协议的管理和协调下，实现资源共享和信息传递的计算机系统。

一般来讲，计算机网络构成的要素有以下 4 点。

（1）计算机网络中至少有两台功能独立的计算机互连。

（2）计算机之间利用通信设备和传输介质进行连接。

（3）计算机网络必须安装网络操作系统并遵守共同的网络通信协议。

（4）建立网络的目的主要有两个：资源共享和数据通信。

2.1.1 计算机网络的功能

计算机网络自诞生以来，得到了广泛的应用和普及，极大地方便了人们的学习、工作和生活。计算机网络的功能主要包括以下几个方面。

（1）资源共享。这包括硬件资源、软件资源及数据资源的共享。用户可共享网络上软件和数据资源，避免重复投资及重复劳动。局域网上的用户还可以共享昂贵的硬件资源，如打印机、扫描仪等设备。

（2）数据通信。数据和文件的传输是网络的重要功能，现代局域网不仅能传送文件、数据信息，还可以传送声音、图像等信息。比如通过电子邮件和腾讯 QQ，可以很方便地实现异地交流。

（3）分布处理。利用计算机网络系统，通过一定的算法，将较大型的综合性任务分解为多个小任务，由每台计算机承担一部分任务，网络内的多台计算机协同操作和并行处理来提高整个系统的处理能力。

（4）提高计算机系统的可靠性。局域网中的计算机可以互为后备，避免了单机系统在无后备时可能出现的导致系统瘫痪的故障，大大提高了系统的可靠性，这一点在工业过程控制、实时数据处理等应用中尤为重要。

2.1.2 计算机网络的分类

了解网络的分类有助于我们更好地理解计算机网络。计算机网络的分类方法很多，主要的分类标准有根据网络的覆盖范围进行分类和按网络拓扑结构进行分类。

1. 按网络覆盖范围分类

按覆盖地理范围的大小，可以把计算机网络分为局域网、城域网和广域网。

（1）局域网 LAN（Local Area Network）。

局域网的覆盖范围较小，通信距离一般不超过 10 千米。机关网、企业网、校园网均属于局域网。局域网具有组网容易、使用灵活、传输速率高、误码率低等特点，适合人们建立小型网络的要求。局域网发展迅速，应用广泛，是目前计算机网络中最活跃的分支。局域网最主要的特点是：网络为某个单位所拥有，地理范围和站点数目有限。

（2）城域网 MAN（Metropolitan Area Network）。

城域网是在一个城市范围内所建立的计算机通信网，属宽带局域网。设计城域网的目标是满足一个城市范围内的政府机构、金融保险、大中小学校、公司企业等单位的多个局域网对高速率、高质量数据通信业务日益旺盛的需求，以实现用户之间的数据、语音、图形与视频等多种信息的传输与共享，特别是可以满足快速发展起来的互联网用户群对宽带高速上网的需求。

（3）广域网 WAN（Wide Area Network）。

广域网又称为远程网，通常跨接很大的地理范围，是一种跨越城市、国家的网络，它可以把众多的城域网、局域网连接起来，进行数据、语音、图像信号的传输。在广域网上一般有成千上万台甚至更多的各种类型的计算机和网络，提供广泛的网络服务。Internet（互联网）是全球最大的广域网，其可由公共电信设施、专线、微波、卫星等多种技术实现。

2. 按网络拓扑结构分类

当我们组建计算机网络时，要考虑网络的布线方式，这也就涉及了网络的拓扑结构。网络拓扑结构是指用传输介质将各种网络设备连接起来的物理布局，即用什么方式把网络中的计算机等设备连接起来。网络拓扑结构对整个网络的设计、功能、可靠性和成本等方面具有重要影响。

按照拓扑结构的不同，可以将网络分为总线型网络、环形网络、星形网络三种基本类型。在这三种基本类型的网络结构基础上，还可以组合出树形网络、网状网络等其他类型拓扑结构的网络，如图 2-1 所示。

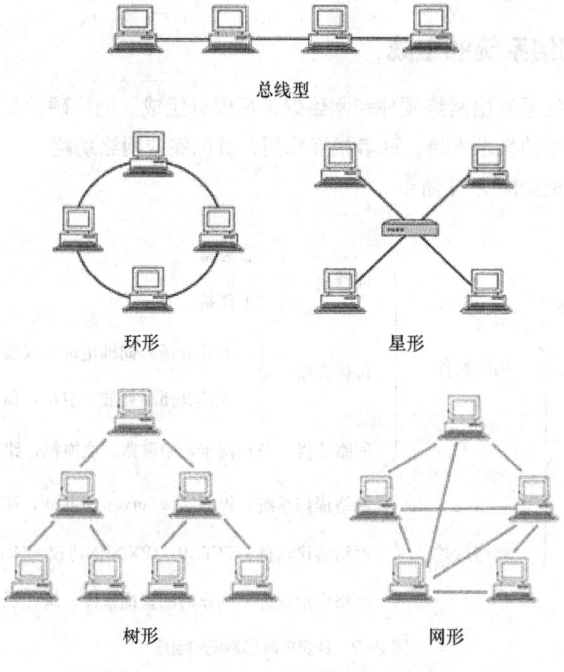

图 2-1 网络拓扑结构

（1）总线型拓扑结构。

总线型拓扑结构中，所有的计算机都连接在一条公共传输的主干线上，网上的所有计算机共享总线。这种结构具有结构简单、易于安装和扩充、费用低、站点或某个端用户失效不影响其他站点或端用户通信的优点。缺点是一次仅能有一个端用户发送数据，其他端用户必须等待直至获得发送权；媒体访问获取机制较复杂；维护难，查找分支结点故障难。

（2）环形拓扑结构。

在环形拓扑结构中，网上的计算机连接成一个封闭的环，信息在环内单向流动，沿途到达每个节点时信号都被放大并继续向下传送，直到到达目的节点或发送节点时被从环上移去。环形结构传输速率高、传输距离远，但不便于扩充，一台计算机出现故障会引起整个网络崩溃。为解决这一问题，有些环状网采用双环结构。

（3）星形拓扑结构。

在星形结构中，多台计算机连接在一个中心节点上，计算机之间通过中心节点通信。中心节点采用交换机，可以实现多点同时发送和接收信息。星形拓扑结构简单、容易管理和扩展、容易检查和隔离故障，但由于星形结构采用集中控制方式，所以连线费用高，对中心节点要求高。星形结构广泛用于机房、办公区、家庭等小型局域网。

（4）树形拓扑结构。

树形结构的形状像一棵倒置的树，顶端为根，从根向下分枝。树形结构是星形结构的扩展，具有星形结构连接简单、易于扩充、易于进行故障隔离的特点，缺点是对根节点的依赖性很大，根节点发生故障将导致全网瘫痪。校园网、企业网大多采用树型结构。

（5）网状拓扑结构。

网状结构是以上 4 种结构的结合，计算机之间按多种需要进行连接，并且每一个节点至少与其他两个节点相连。这种结构容错能力强、可靠性高，但网络控制和路由选择比较复杂，一般用于广域网或大型局域网的主干网上。

2.1.3 计算机网络系统的组成

一个完整的计算机网络系统由网络硬件和网络软件两部分组成。网络硬件是计算机网络系统的物理实现，网络软件是网络系统中的技术支持，两者相互作用，共同完成网络功能。

计算机网络系统的组成如图 2-2 所示。

- 计算机网络系统
  - 网络硬件
    - 计算机
      - 服务器
      - 工作站
    - 传输介质
      - 有线介质：同轴电缆、双绞线、交纤
      - 无线介质：微波、卫星、蓝牙技术等
    - 网络连接设备：网卡、中继器、交换机、路由器、无线AP等
  - 网络软件
    - 网络操作系统：Windows Server、Linux、UNIX等
    - 网络协议软件：TCP/IP、IPX/SPX协议、NetBEUI协议等
    - 网络应用软件：列车时刻查询软件、远程医疗软件等

图 2-2 计算机网络系统的组成

1. 网络硬件组成

网络硬件系统由计算机系统（服务器、工作站）、传输介质（双绞线、同轴电缆、光纤）、网络连接设备（网卡、中继器、交换机、路由器、无线 AP）等构成。

（1）计算机。

与计算机网络连接的计算机可以是巨型机、大型机、小型机、微机，或其他具有 CPU 处理器的智能设备。网络中的计算机分为服务器和工作站两大类。

① 服务器。

服务器是用来管理网络并为网络用户提供服务的计算机。与网络中的工作站相比，服务器通常具有更快的速率、更强大的存储容量和更高的可靠性。服务器是网络资源管理和共享的核心，对整个网络的资源

共享起着决定性的作用。

② 工作站。

工作站是指连接到计算机网络中并通过应用程序来执行任务的个人计算机。它是网络数据主要的发生场所和使用场所。用户主要通过工作站来使用网络资源并完成自己的任务。在网络中，工作站是一个客户机，即网络服务的一个用户，它的功能是向服务器发出服务请求，并从网络上接收传送给用户的数据。

（2）传输介质。

传输介质是通信网络中发送方和接收方之间的物理通路。网络通信传输介质分为有线介质和无线介质两种。有线介质有同轴电缆、双绞线和光纤三种，无线介质分为微波、红外和卫星通信等多种。

① 有线传输介质。

图 2-3 为部分常用的有线传输介质。

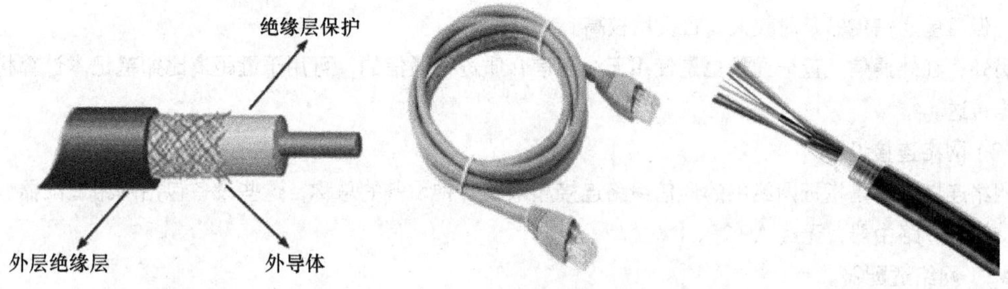

图 2-3　有线传输介质

- 同轴电缆。

同轴电缆由同轴的内外两个导体组成，内导体是一根金属线，外导体是一根圆柱形的套管，一般是细金属线编制成的网状结构，内外导体之间有绝缘层。

在局域网发展初期曾广泛使用同轴电缆作为传输介质。而在现代网络中，同轴电缆已逐渐被非屏蔽双绞线或光纤所取代。目前，同轴电缆主要是有线电视网中的标准输入电缆。

- 双绞线。

双绞线是目前网络组网中使用最广泛的传输介质。双绞线由 4 对 8 芯的导线组成，每一对双绞线由对扭在一起的相互绝缘的两根铜线组成。把两根导线按一定密度对扭在一起可以减少相互间的电磁干扰。

双绞线分为屏蔽双绞线和非屏蔽双绞线。屏蔽双绞线抗干扰性好，性能高，最大传输距离可达十几千米，但成本也较高，所以应用不多；非屏蔽双绞线可以将串扰减至最小，且重量轻，易安装，具有较好的性能价格比，是综合布线工程中最常用的一种传输介质。

- 光纤。

光纤即光导纤维，其他作为光的传输介质，防磁防电，传输稳定，适用于高速网络和主干网。在无中继的情况下，其传输距离可达几千米。

光纤传输介质价格较高，但传输光波信号不受电磁干扰、频带宽、重量轻，适用于长距离、高速率的信号传输。光纤是前景非常好的网络传输介质，随着成本的降低，在不远的将来，光纤到楼、到户，甚至延伸到桌面，将给我们带来全新的高速体验。

② 无线传输介质。

若通信线路要通过高山或岛屿，或通信距离很远时，敷设电缆既昂贵又费时，这时利用无线电波在自由空间的传播就可较快实现多种通信。此外，人们不仅要求能够在运动中进行电话通信，而且还要求能够在运动中进行计算机数据通信，即移动上网，因此，最近十几年无线电通信发展特别快。

无线通信介质主要指微波和卫星通信。

● 微波通信。

微波通信是利用无线电波在对流层的视距范围内进行信息传输的一种通信方式，主要是指使用频率在2GHz～40GHz 的微波信号进行通信。微波的传播距离一般在几千米的范围内，为实现远距离通信，必须在一条无线电通信信道的两个终端之间建立若干个中继站。中继站把前一站送来的信号经过放大后再发送到下一站，故称为“接力”。微波的传播有时会受到恶劣气候的影响。

● 卫星通信。

常用的卫星通信方法是在地面站之间利用 36000km 高空的同步地球卫星作为中继器的一种微波接力通信，卫星通信的最大特点是适合于很长距离的传输，如国际之间、洲际之间，且通信费用与通信距离无关。和微波接力通信相似，卫星通信的频带很宽，通信信道容量很大，信号所受的干扰也较小，通信比较稳定。但卫星通信传输延时较大，且费用较高。

另外，红外通信、蓝牙通信也是使用无线通信介质进行通信的，可用于近距离比如笔记本计算机之间的数据传送。

（3）网络连接设备。

网络连接设备是指把网络中的通信线路连接起来的各种设备的总称，这些设备包括网络适配器、中继器、交换机、路由器、无线 AP 等。

● 网络适配器。

网络适配器简称网卡，安装在计算机的扩展槽上，用于计算机和通信电缆的连接，使计算机之间可以进行高速数据传输。网卡的后面都有连接网线的接口，不同的传输介质使用不同的接口形式，目前最常用的是使用 RJ-45 接口的网卡。如果以带宽来分类网卡，网卡可分为 10Mbit/s 网卡、100Mbit/s 网卡及1000Mbit/s 网卡。另外，网卡还可分为有线网卡（见图 2-4）和无线网卡（见图 2-5）。

图 2-4 有线网卡

图 2-5 无线网卡

● 中继器。

中继器又称为转发器，如图 2-6 所示。电磁信号在网络传输介质上传递时，由于衰减和噪音使有效数据信号变得越来越弱。为保证数据的完整性，它只能在一定的有限距离内传递。中继器的主要作用是对衰减的信号进行放大、整形，并使其沿着原来的方向继续传播。在实际使用中，中继器主要用于延伸网络长度和连接不同的网络。

● 交换机。

交换机是使计算机之间能够相互高速通信的独享带宽的网络设备，如图 2-7 所示。局域网交换机是交换式局域网的核心。交换机支持端口连接节点之间的多个并发连接，从而增大网络带宽，改善局域网的性能和服务质量。按所应用的网络规模大小，可将交换机分为企业级交换机、部门级交换机、工作组交换机和桌面级交换机。

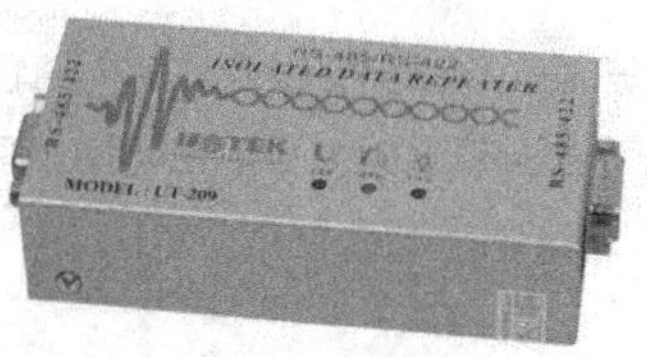

图 2-6　中继器

图 2-7　交换机

- 路由器。

路由器是一种负责寻找路径的网络设备，如图 2-8 所示，主要用于在不同的网络间选择一条最佳的传输路径，是互联网络的枢纽。路由器可将不同传输介质的网络连接起来，相当于大型网络中的不同网段的中继设备，通过路由器可选择最佳的数据转发路径，解决网络拥塞的问题。另外，路由器还具有协议转换、流量控制、网络管理等功能。

- 无线 AP。

无线 AP 也称为无线路由器或无线桥接器，如图 2-9 所示，是使用无线设备（手机、笔记本计算机等）的用户进入有线网络的接入点，任何一台装有无线网卡的主机通过无线 AP 都可以连接有线局域网络。无线 AP 就是一个无线交换机，它仅提供无线信号发射的功能。不同的无线 AP 型号具有不同的功率，可以实现不同程度、不同范围的网络覆盖。

图 2-8　路由器

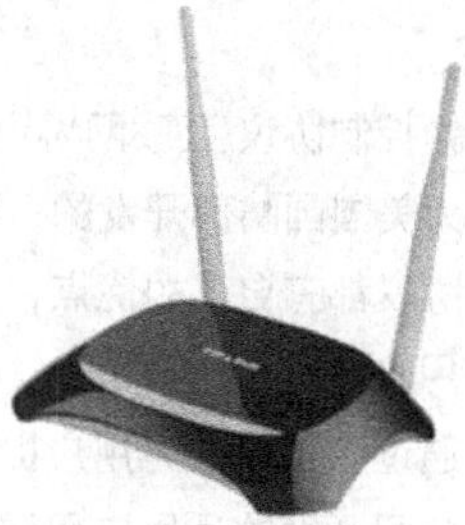

图 2-9　无线 AP

2. 网络软件系统的组成

网络软件系统主要包括网络操作系统、网络协议软件、网络应用软件等。

（1）网络操作系统（NOS）。

网络操作系统是使网络上各计算机方便而有效地共享网络资源，为网络用户提供各种服务软件和协议的集合，是网络用户与计算机网络之间的接口。它可用于管理网络通信和共享网络资源、协调网络环境中多个网络结点中的任务。网络操作系统通常包括两个组成部分：客户端操作系统和服务器端操作系统。

目前流行的网络操作系统主要有 Windows 操作系统、UNIX 操作系统及 Linux 操作系统。

- Windows 操作系统。

Windows 操作系统是微软公司开发的一种界面友好、操作简便的网络操作系统，这类操作系统的配置在整个局域网配置中是最常见的，但由于它对服务器的硬件要求较高，且稳定性不是很好，所以一般只是用在中低档服务器中，高端服务器通常采用 UNIX、Linux 等非 Windows 操作系统。

- UNIX 操作系统。

这种网络操作系统的稳定和安全性能非常好，支持网络文件系统服务，提供数据等应用，功能强大。但由于它多数是以命令方式来进行操作的，不容易掌握，所以，小型局域网基本不使用 UNIX 作为网络操作系统，UNIX 一般用于大型的网站或大型的企事业单位的局域网中。

- Linux 操作系统。

这是一种开源的网络操作系统，它的最大特点就是源代码开放，可以免费得到许多应用程序，因此得到了用户的充分肯定。在安全性和稳定性方面，它与 UNIX 有许多类似之处。目前这类操作系统主要应用于中、高档服务器中。

（2）网络协议软件。

网络协议是指实现计算机网络中不同计算机系统之间的通信所必须遵守的通信规则的集合。例如，什么时候开始通信，采用什么样的数据格式，数据如何编码，按什么顺序交换数据，如何处理差错，如何协调发送和接收数据的速度，如何为数据选择传输路由等。

常见的网络通信协议有：NetBEUI 协议、IPX/SPX 协议、TCP/IP 等。

- NetBEUI 协议。

它是 NetBIOS 协议的增强版本，用于携带 NetBIOS 通信。NetBEUI 缺乏路由和网络层寻址功能，这既是其最大优点，也是其最大缺点。因为它不需要附加网络地址和网络层头尾，所以通信效率很高，但仅适用于单个网络或整个环境都桥接起来的小工作组环境。

- IPX/SPX 协议。

它是由 Novell 公司开发的专用于 NetWare 网络中的一种高速协议，用于 NetWare 客户端/服务器的协议群组，避免了 NetBEUI 协议的弱点。IPX/SPX 协议具有完全的路由能力，可用于大型企业网，它包括 32 位网络地址，在单个环境中允许有多个路由网络。

- TCP/IP。

TCP/IP（传输控制协议/互联网协议）是 Internet 使用的一组协议，是 20 世纪 60 年代由麻省理工学院和一些商业组织为美国国防部开发的，即便遭到核攻击而破坏了大部分网络，TCP/IP 仍然能够维持有效的通信。每种网络协议都有自己的优点，但是只有 TCP/IP 允许与 Internet 完全的连接。

（3）网络应用软件。

计算机网络通过应用软件为用户提供网络服务，即信息资源的传输和共享。应用软件可分为两类：一类是由网络软件公司开发的通用应用软件工具，包括电子邮件、即时聊天等，另一类应用软件则是专门服务于具体的用户业务，例如金融、企业、医院、学校等。

2.1.4 计算机网络的性能指标

性能指标从不同的方面来度量计算机网络的性能。下面介绍几个常用的性能指标。

（1）速率。

计算机通信需要将信息转换成二进制数字来传输，一位二进制数称为一个比特（bit）。网络技术中的速率指的是每秒传输的比特数量，也称为比特率。速率的单位是 bit/s（比特每秒），当速率较高时，也可以使用 kbit/s、Mbit/s、Gbit/s 或 Tbit/s 来表示。

（2）带宽。

带宽本意指某个信号具有的频带宽度，在计算机网络中，带宽指网络的通信线路传送数据的能力，即“最高速率”。带宽的单位为 bit/s。一条通信链路，带宽越宽，最高数据率也越高。当带宽较大时，也可以使用 kbit/s、Mbit/s、Gbit/s 或 Tbit/s 来表示。

（3）吞吐量。

吞吐量是指在单位时间内通过某个网络或接口的数据量，包含全部上传和下载的流量。吞吐量受制于带宽或网络的额定速率。如果说带宽给出了网络所能传输的比特数，那么吞吐量就是它真正有效的数据传输率。一般以数据包每秒（PPS）、字符每秒（CPS）、每秒事物处理数（TPS）为吞吐单位。

（4）利用率。

利用率包括信道利用率和网络利用率。信道利用率指出某信道有百分之几的时间是被利用的。网络利用率则是全网络的信道利用率的加权平均值。信道利用率并非越高越好。这是因为，根据排队的理论，当某信道的利用率增大时，该信道引起的时延也将迅速增加。

【知识拓展 1】大数据与云计算

从技术上看，大数据与云计算的关系就像一枚硬币的正反面一样密不可分。大数据无法用单台的计算机进行处理，必须采用分布式计算架构。它的特色在于对海量数据的挖掘，它必须依托云计算的分布式处理、分布式数据库、云存储及虚拟化技术。

1. 大数据

大数据也称为海量数据，指所涉及的数据量规模巨大到无法通过目前主流软件工具，在合理时间内对其进行管理、处理，并将其整理成为能够帮助企业经营决策的信息。“大数据”是由数量巨大、结构复杂、类型众多的数据构成的数据集合，是基于云计算的数据处理与应用模式，通过数据的整合共享，交叉复用，形成的智力资源和知识服务能力。我们每个人都是大数据的产生者，同时也是大数据的使用者。

大数据具有以下特点。

第一，数据体量巨大。从 TB 级别跃升到 PB 级别（1PB=1024TB）。

第二，数据类型繁多。包括文本、图片、音频、视频、地理位置信息等。

第三，价值密度低。以视频为例，1 个小时的监控视频中，可能有用的仅有一两秒。

第四，处理速度快。数据处理遵循“1 秒定律”，可从各种类型的数据中快速获得高价值的信息。

大数据技术，是指从各种各样类型的大数据中，快速获得有价值信息的能力。

2. 云计算

云是网络、互联网的一种比喻说法。云计算是商业化的超大规模分布式计算技术。即：用户可以通过已有的网络将所需要的庞大的计算处理程序自动分拆成无数个较小的子程序，再交由多台服务器所组成的更庞大的系统，经搜寻、计算、分析之后将处理的结果回传给用户。

随着传统互联网向移动互联网发展，大数据给互联网带来的是空前的信息爆炸，它不仅改变了互联网的数据应用模式，还将深深地影响着我们的生活。将大量原始数据汇集在一起，通过各种技术手段分析数据中潜在的规律，帮助我们更好地对过去进行总结，以及预测事物的发展趋势，有助于人们做出正确的选择。目前，大数据主要来源于企业，也主要应用于企业。大数据在企业中的应用能在许多方面提高企业的生产效率和竞争力。通过对大数据的分析，企业可以更准确地预测消费者的行为并找到清晰的业务模式，分化自己的商品价格，准确预测人员配置，降低人工成本，进行库存优化、物流优化以及供应商协调等。

大数据时代已经来临，它将在众多领域掀起变革的巨浪。我们相信，在国家的统筹规划与支持下，通过各地方政府因地制宜制定大数据产业发展策略，通过国内外 IT 龙头企业以及众多创新企业的积极参与，我国大数据产业未来的发展前景将十分广阔。

任务 2.2 Internet 概述

1969 年美国国防部高级研究计划局开发的 ARPANET 是现代计算机网络的雏形，它的成功试验奠定了 Internet 存在和发展的基础，此后，计算机网络技术得到了迅猛发展。Internet 又称因特网或互联网，是世界上最大的计算机网络，它连接了全球不计其数的网络与计算机，是最开放的信息系统，为人们提供了巨大的且不断增长的信息资源和服务工具宝库。各种信息不仅给人们的生产效率、工作效率和生活质量的提高带来了可能，也给人们带来了创业发展的新机遇。

2.2.1 Internet 的主要功能

Internet 是世界上最大的信息资源库，同时也是最方便、快捷、廉价的通信方式，人们足不出户就能获取各种信息、进行交流和接受各种服务。Internet 提供的服务主要包括：信息浏览、信息检索、电子邮件、远程登录和文件传输等。

1. 信息浏览——WWW

WWW 又称万维网（World Wide Web），简称为 Web，是目前应用最广的一种基本互联网应用，较流行的 WWW 服务的程序就是微软的 IE 浏览器。通过它不仅能查看文字，还可以欣赏图片、音乐、视频等。WWW 服务使用的是超文本链接技术，可以很方便地从一个信息页转换到另一个信息页。

2. 信息检索——搜索引擎

信息检索是指从信息资源的集合中查找所需信息的过程。Internet 包罗的信息非常丰富，涉及人们生活、工作和学习等各个方面。用户可在 Internet 中查找到所需的文献和资料，也可在 Internet 中获得休闲、娱乐和生活技能等方面的最新动态。

3. 电子邮件——E-mail

电子邮件，又称 E-mail，是指用电子手段传送信件、单据、资料等信息的通信方法。通过网络的电子邮件系统，用户可以非常快速地与世界上任何一个角落的网络用户进行联系，这些电子邮件可以包含文字、图像、声音、视频等各种信息。

4. 远程登录——Telnet

用户通过 Telnet 命令可使自己的计算机暂时成为远程计算机的终端，直接调用远程计算机的资源和服务。利用远程登录，用户可以实时使用远程计算机上对外开放的全部资源，可以查询数据库、检索资料，或利用远程计算机完成只有巨型机才能完成的工作。

5. 文件传输——FTP

文件传输是指通过网络将文件从一台计算机传送到另一台计算机上。Internet 上的文件传输服务是基于文件传输协议（File Transfer Protocol）的，因此，通常被称为 FTP 服务。

文件传输有上传和下载两种方式。上传（Upload）是指用户将本地计算机上的文件传输到文件服务器上，下载（Download）是指用户将文件服务器上的文件传输到本地计算机上。

6. 即时通信——IM

即时通信是指能够即时发送和接收互联网消息的业务。自 1998 年问世以来，特别是经过近几年的迅速发展，即时通信不再仅仅是一个聊天工具，其功能日益丰富，逐渐发展成集交流、资讯、娱乐、搜索、电子商务、办公协作和企业客户服务等为一体的综合化信息平台。

7. 电子商务——E-Bussiness

电子商务就是利用互联网开展的商务活动。在开放的互联网环境下，买卖双方可以不见面而进行各种商贸活动，实现消费者的网上购物、商户之间的网上交易和在线电子支付，以及各种商业活动、交易活动、金融活动和相关的综合服务活动等，它是一种新型的商业运营模式。

8. 电子政务——E-Government

电子政务指运用计算机、网络和通信等现代信息技术手段，实现政府组织结构和工作流程的优化重组，超越时间、空间和部门分隔的限制，建成一个精简、高效、廉洁、公平的政府运作模式，以便全方位地向社会提供优质、规范、透明、符合国际水准的管理与服务。

2.2.2 Internet 接入方式

接入因特网的方式多种多样，一般都是通过因特网服务提供商（Internet Service Provider，ISP）接入因特网的。因特网接入有 ADSL 接入、局域网接入、DDN 专线接入、无线接入和光纤接入等多种方式。对个人用户来说，光纤接入是目前理想的高速宽带接入方式。无线接入也是当前流行的一种接入方式，它给移动网络用户提供了极大的便利。

1. ADSL 宽带接入

ADSL 即非对称数字线路技术，即在一对双绞线上提供上行 640kbit/s、下行 8Mbit/s 的宽带，是目前常用的上网方式之一，家庭用户大多选择 ADSL 接入方式。

采用 ADSL 接入因特网，需向电信部门申请 ADSL 业务，得到一个合法的 ADSL 用户名和密码。根据已有的账号和密码，用户在自己的计算机上按照连接向导创建一个宽带连接。之后，用户只需要在桌面上双击宽带连接的快捷图标，并输入正确的用户名和密码就可以连接到 Internet。

2. 局域网接入

用路由器将本地计算机局域网作为一个子网连接到 Internet 上，可使局域网的所有计算机都能够访问 Internet。这种连接的本地传输速率可达 100Mbit/s 以上，但访问 Internet 的速率要受到局域网出口（路由器）的速率和同时访问 Internet 的用户数的影响。

采用局域网接入非常简单，只要用户有一台计算机、一块网卡和一根双绞线，然后再去向网络管理员申请一个 IP 地址就可以了。校园里的学生一般都选择局域网接入方式。

3. DDN 专线接入

这种方式适合对带宽要求比较高的场合，如大型企业、金融、保险等行业，它的特点是速率比较高，有固定的 IP 地址、可靠的运行线路、永久的连接，但是，由于整个链路被企业独占，所以费用也很高。

采用这种接入方式时，需要在用户及 ISP 两端各加装支持 TCP/IP 的路由器，并需向电信部门申请相应的数字专线，即可由申请用户独自使用。

4. 无线接入

构建无线局域网时不需要布线，这提供了极大的便捷，省时省力，并且在网络环境发生变化、需要更改计算机的布局时，也易于更改维护。

几乎所有的无线网络都在某一个点上连接到有线网络中，以便访问 Internet 上的服务。要接入因特网，无线 AP 还需要与 ADSL 或有线局域网连接，无线 AP 就像一个简单的有线交换机一样将计算机和 ADSL 或有线局域网连接起来，从而达到接入因特网的目的。

5. 光纤接入

光纤接入是指从区域电信机房的局端设备到用户终端设备之间完全以光纤作为传输媒介。光纤通信具有频带宽、容量大、损耗低、单位带宽成本低、不受电磁干扰、可承载高质量视频、绿色环保等特点，能够确保通信畅通无阻。发展光纤到户乃大势所趋。

根据光纤深入用户的程度，可分为 FTTZ（Fiber To The Zone 光纤到小区）、FTTB（Fiber To The Building 光纤到大楼）、FTTD（Fiber To The Desk 光纤到桌面）等。

2.2.3 IP 地址与 DNS 配置

计算机接入 Internet 后，只是完成了硬件配置，要想使计算机能正常接入网络，还需要通过“TCP/IP 属性”对话框对 IP 地址、子网掩码和 DNS 进行设置。

1. IP 地址

连接在 Internet 上的每一台计算机都以独立的身份出现。为了实现计算机之间的通信，每台计算机都必须有一个唯一的地址。就像每个电话用户都有一个全世界范围内唯一的电话号码一样，Internet 上的每台计算机都必须有一个唯一的编号作为其在 Internet 的标识，用来解决计算机相互通信的寻址问题，这个编号称为 IP 地址。

IP 地址用 32 位（4 个字节）表示。为了便于管理和配置，将每个 IP 地址分为 4 段（一个字节为一段），每一段用一个十进制数来表示，段与段之间用圆点隔开，即用“点分十进制数字”来表示 IP 地址。每组数字的取值范围是 0～255，如 192.168.203.87。

Internet 由很多独立的网络互联而成，每个独立的网络就是一个子网，每个子网都包含若干台计算机。根据这个模式，Internet 的设计人员用两级层次模式构造 IP 地址，类似电话号码。电话号码的前面一部分是区号，后面一部分是某部电话的号码。IP 地址也被分为两个部分，即网络地址和主机地址，网络地址就像电话的区号，标明主机所在的子网，主机地址则标识出在子网内部的某一主机。

网络地址	主机地址

Internet 上有大大小小的许多网络，每个网络中主机的数目不同，所需要的 IP 地址数目也不同，为了充分利用 IP 资源，适应不同规模网络的需要，除一些保留的 IP 地址外，把其余的全部 IP 地址分为 5 类。

A 类地址：IP 地址第一段为 1～126，第一段为网络地址，后三段为网络中的主机地址。每个 A 类网络最多可容纳 16777214 台主机。A 类地址适合大型网络使用。

B 类地址：IP 地址第一段为 128～191，前两段为网络地址，后两段为网络中的主机地址。每个 B 类网络最多可容纳 65534 台主机。B 类地址适合中等网络使用。

C 类地址：IP 地址第一段为 192～223，前三段为网络地址，第四段为网络中的主机地址。每个 C 类网络最多可容纳 254 台主机。C 类地址适合小型网络使用。如果一个 C 类地址数目太少，而一个 B 类地址数目又太多，则一个网络可以使用多个 C 类地址。

D 类地址为多播地址，E 类地址为备用地址，它们是一些特殊用途的地址。

这是目前通用的 IP 地址表示方法，采用 IPv4 标准。由于互联网的蓬勃发展，IP 地址的需求量愈来愈大，导致 IP 地址严重不足，妨碍了互联网的进一步发展。为了扩大地址空间，诞生了新一代互联网的协议和标准——IPv6。IPv6 采用 128 位地址长度，完全可以不用担心地址短缺的问题了，而且其中还考虑了在 IPv4 中不易解决的其他问题。

2. 子网掩码

如果一个企业的网络有 100 台主机或更少，而该企业申请了一个 C 类地址，那么就会有一大半的 IP 地址被浪费。因为 Internet 的 IP 地址资源十分紧张，所以遇到这种情况时，可以把一个 C 类地址分配给两个或多个单位的网络使用，就是要把这个 C 类地址划分为多个更小的子网，这就要用到子网掩码了。

子网掩码是划分子网的工具，可以和一个 IP 地址配合，把一个网络划分成多个小的子网。子网掩码的表示形式和 IP 地址类似，也是以 4 段用圆点隔开的十进制数字来表示。

每个独立的子网有一个子网掩码。与A类、B类、C类地址对应的子网掩码分别是 255.0.0.0、255.255.0.0 及 255.255.255.0。

3. 域名

尽管 IP 地址能够唯一地标识网络上的计算机，但它是一个用圆点分隔的 4 组十进制数字，枯燥且无规律，用户很难记忆。因此需要使用容易记忆的名字代替 IP 地址，这个名字就是域名。例如：www.sohu.com 是搜狐网的域名。访问一个网站时，可以输入这个网站的 IP 地址，也可以输入它的域名。

域名和 IP 地址都表示主机的地址，是一个事物的两种表示。Internet 使用域名解析系统 DNS（Domain Name System）进行域名与 IP 地址之间的转换。

域名是计算机拥有者起的名字，但它必须得到域名管理机构的批准。如果一个公司或个人希望在网络上建立自己的主页，就必须取得一个域名。

一个域名由多个子域名组成，包括顶级域名、二级域名、三级域名等，域名的排列是按级别从高到低由右向左排列，各级域名之间用圆点“.”连接。

为了保证域名系统的通用性，Internet 制定了一组正式通用的代码作为顶级域名。顶级域名又分为两类，即组织分层的顶级域名和地理分层的顶级域名。

（1）组织分层。

组织分层首先将 Internet 网络上的站点按其所属机构的性质分为几个大类，形成第一级域名，即顶级域名。以下是常见的顶级域名。

机构域名	含义	机构域名	含义	机构域名	含义
com	商业机构	edu	教育机构	mil	军事机构
net	网络机构	gov	政府机构	org	非营利组织

在顶级域名的基础上，一般会将公司、组织或机构名字作为二级域名。第三级域名通常是该站点内某台主机或子域的名字，至于是否还需要有第四级，甚至第五级域名，则视具体情况而定。

例如：www.sina.com，包括三级域名，表示新浪公司的 WWW 服务器。

（2）地理分层。

按照站点所在的国家（或地区）的英文名字的两个字母缩写来分配第一级域名的方法称为地理分层。由于 Internet 网已遍及全世界，因此地理分层是一种更好的域名命名方法。在此基础上，再按上述组织分层方式命名。例如：www.pku.edu.cn 是北京大学网站的域名，“cn”是中国的缩写。其他一些国家（或地区）的缩写举例如下。

地理域名	含义	地理域名	含义	地理域名	含义
cn	中国	jp	日本	ca	加拿大
ru	俄罗斯	kr	韩国	au	澳大利亚

在实际使用过程中，当用户指定某个域名时，该域名总是被自动翻译成相应的 IP 地址。从技术角度看，域名只是地址的一种表示方式，它告诉人们某台计算机在哪个国家（或地区）、哪个网络上。

4. 设置 IP 地址和 DNS 服务器

TCP/IP 可定义计算机与其他计算机的通信方式，是实现计算机联网的必要条件。

在桌面上的“网络”图标上单击鼠标右键，从弹出的快捷菜单中选择“属性”命令，打开“网络和共享中心”窗口，单击窗口左侧的“更改适配器设置”命令，在网卡对应的“本地连接”上单击鼠标右键，选择“属性”命令，打开“本地连接属性”对话框，如图 2-10 所示。

在“网络”选项卡“此连接使用下列项目”列表中双击“Internet 协议版本 4 (TCP/IPv4)”选项，弹出“TCP/IP 属性”对话框，如图 2-11 所示。

（1）若要指定 IPv4 IP 地址设置，需执行下列操作之一。

① 若要使用 DHCP 自动获得 IP 设置，请选择“自动获得 IP 地址”单选项，然后单击“确定”按钮。

② 若要指定 IP 地址，请选择“使用下面的 IP 地址”单选项，然后在“IP 地址”“子网掩码”和“默认网关”框中，分别键入 IP 地址、子网掩码和默认网关的数值。

（2）若要指定 DNS 服务器地址设置，请执行下列操作之一。

① 若要使用 DHCP 自动获得 DNS 服务器地址，则选择“自动获得 DNS 服务器地址”单选项，然后单击“确定”按钮。

② 若要指定 DNS 服务器地址，则选择“使用下面的 DNS 服务器地址”单选项，然后在“首选 DNS 服务器”和“备用 DNS 服务器”框中，分别键入主 DNS 服务器和辅助 DNS 服务器的地址。

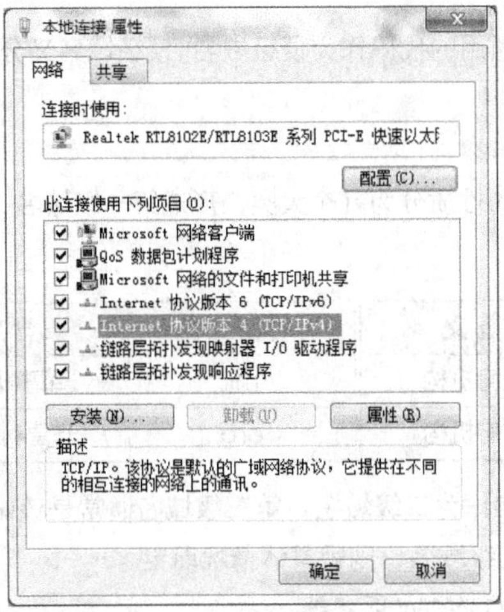

图 2-10 设置“本地连接属性”

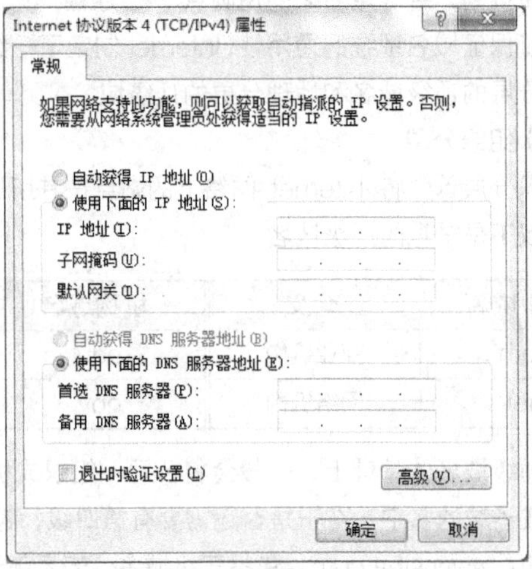

图 2-11 设置“TCP/IP 属性”

【知识拓展 2】物联网

物联网是新一代信息技术的重要组成部分，其英文名称是“Internet of Things（IOT）”。顾名思义，“物联网就是物物相连的互联网”。这有两层意思：第一，物联网的核心和基础仍然是互联网，是在互联网基础上的延伸和扩展的网络；第二，其用户端延伸和扩展到了任何物品与物品之间，进行信息交换和通信。因此，物联网的定义是通过射频识别（RFID）、红外感应器、全球定位系统、激光扫描器等信息传感设备，按约定的协议，把任何物品与互联网相连接，进行信息交换和通信，以实现对物品的智能化识别、定位、跟踪、监控和管理的一种网络。

和传统的互联网相比，物联网具有其鲜明的特征。

首先，它是各种感知技术的广泛应用。物联网上部署了海量的多种类型传感器，每个传感器都是一个信息源，不同类别的传感器所捕获的信息内容和信息格式不同。传感器获得的数据具有实时性，按一定的频率周期性地采集环境信息，不断更新数据。

其次，它是一种建立在互联网上的泛在网络。物联网技术的重要基础和核心仍是互联网，通过各种有线和无线网络与互联网融合，将物体的信息实时准确地传递出去。在物联网上的传感器定时采集的信息需要通过网络传输，在传输过程中，为了保障数据的正确性和及时性，必须适应各种异构网络和协议。

另外，物联网不仅仅提供了传感器的连接，其本身也具有智能处理的能力，能够对物体实施智能控制。物联网将传感器和智能处理相结合，利用云计算、模式识别等各种智能技术，扩充其应用领域。从传感器获得的海量信息中分析、加工和处理出有意义的数据，以适应不同用户的不同需求。

物联网拥有业界最完整的专业物联产品系列，覆盖从传感器、控制器到云计算的各种应用。产品服务智能家居、交通物流、环境保护、公共安全、智能消防、工业监测、个人健康等各种领域，构建了“质量好、技术优、专业性强，成本低，满足客户需求”的综合优势，持续为客户提供有竞争力的产品和服务。物联网产业是当今世界经济和科技发展的战略制高点之一。

中国作为最早布局物联网的国家之一，物联网产业规模多年来保持稳步增长，竞争优势不断增强。按照当前发展趋势，未来几年，我国物联网市场仍将保持高速增长态势。预计到 2022 年，中国物联网整体市场规模约为 3.1 万亿元，年复合增长率在 22%左右，增长空间巨大。

物联网是新一代信息网络技术的高度集成和综合运用，是新一轮产业革命的重要方向和推动力量，对于培育新的经济增长点、推动产业结构转型升级、提升社会管理和公共服务的效率和水平具有重要意义。

物联网已经为经济发展构建了美好的蓝图，它的发展必将给我们的生活带来翻天覆地的变化。

任务 2.3　检索并下载网络资源

Internet Explorer，简称 IE，是微软公司推出的一款网页浏览器，也是目前较流行的浏览器之一。由于微软公司已经将 IE 无缝集成于 Windows 操作系统之中，因此用户无需安装其他浏览器软件，即可轻松浏览网页。国内用户常用的其他浏览器还有 360 安全浏览器、搜狗高速浏览器等。

2.3.1　信息检索

Internet 上的信息浩如烟海，用户在上网时遇到的最大问题就是如何快速、准确地获取有价值的信息，搜索引擎解决了这个难题。

1. 两个常用的搜索引擎网站

这里介绍两个国内常用的搜索引擎。

（1）百度。

百度是全球最大的中文搜索引擎之一，致力于向人们提供“简单，可依赖”的信息获取方式。“百度”一词源于中国宋朝词人辛弃疾的词句“众里寻他千百度”，象征着百度对中文信息检索技术的执着追求。

百度的网址是 http://www.baidu.com，图 2-12 所示为百度搜索引擎的界面。

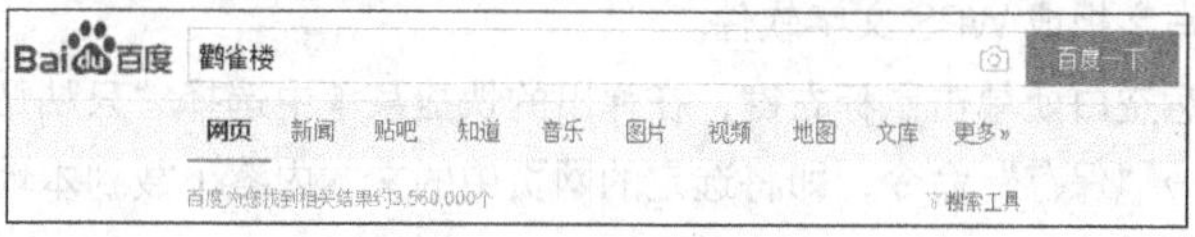

图 2-12　百度的主页

百度搜索分为网页、新闻、贴吧、知道、音乐、图片、视频、地图、文库和更多十大类，单击它们可以进入链接的网页。

默认搜索为网页类型，在搜索文本框中输入关键字，如“鹳雀楼”，单击“百度一下”按钮或按 Enter 键，即可开始搜索网页，并显示搜索结果列表。

若要搜索新闻、图片、音乐、视频等其他内容，可以先在搜索文本框中输入要搜索的关键字，再在文本框下方单击搜索的类型即可。

（2）搜狗。

搜狗搜索是搜狐公司于 2004 年推出的全球首个第三代互动式中文搜索引擎，域名为：www.sogou.com。

搜狗搜索从用户需求出发，以一种人工智能的新算法，分析和理解用户可能的查询意图，对不同的搜索结果进行分类，对相同的搜索结果进行聚类，在用户查询和搜索引擎返回结果的过程中，引导用户更快速准确地定位自己所关注的内容。图 2-13 所示为搜狗搜索引擎的界面。

图 2-13　搜狗的主页

2. 网上搜索的一般方法

各种搜索引擎都提供了一些方法来帮助用户从网上搜索信息资料，这些方法略有不同，但一些常见功能大同小异。查找的准确程度由输入的关键词决定。

（1）模糊查找。

输入一个关键词，搜索引擎就能找到包含关键词或与关键词意义相近的内容页面。这是最简单的查找方法，但是查找的结果却不准确，可能包含着许多无用的信息。

（2）精确查找。

给要查找的关键词加上半角双引号，可以查询完全符合关键字串的网站。例如在搜索文本框中输入“莎士比亚喜剧”，就会返回网页中包含完整莎士比亚喜剧词组的页面。

（3）多关键词查找。

如果用户想查找与多个关键词相关的内容，可以一次输入多个关键词，在各关键词之间用空格来连接。一般而言，提供的关键词越多，搜索引擎搜索的结果越精确。

关键词在搜索引擎中是非常重要的一项内容，搜索引擎对于关键词的排名是有自己的规则的。

2.3.2 下载网络资源

在网上浏览到有价值的信息后，经常需要将这些信息保存下来。

1. 下载网页中的文本

要将网页中整篇文档或文档中的部分内容下载到本地硬盘，可采用以下步骤。

（1）打开网页，选定网页中需要下载的全部或部分文档内容。

（2）在网页中选中的区域上单击鼠标右键，在弹出菜单中单击“复制”命令。

（3）打开记事本、写字板或 WPS 文字软件。

（4）在编辑区域任意空白处单击鼠标右键，在弹出的快捷菜单中选择“只粘贴文本”命令。

（5）执行“文件”→“保存”命令，即将选定的网页中的文本内容下载到本地磁盘。

2. 下载网页中的图片

要将网页中的图片下载到本地磁盘，可以采用以下步骤。

（1）在当前网页中，将鼠标指向需要下载的图片。

（2）单击鼠标右键，在弹出的快捷菜单中选择“图片另存为”命令。

（3）在弹出的保存对话框中选择保存图片的位置，输入图片文件名。

（4）单击“保存”按钮，即将选定的图片下载到本地磁盘。

3. 下载音乐

以百度音乐为例，说明下载音乐的方法。

（1）打开百度首页，在搜索栏输入需要下载的音乐，单击“百度一下”按钮。

（2）单击搜索栏下方的“音乐”按钮，进入百度音乐下载区。

（3）在搜索结果列表中选择自己喜欢的音乐或歌曲，还可以单击“播放”按钮先试听，确认是自己想要的音乐或歌曲后，按“下载”按钮就可以下载了。

若是第一次使用百度搜索下载音乐，会提示需要先下载安装一个音乐播放软件，依照提示操作即可。

另外，也可以通过音乐播放软件如 QQ 音乐来下载音乐。安装好 QQ 音乐软件后，运行该软件，在打开的音乐面板中找到音乐搜索栏，在其中输入想要的歌曲名，按回车键或单击搜索栏右侧的搜索按钮，即可开始下载所要的歌曲。

4. 下载视频

以百度视频为例，说明下载视频的方法。

（1）打开百度首页，在搜索栏输入需要下载的视频，单击“百度一下”按钮。

（2）单击搜索栏下方的“视频”按钮，进入百度视频下载区。

（3）在搜索结果列表中选择并播放自己喜欢的视频，确认是自己需要下载的视频后，单击视频下方的“下载”按钮就可以下载了。

若是第一次使用百度搜索下载视频，会提示需要先下载安装一个视频播放软件，依照提示安装即可。另外，也可以通过视频播放软件如优酷播放器来下载视频。

5. 下载软件

以搜索引擎百度为例，说明下载软件的方法。

（1）打开百度首页，在搜索栏中输入需要下载的软件名称，单击“百度一下”按钮。

（2）在搜索结果页中寻找最适合自己需要的软件的网站链接，打开网页。

（3）单击“下载地址”按钮，最好选择距离自己最近的地址下载，这样下载的速度会比较快。若通过官方网站下载，则可直接单击“下载地址”按钮。

（4）单击所选择的“下载地址”按钮或“下载”按钮，弹出“新建下载任务”对话框，如图 2-14 所示。单击“下载到”文本框中右侧的“浏览”按钮，选择下载软件的保存位置，单击“下载”按钮开始下载。

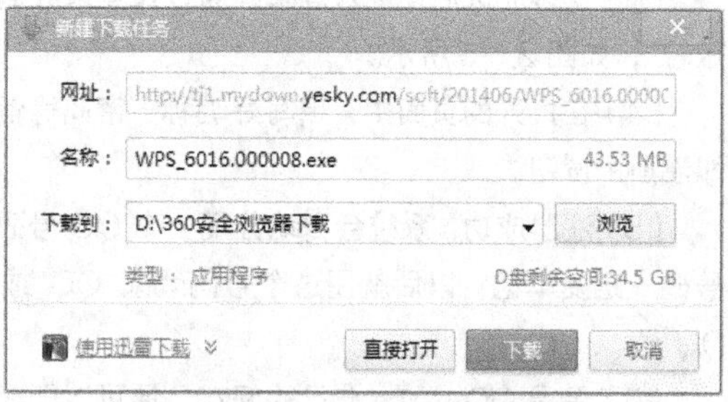

图 2-14　下载软件

（5）下载完毕后，如果需要立即安装该软件，则单击“运行”按钮，或双击该程序文件，根据安装界面提示，一步一步完成安装。

下载软件时，如果软件体积较大，也可以借助下载工具如迅雷、BT 等下载。

有时可能需要下载字库文件，方法与下载软件相似，但下载完成后还需要根据提示进行安装或将下载的字体复制到 Windows\Fonts 文件夹下，下载的字体才能起作用。

微课 01 信息检索与下载

【教学案例 1】信息检索与下载

利用搜索引擎从互联网上检索并下载各类信息资源，比如文字、图片、音乐、视频、程序等，这是计算机操作的基本技能。

操作要求

在桌面上建立以“自己所在班级+姓名”命名的文件夹，利用搜索引擎搜索并下载下列资料。

（1）搜索有关长城的故事的一篇文章，将该网页内容添加到收藏夹中，并将该网页内容以文本文档格式（*.txt）、以故事名称命名保存到新建的文件夹内。

（2）下载 3 张有关九寨沟风景的图片，并分别以“九寨沟 1”“九寨沟 2”“九寨沟 3”命名保存到新建的文件夹内。

（3）下载歌曲“最浪漫的事”，并以“最浪漫的事”命名保存到新建的文件夹内。

（4）下载视频“吉祥三宝”，并以“吉祥三宝”命名保存到新建的文件夹内。

（5）下载软件 WPS Office 2019 个人版（软件安装包），并以“WPS Office 2019”命名保存到新建的文件夹内。

任务 2.4　网络交流

网络已成为人们相互交流的重要工具，人们利用网络载体了达到思想交流的目的。运用 QQ、E-mail、博客、贴吧等网络交流载体，可提高交流的广泛性，最大限度地实现社会化网络信息的可选择性、平等性。

2.4.1 即时通信软件 QQ

QQ 是腾讯公司于 1999 年推出的一款免费的、基于 Internet 的即时通信软件，可提供在线聊天、视频电话、QQ 邮箱、点对点断点续传文件、共享文件、网络硬盘等多种功能，是我国使用量大、用户多的面向个人的即时通信软件。

要使用 QQ，首先必须拥有自己的 QQ 号，下面说明下载安装 QQ 软件并获取 QQ 号的步骤。

（1）打开腾讯软件中心网站 http://im.qq.com 并下载 QQ 软件。

（2）下载完成后，双击安装文件，依照提示安装 QQ 软件。

（3）安装完成后，进入登录界面，在登录界面中单击“注册账号”，如图 2-15 所示。

（4）在打开的页面中，填写好昵称、密码等信息，单击“立即注册”按钮。

（5）注册成功，系统会自动分配一个 QQ 号码给用户，这个号码一定要牢记，以后就用这个号码登录 QQ 或是和别人交换 QQ 号。

（6）登录 QQ，加上自己的好友，便可以即时聊天了。

图 2-15 QQ 登录界面

2.4.2 电子邮件 E-mail

电子邮件即 E-mail，指通过互联网书写、发送和接收信件，目的是达成发信人和收信人之间的信息交互。这些电子邮件的内容可以是文字、图片、声音、视频等。电子邮件具有方便、快速、不受地域或时间限制等优点，很受广大用户欢迎。虽然通过即时交流软件 QQ 发送文件很方便，但对于一些比较重要和正式的文件、合同，通常还是通过发送电子邮件来交流的。

使用电子邮件的首要条件是要拥有一个电子邮箱，电子邮箱是通过提供电子邮件服务的机构（一般是因特网服务提供商，即 ISP）为用户建立的，当用户向 ISP 申请 E-mail 账号时，ISP 就会在它的 E-mail 服务器上建立该用户的 E-mail 账户。通过 E-mail 账户，用户就可以发送和接收电子邮件。任何人都可以将电子邮件发送到属于某一用户的电子邮箱中，但只有电子邮箱的主人使用正确的用户名与用户密码登录时，才可以查看电子邮箱的信件内容，对其中的电子邮件进行必要的处理。

1. 申请免费邮箱

Internet 上提供电子邮件服务的网站很多，有收费的，也有免费的。常见的电子邮箱有：QQ 邮箱（腾讯）、163 邮箱（网易）、189 邮箱（电信）等。

QQ 电子邮箱属于免费邮箱。用户只要申请一个 QQ 号码，就会免费得到一个 QQ 邮箱，不用另外申请。

下面介绍申请其他免费电子邮箱的方法。

（1）获取具有免费邮箱功能的站点。

打开百度主页，在搜索栏输入“免费邮箱”，单击“百度一下”按钮，显示免费邮箱网站列表。

（2）打开提供免费邮件服务的网站。

在免费邮箱网站列表中单击打开网站，进入站点主页。

（3）注册电子邮箱。

在打开的注册页面中输入邮件地址、密码及验证码。邮件地址由申请者预先编定好，一般为 2～18 个字符，可使用字母、数字、下划线。输入邮件地址，单击下一项，系统会自动检测该地址是否已被申请。

如果已被注册，则需要重新输入邮件地址，直到系统提示“恭喜，该邮件地址可注册”方可输入密码项。密码信息由申请者编写，用于下次进入邮箱时验证登录。

单击“立即注册”按钮，系统提示“恭喜，您的邮箱注册成功!”系统显示申请成功的邮件地址。

2. 收发电子邮件

目前可用于电子邮件收发管理的客户端软件很多，下面以 QQ 邮箱为例介绍收发电子邮件的操作方法。

（1）开通 QQ 邮箱。

使用 QQ 邮箱收发邮件之前，首先应该开通 QQ 邮箱。

① 登录 QQ。

② 单击 QQ 面板上方的 QQ 邮箱图标（如果已经开通，可以直接进入 QQ 邮箱）。

③ 在弹出的开通 QQ 邮箱界面中，单击“开通我的邮箱”按钮。

④ 依照系统提示注册邮箱。

⑤ 单击“进入邮箱”按钮，即可进入 QQ 邮箱界面。

（2）收发邮件。

邮箱注册成功，进入 QQ 邮箱界面后，便可以收发电子邮件了。

① 接收邮件。

单击窗口左侧导航区中的“收信”按钮，所有接收到的邮件以列表形式显示在窗口右侧。若要查看某封邮件的内容，可单击邮件列表中该邮件所在行任意处，邮件内容便会在窗口右侧显示出来。

电子邮件内容由三个部分构成：邮件头、邮件体和附件。

邮件头相当于传统的信封，主要包括收件人邮箱地址、发件人邮箱地址和邮件主题。

邮件体相当于传统的信纸，这里是邮件的正文。

附件是电子邮件特有的功能，附件的内容可以是文字，也可以是图片、音乐、视频等内容。如果接收到的邮件有附件，则需要先下载附件，才能看到附件内容。

② 写新邮件。

单击窗口左侧导航区中的“写信”按钮，弹出新邮件编辑窗口，如图 2-16 所示。

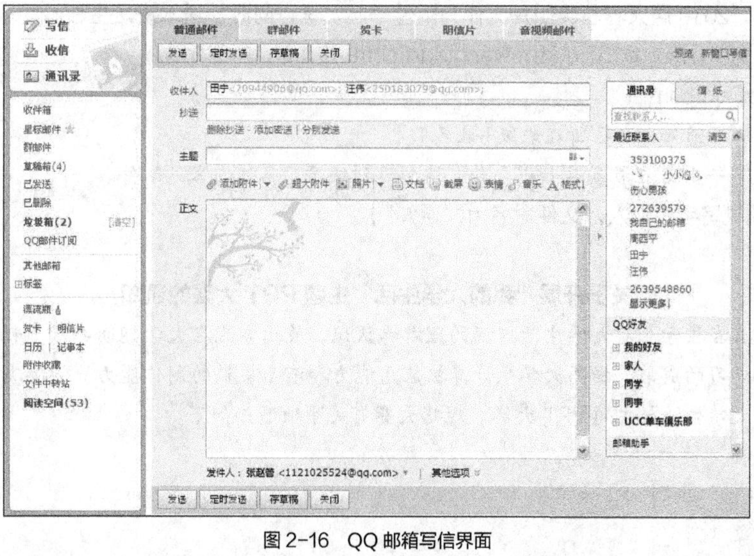

图 2-16　QQ 邮箱写信界面

在“收件人”右侧的文本框内输入收信人的电子邮件地址，若为多个收件人，则各地址之间用分号(；)

隔开；或单击窗口右侧的“通讯录”选项卡，从中选择已保存的一个或多个“收件人”。

每个电子邮箱都有一个邮箱地址。用户的 E-mail 地址格式为：用户名@邮箱所在主机的域名。用户名指在该计算机上为用户建立的 E-mail 账户名，必须是唯一的。主机名指拥有 IP 地址的计算机的名字，为方便起见，一般只用邮箱所在主机的域名。例如在 mail.163.com 主机上有一个账户名为 wangzhifeng 的用户，那么该用户的 E-mail 地址应该为 wangzhifeng@163.com。

“抄送”是在主送的同时将文件发送给与该文有关的单位或个人，地址格式与收件的地址格式相同。

在“主题”文本框内输入该电子邮件的主题关键词。

若需要发送附件，可单击“添加附件”按钮添加附件文件。附件相当于在一封信之外附带一个“包裹”，这个“包裹”可以是文本、图像、音乐、视频或者是程序软件等各种类型的文件，并且一封邮件可以添加多个附件。

填写完成后单击“发送”按钮可将电子邮件发送给收信人。

③ 回复邮件。

当收到一封邮件需要回复时，首先打开该邮件，单击窗口上方或下方的“回复”按钮，在正文区域写好回复信件的内容，再单击“发送”按钮回复该邮件。

用户所发送的电子邮件首先被传送到 ISP 的 E-mail 服务器中，E-mail 服务器将根据电子邮件的目的地址，采用存储转发的方式，通过 Internet 将电子邮件传送到收信人所在的 E-mail 服务器。当收信人接收电子邮件时，E-mail 服务器自动将新邮件传送到收信人的计算机中。

【教学案例 2】收发电子邮件

虽然通过即时交流软件 QQ 发送文件很方便，但对于一些比较重要和正式的文件、通知、合同等，通常还是需要通过发送电子邮件来交流。电子邮件具有快速传达，不易丢失的特点。接收者也无法抵赖说没有收到电子邮件。

邮件内容可以是文字、图像、声音、视频等多种形式。

微课 02 收发电子邮件

操作要求

由班长向学习委员小张和组织委员小王同时发 E-mail，并将文件“关于开展‘我的大学生活’主题 PPT 大赛的通知”和“2018 届大赛获奖照片”作为附件一起发送，同时抄送本班班主任。

收件人分别为：zhang@163.com；wang@qq.com

抄送：song@qq.com

主题：PPT 大赛通知（自己所在班级+姓名）

正文：今天下午 4:30 在教室召开班委会，请勿迟到缺席，具体内容见附件。

附件 1：（通过写字板输入，文件命名为“通知”）

关于开展“我的大学生活”主题 PPT 大赛的通知

为进一步提升在校学生对大学生活内涵的理解和认识，展示学生在大学期间丰富多彩的校园生活、学习成长的过程和学习的成果，提高大学生计算机应用能力和演示文稿的制作能力，学院决定组织全体在校学生开展“我的大学生活”主题 PPT 大赛。现将大赛有关事项通知如下。

一、大赛名称

“我的大学生活”主题 PPT 大赛。

二、参赛对象

全体在校学生均可自愿参加。

三、作品提交时间

2019 年 6 月 15 日—6 月 20 日。

四、比赛内容及要求

1. 所有参赛学生必须提交符合主题要求的 PPT 作品。

2. 参赛作品要体现校园文化、办学理念和当地城市风貌及文化；体现学院专业设置、办学条件以及办学特色等；展现学生在校学习训练技能成果和素养成果。

3. 所提交作品必须是原创作品，否则取消参赛资格。

4. 幻灯片所需素材（包括文字、图片、音乐等）从网上下载或个人原创。

五、奖励

1. 由大赛评委会评出一等奖 10 名、二等奖 20 名、三等奖 30 名，优秀奖 40 名。

2. 对获奖选手除颁发荣誉证书外，给予适当物质奖励。

院学生会

2019 年 5 月 8 日

附件 2：2018 届大赛获奖照片

任务 2.5　计算机网络安全

随着计算机网络的广泛应用，人类面临着信息安全的巨大挑战。虚假信息、网络欺诈、网络窃密、病毒与恶意软件、网络经济犯罪、黑客攻击等层出不穷。计算机网络的安全问题错综复杂，有技术因素，也有管理因素；有自然因素，也有人为因素；有外部的安全威胁，还有内部的安全隐患。

2.5.1　计算机网络安全概述

网络安全归根到底就是网络上的信息安全。它涉及的领域相当广泛，这是因为在目前的公用通信网络中存在着各种各样的安全漏洞和威胁，例如个人隐私或商业信息被他人窃听、篡改等。这就需要了解网络上存在的潜在威胁和应对这些威胁的安全策略。

1. 网络安全的概念

计算机网络不仅包括组网的硬件、管理控制网络的软件，也包括共享的资源，快捷的网络服务，所以定义网络安全应考虑涵盖计算机网络所涉及的全部内容。参照 ISO 给出的计算机安全定义，认为计算机网络安全是指：保护计算机网络系统中的硬件、软件和数据资源，不因偶然或恶意的原因遭到破坏、更改、泄露，使网络系统连续可靠性地正常运行，网络服务正常有序。

2. 网络的潜在威胁

造成计算机信息不安全的因素很多，包括人为因素、自然因素和偶发因素。其中，人为因素是对计算机信息安全威胁最大的因素。人为因素是指，一些不法之徒利用计算机网络存在的漏洞，盗用计算机系统资源，非法获取重要数据、篡改系统数据、破坏硬件设备、编制计算机病毒。

（1）物理安全问题。物理安全是指在物理介质层面上对存储和传输的信息的安全保护。如通信光缆、电缆、电话线、局域网等有可能遭到破坏，引起计算机网络的瘫痪。

（2）网络软件的缺陷和“后门”。网络软件的缺陷是黑客（Hacker）进行攻击的首选目标。另外，软件中人为设置的“后门”一般不为外人所知，但一旦“后门”洞开，其造成的后果将不堪设想。

（3）计算机病毒。计算机病毒将导致计算机系统瘫痪，严重破坏程序和数据，使网络的效率和作用大大降低，许多功能无法使用，给我们的正常工作造成严重威胁。

（4）人为的无意失误。如操作员安全配置不当造成的安全漏洞，用户安全意识不强，用户口令选择不慎，用户将自己的账号随意转借他人或与别人共享等都会对网络安全带来威胁。

（5）人为的恶意攻击。由于网络本身的脆弱性，在用户不知情的情况下，黑客对网络进行截获、窃取、破译以获取重要机密信息，对计算机网络造成极大的危害。这是计算机网络面临的最大威胁。

3. 网络的安全策略

网络安全是一个相对概念，并不存在绝对的安全，因此我们必须未雨绸缪、居安思危；安全威胁是一个动态过程，不可能根除，因此唯有积极防御、有效应对。应对网络安全威胁需要不断提升防范的技术和管理水平，这是网络复杂性对确保网络安全提出的客观要求。

（1）加强安全制度的建立和落实工作。根据本单位的实际情况制定出切实可行又比较全面的安全管理制度。另外，要强化工作人员的安全教育和法制教育，真正认识到计算机网络系统安全的重要性。

（2）物理安全策略。对于传输线路及设备进行必要的保护，使计算机系统、网络服务器等硬件实体和通信链路免受自然灾害、人为破坏和搭线攻击；验证用户的身份和使用权限、防止用户越权操作。

（3）访问与控制策略。访问控制是网络安全防范和保护的主要策略，包括入网访问控制、网络的权限控制、属性安全控制和网络服务器安全控制。

（4）防火墙技术。防火墙技术是一种位于计算机和它所连接的网络之间的软件或硬件，用于将内部网络与外部网络相隔离，该计算机流入流出的所有网络通信和数据包均要经过此防火墙，从而保护内部网络免受非法用户的侵害。

（5）信息加密技术。信息加密的目的是保护网内的数据、文件、口令和控制信息，保护网上传输的数据。在信息传送特别是远距离传送这个环节，加码技术是可以采取的唯一切实可行的安全技术。

随着计算机技术和通信技术的发展，计算机网络将日益成为重要的信息交换手段，渗透到社会生活的各个领域，必须采取强有力的安全策略，保障网络的安全性。

2.5.2 计算机病毒的防治

计算机病毒（Computer Virus）是指编制或者在计算机程序中插入的破坏计算机功能或者毁坏数据、影响计算机正常使用并能进行自我复制的一组计算机指令或者程序代码。这种程序代码轻则影响计算机的运行速度，重则破坏计算机中的用户程序和数据，给用户造成不可估量的损失。

1. 计算机病毒的特点

计算机病毒一般都具有如下主要特点。

（1）传染性：传染性是病毒的基本特征。病毒代码一旦进入计算机中并得以执行，就会寻找符合其传染条件的程序，确定目标后将自身代码插入其中，达到自我复制的目的。只要有一台计算机感染病毒，如果不及时处理，那么病毒就会迅速扩散。

（2）破坏性：计算机病毒可以破坏系统、占用系统资源、降低计算机运行效率、删除或修改用户数据，甚至会对计算机硬件造成永久破坏。

（3）隐蔽性：由于计算机病毒寄生在其他程序之中，故具有很强的隐蔽性，有的甚至用杀毒软件都检查不出来。

（4）潜伏性：大部分病毒感染系统后不会立即发作，它可长期隐藏在系统中，当满足其特定条件后才会发作。如“黑色星期五”病毒就是在每逢星期五又是某个月 13 日的条件下才会发作。

2. 计算机病毒的传播途径

计算机病毒主要通过移动存储介质（如 U 盘、移动硬盘及光盘）和计算机网络两大途径进行传播。

（1）通过移动存储介质传播。

使用带有病毒的移动存储介质会使计算机感染病毒，并传染给未被感染的“干净”的移动存储介质（盗版只读光盘可能本身带有无法清除的病毒）。由于移动存储介质可以不加控制地在计算机上使用，因此给病毒的传播带来了很大的便利。

（2）通过网络传播。

Internet 的普及给病毒的传播又增加了新的途径，它的发展使病毒的传播更为迅速，反病毒的任务更加艰巨。Internet 带来两种不同的安全威胁，一种威胁来自文件下载，这些被浏览的或是被下载的文件可能存在病毒。另一种威胁来自电子邮件。网络使用的简易性和开放性使得这种威胁越来越严重。

3. 计算机病毒的预防

计算机感染病毒后，用反病毒软件检测和清除病毒是被迫进行的处理措施，而且一些病毒会永久性地破坏被感染的程序，如果没有备份将不易恢复，所以对计算机使用者来说，重在防患于未然。

（1）为计算机安装病毒检测软件。

（2）为操作系统及时打上“补丁”。

（3）尽量少用他人的 U 盘或不明来历的光盘，必须用时要先杀毒再使用。

（4）网上下载的软件一定要先检测后使用。

（5）重要文件一定要做好备份。

（6）重要部门要专机专用。

（7）定期用杀毒软件对计算机系统进行检测，发现病毒及时清除。

（8）定期升级杀病毒软件。

4. 计算机病毒的清除

一旦发现计算机感染病毒，一定要及时清除，以免造成损失。利用反病毒软件清除病毒是目前流行的方法。反病毒软件能提供较好的交互界面，不会破坏系统中的用户数据。但是，反病毒软件只能检测出已知的病毒并将其清除，很难处理新的病毒或病毒变种，所以各种反病毒软件都要随着新病毒的出现不断升级。大多数反病毒软件不仅具有查杀病毒的功能，也具有实时监控功能，当发现浏览的网页有病毒或插入的 U 盘有病毒等情况时，会报警提醒用户进行进一步处理。目前国内常用的杀毒软件主要有：360 杀毒、金山毒霸和瑞星杀毒等。

2.5.3 网络防火墙

网络防火墙是一台专属的硬件或是架设在硬件上的一套软件，它是一种位于内部网络与外部网络之间的网络安全屏障，被用来限制信息在网络之间的随意流动。防火墙将不同的网络保持相互隔离的状态，对流经它的网络通信进行扫描，这样能够过滤掉一些黑客的攻击，以免攻击程序在目标计算机上被执行。防火墙还可以关闭不使用的端口，禁止特定端口的流出通信，封锁特洛伊木马。防火墙还能够禁止来自特殊站点如钓鱼网站的访问，从而防止来自不明入侵者的所有通信。个人计算机与外界环境之间为了进行相应的保护，也可以采用防火墙，称为个人防火墙。

1. 防火墙的基本特性

（1）内部网络和外部网络之间的所有网络数据流都必须经过防火墙。

这是防火墙所处网络位置的特性，同时也是一个前提。因为只有当防火墙是内、外部网络之间通信的唯一通道时，才可以全面、有效地保护内部网络不受侵害。

（2）只有符合安全策略的数据流才能通过防火墙。

防火墙最基本的功能就是确保网络数据的合法性，并在此前提下将网络数据快速地从一条链路转发到下一条链路上去，直至到达目的地。

（3）防火墙自身应具有非常强的抗攻击免疫力。

这是防火墙能担当内部网络安全防护重任的先决条件。防火墙处于网络边缘，它就像一个边界卫士一样，每时每刻都要面对黑客的入侵，这就要求防火墙自身要具有非常强的抗击入侵本领。

（4）应用层防火墙应具备更细致的防护能力。

下一代防火墙具备应用层分析的能力，能够基于不同的应用特征，实现应用层的攻击过滤，兼具应用层的高性能和智能联动两大特性，能够更好地针对应用层攻击进行防护。

2. Windows 7 防火墙设置

常用的防火墙软件有 360 网络防火墙、瑞星防火墙、天网防火墙、金山网盾等，用户可以从网络上下载并安装使用。目前，Windows 7 防火墙功能得到很大增强，所以无论安装哪种第三方防火墙，Windows 7 自带的防火墙都不应该关闭，这对系统信息保护将大有裨益。

下面简单介绍 Windows 7 防火墙配置基本防护功能及常规设置的方法。

（1）打开和关闭 Windows 防火墙。

① 单击“开始”→“控制面板””，找到“Windows 防火墙”。

② 打开“Windows 防火墙”后，可以根据面板左侧的提示设置允许通过防火墙的程序、打开或关闭防火墙及其他设置，如图 2-17 所示。

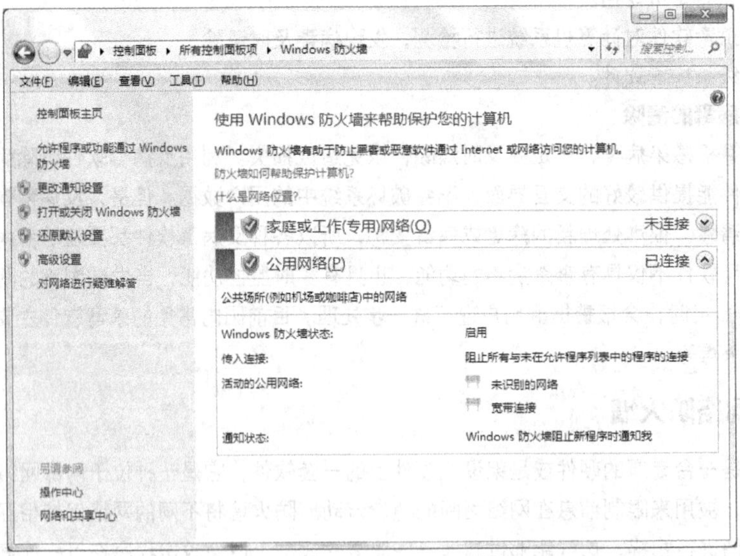

图 2-17 “Windows 防火墙”设置窗口

（2）确定 Windows 防火墙安全级别。

如图 2-17 所示，计算机所处的网络场所分为两种：家庭或工作（专用）网络和公用网络。

每个计算机用户对于系统安全的需求可能是完全不同的，如果自己的笔记本计算机经常通过 Wi-Fi、4G 等公共网络上网工作或娱乐，则对于系统的安全保护当属严格级别；而如果从来都不使用公共网络，计算机只是在家中或办公室使用，那么防火墙的防御级别可以设置得比较低。

3. 防火墙的局限性

防火墙具有很好的网络安全保护作用，对于防止黑客攻击、木马病毒及钓鱼网站具有非常关键的作用，但目前的防火墙还存在一些局限性。

（1）防火墙不能防范不通过防火墙的攻击。例如，如果站点允许对防火墙后面的内部系统进行拨号访问，那么防火墙没有办法阻止入侵者进行拨号入侵。

（2）防火墙不能防范数据驱动式攻击。当有些表面看起来无害的数据被邮寄或复制到 Internet 主机上并被执行而发起攻击时，就会发生数据驱动式攻击。

（3）防火墙不能防止受病毒感染的文件的传输，因此只能在每台主机上安装反病毒软件。

（4）防火墙不能防止来自 LAN 内部的攻击，而这正是网络安全最大的威胁。

2.5.4 信息道德与法规

网络与信息安全是国家安全的核心内容。在信息技术发展日新月异的今天，人们无时无刻不在享受着信息技术带来的便利与好处。然而，随着信息技术的深入发展和广泛应用，网络中已出现许多不容回避的道德与法律问题。因此，在我们充分利用网络提供的历史机遇的同时，抵御其负面效应，大力进行网络道德建设和法制建设已刻不容缓。

1. 信息道德规范

为了维护信息安全，每个计算机的使用者都应该加强信息道德修养，自觉遵守信息道德规范，增强信息安全意识，培养良好的职业道德。具体来说要切实做到以下几点。

（1）不编写或故意传播计算机病毒。

（2）保护知识产权，使用正版软件，不非法复制软件。

（3）不窥探他人计算机中的内容，不窃取他人的计算机密码。

（4）不利用网络从事赌博、诈骗等各种违法活动。

（5）不利用计算机诽谤、污辱他人，侵害他人的名誉权。

（6）不发布、不传播虚假信息。

（7）不发表、不阅读、不传播反党、反社会主义、色情、暴力等有害信息。

2. 信息法律法规

2015 年 7 月 1 日，新修订的《中华人民共和国国家安全法》也增加了制裁计算机犯罪的条款，为依法严厉打击利用计算机实施的各种犯罪活动提供了坚实的法律依据。

《中华人民共和国国家安全法》第二十五条规定：国家建设网络与信息安全保障体系，提升网络与信息安全保护能力，加强网络管理，防范、制止和依法惩治网络攻击、网络入侵、网络窃密、散布违法有害信息等网络违法犯罪行为，维护国家网络空间主权、安全和发展利益。

由于具有可以不亲临现场的间接性等特点，计算机网络犯罪表现出多种形式。

（1）散布破坏性病毒、逻辑炸弹或者放置后门程序犯罪。

（2）偷窥、复制、更改或者删除计算机信息犯罪。

（3）网络诈骗、教唆犯罪。

（4）网络侮辱、诽谤与恐吓犯罪。

（5）发布、传播反党、反社会主义、色情、暴力的犯罪。

我们要自觉抵制各种网络犯罪活动，同时动员全社会的力量，依靠全社会的共同努力，保障互联网的运行安全与信息安全，促进中国信息产业的健康发展。

【知识拓展 3】人工智能

人工智能（Artificial Intelligence，AI）是研究、开发用于模拟、延伸和扩展人的智能的理论、方法、技术及应用系统的一门新的技术科学，是 21 世纪三大尖端技术（基因工程、纳米科学、人工智能）之一。

人工智能是计算机科学的一个分支，它企图了解智能的实质，并生产出一种新的能与人类智能相似的方式做出反应的智能机器。该领域的研究包括机器人、语言识别、图像识别、人机对弈、智能家居、自动驾驶及专家系统等。人工智能可以对人的意识、思维的信息过程进行模拟。人工智能不是人的智能，但能像人那样思考、也可能超过人的智能。

人工智能在计算机上实现时有两种不同的方式。一种是采用传统的编程技术，使系统呈现智能的效果，而不考虑所用方法是否与人或动物机体所用的方法相同。这种方法叫工程学方法，它已在一些领域内有了了成果，如文字识别、计算机下棋等。另一种是模拟法，它不仅要看效果，还要求实现方法也和人类或生物机体所用的方法相同或类似。遗传算法和人工神经网络均属后一类型。遗传算法模拟人类或生物的遗传—进化机制，人工神经网络则模拟人类或动物大脑中神经细胞的活动方式。为了得到相同智能效果，两种方式通常都可使用。采用前一种方法，需要人工详细规定程序逻辑，如果游戏简单，这还是比较方便的。如果游戏复杂、角色数量和活动空间增加，则相应的逻辑就会很复杂（按指数式增长），人工编程就非常繁琐且容易出错。而一旦出错，就必须修改原程序，重新编译、调试，最后为用户提供一个新的版本或提供一个新补丁，非常麻烦。采用后一种方法时，编程者要为每一角色设计一个智能系统（一个模块）来进行控制，这个智能系统（模块）开始什么也不懂，就像初生婴儿那样，但它能够学习，能渐渐地适应环境，应付各种复杂情况。这种系统开始也常犯错误，但它能吸取教训，下一次运行时就可能改正，至少不会永远错下去，用不着发布新版本或打补丁。利用这种方法来实现人工智能，要求编程者具有生物学的思考方法，入门难度大一点。但一旦入了门，其编程方法广泛应用。由于这种编程方法无须对角色的活动规律做详细规定，因此应用于复杂问题时，通常会比前一种方法更省力。

人工智能将会对自然科学、经济和社会带来巨大影响。

（1）人工智能对自然科学的影响。在需要使用数学计算机工具解决问题的学科，人工智能带来的帮助不言而喻。更重要的是，人工智能反过来有助于人类最终认识自身智能的形成。

（2）人工智能对经济的影响。科技是第一生产力。人工智能技术的发展在社会各领域中的应用，可以极大提高生产效率，有助于促进经济高速增长。我国已将人工智能视力经济发展的新引擎。

（3）人工智能对社会的影响。人工智能也为人类文化生活提供了新的模式。现有的游戏将逐步发展为更高智能的交互式文化娱乐手段，今天，在游戏中应用人工智能已经深入到各大游戏制造商的开发环节中。

经过多年的演进，我国人工智能发展进入了新阶段，我国抢抓人工智能发展的重大战略机遇，加快建设创新型国家和世界科技强国。

【项目自测】

一、选择题

1. 在计算机网络术语中，LAN 的中文意思是（　　）。

A. 局域网　　B. 城域网　　C. 广域网　　D. 因特网

2. 下列各项全属于网络拓扑结构的是（　　）。

A. 总线型，环形，分散形　　B. 总线型，星形，对等形

C. 总线型，主从形，对等形　　D. 总线型，星形，环形

3. 实现计算机联网需要硬件和软件，其中负责管理整个网络的各种资源、协调各种操作的软件叫作（　　）。

A. 网络操作系统　　B. 网络应用软件

C. 通信协议软件　　D. 网络数据库管理系统

4. 计算机网络的目标是（　　）。

A. 数据处理　　B. 文献检索

C. 资源共享和信息传输　　D. 网络聊天和网上购物

5. 计算机网络中传输数据常用的物理介质有（　　）。

A. 电话线、双绞线和同轴电缆　　B. 光缆、集线器和电源

C. 光缆、双绞线和同轴电缆　　D. 同轴电缆、光缆和插座

6. Internet 实现了分布在世界各地的各类网络的互联，其最基础和核心的协议族是（　　）。

A. IPX/SPX　　B. TCP/IP　　C. SMIP/IP　　D. SLIP/PPP

7. 下列各项中属于正确的 IP 地址的是（　　）。

A. 201.103.44.-192　　B. 258.192.168.1.2

C. 192.168.0.256　　D. 192.168.1.254

8. E-mail 地址的格式为（　　）。

A. 用户名@邮件主机.域名　　B. @用户名.邮件主机.域名

C. 用户名.邮件主机@域名　　D. 用户名@域名.邮件主机

9. 下列有关电子邮件附件的说法正确的是（　　）。

A. 电子邮件可以发送附件，附件不能是文档、图片

B. 电子邮件附件不能发送动画和声音文件

C. 只能发送一个附件，不能发送多个附件

D. 附件可以是文字、声音、图形和图像信息等文件

10. 将数据从因特网传输到客户机，称为（　　）。

A. 数据上传　　B. 数据下载　　C. Telnet　　D. WWW 服务

11. 有一域名为 www.ycptu.edu.cn，根据域名代码的规定，此域名表示（　　）。

A. 政府机关　　B. 商业组织　　C. 军事部门　　D. 教育机构

12. 负责 IP 地址与域名之间转换的是（　　）。

A. UNIX 系统　　B. FTP 系统

C. Windows 系统　　D. DNS 域名系统

13. 关于因特网中主机的 IP 地址，叙述不正确的是(　　)。

A. IP 地址是网络中计算机主机的身份标识

B. IP 地址可以随便指定，只要和主机 IP 地址不同就行

C. IP 地址由 32 个二进制位组成

D. 计算机的 IP 地址必须是全球唯一的

14. IP 地址 198.0.46.201 的默认子网掩码是（　　）。

A. 255.0.0.0　　B. 255.255.0.0　　C. 255.255.255.0　　D. 255.255.255.255

15. 一个 C 类子网最多能容纳（　　）台主机。

A. 254　　B. 255　　C. 256　　D. 258

16. 文件传输使用的是（　　）协议。

A. Telnet　　B. E-mail　　C. FTP　　D. IM

17. 一般来说，用户上网要通过因特网服务提供商，其英文缩写为（　　）。

A. IDC　　B. ICP　　C. ASP　　D. ISP

18. 实现局域网与广域网互联的设备是（　　）。

A. 路由器　　B. 集线器　　C. 交换机　　D. 网桥

19. 一般而言，Internet 环境中的防火墙建立在（　　）。

A. 每个子网内部　　B. 内部子网之间

C. 内部网络与外部网络交叉点　　D. 以上三个都不对

20. 下一代 IP 地址即 IPv6 将 IP 地址空间扩展到（　　）。

A. 32 位　　B. 64 位　　C. 128 位　　D. 256 位

二、操作题

小刘快要过生日了，请从网上下载一首生日歌曲，再用写字板写一段祝福生日的短信，并将这首生日歌曲和祝福生日短信通过电子邮件发送给小刘。

收件人地址为：liuxudong@qq.com

主题：生日快乐

正文：祝你生日快乐，请打开附件，会有惊喜！

附件内容：

附件 1. 从网上下载的生日歌曲

附件 2. 生日短信：清澈的小溪欢快地流淌，秀美的鲜花开心地绽放。源源的泉水叮咚叮咚响，生日的歌此刻为你而唱。祝你生日快乐，人生路上平安吉祥，好运永远伴你身旁！

Chapter 3

项目三 Windows 7 操作系统

在操作系统诞生之前，计算机仅仅是一种供专业人员使用的高科技工具，需要具备很多的专业知识和复杂的操作技能才能使用它。图形界面操作系统的诞生使计算机操作大大简化，也使计算机走进千家万户成为可能，人们可以方便地使用计算机。可以说，操作系统架起了一座人与计算机便捷对话的“桥梁”。

任务 3.1 操作系统简介

操作系统是一组用于管理和控制计算机硬件和软件资源、为用户提供便捷使用计算机程序的集合，是用户和计算机之间的接口，也是计算机硬件与其他软件之间的纽带和桥梁。用户要想方便有效地使用计算机，必须通过操作系统。操作系统是计算机最基础也是最核心的系统软件，是计算机的“灵魂”，是每台计算机不可缺少的组成部分。

3.1.1 操作系统的定义

操作系统（Operating System，OS）是管理和控制计算机硬件与软件资源的计算机程序，是直接运行在“裸机”上的最基本的系统软件，任何其他软件都必须在操作系统的支持下才能运行。操作系统的功能包括管理计算机系统的硬件、软件及数据资源，控制程序运行，改善人机界面，为其他应用软件提供支持等，它能够使计算机系统所有资源最大限度地发挥作用，提供各种形式的用户界面，使用户有一个好的工作环境，为其他软件的开发提供必要的服务和相应的接口。

3.1.2 操作系统的作用

操作系统的作用是调度、分配和管理所有的硬件和软件系统，使其统一协调地运行，以满足用户实际操作的需求。操作系统为使用计算机的用户合理组织工作流程，并向其提供功能强大、使用便利的工作环境。其主要作用体现在以下两个方面。

1. 有效管理计算机资源

操作系统合理地组织计算机的工作流程，使软件和硬件之间、用户和计算机之间、系统软件和应用软件之间的信息传输和处理流程准确畅通；操作系统要有效地管理和分配计算机系统的硬件和软件资源，使得有限的系统资源能够发挥更大的作用。其主要工作之一就是有序地管理计算机中的全部资源，提高计算机系统的工作效率。

2. 提供友好用户界面

操作系统通过内部极其复杂的综合处理，为用户提供友好、便捷的操作界面，用户无需了解计算机硬件或系统软件的有关细节就能方便地使用计算机，提高用户的工作效率。

3.1.3 微型计算机常用的操作系统

对于计算机来说，操作系统至关重要，下面我们了解几种微型计算机常用的操作系统。

1. DOS 操作系统

DOS 是 Disk Operating System 的缩写，意思是磁盘操作系统，是微软公司开发的、早期微型计算机使用最广泛的操作系统，是单用户、单任务的操作系统。DOS 采用字符用户界面，主要通过字符信息进行人机交互。

在 Windows 7 中依然提供了对部分 DOS 程序的支持，用户可以在 Windows 7 的“程序”菜单的“附件”中选中“命令提示符”项，启动 DOS。在打开的 DOS 窗口中可以使用字符命令运行各种应用程序和进行文件管理。目前，在一些计算机硬件管理和编程场合还常常会用到 DOS 命令。

2. Windows 操作系统

Windows 操作系统是微软公司在 MS-DOS 系统的基础上创建的一个多任务的图形用户界面操作系统，有多个版本，目前有代表性的是 Windows 7、Windows 10 等版本，另外还有 Windows Server 等网络版系列。Windows 操作系统是目前用户数量最多的计算机操作系统。从发展历史来看，Windows 操作系统一直是朝着增加或提高多媒体性、方便性、网络性、安全性和稳定性的方向发展的。

微软公司于 2009 年推出中文版 Windows 7。Windows 7 可在家庭及商业工作环境下使用，运行于笔记本电脑、平板电脑等设备上。Windows 7 的版本有：家庭普通版、家庭高级版、专业版、企业版和旗舰版。

3. UNIX 操作系统

UNIX 操作系统是一种性能先进、功能强大、使用广泛的多用户、多任务的操作系统。

该系统于 1969 年诞生于贝尔实验室，是典型的交互式分时操作系统，具有开放性、公开源代码、易扩充、易移植等特点。用户可以方便地向系统中添加新功能和工具。它具有强大的网络与通信功能，可以安装运行在微机、工作站以及大型机上。其因稳定可靠的特点而广泛应用于金融、保险等行业。

4. Linux 操作系统

Linux 是一个免费、源代码开放、自由传播、类似于 UNIX 的操作系统，是一个基于 UNIX 的多用户、多任务、支持多线程和多 CPU 的操作系统。它既可以作为各种服务器的操作系统，也可以安装在微机上，并提供各种应用软件。它除了命令操作外，还提供了类似 Windows 风格的图形界面。其缺点是兼容性差，使用不方便。

目前，Linux 常被用作各种服务器操作系统，在嵌入式系统应用开发中也表现出了不可替代的优势。

5. Mac 操作系统

Mac OS 是苹果计算机公司为 Mac 系列计算机开发的专属操作系统。它是最早的基于图形用户界面研制成功的操作系统，具有很强的图形处理能力，因为与 Windows 缺乏较好的兼容性而影响了普及。

Mac OS 是基于 UNIX 系统的、全世界第一个采用“面向对象操作系统”的、全面的操作系统。“面向对象操作系统”是史蒂夫·乔布斯（Steve Jobs）于 1985 年开发的，由于 MAC 的架构与 Windows 不同，所以很少受到病毒的袭击。

3.1.4 Windows 7 的基本操作

Windows 是微软公司研发和制作的一套桌面操作系统。目前，Windows 几乎成了操作系统的代名词，也是帮助微软公司走向软件霸主的决定性力量。Windows 操作系统开启了图形化操作时代，加快了计算机普及的步伐，极大地促进了现代 IT 产业的发展。Windows 7 是目前最为常用的版本。

1. Windows 7 的启动

启动 Windows 7 操作系统实际上就是启动计算机，这是用户使用计算机的前提。

对于没有设置开机密码且只设置了一个用户的 Windows 系统来说，按下电源开关后，计算机会自动进入 Windows 环境，中间不需要用户的干预。

对于设置了多用户和密码的 Windows 系统来说，在启动过程中会出现用户选择对话框，单击用户名后，在出现的密码框中输入正确的密码，便可进入所选用户的 Windows 环境。

需要注意的是，当计算机关机后，最好间隔 30 秒以上再重新启动，频繁启动或间隔时间太短对计算机硬件有很大影响。

2. Windows 7 的用户界面

启动计算机登录到系统后看到的整个屏幕界面被称为“桌面”，如图 3-1 所示。它是用户和计算机进行交流的平台，上面可以存放用户经常使用的应用程序和文件夹图标，用户也可以根据自己的需要在桌面上添加或删除图标，双击图标就可以快速启动相应的程序或打开相应的文件。

（1）桌面上的图标。

“图标”是指在桌面上排列的小图像，它包含图形、说明文字两部分，双击图标可以打开相应的程序或文件。

安装好中文版 Windows 7，启动后的桌面默认图标即系统图标如下。

图 3-1 Windows 7 桌面

“计算机”图标：用户通过该图标可以实现对计算机硬盘驱动器、文件夹和文件的管理，在其中用户可以访问计算机的硬盘驱动器、照相机、扫描仪和其他硬件以及查看有关信息。

“网络”图标：该项中提供了公用网络和本地网络属性，在双击打开的窗口中，用户可以进行查看工作组中的计算机、查看网络位置及添加网络位置等工作。

“回收站”图标：在回收站中，暂时存放着用户已经删除的文件或文件夹等的一些信息，当用户还没有清空回收站时，可以从中还原删除的文件或文件夹。

“Internet Explorer”图标：用于浏览互联网上的信息，通过双击该图标可以访问网络资源。

当计算机上安装了新的软件之后，部分软件会自动在桌面建立图标，有些软件则可以根据需要在桌面上建立图标。

（2）任务栏与“开始”菜单。

任务栏是位于桌面最下方的一个小长条，它显示了系统正在运行的程序和打开的窗口、可以快速启动的程序、当前时间等内容。用户通过任务栏可以完成许多操作，也可以通过它进行一系列设置。

任务栏可分为“开始”菜单按钮、快速启动工具栏、窗口按钮栏和通知区域等几部分，如图 3-2 所示。

图 3-2 Windows 7 的任务栏

“开始”菜单按钮：单击此按钮，可以用它打开大多数的应用程序。

快速启动工具栏：它由位于任务栏右侧的一些小按钮组成，单击这些按钮可以快速启动程序。

窗口按钮栏：当用户打开一个窗口后，在任务栏上会出现相应的按钮，表明当前程序正在被使用。

语言栏：单击此按钮，在弹出的菜单中可以选择切换各种中英文输入法。

扬声器：单击此按钮出现音量控制对话框，拖动上面的小滑块可以调整扬声器的音量。

日期指示器：在任务栏的最右侧，显示了当前的时间和日期。

3. Windows 7 的退出

当用户要结束对计算机的操作时，一定要先退出中文版 Windows 7 系统，然后再关闭显示器，否则会丢失文件或破坏程序。如果用户在没有退出 Windows 系统的情况下就关闭计算机，系统将认为是非法关机，当下次再启动计算机时，系统会花费很长时间执行自检程序，自查正常后才能启动。

单击“开始”按钮，鼠标指针指向“关机”右侧的展开按钮，展开图 3-3 所示的关机选项。

（1）关机。用完计算机以后应将其正确关机，这样做不仅是因为节能，而且有助于使计算机更安全，并确保数据得到保存。

（2）切换用户。如果计算机上有多个用户账户，则另一用户登录该计算机的便捷方法是使用“切换用户”，该方法不需要注销或关闭程序和文件。

（3）注销。注销是为了便于不同的用户快速登录使用计算机，注销 Windows 7 后，正在使用的所有程序都会关闭，但计算机不会关机。

（4）重新启动。此选项将关闭并重新启动计算机。用户应该在重新启动前保存所有的文档。

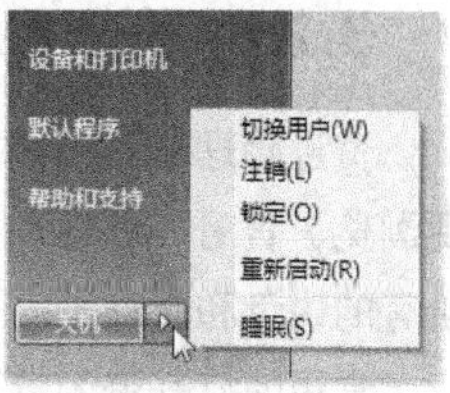

图 3-3　“关机”选项

（5）睡眠。在计算机进入睡眠状态时，显示器将关闭，计算机的风扇也会停止运行。若要唤醒计算机，则可按下计算机的电源按钮，因为不必等待 Windows 启动，所以可在数秒内唤醒计算机。

尽管计算机睡眠是最快的关闭方式，并且也是快速恢复工作的最佳选择，但是如果长时间不使用，通常还是需要选择关机。

【知识拓展 1】坚定不移地发展国产操作系统

操作系统是直接运行在“裸机”上的最基本的系统软件，是对机器的第一次扩展，任何其他软件都必须在操作系统的支持下才能运行。

中国工程院院士倪光南表示，计算机上的应用程序都是在操作系统的支持下工作的，操作系统就好像地基，应用程序就是地基上的房子。也就是说，只要计算机联网，谁掌控了操作系统，谁就掌握了这台计算机上的所有信息。所以，操作系统的安全问题是信息安全的核心问题。

长期以来，我国广泛应用的主流操作系统都是从国外引进直接使用的产品。从国外引进的操作系统，其安全性难以令人放心。例如微软的 Windows 操作系统，它的源代码不公开，无法对其进行分析，不能排除其中存在着人为“陷阱”。而操作系统厂商很容易取得用户的各种敏感信息，比如手机号、身份证、账户、通信内容……这么多数据合在一起，如果用大数据进行分析，则我们国家的经济、政治、国防等情况都很容易被掌握。

为了在关键核心技术上不受制于人，为了确保国家信息安全，中国一定要发展自己的操作系统。依靠自己的力量自主创新，同时也依托 Linux 开源软件，实施引进消化吸收再创新，这样，我国软件人才就有广阔的用武之地，也可以不断提高安全可控水平，这才是发展国产桌面操作系统的正确道路。

我国目前有红旗 Linux、深度 Linux 及中标麒麟 Linux 等多种操作系统。国产操作系统多以 Linux 为基础二次开发，无论布局还是操作方式都与 Windows 相差无几。近几年，国产操作系统取得了巨大进步。

发展操作系统的同时，也要注重国产操作系统的应用生态环境差等各种问题。

改善应用生态，加大应用软件开发力度，做好应用服务支持，都是国产操作系统需要爬过的“高坡”。在中国工程院多位院士的倡导下，由中国电子信息产业集团有限公司等企业和机构共同发起成立中国智能终端操作系统产业联盟，这将改变国产操作系统缺乏软件和硬件支持的尴尬现状。

随着技术进步，虽然国产操作系统与世界先进水平仍有差距，但已经具备可用能力，不至于影响政府和重要部门的工作。通过成立产业联盟，我国可以逐步打造完全自主可控的国产操作系统，推动国产操作系统快速实现产业化发展。

操作系统国产化任重道远，但我们相信国内市场应用生态环境的改善，未来国产操作系统一定会普及，并逐渐成为主流。

任务 3.2　文件管理

Windows 7 提供了两种对文件和文件夹管理的窗口：“计算机”和“资源管理器”。从界面上看，两者比较相似；从功能上看，两者都可以管理文件和文件夹。

3.2.1 资源管理器

资源管理器可以树状的目录结构显示计算机内所有文件的详细列表。使用资源管理器可以更方便地实现浏览、查看、移动和复制文件或文件夹等操作，用户不必打开多个窗口，而只在一个窗口中就可以浏览所有的磁盘和文件夹。

常用的打开资源管理器的方法有如下几种。

（1）单击任务栏中的“Windows 资源管理器”按钮。

（2）在“开始”按钮上单击鼠标右键，从弹出的菜单中选择“打开 Windows 资源管理器”命令。

（3）单击“开始”→“所有程序”→“附件”→“Windows 资源管理器”命令，打开“Windows 资源管理器”对话框，如图 3-4 所示。

在该对话框中，左侧的窗格（导航窗格）显示了所有收藏夹、库和磁盘盘符，右侧窗格中显示了选定的收藏夹、库或磁盘中对应的内容。单击左侧窗格中的磁盘盘符，则右侧窗格中会显示出选定磁盘中对应的所有文件夹和文件，窗口下方用于显示选定的文件或文件夹信息，如图 3-5 所示。

图 3-4 Windows 7 的资源管理器

图 3-5 Windows 7 资源管理器中的目录结构

在左侧的窗格中，若收藏夹、库、驱动器或文件夹前面有三角符号，表明该收藏夹、库、驱动器或文件夹有下一级子项目，单击该三角符号可展开或折叠其所包含的项目。

如果要退出“Windows 资源管理器”，则单击该窗口标题栏右侧的“关闭”按钮即可。

3.2.2 Windows 7 的文件和文件夹

在计算机系统中，信息是以文件的形式保存的，用户所做的工作都是围绕文件展开的。这些文件包括操作系统文件、应用程序文件、文本文件等，它们分类存储在磁盘的不同文件夹中。在文件夹中可以存放各类文件并可以继续建立下一级文件夹。

所有文件夹的图标是相同的，但不同类型的文件，其图标是不同的。

1. 文件

一个完整的文件名由主文件名和文件扩展名两部分构成。主文件名（简称文件名）是用户给该文件起的名字，用于识别该文件，而扩展名用来定义该文件的类型。

（1）文件名。

在计算机中，每一个文件都有对应的文件名。文件名是存储文件的依据，即按名存取。文件名是用户为文件起的名字，应使用有意义的词语，以便用户识别。

不同操作系统的文件名命名规则有所不同。Windows 7 中的文件和文件夹命名约定如下。

① 文件名或文件夹名最多可以由 255 个字符组成。这些字符可以是汉字、英文字母（不区分大小写）、数字、空格和一些特殊符号。

② 文件名或文件夹名中不能使用以下符号："/" "|" "\" "<" ">" "? " "*" ":" " " " "#" "%" "&" 等。

（2）扩展名。

扩展名用来定义文件的类型。在进行文件保存操作时，软件通常会在文件名后自动追加文件的扩展名。通常说的文件格式指的就是文件的扩展名。不同类型的文件，其图标样式也不相同。表 3-1 列出了常用的文件扩展名。通常可以借助扩展名判断用于打开该文件的应用软件。

表 3-1　常用文件的类型和扩展名

扩展名	文件类型	含义
TXT	文本文件	记事本软件创建的文档
WPS、ET、DPS	WPS Office 文档文件	WPS Office 中文字、表格、演示创建的文档
DOC、XLS、PPT	MS Office 文档文件	MS-Office 中 Word、Excel、PowerPoint 创建的文档
BMP、JPG、GIF	图像文件	图像文件，不同的扩展名表示不同格式的图像文件
MP3、WAV、MID	音频文件	声音文件，不同的扩展名表示不同格式的音频文件
WMV、RM	流媒体文件	能通过 Internet 播放的流媒体文件，可边下载边播放
RAR、ZIP	压缩文件	压缩文件
EXE、COM	可执行程序	可执行程序文件
OBJ	目标文件	源程序文件经编译后生成的目标文件
HTML、ASP	网页文件	一般说来，前者是静态的，后者是动态的
C、CPP	C、C++源程序文件	C、C++程序设计语言的源程序文件

文件名中可以使用多个间隔符，如"计算机应用基础.模块 3.Windows 7 操作系统.wps"。

2. 文件夹

一个磁盘上的文件成千上万，如果把所有的文件都存放在根文件夹下，对文件进行管理时会很不方便。用户可以在根文件夹下建立文件夹，在文件夹下建立子文件夹，子文件夹下还可以建立更低一级的子文件夹，然后将文件分类存放到不同的文件夹中。这种结构像一棵倒置的树，树根为根文件夹，树中的每一个分支为子文件夹，树叶为文件。同名文件可以存放在不同的文件夹中，但不能存放在同一文件夹中。

当一个磁盘的文件夹结构建立起来后，磁盘上的所有文件都应该分门别类地存放在所属的文件夹中，若要访问某个文件夹下的文件，可通过文件夹路径来访问。

路径是指文件在磁盘上的存放位置，用反斜杠"\"隔开的一系列文件夹名来表示，如 C:\windows\debug\passwd.log。

3.2.3 文件和文件夹管理

资源管理器是 Windows 系统中用于管理文件和文件夹的功能强大的应用程序，它可以快速对硬盘、光盘、U 盘上的文件和文件夹进行查看、查找、复制、移动、删除和重命名等操作，也可以运行应用程序和打开文件。

1. 选择文件或文件夹

对文件或文件夹进行操作，首先必须选择要操作的对象，即要操作的文件或文件夹。对象被选定后呈反相显示，其后的操作便是针对它们的。选择对象的方法有多种，可根据需要灵活掌握。

选择一个文件或文件夹：单击该文件或文件夹即可。

选择相邻的多个文件或文件夹：先选择要选择的第 1 个文件或文件夹，按住 Shift 键后选择要选择的最后一个文件或文件夹。

选择不相邻的多个文件或文件夹：先选择第一个要选择的文件或文件夹，按住 Ctrl 键后依次选择其他文件或文件夹。

若要选择所有的文件或文件夹，单击“编辑”→“全部选定”命令，或按“Ctrl+A”组合键。

在大批文件或文件夹中，若要选择的文件或文件夹较多，而不选择的文件或文件夹较少，可先选择不选择的文件或文件夹，然后单击“编辑”→“反向选择”命令即可。

2. 创建新文件夹

用户可以创建新的文件夹来存放具有相同类型或相近形式的文件，创建新文件夹可执行下列操作步骤。

（1）单击任务栏上的“Windows 资源管理器”按钮，打开“资源管理器”窗口。

（2）在左侧窗格中单击要新建文件夹的磁盘，在右侧窗格中选择要新建文件夹的位置。

（3）选择“文件”→“新建”→“文件夹”命令，或单击右键，在弹出的快捷菜单中选择“新建”→“文件夹”命令。

（4）在新建的文件夹名称文本框中输入文件夹的名称，按 Enter 键确认即可。

3. 复制文件或文件夹

当需要对文件或文件夹进行备份时，可以复制文件或文件夹，操作步骤如下。

（1）选择要复制的文件或文件夹。

（2）单击“编辑”→“复制”命令，或单击右键，在弹出的快捷菜单中选择“复制”命令。

（3）选择目标位置。

（4）选择“编辑”→“粘贴”命令，或单击右键，在弹出的快捷菜单中选择“粘贴”命令即可。

4. 移动文件或文件夹

移动文件或文件夹之后，原来位置的文件或文件夹消失，出现在新的位置，操作步骤如下。

（1）选择要移动的文件或文件夹。

（2）单击“编辑”→“剪切”命令，或单击右键，在弹出的快捷菜单中选择“剪切”命令。

（3）选择目标位置。

（4）选择“编辑”→“粘贴”命令，或单击右键，在弹出的快捷菜单中选择“粘贴”命令即可。

5. 重命名文件或文件夹

重命名文件或文件夹就是给文件或文件夹重新取一个名称，使其更符合用户的要求。重命名文件或文件夹的操作步骤如下。

（1）选择要重命名的文件或文件夹。

（2）单击“文件”→“重命名”命令，或单击右键，在弹出的快捷菜单中选择“重命名”命令。

（3）这时文件或文件夹的名称将处于编辑状态（蓝色反白显示），用户可直接键入新的名称。

也可在文件或文件夹名称处直接单击两次，使其处于编辑状态，键入新的名称进行重命名操作。

重命名文件时，只能重命名文件主名，不能改变文件的扩展名，否则改名之后文件将无法打开。

6. 删除文件或文件夹

当不再需要某些文件或文件夹时，用户可将其删除。删除后的文件或文件夹将临时放入到“回收站”中，用户可以打开回收站选择将其彻底删除或还原到原来的位置。

（1）删除文件或文件夹。

删除文件或文件夹的操作步骤如下。

① 选择一个或多个要删除的文件或文件夹。

② 选择“文件”→“删除”命令，或单击右键，在弹出的快捷菜单中选择“删除”命令，或按键盘上的 Delete 键进行删除。

③ 弹出“删除文件”对话框，如图 3-6 所示。

④ 若确认要删除该文件或文件夹，可单击“是”按钮；若不删除该文件或文件夹，可单击“否”按钮。

从网络位置、可移动媒体（例如 U 盘、移动硬盘）删除的项目或超过“回收站”存储容量的项目将不被放到“回收站”中，而是被彻底删除且不能还原。

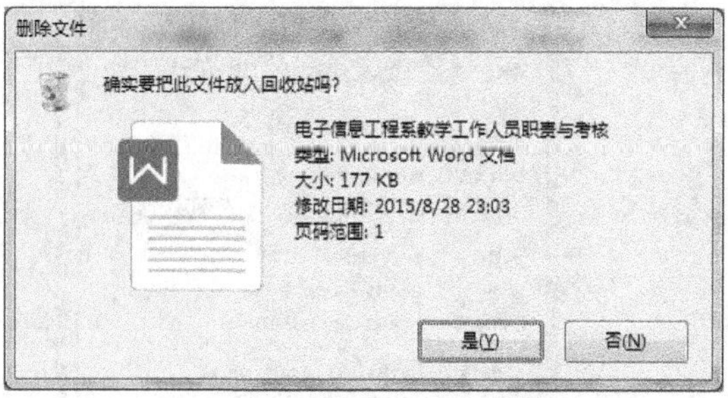

图 3-6 “删除文件”对话框

（2）清空或还原“回收站”中的文件或文件夹。

“回收站”为用户提供了一个安全删除文件或文件夹的解决方案，用户从本地硬盘中删除文件或文件夹时，Windows 7 会将其自动放入“回收站”中，直到用户将其清空或还原到原位置。

删除或还原“回收站”中文件或文件夹的操作步骤如下。

① 双击桌面上的“回收站”图标，打开“回收站”对话框。

② 若要删除“回收站”中所有的文件和文件夹，可单击“清空回收站”命令；若要还原所有的文件和文件夹，可单击“还原所有项目”命令；若要还原部分文件或文件夹，可选中要还原的文件或文件夹，单击窗口中的“还原此项目”命令，或在该对象上单击右键并选择“还原”命令。

若还原已删除文件夹中的文件，则该文件夹将在原来的位置重现；若删除“回收站”中的文件或文件夹，则意味着将该文件或文件夹被彻底删除，无法再还原。

用户也可以选中要删除的文件或文件夹，将其拖放到“回收站”中进行删除。若想直接删除文件或文件夹，而不将其放入“回收站”中，可在拖放到“回收站”时按住 Shift 键，或选中该文件或文件夹，按“Shift+Delete”组合键将其彻底删除。

7. 更改文件或文件夹属性

文件或文件夹包含 3 种属性：只读、隐藏和存档。若将文件或文件夹设置为“只读”属性，则该文件或文件夹不允许更改和删除；若将文件或文件夹设置为“隐藏”属性，则该文件或文件夹在常规显示中将不被看到；若将文件或文件夹设置为“存档”属性，则表示该文件或文件夹已存档，有些程序用此选项来确定哪些文件需进行备份。任何一个新建或修改的文件都有存档属性。

更改文件或文件夹属性的操作步骤如下。

（1）选中要更改属性的文件或文件夹。

（2）选择“文件”→“属性”命令，或单击鼠标右键，在弹出的快捷菜单中选择“属性”命令，打开“属性”对话框。

（3）选择“常规”选项卡，如图 3-7（a）所示。在该选项卡的“属性”选项组中直接选定或取消选中需要的属性复选框。这里主要指“只读”和“隐藏”属性复选框。

（4）单击“属性”对话框中的“高级”按钮，会弹出“高级属性”对话框，如图 3-7（b）所示，可以设置文件属性及压缩或加密属性。

（5）单击“确定”按钮，完成文件属性的更改。

设置“隐藏”属性后，文件并未被直接隐藏，只是半透明显示，还须和菜单命令“工具”→“文件夹选项”→“查看”→“不显示隐藏的文件、文件夹或驱动器”配合使用才能真正隐藏，如图 3-8 所示。

需要重新显示文件时，先执行“工具”→“文件夹选项”→“查看”→“显示隐藏的文件、文件夹或驱动器”命令，再去掉“隐藏”属性即可。

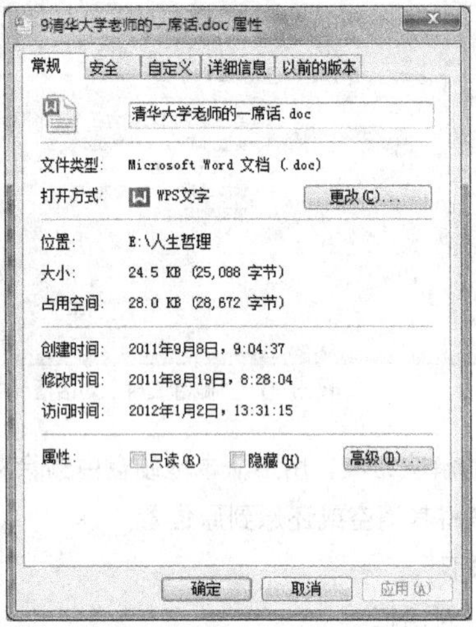

(a) 文件属性

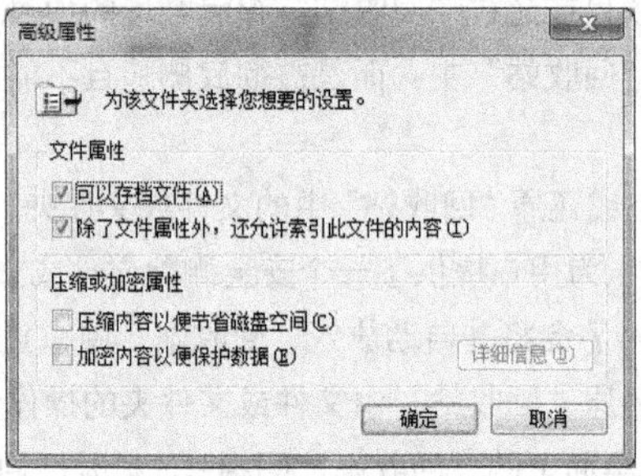

(b) 高级属性

图 3-7 “属性”对话框

若是对文件夹设置属性，则“属性”对话框中会出现“只读（仅应用于文件夹中的文件）”选项，单击“确定”按钮即可应用该属性，如图 3-9 所示。

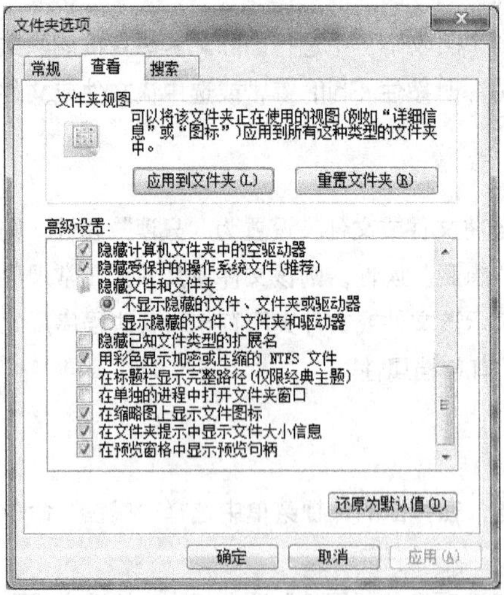

图 3-8 “查看”选项卡

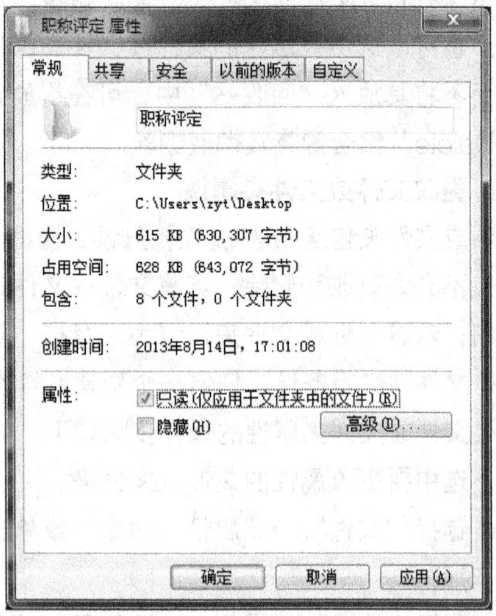

图 3-9 文件夹属性

8. 搜索文件或文件夹

有时需要察看某个文件或文件夹的内容，却忘记了该文件或文件夹存放的具体位置或名称，这时 Windows 7 提供的搜索功能就可以帮用户查找该文件或文件夹了。

搜索文件或文件夹的具体操作步骤如下。

（1）打开资源管理器。

（2）选择搜索文件的驱动器。

（3）在窗口右上角的“搜索”栏中输入需要查找的文件或文件夹名称。

搜索栏也可以用于搜索某一类型的文件或文件夹，这时需要用到文件系统中的通配符。通配符有两个：“? ”和“*”，用来模糊搜索文件，其中一个“? ”代表一个字符，一个“*”代表若干个字符。

例如要找出 C 盘中的全部 JPG 图片文件，可以在“搜索”栏中输入“*.jpg”，Windows 7 会将搜索的结果显示在当前对话框中，如图 3-10 所示。

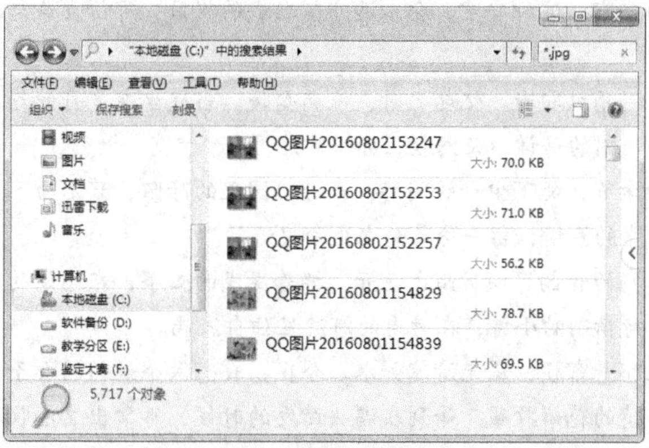

图 3-10 “搜索”对话框

双击搜索列表中的文件或文件夹，即可打开该文件或文件夹。

【教学案例】文件与文件夹的操作

文件和文件夹操作是每个计算机操作者都应该熟练掌握的常规操作，也是计算机操作的最基本技能。

文件和文件夹操作包括：新建文件夹，复制、移动、重命名、删除文件或文件夹，更改文件或文件夹的属性，搜索文件或文件夹。

微课 03 文件与文件夹的操作

操作要求

（1）在 D 盘上新建以“班级+姓名”命名的文件夹，在该文件夹下创建“文档”“备份”和“下载”3 个子文件夹。

（2）在 C 盘搜索扩展名为“.txt”的文件，任选其中三个复制到“文档”文件夹中。

（3）将“文档”文件夹中的 3 个文件分别重命名为“1.txt”“2.txt”“3.txt”。

（4）将“文档”文件夹中的文件“2.txt”移动到“备份”文件夹中。

（5）将“文档”文件夹中的文件“3.txt”删除（放入回收站）。

（6）在“下载”文件夹中创建两个子文件夹“图片”和“音乐”。

（7）从网上下载 3 张有关颐和园风景的图片，放入“图片”文件夹中。

（8）从网上下载歌曲《常回家看看》，放入“音乐”文件夹中。

（9）将“音乐”文件夹重命名为“歌曲”。

（10）新建文本文件，录入下列内容，并将其命名为“陌上花开”保存到“文档”文件夹中。

陌上花开

远远地凝望，让心中的念想，在一树花放的时间里流浪，享受那种独处的冷傲，任其在岁月里自然地枯荣——晨曦。

一些经年的过往，虽已久置，在暖暖的春风里，那一阙旧词，便在寂静的夜里摇曳。我在心里念想那些美丽的片段，它们如风中的花瓣，洒落在我行走的路径。人的一生，内心深处，或许，谁都会有，只属于自己的念想。

缘分，是一条神奇的河流，时光如水，很多人在里面漂泊，散了又聚，聚了又散。我们浮在其中，朝着各自的方向驶去。没有约定未来，却始终相信，有一天会不期而遇。始终相信，被冷暖的世情沉淀之后，依然会有那种天老地荒的安宁。这种安宁，会永远守望在我的岁月，那份真诚与温馨，留在我的心痕里，袅袅生香。

尽管，那瞬间的灿烂，稍纵即逝。忆起之时，依然心暖。当我坐在岁月的岸边，低眉听尘时，只怕那春风漾起的尘泥，惊醒这一刻的静谧，又惹起，那一片片思念。

于是，我在这回暖的季节，褪下尘世的闲愁，走进田园里的阡陌，只是为了，看一枝早开的花朵在枝头微笑。享受一份返璞归真的意境，留一份善念在生命里流转。

午夜静凝，在一曲悠扬的音韵里倾听陌上花开。揣着浅浅的心事，在悠悠的古韵诗章中穿行，美好的情愫在静夜里袅娜成一行行精制的小诗，在时光的河流里独自流淌。

窗外，微醺的春风轻叩着窗棂，星光清凉如水。今夜，我想做个婉约的女子，在宋词里徜徉、独醉。用一份精致的心情，把温情的花瓣收藏。等到我满头白发的时候，再拿出这些收集的花瓣，闻着它流年里的芬芳，将一份美好，深深地蕴藏。

（11）将文档“陌上花开”的文件属性改为“只读”。

任务 3.3 磁盘管理

硬盘必须经过低级格式化、分区和高级格式化（简称为格式化）三个步骤处理后，才能存储数据。其中硬盘的低级格式化通常由生产厂家完成，目的是划定硬盘可供使用的扇区和磁道并标记有问题的扇区；而“分区”和“高级格式化”则需要由用户来完成。分区有利于对硬盘文件分类管理；格式化使计算机能够准确无误地在硬盘上存储或读取数据。

使用磁盘清理程序可以帮助用户删除磁盘上不需要的文件，腾出它们占用的磁盘空间来保存有用的文件；使用“磁盘碎片整理”工具可以提高磁盘的存取速度，同时也可以延长磁盘的使命寿命；查看磁盘属性可以帮助用户了解磁盘的卷标信息、磁盘类型、文件系统、磁盘空间大小，以及磁盘的已用空间和可用空间等信息。

3.3.1 硬盘分区

一个新买的硬盘在使用前，一般需要将其分成几个区，即把一个硬盘驱动器分成几个逻辑上独立的硬盘驱动器。硬盘的分区被称为卷，如果不分区，则整个硬盘就是一个卷。根据自己的使用情况，通常将硬盘分成 3~5 个分区。

对硬盘进行分区的目的有两个。

（1）硬盘容量很大，分区后便于对磁盘文件分类管理。

（2）不同的分区可以安装不同的操作系统，如 Windows 7、Linux 等。

在 Windows 系统中，一个硬盘可以分为一个主分区和一个扩展分区，扩展分区又可以分为一个或多个逻辑分区。主分区和每一个逻辑分区就是一个逻辑驱动器。

主分区主要用来安装操作系统，使计算机能够正常启动，其他分区用来分类存放用户的各类文件。

我们可以借助一些第三方的软件，如 PQMagic、DiskGenius、DM 等来实现分区，也可以在 Windows

安装过程中，通过 Windows 安装程序来分区。

要注意的是，分区命令对硬盘的损伤比较大，切勿多次进行。所以在进行分区之前，应该首先规划好该硬盘需要分几个区以及每个区的容量是多大，一次完成分区。

3.3.2 格式化磁盘

硬盘分区后还不能直接使用，必须对每个分区格式化之后才能使用。

格式化磁盘就是对磁盘（包括硬盘分区和 U 盘）划分出引导扇区、文件分配表、目录分配表、数据区，使计算机能够准确无误地在磁盘上存储或读取数据。它还可以发现并标识出磁盘上坏的扇区，避免在坏扇区上记录数据。而对使用过的磁盘进行格式化将删除原有的全部数据，故在格式化之前应确认磁盘上的现有数据是否有用或已备份，以免造成误删除。

格式化磁盘的具体操作步骤如下。

（1）双击桌面上的“计算机”图标，或单击任务栏上的“Windows 资源管理器”图标，打开“资源管理器”窗口。

（2）选择要进行格式化操作的磁盘，单击“文件”→“格式化”命令，或在要进行格式化操作的磁盘上单击右键，在弹出的快捷菜单中选择“格式化”命令。打开“格式化”对话框，如图 3-11 所示。

（3）格式化硬盘时可在“文件系统”下拉列表中选择 NTFS 或 FAT32，在“分配单元大小”下拉列表中可选择要分配的单元大小。若需要快速格式化，则可选中“快速格式化”复选框。进行快速格式化时，不扫描磁盘的坏扇区而只从磁盘上删除文件。因此只有在磁盘已经进行过格式化而且确认该磁盘没有损坏的情况下才适合使用该选项。

（4）在“卷标”下的文本框中输入该硬盘分区或 U 盘的标识，以方便区别其他分区或 U 盘。

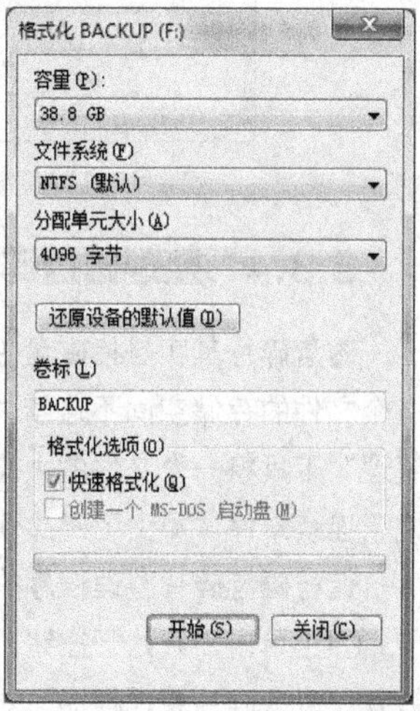

图 3-11 “格式化”对话框

（5）单击“开始”按钮，将弹出“格式化警告”对话框，单击“确定”按钮即可开始进行格式化操作。这时在“格式化”对话框中的“进程”框中可以看到格式化的进程。

（6）格式化完毕后，将出现“格式化完毕”对话框，单击“确定”按钮即可。

3.3.3 清理磁盘

使用磁盘清理程序可以帮助用户释放硬盘驱动器空间，删除临时文件、Internet 缓存文件及不需要的文件，腾出它们占用的磁盘空间，以保存有用的文件。

执行磁盘清理程序的具体操作步骤如下。

（1）单击“开始”按钮，选择“所有程序”→“附件”→“系统工具”→“磁盘清理”命令。

（2）打开“驱动器选择”对话框，如图 3-12 所示，在该对话框中选择要进行清理的驱动器。

（3）选择后单击“确定”按钮，弹出该驱动器的“磁盘清理”对话框，选择“磁盘清理”选项卡，如图 3-13 所示。

（4）在该选项卡的“要删除的文件”列表框中列出了可删除的文件类型及其所占用的磁盘空间大小，选中某文件类型前的复选框，在进行清理时即可将其删除。

（5）单击“确定”按钮，将弹出“磁盘清理”确认删除对话框，单击“是”按钮，弹出显示清理进度的“磁盘清理”对话框，清理完毕后，该对话框将自动消失。

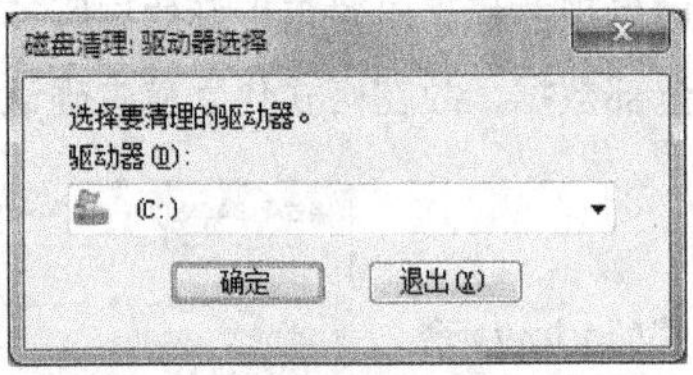

图 3-12 “驱动器选择”对话框

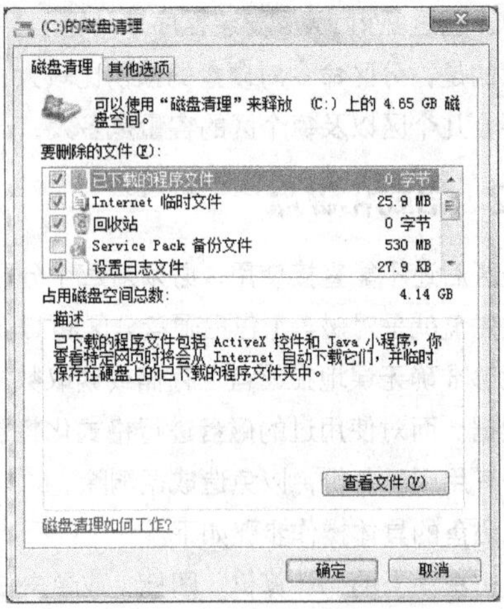

图 3-13 “磁盘清理”选项卡

3.3.4 整理磁盘碎片

磁盘碎片其实是指磁盘中的文件碎片。多次对文件或文件夹进行建立、删除、移动等操作，可能会使一个文件的存储空间不连续，从而形成文件碎片，这样就会使访问文件的速度大大降低。使用“磁盘碎片整理”工具将一个文件的大量碎片整理在一个连续的空间，可以提高存取速度，同时由于将碎片文件整理成了连续文件，减少了磁头读盘次数，因而也可以延长磁盘的使命寿命。

运行磁盘碎片整理程序的具体操作步骤如下。

（1）单击“开始”按钮，选择“所有程序”→“附件”→“系统工具”→“磁盘碎片整理程序”命令，打开“磁盘碎片整理程序”对话框，如图 3-14 所示。

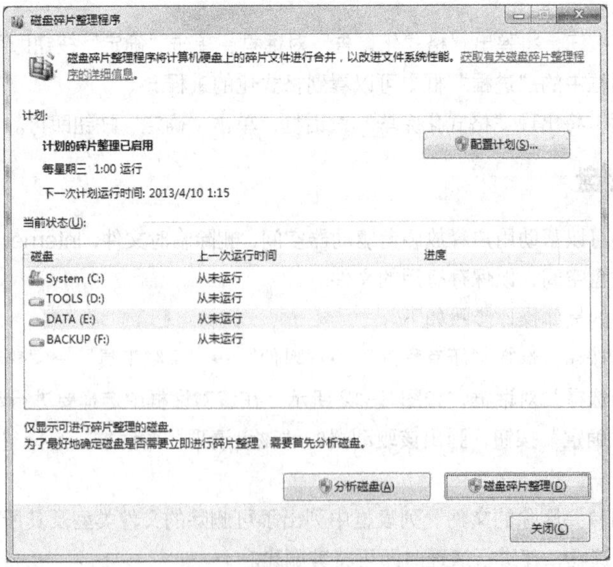

图 3-14 “磁盘碎片整理程序”对话框

（2）选择要进行碎片整理的磁盘，单击“分析磁盘”按钮分析该磁盘碎片情况，如果碎片率高于 10%，则应该对磁盘进行碎片整理。

（3）选定要进行碎片整理的磁盘，单击“磁盘碎片整理”按钮。如果系统提示输入管理员密码或进行确认，则请键入该密码或进行确认。

磁盘碎片整理可能需要几分钟到几小时才能完成，具体时间取决于磁盘碎片的大小和多少。

如果磁盘已经由其他程序独占使用，则无法对该磁盘进行碎片整理。

如果此处未显示希望在“当前状态”下看到的磁盘，则可能是因为该磁盘包含错误。这时应该首先尝试修复该磁盘，然后返回磁盘碎片整理程序重试。

文件碎片一般不会在系统中引起问题，但文件碎片过多会使系统在读文件的时候来回寻找，引起系统性能下降，严重的还可能缩短硬盘寿命。另外，过多的磁盘碎片还有可能导致存储文件的丢失，所以，应定期对磁盘碎片进行整理。

【知识拓展2】计算机“死机”的处理

“死机”是指计算机系统无法从一个系统错误中恢复过来，或计算机硬件出现故障，以致计算机长时间无响应，而不得不重新启动的现象。具体表现为软件运行非正常中断、画面“定格”无反应、鼠标和键盘无法输入等。

1. 计算机死机的原因

造成计算机死机的原因多种多样，主要有以下几种。

（1）启动的程序太多。这使得系统内存消耗殆尽，也会出现异常错误。

（2）病毒木马对系统文件的破坏导致计算机死机。

（3）内存太小。

（4）硬盘剩余空间太少或者碎片太多。

（5）在使用测试版软件、盗版软件的时候，由于软件存在一些bug或者程序不稳定，故可能造成与系统不兼容而导致计算机死机。

（6）硬件问题引起的死机，如散热不良、主机箱内灰尘过多、CPU设置超频、硬盘存在坏磁道、内存条松动等。

（7）软、硬件不兼容。有些软件可能在有的计算机上不能正常启动甚至不能安装，其中可能就有软、硬件兼容方面的问题。

2. 计算机死机的解决方法

遇到死机现象时，我们通常会重新启动计算机，但有时计算机并未真正死机，只不过是处于一种“假死”的状态。按下数字键区的“Num Lock”键，如果指示灯有反应，则说明是假死机。

遇到假死机现象时，可以按下“Ctrl+Alt+Del”组合键，打开任务管理器，如图3-15所示，关掉没有响应的程序，若无法结束任务，则单击“进程”选项卡，结束没有响应的进程。

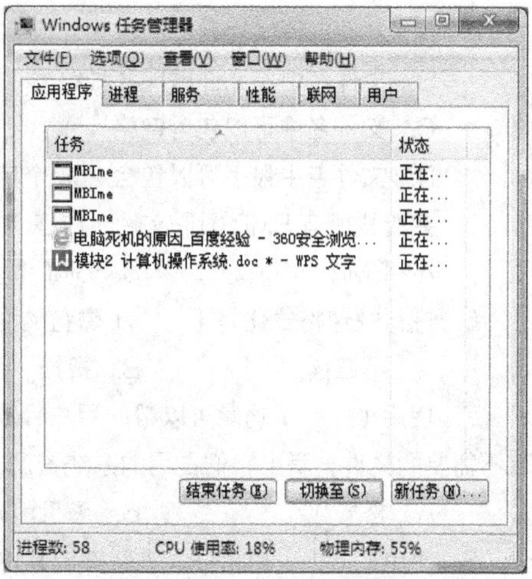

图3-15 “Windows任务管理器”对话框

若非假死机，则需按下列步骤进行操作，可以解决大多数的问题。

（1）清除病毒。

（2）仅安装一种或两种杀毒软件。

（3）清除硬盘垃圾文件。

（4）整理磁盘碎片。

（5）检查死机是不是由某些测试版软件、盗版软件引起的，如果是，就卸载它。

（6）散热不良。

（7）清理机箱内灰尘。

（8）检查是不是硬件接触不良。

（9）有条件的话，加装一个 UPS（不间断电源）。

另外，还要注意以下几个方面，否则会极大地影响计算机的运行速度。

① 计算机桌面上的快捷方式越少越好。虽然在桌面上设置快捷方式可以很方便地打开程序或文件，但是要付出占用系统资源和牺牲速度的代价。解决办法是，将桌面上不常用的快捷方式全部删除，因为这些程序从“开始”菜单里都能找到；将不是快捷方式的其他文件都移到 C 盘以外的其他磁盘。

② C 盘只存放 Windows 安装文件和一些必须安装在 C 盘的程序，其他应用软件一律不要安装在 C 盘，可以安装在 D 盘或 E 盘。

③ 只打开需要使用的应用程序，暂时不用的全部关闭，因为每打开一个软件就要占用一定的系统资源，拖慢计算机运行速度。

【项目自测】

一、选择题

1. Windows 7 是一种（　　）软件。

A. 语言处理程序　　B. 数据库管理系统　　C. 操作系统　　D. 应用软件

2. 文本文件的扩展名是（　　）。

A. wps　　B. txt　　C. rtf　　D. doc

3. 若想直接删除文件或文件夹，而不将其放入“回收站”中，可在拖放到“回收站”时按住（　　）键。

A. Shift　　B. Alt　　C. Ctrl　　D. Delete

4. 以下关于文件名的说法中，不正确的是（　　）。

A. 文件名可以用字母、数字、汉字或它们的组合

B. 文件名中不允许出现各种符号

C. 文件名中可以包含空格

D. 文件名中最多可以包含 255 个字符

5. 要查找所有 BMP 图形文件，应在“搜索”框中输入（　　）

A. BMP　　B. BMP.*　　C. *.BMP　　D. *.?BMP

6. 进行快速格式化将（　　）磁盘的坏扇区而直接从磁盘上删除文件。

A. 不扫描　　B. 扫描　　C. 有时扫描　　D. 由用户自己设定

7. 使用（　　）功能可以帮助用户释放硬盘驱动器空间，删除临时文件、Internet 缓存文件和安全删除不需要的文件，腾出它们占用的系统资源，以提高系统性能。

A. 格式化　　B. 磁盘清理程序　　C. 整理磁盘碎片　　D. 磁盘查错

8. 使用（　　）功能可以重新安排文件在磁盘中的存储位置，将文件的存储位置整理到一起，同时合并可用空间，实现提高运行速度的目的。

A. 格式化　　B. 磁盘清理程序　　C. 整理磁盘碎片　　D. 磁盘查错

9. 下列文件名中，非法的 Windows 文件名是（　　）。

A. x+y　　B. x−y　　C. x*y　　D. x÷y

10. 在（ ）中删除的文件，不能进入回收站。

A. 桌面 B. 资源管理器 C. 硬盘 D. U 盘

11. 在 Windows 中，当鼠标呈现沙漏形时，表明计算机（ ）。

A. 当前为插入状态 B. 已死机 C. 正在关机 D. 正处于忙碌状态

12. 在 Windows 环境下，当一个应用程序被最小化后，该应用程序（ ）。

A. 终止运行 B. 在前台运行 C. 在后台运行 D. 相当于关闭

13. 在 Windows 环境下，窗口可以移动和改变大小，而对话框（ ）。

A. 既不能移动，也不能改变大小 B. 仅可以移动，不能改变大小

C. 不能移动，仅可以改变大小 D. 既能移动，也可以改变大小

14. 关闭 Windows 应用程序，可以使用快捷键（ ）。

A. Alt+F1 B. Alt+F2 C. Alt+F3 D. Alt+F4

15. Windows 自带的处理纯文本的文字编辑工具是（ ）。

A. 记事本 B. 写字板 C. Word D. 剪贴板

16. 在 Windows 中，如果用键盘在多个应用程序之间进行切换，可按住 Alt 键，同时按下（ ）键。

A. Shift B. Ctrl C. Tab D. 空格键

17. 在 Windows 中，连续选择多个文件时，应先单击要选择的第 1 个文件，再按住（ ）键并单击选择最后一个文件。

A. Ctrl B. Shift C. Alt D. Tab

18. 下列（ ）是源代码开放的操作系统。

A. Windows B. UNIX C. Linux D. Mac

19. 将活动窗口内的内容复制到剪贴板，应该按（ ）键。

A. Ctrl+C B. Ctrl+V C. Print Screen D. Alt+Print Screen

20. 在 Windows 中，不能由用户指定的文件属性是（ ）。

A. 系统 B. 只读 C. 隐藏 D. 存档

二、操作题

1. 在 D 盘根目录下创建文件夹，以自己的班级和姓名命名，再在这个文件夹中创建 3 个子文件夹，分别命名为“图片”“音乐”和“文档”。在“文档”文件夹中创建“诗词”和“译文”两个文件夹。

2. 从网上下载 3 张有关鹳雀楼的图片和一首有关鹳雀楼的歌曲，分别存放在“图片”和“音乐”文件夹中。

3. 打开“记事本”，依照下列格式输入古诗《登鹳雀楼》，将文档命名为“登鹳雀楼”并保存到“诗词”文件夹中，设置该文件具有只读属性。

登鹳雀楼

唐 · 王之涣

白日依山尽，黄河入海流。

欲穷千里目，更上一层楼。

4. 从网上搜索这首古诗的翻译，将这首古诗翻译成现代文，并将其命名为“鹳雀楼译文”保存在“译文”文件夹中。

5. 将文档“登鹳雀楼”复制到“译文”文件夹中。

6. 将整个新建的文件夹及其内容压缩后作为附件，发送到任课教师的邮箱。

主题：（学生姓名）Windows 作业

正文：老师，我是 ×× 班 ×××，我的 Windows 作业在附件里，请您批阅。

Chapter

4

项目四 WPS 文字

WPS Office 是北京金山软件公司自主开发的一款开放、高效的网络协同办公套装软件，主要包括 WPS 文字、WPS 表格和 WPS 演示三大模块，分别对应美国微软公司 MS Office 的 Word、Excel 和 PowerPoint 三个模块。金山 WPS Office 以其中文办公特色、绿色小巧、功能强大、易于操作、最大限度地与 MS Office 相兼容等优势，已成为我国企事业单位的标准办公平台。

WPS 文字是金山公司推出的 WPS Office 办公套装软件的一个重要组成部分，是集文字编辑、页面排版与打印输出于一体的文字处理软件。它适用于制作各种文档、书籍、报刊、信函、公文、表格等。

任务 4.1 WPS 文字的基本操作

在使用 WPS 文字进行文档编辑排版前，首先要做的工作就是启动该程序，熟悉其界面，然后输入文字，编辑文档，最后将编辑好的文档保存起来。

4.1.1 WPS 文字的工作界面

WPS Office 绿色小巧，功能强大，采用一键安装模式，安装过程极其简单并对个人用户实施免费策略。WPS Office 2019 是目前该软件的最新版本。

软件安装完毕，之前版本的桌面三件套（WPS 文字、WPS 演示、WPS 表格）快捷方式均不再显示，在 WPS Office 2019 中被统一为一个图标WPS 2019，这也是新版 WPS 的新特性——整合。不仅快捷方式合并了，原来 WPS 版本的三个独立窗口，也在 WPS 2019 版本中被整合为一个窗口，这样的改变，使操作更加便利。

1. 启动 WPS 文字

双击桌面上的 WPS 2019 快捷图标，或执行“开始”→“所有程序”→“WPS Office”→“WPS 2019”，均可启动 WPS Office 2019。

启动 WPS 2019 后，首先进入 WPS 2019 首页，如图 4-1 所示。

图 4-1 WPS 2019 首页

在 WPS 2019 首页中，左侧为功能选项栏，除了“新建”和“打开”按钮外，还将常用的附加功能在此列表显示。首页窗口的中间位置显示用户常用的文档列表（可以同步显示多设备文档内容）。而在窗口最右侧是消息中心，通知用户云文档更新情况、待办事宜、备注事项以及当地天气预报。用户可以在这里方便地新建文档或打开已有文档。

单击首页窗口左侧功能选项栏中的“新建”按钮 新建 或窗口上方的“新建标签”按钮 +，即可来到 WPS 2019 主界面，如图 4-2 所示。单击相应的按钮，即可进行文字、表格、演示、脑图或秀堂 H5 文档的创建。新的主界面更具现代风格并且更加简洁美观。

单击窗口上方的“文字”按钮，则其下方会自动切换到 WPS 文字的常用模板，可以新建“空白文档”或基于某个模板的文档。

图 4-2　WPS 2019 主界面

2. WPS 文字的工作界面

（1）窗口的组成。

用户成功启动 WPS 文字后，将显示其用户界面，如图 4-3 所示。

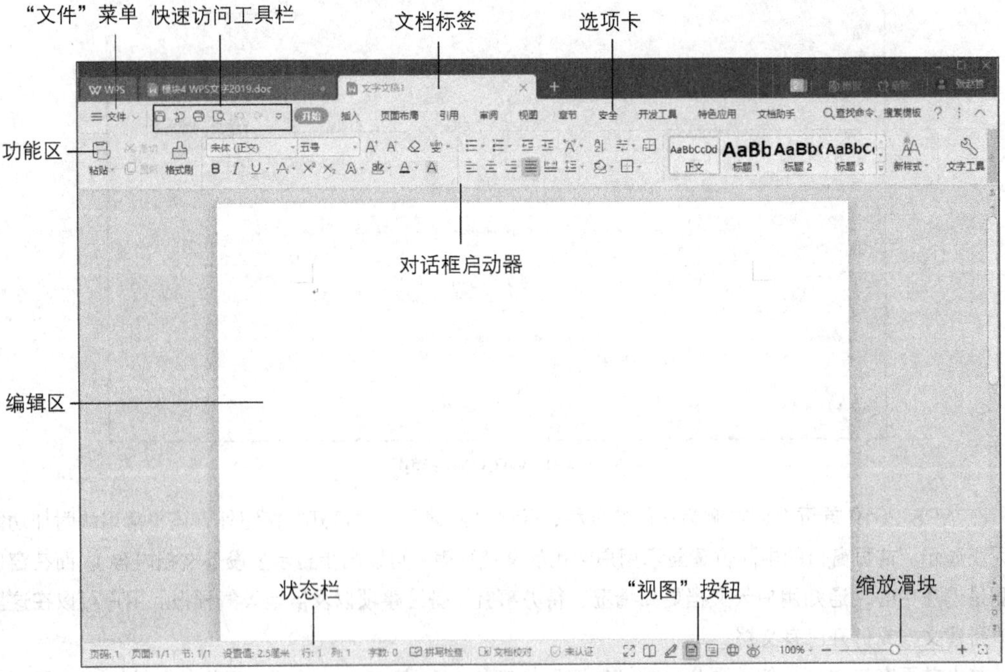

图 4-3　WPS 文字用户界面

WPS 文字的窗口包含文档标签、"文件"菜单、选项卡、功能区、快速访问工具栏、编辑区、状态栏、"视图"按钮、缩放滑块等内容。

"文件"菜单：单击"文件"菜单下拉按钮，弹出下拉菜单，其中包含文件、编辑、视图、插入、格式、工具、表格等菜单项，指向某个菜单，会弹出该菜单对应的命令。

快速访问工具栏：该工具栏包含一些常用的命令按钮，如保存、打印、撤销和恢复等。在快速访问工具栏的末尾有一个下拉菜单，可以将其中的命令添加到该工具栏中。

文档标签：通过单击文档标签可以在打开的多个文档之间进行切换，单击文档标签右侧的“新建”按钮 +，还可以建立新的文档。

选项卡：WPS 文字将用于文档的各种操作分为开始、插入、页面布局、引用、审阅、视图、章节、安全、开发工具、特色应用及文档助手等 11 个默认的选项卡。另外还有一些选项卡只有在处理相关任务时才会出现，如图片工具、表格工具等。

功能区：单击选项卡名称，可以看到该选项卡下对应的功能区。功能区是在选项卡大类下面的功能分组。每个功能区中又包含若干个命令按钮。

对话框启动器：单击对话框启动器 ，则打开相应的对话框。有些命令需要通过对话框的方式来实现。鼠标指针指向某个对话框启动器时，会显示该对话框的名字。

编辑区：文档编辑区位于窗口中央，占据窗口的大部分区域，显示正在编辑的文档内容。处理文档时，在文档编辑区会看到一个闪烁的光标，指示文档中当前字符的插入位置。

状态栏：状态栏左侧显示正在被编辑的文档的相关状态信息，例如页码位置、总页数、总字数等，右侧显示视图按钮和缩放滑块。

视图按钮：用于切换正在被编辑文档的显示模式。

缩放滑块：用于调整正在被编辑文档的显示比例。

（2）WPS 文字的视图模式。

WPS 文字的视图模式是指文档在 WPS 文字上的展现方式。WPS 文字提供了全屏显示、阅读版式、写作模式、页面、大纲、Web 版式等 6 种视图模式。用户可以在“视图”选项卡中切换文档视图模式，如图 4-4 所示。也可以在文档窗口状态栏的右侧单击相应的视图按钮选择视图模式。

图 4-4　视图模式

选择“全屏显示”视图，则界面中除文档内容以外的所有部分会暂时隐藏，通过滚动鼠标滚轮可逐行翻阅文档内容。单击“退出”按钮或按下 Esc 键关闭全屏显示。

进入“阅读版式”视图，窗口最大化显示页面内容，通过滚动鼠标滚轮或翻页按钮可翻动页面，方便用户阅读，但此时不能编辑文档。单击 按钮或按下 Esc 键退出阅读模式。

“写作模式”是 WPS 专门为用户提供的编写文档的模式，其提供了随机起名、写作技巧、写作素材、诗词库、文档加密等功能，极大方便了用户写作。

“页面”视图以页面的方式显示文档内容，是一种“所见即所得”的显示方式，可方便对文档格式进行排版。“页面”视图是 WPS 文字的默认视图。

“大纲”视图多用于处理长文档，一般是由章节的标题构成的，可以方便地查看和调整文档的层次结构，也可以在大纲视图中上下移动标题和文本，从而调整它们的顺序。

在“Web 版式”视图中，WPS 文字能优化 Web 页面，使其外观与在 Web 或 Internet 上发布时的外观一致，即显示文档在浏览器中的外观。

另外，为了缓解长时间使用计算机造成眼睛疲劳，WPS 还提供了“护眼模式”。单击护眼模式按钮 ，文档窗口会变成适合人眼睛的豆沙绿颜色，再次单击该按钮，退出护眼模式。

3. 退出 WPS 文字

常用以下两种方法退出 WPS 文字。

（1）单击 WPS 文字窗口标题栏右侧的“关闭”按钮 。

（2）按 Alt+F4 组合键。

在退出 WPS 文字时，如果没有保存所编辑的文档，系统会弹出提示保存的对话框，询问用户是否保存修改后的文档内容，如图 4-5 所示。

用户可以根据需要单击“是”或“否”按钮。单击“是”，则 WPS 文字完成对文档的保存后退出；单击“否”，则 WPS 文字不保存文档直接退出，用户会丢失未保存的文档内容且不可恢复；若单击“取消”，则忽略本次退出操作，返回原来的文档继续编辑。

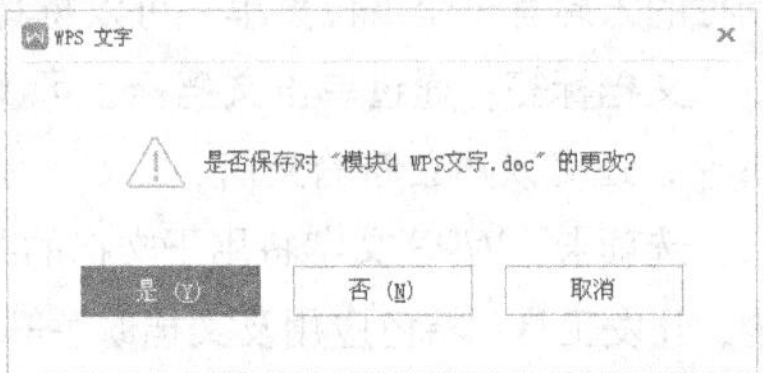

图 4-5　保存文档对话框

4.1.2　WPS 文字的文档管理

文档管理主要包括创建新文档、保存文档、打开文档及关闭文档。

1. 创建新文档

启动 WPS 文字后，进入 WPS 主界面，单击“文字”按钮，则其下方会显示 WPS 文字的常用模板列表，用户可以创建空白文档或基于某个模板的新文档。

（1）新建空白文档。

若用户不需要借助任何模板，自己从零开始创作，则可单击模板列表中的“新建空白文档”，创建新的空白文档。

（2）新建基于模板的文档。

若要建立基于模板的新文档，则可以单击所选择的模板，在打开的在线模板列表中单击“下载使用”按钮，下载所选模板（有些模板需要付费）。下载完成后，在新建窗口中打开模板文件，用户可以直接在模板基础上进行编辑。

办公文档如果总是从零开始制作，那将是一件费时且艰辛的工作。WPS 2019 内置了稻壳儿资源库，资源库提供了丰富的模板、范文、图片等各种素材资源，以及求职简历、总结计划、合同协议等常见的应用文档模板和相关素材。利用模板编辑，用户只需要负责数据和文字的输入即可，极大地提高了工作效率。

2. 文档的保存

WPS 文字可以将正在编辑的文档内容保存到本地磁盘，也可以保存为 WPS 云文档。为防止断电或计算机死机等意外情况造成文档损失，应该养成经常保存文档的习惯。

（1）保存新文档。

单击快速访问工具栏中的“保存”按钮或按 F12 键，弹出“另存为”对话框，如图 4-6 所示。其默认的文件类型为“*.docx”。

① 用户可以将文档保存为本地文档。选择要保存的 WPS 文字文档所在的驱动器和文件夹的位置，在“文件名”文本框中输入文档的名称，在“保存类型”下拉列表框中选择文件类型，单击“保存”按钮。

② 用户也可以将自己的文档保存为云文档，以方便随时随地查看和编辑，不仅不用随身携带 U 盘，而且文档的安全性更有保障。

- 我的云文档：“我的云文档”里的文件仅供用户自己浏览编辑，别人无法看到。
- 团队文档：“团队文档”里的文件可以和团队里的成员共享。

（2）保存已命名的文档。

对于已经命名并保存过的文档，进行编辑修改后再次保存，可单击快速访问工具栏中的“保存”按钮或按 Ctrl+S 组合键，修改后的文档内容会覆盖原来的文档而文件名保持不变。

（3）换名保存文档。

如果用户需要保存文档修改之后的结果，同时又希望留下修改之前的原始资料，则可以将正在编辑的文档进行换名保存。

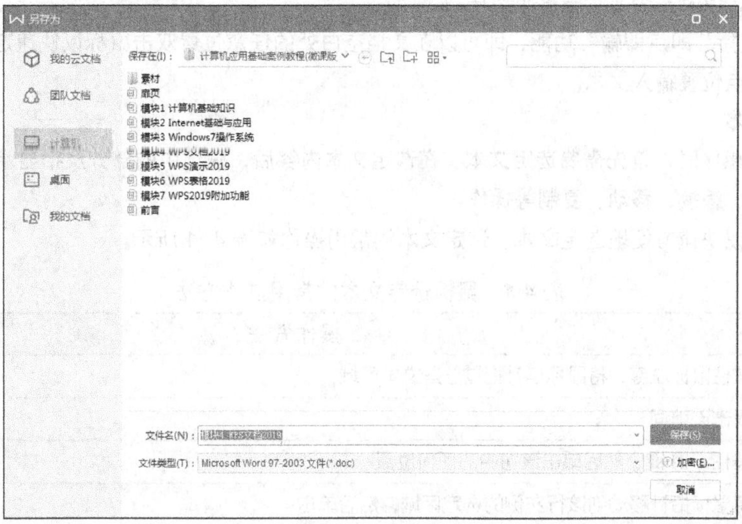

图 4-6 “另存为”对话框

文档换名保存的方法如下：按 F12 键，在弹出的“另存为”对话框中选择希望保存文件的位置，然后在“文件名”文本框中键入新的文件名，单击“保存”按钮。

3. 打开文档

常用以下两种方法打开文档。

（1）双击文件图标。

双击桌面上的“计算机”图标打开“计算机”窗口，或在“开始”按钮上右击打开“资源管理器”窗口，在其中找到需要打开的文件，双击该文件图标即可打开该文件。

（2）使用“打开”命令。

启动 WPS 2019，单击快速访问工具栏中的“打开”按钮，弹出“打开”对话框，在对话框中选择要打开的文档，单击“打开”按钮。

4. 关闭文档

单击要关闭的文档标签右侧的“关闭”按钮 ×，即可直接关闭文档。

如果文档经过修改后还没有保存，那么关闭文档之前系统会提示用户是否保存现有的修改。

4.1.3 输入和编辑文档

要排出一个格式美观的版面，首先需要掌握输入文档内容和对文档内容进行复制、移动、删除等编辑修改的操作方法。

1. 输入文档

新建一个空白文档后，就可以输入文本了。在 WPS 文字中输入文档内容与在记事本或写字板中输入文档内容的方法相似，不同的是，在 WPS 文字中输入文本到一行的最右边时，不需要按回车键，WPS 文字会根据页面的大小自动换行，用户输入下一个字符时将自动转到下一行的开头。

若要生成一个新的段落，则必须按 Enter 键，系统会在行尾插入一个“↵”符号，称为回车符，并将插入点移到新段落的行首处；如果需要在同一段落内换行，可以按 Shift+Enter 组合键，系统会在行尾插入一个“↓”符号，称为换行符。

单击“开始”选项卡中的“显示/隐藏编辑标记”按钮右侧的下拉按钮，可以控制是否显示回车符、空格等格式标记，以及是否显示段落布局按钮。

WPS 文字支持“即点即输”功能，即可以在文档空白处的任意位置双击鼠标以快速定位插入点，之后便可直接在插入点位置输入文本。

2. 选定文本

对文档进行操作时，首先需要选定文本。在选定文本内容后，被选中的部分反相显示，此时便可方便地对其进行删除、替换、移动、复制等操作。

使用鼠标可以快速方便地选定文本。选定文本的常用操作如表 4–1 所示。

表 4-1 鼠标选定文本的常用操作方法

选定内容	操作方法
文本	按住鼠标左键，将鼠标指针拖过这些文本区域
一个单词	双击该单词
一个句子	按住 Ctrl 键，然后单击该句中的任何位置
一行文本	将鼠标指针移动到该行左侧的选定区域，然后单击
多行文本	将鼠标指针移动到文本左侧选定区域的第一行后单击，然后向下拖动鼠标指针到最后一行
一个段落	将鼠标指针移动到该段落左侧的选定区域，然后双击
大段文本	单击要选择内容的起始处，然后拖动滚动条到要选择内容的结尾处，再按住 Shift 键，在结尾处单击
整篇文档	将鼠标指针移动到文档左侧的选定区域，然后三次连击
矩形文本	按住 Alt 键，按住鼠标左键，然后拖曳要选定的文本

3. 删除文本

需要删除的内容较少时，可以直接用 Delete 键或退格键进行删除；需要删除的内容较多时，应先选定要删除的文本，然后按键盘上的 Delete 键删除。

4. 移动文本

移动文本即将选定的文本内容移动到另一位置，以调整文档的结构。移动文本的操作步骤如下。

（1）选定要移动的文本。

（2）用鼠标单击“剪切”按钮，或右击鼠标，从快捷菜单中选择“剪切”命令。

（3）将插入点定位到欲移动文本的目标位置。

（4）单击“粘贴”按钮，或右击鼠标，从快捷菜单中选择“粘贴”命令。

近距离移动文本时，也可直接用鼠标指针拖动选定的文本到新的位置。

5. 复制文本

有时需要重复输入一些前面已经输入过的文本，使用复制操作可以大大提高输入效率。复制文本与移动文本的操作相类似，不同的只是需将“剪切”命令变为“复制”命令。

（1）选定要复制的文本。

（2）用鼠标单击“复制”按钮，或右击鼠标，从快捷菜单中选择“复制”命令。

（3）将插入点定位到欲复制文本的目标位置。

（4）单击“粘贴”按钮，或右击鼠标，从快捷菜单中选择“粘贴”命令。

也可使用拖曳方式进行复制操作。先选定要复制的文本，按住 Ctrl 键并按下鼠标左键进行拖动，鼠标箭头处会出现一个“+”号，将选定的文本拖动到目标位置，释放鼠标左键。

4.1.4　查找与替换

WPS 文字允许对字符文本甚至文本中的格式进行查找和替换。单击“开始”选项卡中的“查找替换”按钮下方的下拉按钮，从中选择“查找”命令，弹出“查找和替换”对话框，如图 4-7 所示。

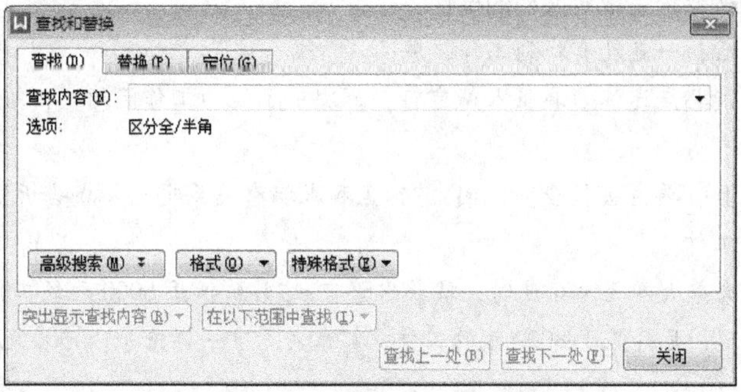

图 4-7　“查找与替换”对话框

1. 查找无格式文字

可通过以下步骤找出文档中指定的查找内容。

（1）将光标置于需要查找的文档的开始位置。

（2）单击“查找和替换”对话框中的“查找”选项卡。

（3）在“查找内容”文本框内键入要查找的文字。

（4）重复单击“查找下一处”，可以找出全文所有的需要查找的内容。

（5）若要突出显示全部查找的内容，则单击“突出显示查找内容”下拉按钮，选择其中的“全部突出显示”命令；若要去除突出显示标记，可选择其中的“清除突出显示”命令。

需要结束查找命令时，按 Esc 键即可。

2. 查找具有特定格式的文字

WPS 文字可以查找具有特定格式的文字，操作步骤如下。

（1）将光标置于需要查找的文档的开始位置。

（2）要搜索具有特定格式的文字，可在“查找内容”框内输入文字。如果只需搜索特定的格式，则“查找内容”文本框中应为空。

（3）单击“格式”按钮，然后选择相应的格式。

（4）如果要清除已指定的格式，则单击“清除格式设置”命令。

（5）单击“查找下一处”按钮进行查找，也可按 Esc 键取消正在执行的查找。

3. 替换

可通过以下步骤找出文档中特定的查找内容，将其替换为指定的内容。

（1）将光标置于需要查找的文档的开始位置。

（2）单击“查找和替换”对话框中的“替换”选项卡。

（3）在“查找内容”文本框内输入要查找的文字，如有特殊格式，单击“格式”按钮，然后设置所需格式。

（4）在“替换为”文本框内输入替换文字，如有特殊格式，单击“格式”按钮，然后设置所需格式。

（5）根据用户的需要，单击“查找下一处”“替换”或者“全部替换”按钮。

【教学案例 1】职场最好的敲门砖

本教学案例主要引导学生熟悉 WPS 2019 办公套装软件的界面与窗口组成，熟练掌握 WPS 2019 的启动与退出方法，文档的创建、保存与打开方法，输入与编辑文本的方法，复制与移动文本、查找与替换文本的方法等。

操作要求

输入下列文字，并按要求完成对文档的操作。

远房表弟大学毕业后，一直没有找到工作，成了“啃老一族”。

他来找我，恳请我能指点迷津。我虽人微言轻，解决不了他的工作问题，但给他几句忠告，让他少走弯路，还是可以的。

我送给表弟一套鱼具，要他去钓鱼。他问：“钓鱼和求职有关系吗？”我告诉他：“大有关系！你把鱼钓好了，自然会找到好工作。”

细谈中，我得知，表弟大学还没毕业时，就放出豪言：“月薪低于5000元的工作，免谈！”结果呢，他跨出大学校门，这才发现，月薪低于3000元的工作，都像金元宝一样抢手，5000元以上的工作根本没有他的份。

表弟将信将疑，拿着鱼具离开了。

此后，表弟一连钓了一个月的鱼，每天都有斩获。不但他家里鱼香不断，左邻右舍都跟着大享口福，而且吃不完的鱼拿出去卖掉，所得的收入也很可观。表弟沉醉于钓鱼，认为这同在写字楼里上班没什么两样。我在河边找到他，说，“表弟，你的心态已经很成熟了，完全可以去找工作了。”

表弟摇了摇头，满足于钓鱼，不愿去找工作。我说：“你不是姜太公，即使是姜太公，也不会一辈子钓鱼啊。如果姜太公生活在现在，肯定是顶级的求职高手……”

表弟若有所悟地收起鱼具，上了我的车。

不久，表弟选择了一家很有发展前景的小公司，实习期半年，包吃住，无薪水。表弟欣然接受了。半年后，他顺利转正，并被公司列为骨干，薪水不菲。

表弟提着茅台酒等贵重礼品前来感谢我，我提醒他：“那套鱼具可不能闲着哟。”表弟说：“我每周末都要开车去钓鱼，目的就是让自己的心态放得像镜子一样平，从而立于不败之地。”

我感到欣慰的是，表弟终于明白了：职场中人，把心态放平，这才是最好的敲门砖。

说明：

（1）本题目不要求对文档进行格式设置。

（2）不得随意插入空行、段落，不得随意修改文档内容。

要求：对文档进行如下编辑操作。

（1）给文档添加标题：心态放平才是职场最好的敲门砖。

（2）删除句子：将正文第六段第二句中的“左邻右舍都跟着大享口福，”删除。

（3）交换段落：将正文中第三段和第四段交换顺序。

（4）添加段落：将下列内容插入到倒数第二段之前，并使其自成一段。

几年后，那家小公司一跃而成为大公司，表弟幸运地成为公司元老之一，每年的工资、奖金、福利和股份分红加起来超过了30万元。

（5）拆分段落：将第六段文字从“表弟沉醉于钓鱼”前开始另起一段。

（6）合并段落：将“表弟摇了摇头”和“表弟若有所悟地收起了鱼具”两个段落合并为一个段落。

（7）运用“查找”命令：查找文档中的文本“工作”，并用青绿色突出显示。

（8）运用“替换”命令：将正文中的“鱼具”全部替换为“渔具”，并将其设置为倾斜、红色。

（9）保存文本。以“自己所在班级+姓名”为文件名，将编辑后的文档保存在桌面上。

操作步骤

步骤 1 新建文档并保存

（1）双击桌面上的 WPS 2019 图标，进入 WPS 2019 首页。

（2）单击“文字”类型下的“新建空白文档”模板，创建新的空白文档。

（3）单击快速访问工具栏中的“保存”按钮或按 F12 键，弹出“另存为”对话框，以“自己所在班级+姓名”为文件名（如“18 网络 1 班李小龙”），将文档保存在桌面上。

微课 04 职场最好的敲门砖 1

步骤 2 输入文档内容

输入文字时，暂时不考虑字体、字号、标题居中、段首缩进、行间距等文本格式，按文本的默认格式输入即可。

步骤 3 给文档添加标题

（1）将光标定位于文档开头（即文档第一行行首），按 Enter 键，留出一个空段。

（2）将光标定位于空行，输入标题“职场最好的敲门砖”。

步骤 4 删除句子

（1）拖动鼠标选定第六段第二句中的“左邻右舍都跟着大享口福，”。

（2）按键盘上的 Delete 键删除选定的内容。

步骤 5 交换段落

（1）拖动鼠标选定第四段文档内容（包括段落后的回车符“↵”），单击鼠标右键，在弹出的快捷菜单中选择“剪切”命令，或使用 Ctrl+X 组合键进行剪切。

（2）将光标定位在第三段的开头处，单击右键，在弹出的快捷菜单中选择“粘贴”命令，或使用 Ctrl+V 快捷键进行粘贴。

步骤 6 添加段落

（1）将光标定位于倒数第二段之前，按回车键，另起一段。

（2）输入需要添加的文本内容。

步骤 7 拆分段落

（1）将光标定位于第六段中“表弟沉醉于钓鱼”之前。

（2）按回车键，即可将段落从此处分开为两个段落。

步骤 8 合并段落

1. 方法 1

（1）将光标定位于“表弟摇了摇头”的段落末尾。

（2）按键盘上的删除键 Delete。

2. 方法 2

（1）将光标定位于“表弟若有所悟地收起鱼具”段落开头。

（2）按键盘上的退格键 Backspace。

步骤 9 查找文字

（1）将光标置于文档开头。

（2）单击“开始”选项卡中“突出显示”下拉按钮，从颜色列表中选择青绿色。

（3）单击“开始”选项卡中“查找替换”下拉按钮，从中选择“查找”命令，弹出“查找和替换”对话框，单击对话框中的“查找”选项卡。

微课 05 职场最好的敲门砖 2

（4）在“查找内容”文本框内输入“工作”，单击“突出显示查找内容”按钮，文档中的“工作”文本全部用青绿色突出显示。

（5）单击“关闭”按钮，关闭对话框。

步骤 10　替换文字

（1）将光标置于文档开头。

（2）单击“开始”选项卡中的“查找替换”下拉按钮，从中选择“替换”命令，弹出“查找和替换”对话框，单击对话框中的“替换”选项卡。

（3）在“查找内容”文本框内输入“鱼具”，在“替换为”文本框内输入“渔具”。确认光标处在“替换为”后的文本框内，单击“格式”按钮，在下拉命令列表中选择“字体”命令，在弹出的“替换字体”对话框中选择字型为“倾斜”，字体颜色为红色。

（4）单击“查找下一处”按钮，找到第一处“鱼具”，单击“全部替换”按钮，文档中的“鱼具”全部改成“渔具”，并同时自动将其设置为倾斜、红色。

步骤 11　保存文档

单击快速访问工具栏中的“保存”按钮或按 Ctrl+S 组合键再次保存文档。

任务 4.2　文档格式化

文档输入完成后，还要对文档进行格式设置，包括字符格式、段落格式、项目符号和编号、边框和底纹、页面背景等的设置，从而使版面更加美观和便于阅读。WPS 文字提供了“所见即所得”的显示效果。

4.2.1　字符格式设置

字符格式指字符的外观呈现，包括字体、字号、字形、颜色、间距等属性。在 WPS 文字中，默认情况下，中文是宋体、五号字，英文是 Times New Roman 体、五号字。用户可以改变文档内容的字体、字形、字号等设置，以获得更好的格式效果。

下面我们先熟悉一下字体、字号和字形。

所谓“字体”，是指字的形体，常用的汉字字体有宋体、仿宋体、楷体、黑体四种，有的字库字体可以达到一百多种。

宋体、仿宋体、楷体、**黑体**

所谓“字号”，是指字的大小，有中文“号”和英文“磅”两种计量单位。对于以“号”为单位的字，初号最大，八号最小；对于以“磅”为单位的字，数值越大，字就越大。

初号 一号 二号 三号 四号 五号 六号

所谓“字形”，是指字的形状，WPS 提供了常规、加粗、倾斜和加粗倾斜四种字形。

常规、**加粗**、*倾斜*、***加粗倾斜***

要为某一部分文本设置字符格式，首先必须选中这部分文本。

可以应用“字体”工具按钮设置文字的格式，也可以应用“字体”对话框设置文字的格式。

1. 应用“字体”工具按钮设置文字的格式

应用“字体”工具按钮设置文字格式的操作步骤如下。

（1）将需要进行字符格式设置的文本选定。

（2）单击“开始”选项卡中“字体”下拉按钮可以选择需要的字体，单击“字号”下拉按钮可以选择需要的字号。如果需要设置字形，则单击“加粗” B、“倾斜” I、“下画线” U 快捷按钮即可。

“加粗”“倾斜”及“下画线”按钮属于开关按钮。选中时按钮背景呈灰色，未选中时按钮背景呈白色。“下画线”下拉按钮中提供了多种线形与颜色。

另外，还可以方便地利用字体工具按钮进行上标、下标、增大字号、减小字号、字体颜色、突出显示及文字效果等设置。

2. 应用“字体”对话框设置文字的格式

应用“字体”对话框设置文字格式的操作步骤如下。

（1）将需要进行字符格式设置的文本选定。

（2）单击“开始”选项卡中的“字体”对话框启动器按钮，弹出“字体”对话框，如图4-8所示。

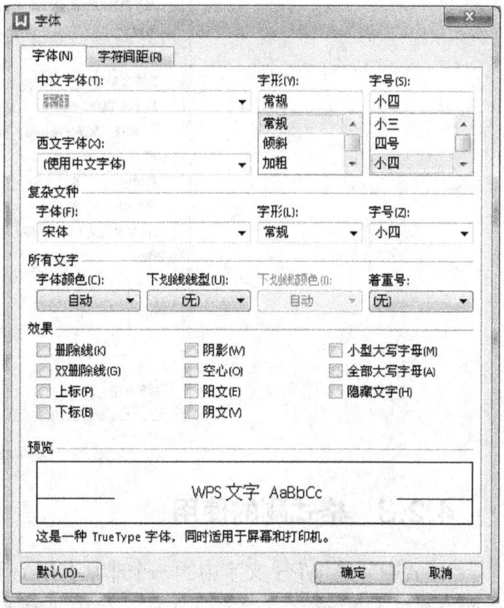

图4-8 “字体”对话框

（3）字体对话框包括“字体”和“字符间距”两个选项卡。在“字体”选项卡中可以进行中文字体、西文字体、字形、字号、字体颜色、下画线及文字效果的设置，在“字符间距”选项卡中可以进行文字宽高比缩放、文字间距及文字在垂直方向的位置等的设置。

4.2.2 段落格式设置

段落格式指文档段落的外观呈现，包括段落的对齐方式、行间距、首行缩进等设置。段落格式设置可以对整个文档的所有段落统一进行设置，也可以分别设置每个段落的对齐方式、行距和段落间距。对文档进行段落格式设置，可以使得整个文档显得更美观大方、更符合规范。

可以应用“段落”工具按钮设置段落的格式，也可以应用“段落”对话框设置段落的格式。

1. 应用“段落”工具按钮设置段落的格式

应用“段落”工具按钮设置段落格式的操作步骤如下。

（1）将需要进行段落格式设置的文本选定。

（2）单击“开始”选项卡中的、、、、按钮，可以使选定的段落左对齐、居中对齐、右对齐、两端对齐和分散对齐；单击按钮右侧的下拉按钮，可以进行行距的设置；分别单击、按钮，可以进行减少或增加段落缩进量的设置。

2. 应用“段落”对话框设置段落的格式

应用“段落”对话框设置段落格式的操作步骤如下。

（1）将需要进行段落格式设置的文本选定。

（2）单击“开始”选项卡中的“段落”对话框启动器按钮，弹出“段落”对话框，如图4-9所示。

（3）段落对话框包括“缩进和间距”和“换行和分页”两个选项卡。在“缩进和间距”选项卡中可以对段落文本的对齐方式、段落缩进、首行缩进、行间距和段落间距等格式进行设置，在“换行和分页”选项卡中可以对分页、换行及字符间距的一些特殊格式要求进行设置。

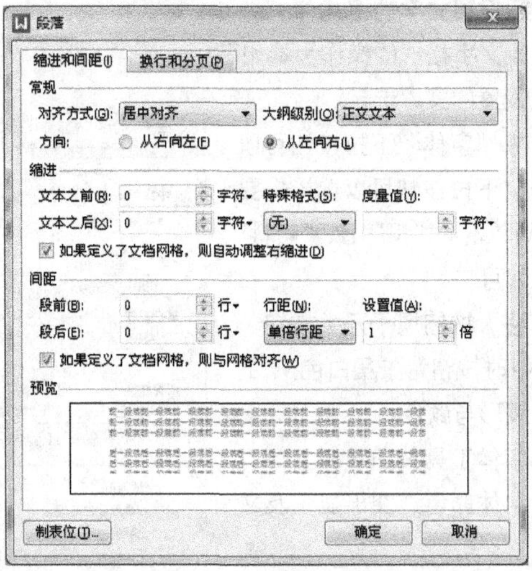

图 4-9 “段落”对话框

4.2.3 格式刷的使用

“格式刷”是 WPS 文字中的一个非常有用的工具，其功能是将选定文本的格式（包括字体、字号、字形、字符颜色等）复制到另一个文本上去。使用“格式刷”简化了繁杂的排版操作，可以极大地提高排版效率。

1. 复制字符格式

（1）选定已设置好格式的文本。

（2）单击“开始”选项卡中的“格式刷”按钮。

（3）按住左键拖选要应用此格式的文本。

2. 复制段落格式

（1）选定已设置好格式的段落（包括段落标记“↵”）。

（2）单击“开始”选项卡中的“格式刷”按钮。

（3）按住左键拖选要应用此格式的段落。

单击格式刷只能被使用一次。若要将选定格式复制到多个位置，可双击“格式刷”按钮，复制完毕后再次单击此按钮或按 Esc 键结束格式刷的使用。

4.2.4 项目符号和编号

项目符号和编号是放在文本段落前的特殊符号或数字序号。给文档添加项目符号或编号，可使文档条理清晰，更容易阅读和理解。在 WPS 文字中，可以在输入文档时自动产生带有项目符号或编号的列表，也可以在输入完文档后添加项目符号或编号。

1. 输入文本时自动创建项目符号或编号

（1）自动创建项目符号。

自动创建项目符号的操作步骤如下。

① 单击“开始”选项卡中的“项目符号”下拉按钮，在下拉列表中选择一种项目符号，如图 4-10 所示。

② 在插入的项目符号之后输入文本。

③ 当按 Enter 键后，在新段落的开头处就会根据上一段的项目符号格式自动创建项目符号。

如果要结束项目符号，可以按 Backspace 键删除插入点前的项目符号。

（2）自动创建编号。

自动创建编号的方法与创建项目符号相似，操作步骤如下。

① 单击“开始”选项卡中的“编号”下拉按钮，在下拉列表中选择一种编号格式，如图 4-11 所示。

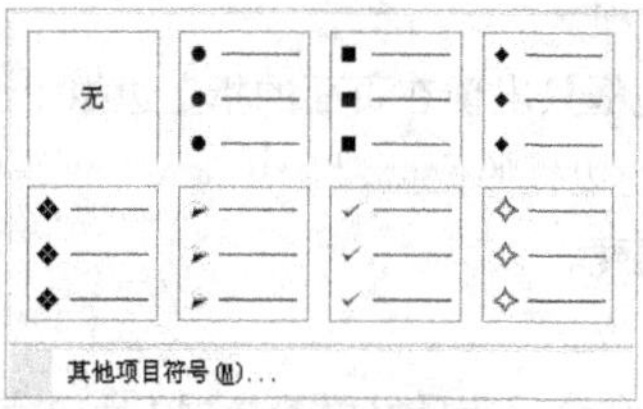

图 4-10 项目符号列表

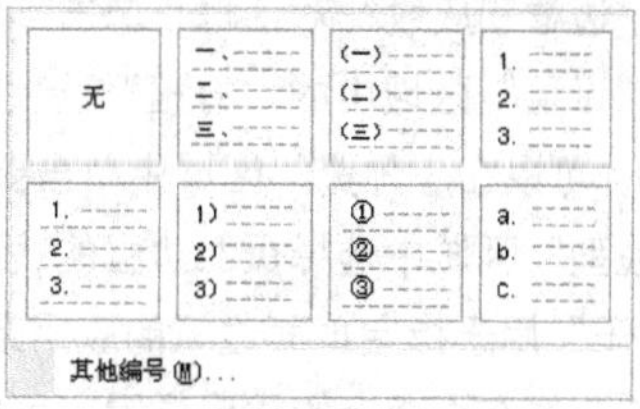

图 4-11 编号列表

② 在插入的编号之后输入文本。

③ 当按 Enter 键后，在新段落的开头处就会根据上一段的编号格式自动创建编号。

也可以先输入如“1.”“(1)”“一、”“第一、”“A.”等格式的起始编号，然后输入文本，WPS 文字也会自动创建后续编号。

如果要结束自动编号，可以按 Backspace 键删除插入点前的编号。在这些建立了编号的段落中，删除或插入某一段落时，其余的段落编号会自动修改，不必人工干预。

2. 为已有文本添加项目符号或编号

如果要对已经输入的文本添加项目符号和编号，则可按如下步骤进行操作。

（1）选择要添加项目符号或编号的所有段落。

（2）单击“开始”选项卡中的“项目符号”或“编号”下拉按钮，选择所需的项目符号或编号，即可给所选段落添加项目符号或编号。

若要取消已添加的项目符号或编号，则需首先选定已添加了项目符号或编号的段落，重新打开项目符号或编号列表，从中选择“无”。

4.2.5 边框和底纹

编辑文档时，为了美化或突出显示文本和关键词，可以为文字或段落添加边框和底纹，还可以为整个页面添加页面边框以美化文档。

添加边框和底纹时，可以利用“边框和底纹”对话框来设置，也可以单击“开始”选项卡中相应的按钮来设置。

1. 为文档中的段落或文字添加边框

（1）选定需要添加边框的段落或文字。

（2）单击“页面布局”选项卡中的“页面边框”按钮，弹出“边框和底纹”对话框，单击“边框”选项卡，如图 4-12 所示。

（3）单击“设置”区域中的“方框”选项。

（4）在“线型”区域中选择页面边框的线型、颜色及宽度。

（5）选择“应用于”下拉列表中的选项（“段落”或“文字”）。

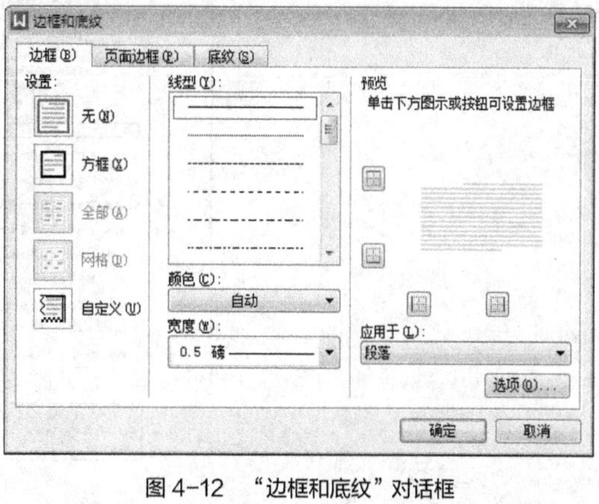

图 4-12 “边框和底纹”对话框

（6）如果要指定段落边框相对于文本的精确位置，则单击“选项”按钮，然后分别指定各边与正文的距离，单击“确定”按钮。

如果要去掉段落或文字边框，可先选中加边框的段落或文字，打开“边框和底纹”对话框，单击“边框”选项卡，选择“设置”区为“无”。

2．为文档中的页面添加边框

（1）打开“边框和底纹”对话框，单击“页面边框”选项卡。

（2）单击“设置”区域中的“方框”选项。如果希望边框只出现在页面的指定边缘（例如只出现在页面的顶部边缘），可以在“预览”区域中单击要添加或去掉的边框的位置。

（3）在“线型”区域中选择页面边框的线型、颜色及宽度。

（4）“应用于”用于指定页面边框的应用范围。

（5）要指定边框在页面上的精确位置，可单击“选项”命令，选择好度量依据（距文字或页边），然后分别指定各边距离，单击“确定”按钮即可。

如果要去掉页面边框，可将光标定位在加边框的页面，打开“边框和底纹”对话框，单击“页面边框”选项卡，选择“设置”区为“无”。

3．为文档中的段落或文字添加底纹

（1）选定需要添加底纹的段落或文字。

（2）打开“边框和底纹”对话框，单击“底纹”选项卡。

（3）选择填充颜色，设置底纹图案和颜色。

（4）选择“应用于”下拉列表中的选项（“段落”或“文字”）。

如果要去掉底纹，可先选中加底纹的段落或文字，打开“边框和底纹”对话框，单击“底纹”选项卡，选择“设置”区为“无”。

【教学案例 2】做一个成功的人

本案例对一篇短文进行单页基础排版操作步骤的详细介绍，从录入文字开始，到字符格式设置、段落格式设置、项目符号和编号设置，最后进行边框和底纹设置，排出精美的版面，如图 4-13 所示。

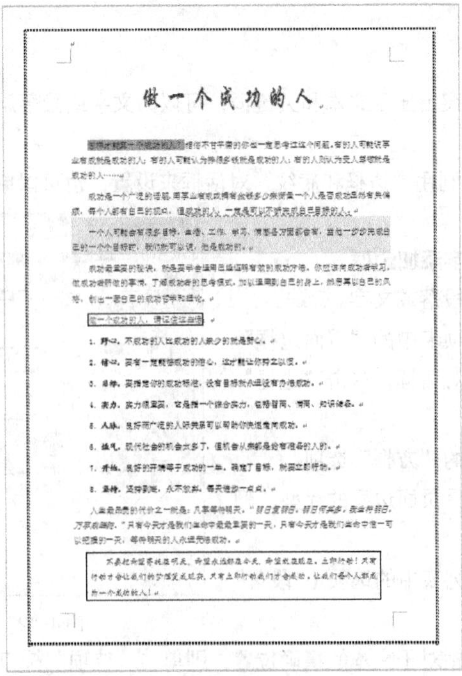

图 4-13　“做一个成功的人”的排版效果

操作要求

（1）标题用行楷、小初号，居中。

（2）标题文字缩放 80%，字距加宽 0.8mm，行距为单倍行距，段前、段后间距均为 1 行。

（3）正文为五号字，最后一个段落为楷体字，其余段落均为宋体字。

（4）依照给定样本，将有编号标记的段落的前两个字设置为楷体、加粗、蓝色。

（5）正文各段落首行缩进 2 个字符，行距为固定值 19 磅，段前间距为 0.5 行。

（6）正文最后一段文字左、右各缩进 2 个字符。

（7）依照给定样本，给文本添加下画线、边框和底纹等修饰。

（8）给页面添加边框，边框各边与页面对应边的距离均为 30 磅。

操作步骤

步骤 1　新建文档并保存

（1）双击桌面上的 WPS 2019 图标，进入 WPS 2019 首页。

（2）单击“文字”类型下的“新建空白文档”模板，创建新的空白文档。

（3）单击快速访问工具栏中的“保存”按钮或按 F12 键，弹出“另存为”对话框，以“自己所在班级+姓名”为文件名，将文档保存在桌面上。

微课 06 做一个成功的人 1

步骤 2　输入文本

输入下列文本内容——做一个成功的人。

要求：

（1）输入文本内容时，不必设置文档格式。

（2）不得随意插入空行、段落，不得随意修改文档内容。

做一个成功的人

怎样才能算一个成功的人？相信不甘平庸的你也一定思考过这个问题。有的人可能说事业有成就是成功的人；有的人可能认为挣很多钱就是成功的人；有的人则认为受人尊敬就是成功的人……

成功是一个广泛的话题，用事业有成或拥有金钱多少来衡量一个人是否成功显然有失偏颇，每个人都有自己的观点，但成功的人，一定是可以不断完成自己目标的人。

一个人可能会有很多目标，生活、工作、学习、情感各方面都会有，当他一步步完成自己的一个个目标时，我们就可以说，他是成功的。

成功最重要的秘诀，就是要学会运用已经证明有效的成功方法。你应该向成功者学习，做成功者所做的事情，了解成功者的思考模式，加以运用到自己的身上，然后再以自己的风格，创出一套自己的成功哲学和理论。

做一个成功的人，请记住这些话。

1. 野心。不成功的人比成功的人缺少的就是野心。
2. 信心。要有一定能够成功的信心，这才能让你持之以恒。
3. 目标。要指定你的成功标准，没有目标就永远没有办法成功。
4. 实力。实力很重要，它是指综合实力，包括智商、情商、知识储备。
5. 人脉。良好而广泛的人际关系可以帮助你快速走向成功。
6. 运气。现代社会的机会太多了，但机会从来都是给有准备的人的。

7. 开始。良好的开端等于成功的一半。确定了目标，就要立即行动。

8. 坚持。坚持到底，永不放弃。每天进步一点点。

人生最昂贵的代价之一就是：凡事等待明天。“明日复明日，明日何其多，我生待明日，万事成蹉跎。”只有今天才是我们生命中最最重要的一天，只有今天才是我们生命中唯一可以把握的一天，等待明天的人永远无法成功。

不要把希望寄托在明天，希望永远都在今天，希望就在现在。立即行动！只有行动才会让我们的梦想变成现实，只有立即行动我们才会成功。让我们每个人都成为一个成功的人！

步骤 3　格式化标题

（1）选定标题行。

（2）在“开始”选项卡中设置标题为居中、行楷、小初号。

（3）单击“开始”选项卡中的“字体”对话框启动器按钮，弹出“字体”对话框，在对话框中选择“字符间距”选项卡，设置“缩放”：80%；“间距”：加宽 0.8 毫米，如图 4-14 所示。

（4）单击“开始”选项卡中的“段落”对话框启动器按钮，弹出“段落”对话框，在对话框中选择“缩进和间距”选项卡，设置行距为“单倍行距”，“间距”为段前 1 行、段后 1 行，如图 4-15 所示。

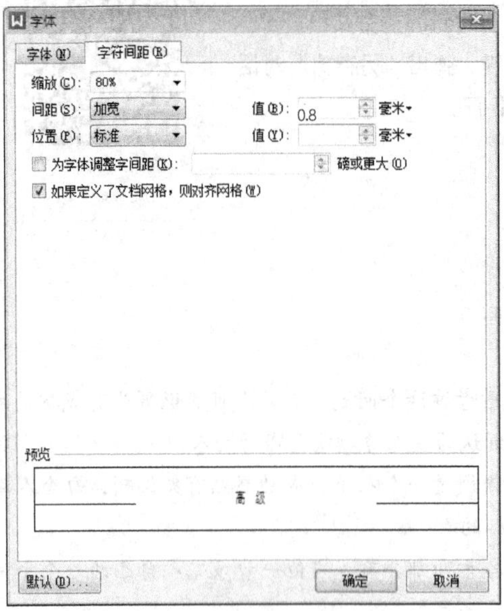

图 4-14　“字符间距”选项卡设置

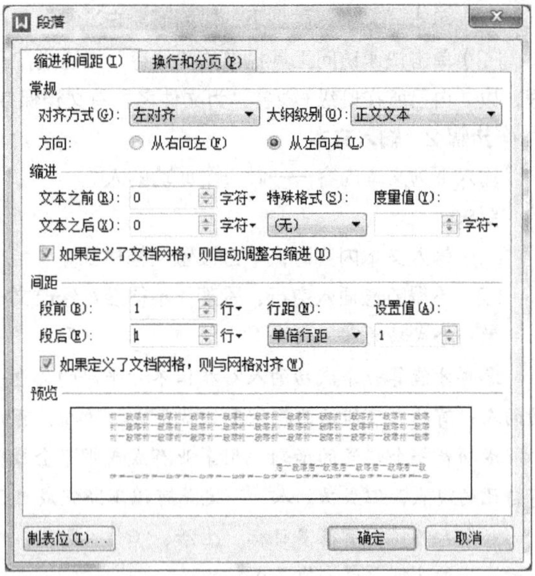

图 4-15　“缩进和间距”选项卡设置

步骤 4　格式化正文

（1）选定除最后一段外的全部正文，在“开始”选项卡中定义该段落的格式为宋体、五号。

（2）选定正文最后一段，在“开始”选项卡中定义该段落的格式为楷体、五号。

（3）选择“野心”二字，设置为楷体、加粗、蓝色；选定“野心”二字，双击“格式刷”按钮，然后用“格式刷”刷过其下方 7 行每段开头的两个汉字，使其均变为楷体、加粗、蓝色。再次单击“格式刷”，结束“格式刷”的使用。

（4）选定全部正文内容，单击“开始”选项卡中的“段落”对话框启动器，弹出“段落”对话框，设置首行缩进 2 个字符，行距为固定值 19 磅，段前间距为 0.5 行。

（5）选定最后一段，单击“开始”选项卡中“段落”对话框启动器，弹出“段落”对话框，设置“缩进”区域中“文本之前”和“文本之后”均为 2 个字符。

步骤 5　给文本添加下画线、着重号和倾斜效果

（1）选择第二段末尾“成功的人，一定是可以不断完成自己目标的人。”，单击“开始”选项卡中的“下画线”下拉按钮，从下画线列表中选择波浪线，给选定文本添加下画线。再次单击“开始”选项卡中的“下画线”下拉按钮，从下画线列表中选择“下画线颜色”，给下画线添加合适的颜色。

（2）选择第三段末尾“创出一套自己的成功哲学和理论”，单击“开始”选项卡中的“删除线”下拉按钮，从下拉列表中选择着重号，给选定文本添加着重号。

微课 07 做一个成功的人 2

（3）选定“明日复明日……万事成蹉跎。”，单击“开始”选项卡中的“倾斜”按钮。

步骤 6　给文本添加底纹

（1）选择第一段中文本“怎样才能算一个成功的人？”，单击“页面布局”选项卡中的“页面边框”按钮，弹出“边框和底纹”对话框，切换到“底纹”选项卡，显示图 4-16 所示的对话框。

（2）在“填充”区域设置颜色为“绿色”，单击“应用于”下拉按钮，从列表中选择“文字”，单击“确定”按钮，给选定文本添加绿色底纹。

步骤 7　给段落添加底纹

（1）在第三段内任一位置单击鼠标，然后单击“页面布局”选项卡中的“页面边框”按钮，弹出“边框和底纹”对话框，切换到“底纹”选项卡。

（2）在“填充”区域设置颜色为“黄色”，单击“应用于”下拉按钮，从列表中选择“段落”，单击“确定”按钮，给选定段落添加黄色底纹。

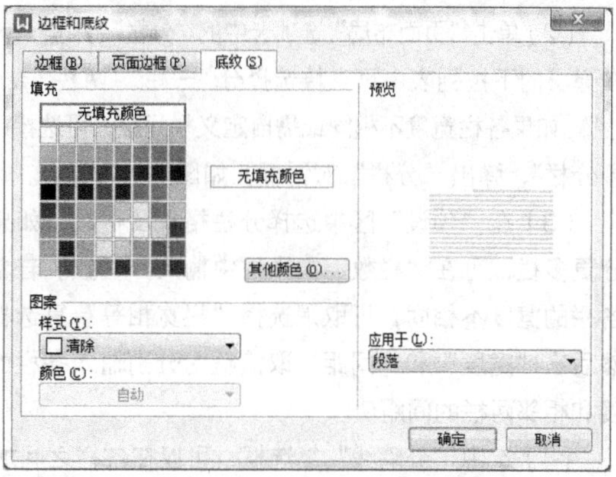

图 4-16　“边框和底纹”对话框

步骤 8　给文本添加边框

（1）选定文本“做一个成功的人，请记住这些话”，然后单击“页面布局”选项卡中的“页面边框”按钮，弹出“边框和底纹”对话框，切换到“边框”选项卡。

（2）设置边框为“方框”，单击“应用于”下拉按钮，从列表中选择“文字”，单击“确定”按钮，给选定文本添加边框。

步骤 9　给段落添加边框

（1）在最后一段内任一位置单击鼠标，然后单击“页面布局”选项卡中的“页面边框”按钮，弹出“边框和底纹”对话框，切换到“边框”选项卡。

（2）设置边框为“方框”，单击“应用于”下拉按钮，从列表中选择“段落”，单击“确定”按钮，给选定段落添加边框。

步骤 10　给页面添加边框

（1）单击“页面布局”选项卡中的“页面边框”按钮，弹出“边框和底纹”对话框，默认打开“页面边框”选项卡。

（2）设置页面边框为方框，“线型”为双波浪线，“宽度”为 0.75 磅，“应用于”为整篇文档，单击“页面边框”对话框中的“选项”按钮，在弹出的对话框中设置“度量依据”为“页边”，距正文各边的距离均为 30 磅。

（3）单击“确定”按钮，给页面添加边框。

步骤 11　保存文档

单击快速访问工具栏中的“保存”按钮或按 Ctrl+S 组合键再次保存文档。

任务 4.3　版面设计

在文档排版时，除对文档内容进行字符格式、段落格式等格式化设置外，还经常会用到分栏、首字下沉、插入页眉和页脚、插入页码、中文版式设置及页面背景设置等版面格式的设计，以使得版面更美观和更便于阅读。

4.3.1　分栏

当通栏显示文档时，如果其一行的内容过长，容易造成阅读时串行，所以需要将文档分成两栏或多栏显示，同时分栏显示也使版面更加美观、生动。我们平常看到的报纸、杂志版面都有分栏的效果。

（1）选定需要进行分栏排版的文本。

（2）单击“页面布局”选项卡中的“分栏”按钮，在弹出的下拉列表中可直接选择分“一栏”“两栏”或“三栏”。如果各栏宽度不相同或需自定义栏间距，可选择“更多分栏”，弹出“分栏”对话框，如图 4-17 所示。

（3）在“预设”区中选择分栏格式及栏数，如果要分更多栏，可在“栏数”文本框中输入分栏数。若希望各栏的宽度不相同，可取消选择“栏宽相等”复选框，然后在“宽度”和“间距”取值框内分别输入各栏的宽度和相邻两栏的间距值。

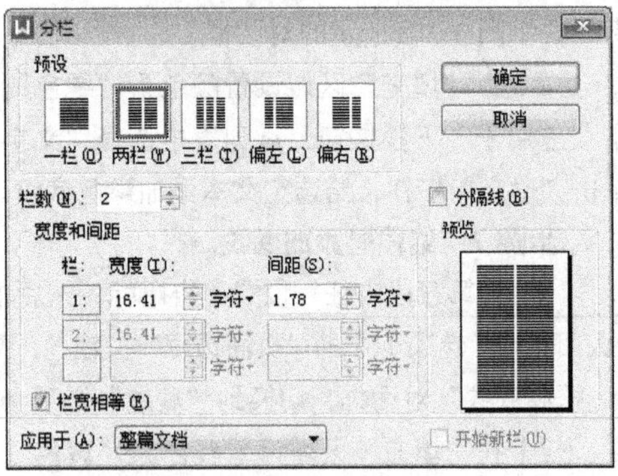

图 4-17　“分栏”对话框

（4）选中“分隔线”复选框，可以在各栏之间加入分隔线。

（5）在“应用于”的下拉列表中选择“插入点后”，选中“开始新栏”复选框，则在当前光标位置插入“分栏符”，并使用上述分栏格式建立新栏。

（6）单击“确定”按钮，WPS 文字会按设置进行分栏。

4.3.2　首字下沉

首字下沉一般是将文档中第一个段落的第一个字放大后显示，并下沉到下面的几行中，多用于小说或杂志，它可以让一篇文章看起来更加活泼和美观。

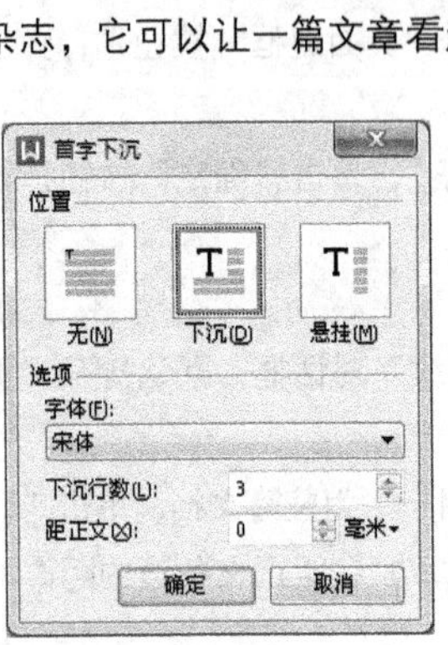

图 4-18　“首字下沉”对话框

1．设置步骤

（1）将光标置于要设置首字下沉的段落中。

（2）单击“插入”选项卡中“首字下沉”下拉按钮，弹出“首字下沉”对话框，如图 4-18 所示。

（3）在对话框的“位置”区内，选择下沉的格式类型，包括“下沉”与“悬挂”两种类型；在“选项”区内选择下沉字的字体、下沉行数以及距正文的距离。

（4）单击“确定”按钮。

2．取消步骤

若要取消首字下沉，可按下列步骤进行操作。

（1）将光标置于首字下沉的段落。

（2）打开“首字下沉”对话框。

（3）在“位置”区内单击“无”选项。

（4）单击“确定”按钮。

4.3.3　页眉、页脚和页码

页眉和页脚通常用于显示文档的附加信息，常用来显示书名、章节名称、单位名称、徽标等。其中，页眉显示在页面的顶部，页脚显示在页面的底部。得体的页眉和页脚，会使文稿显得更加规范，也会给阅读带来方便。

在文档中奇偶页可用同一个页眉和页脚，也可以在奇数页和偶数页上使用不同的页眉和页脚。

通过插入页码可以为多页文档的所有页面自动添加页码，方便读者查找和掌握阅读进度。页码可以插入到页眉或页脚的位置。

1. 添加页眉和页脚

（1）单击“插入”选项卡中的“页眉和页脚”按钮或直接双击页眉位置。

（2）进入“页眉”编辑状态，同时新的选项卡“页眉和页脚”被激活，如图 4-19 所示。

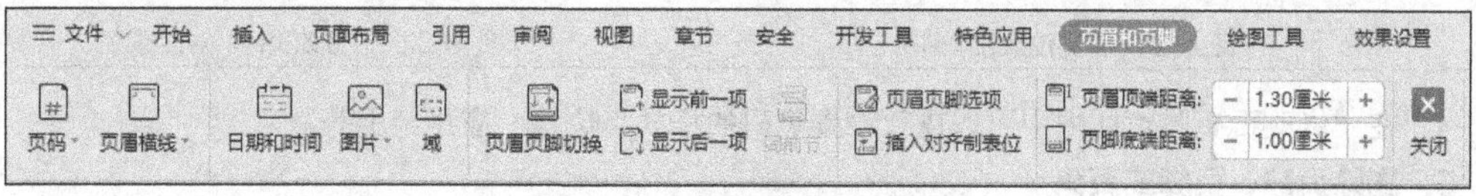

图 4-19　“页眉和页脚”选项卡

（3）用户可以在“页眉”区域输入文本内容，进行格式编辑，还可以单击页眉编辑区下方的“插入页码”按钮插入页码。另外还可以单击“图片”下拉按钮，选择合适的图片作为页眉的一部分，或单击“页眉横线”下拉按钮，给页眉添加合适的横线。

（4）单击“页眉和页脚”选项卡中的“页眉页脚切换”按钮，切换到页脚，以相同的方法插入页脚。

（5）完成编辑后单击“关闭”按钮，退出页眉和页脚的编辑，返回文档的编辑状态。

2. 在奇数页和偶数页上添加不同的页眉和页脚

（1）单击“页眉和页脚”选项卡中的“页眉页脚选项”按钮，打开“页眉/页脚设置”对话框，如图 4-20 所示。

（2）在“页面不同设置”组中选中“奇偶页不同”复选框，单击“确定”按钮。

（3）在任一奇数页上添加要在奇数页上显示的页眉或页脚，在任一偶数页上添加要在偶数页上显示的页眉或页脚。

（4）单击“关闭”按钮，返回编辑区。

3. 修改页眉和页脚

双击页眉或页脚，进入页眉、页脚的编辑状态，直接修改即可。

4. 添加页码

为文档添加页码，可以在为文档添加页眉、页脚时进行，也可以单独进行。

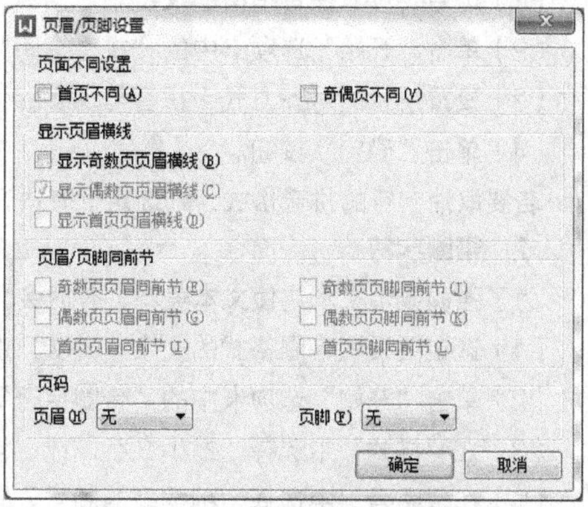

图 4-20　“页眉/页脚设置”对话框

（1）单击“插入”选项卡中的“页码”按钮，打开页码选项列表，如图 4-21 所示。

（2）从列表中选择合适的页码位置即可插入页码。

（3）如果对所选页码的位置或格式不满意，可以对其进行调整。双击页码，弹出“修改页码”对话框，如图 4-22 所示。

图 4-21　页码位置选项列表

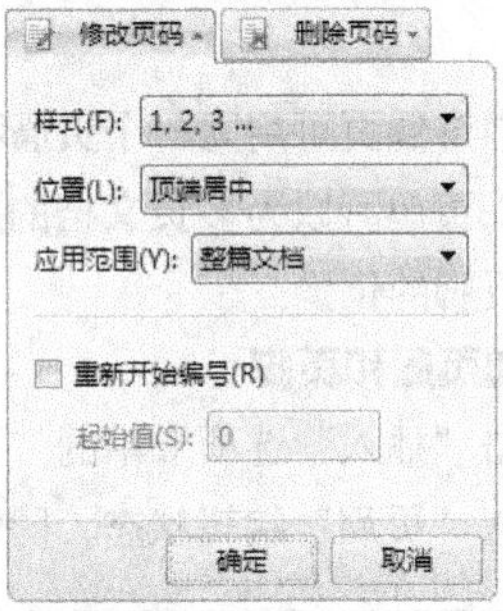

图 4-22　“修改页码”对话框

（4）在“修改页码”对话框中可以重新设置页码的样式、位置、应用范围等。

5. 删除页眉、页脚或页码

（1）双击页眉、页脚或页码，进入页眉或页脚编辑状态。

（2）选择页眉、页脚或页码，按 Delete 键删除。

4.3.4　中文版式

中文 WPS 文字中，提供了一些符合中文排版习惯的特殊版式。

1. 拼音指南

编排小学课本或儿童读物的时候，经常需要编排带有拼音的文本，这时可以利用 WPS 文字提供的“拼音指南”来完成此项工作。

（1）选中要设置拼音指南的汉字。

（2）单击“开始”选项卡中的“拼音指南”按钮，弹出“拼音指南”对话框，如图 4-23 所示。

（3）设置拼音的对齐方式、拼音与汉字的偏移量及字体和字号。

（4）单击“确定”按钮。

若要取消字符的拼音格式，则选定带有拼音的文字，在“拼音指南”对话框中单击“全部删除”按钮。

2. 带圈字符

为了强调显示文本或使文本美观，有时会为字符添加一个圆圈或者菱形等形状。

（1）选定要设置带圈格式的文字（一次只能选择一个文字）。

（2）单击“开始”选项卡中的“带圈字符”按钮，弹出“带圈字符”对话框，如图 4-24 所示。

（3）在“样式”中选择“缩小文字”或“增大圈号”。

（4）在“圈号”中选择一种类型的圈号。

（5）单击“确定”按钮。

需要取消已设置的带圈格式，则可单击“带圈字符”对话框“样式”中的“无”选项。

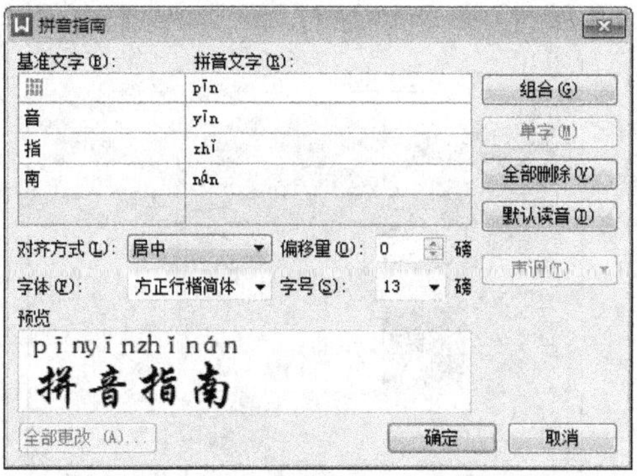

图 4-23 “拼音指南”对话框

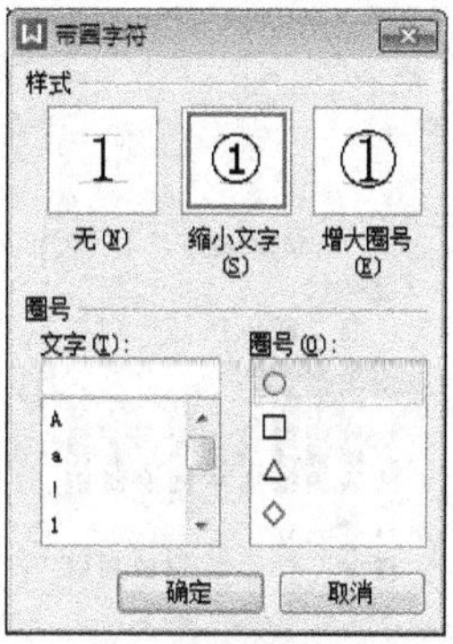

图 4-24 “带圈字符”对话框

3. 稿纸方式

稿纸方式是一种符合中国人使用习惯的传统文本排版方式，WPS 文字提供了对这种格式的完美支持。

WPS 文字提供了 10 行×20 列、15 行×20 列、20 行×20 列、20 行×25 列四种规格的标准稿纸。选择稿纸方式后，系统会将文字编排在稿纸中，打印时将同稿纸网格线一起打印。

可以在输入文档以后定义稿纸格式，也可以在输入文档之初就设置好稿纸格式。设置稿纸格式后，字号的大小将不能定义，所有文字统一适合稿纸网格的大小。

（1）单击“页面布局”选项卡中的“稿纸设置”按钮，打开“稿纸设置”对话框，如图 4-25 所示。

（2）选中“使用稿纸方式”复选框。

（3）设定稿纸的规格、网格、颜色及纸张大小、纸张方向等。

（4）单击“确定”按钮。

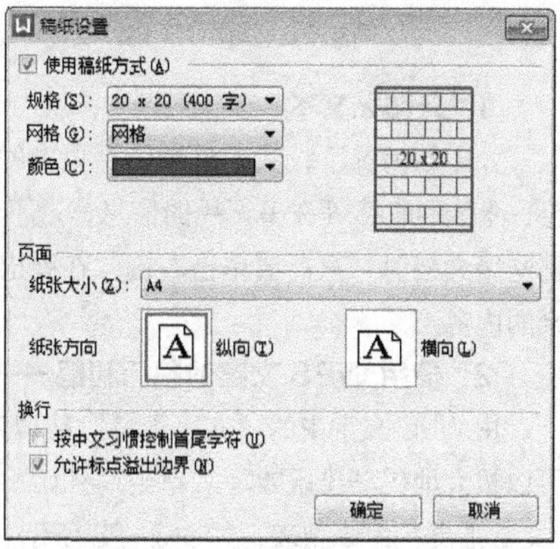

图 4-25 “稿纸设置”对话框

如果要去掉稿纸格式，可打开“稿纸设置”对话框，在对话框中去掉选中“使用稿纸方式”复选框。

4.3.5 页面背景

为文档添加背景可使 WPS 文字看上去更具观赏性。页面背景默认是白色，可以设置纯色、渐变色、纹理、图案或图片作为页面的背景。

（1）单击“页面布局”选项卡中的“背景”下拉按钮，弹出页面背景设置的选项列表，如图 4-26 所示。

（2）可直接在打开的页面颜色面板中选择一种颜色、或单击“其他填充颜色”按钮，在“颜色”面板中选择更多的颜色、或单击“取色器”拾取图形中颜色作为背景色；也可以单击“图片背景”，选择本机中的图片作为背景，或打开“其他背景”，选择“渐变”“纹理”“图案”作为背景，如图 4-27 所示。另外，还可以选择“水印”作为背景。

（3）单击“确定”按钮即可为整个页面添加所选的背景。

页面背景的设置是基于整个页面的。

【知识拓展】编辑从网络下载的文档

我们经常需要从网络上下载一些文档资料，不过从网络上下载得到的文档大多排版格式极不规范，杂乱无章，需要重新编辑整理后才能使用。利用 WPS 文字提供的一些编辑命令，可以非常方便地对网络文档进行快速编辑。整理网络文档主要用到两种工具，右键菜单中的“只粘贴文本”命令和“开始”选项卡中的“文字工具”菜单。

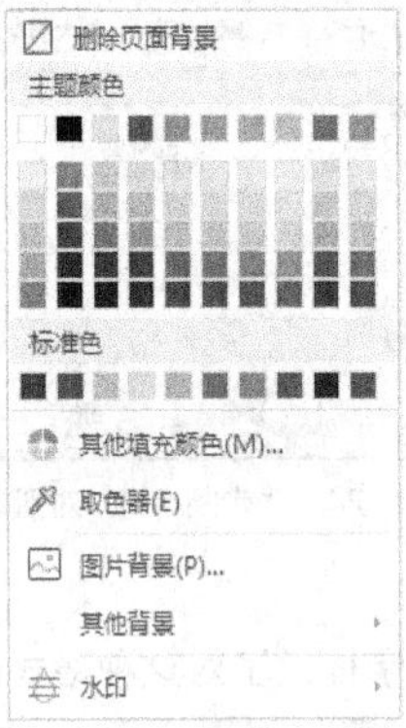

图 4-26　页面背景设置

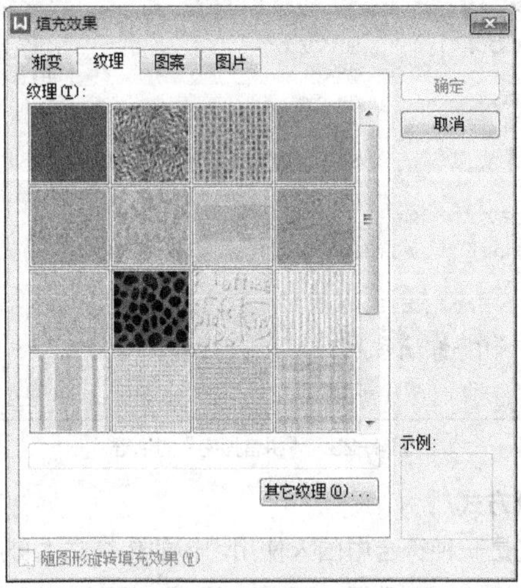

图 4-27　“填充效果”对话框

1. 只粘贴文本

大多数情况下，我们只需要网页中的文本内容，然而粘贴下来的文档中，往往包含了背景图片、换行符、隐蔽的表格等许多无用的信息，这不仅让文档不美观，有时还会影响到文档的排版。在 WPS 文字中粘贴网络文档时，只需要单击右键，在弹出的快捷菜单中选择“只粘贴文本”命令，就可以过滤掉网页中多余的内容。

2. 使用 WPS 文字的独门利器——文字工具

用 WPS 文字中的“文字工具”整理大段而杂乱的网络文档，过程非常简单，可以极大地提高排版效率。单击“开始”选项卡中“文字工具”下拉按钮，弹出“文字工具”命令列表，如图 4-28 所示。

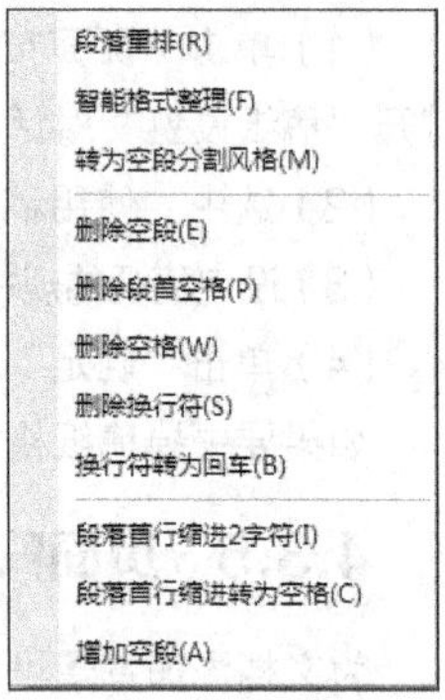

图 4-28　文字工具

WPS“文字工具”包含了段落重排、智能格式整理等 11 种自动处理功能。这些命令中最有特色的便是“智能格式整理”，许多下载的网络文档可以直接利用 WPS 文字工具中的“智能格式整理”来轻松实现排版。

智能格式整理实际上就是把本来由手工完成的一系列版面整理工作交由系统自动完成，并使文档符合中文的行文规范。其主要过程包括删除空行、删除换行符、删除段首空格、段落首行缩进 2 字符等。

但当文档中包含换行符“↓”时，则无法利用“智能格式整理”命令进行有效整理。这时我们可以按照以下步骤进行整理。

（1）显示编辑标记：单击“开始”选项卡中的“显示/隐藏段落标记”下拉按钮，显示文档中的换行符、回车符、空格等编辑标记。

（2）选定文本：在选中一部分文本的情况下，WPS 只对选中的部分进行处理，否则，WPS 将对整个文档进行处理。

（3）换行符转为回车：许多下载的网络文档段落之间出现的是换行符，导致无法正常排版，可以使用“换行符转为回车”命令来转换。

（4）删除空格/删除段首空格：从网络上下载的文档经常会有许多无用的空格，首行缩进也是用空格代替的，看起来很不美观。可以利用“删除空格”和“删除段首空格”命令来删除这些无用的空格。

（5）删除空段：即删除只有回车符而没有内容的空行。

（6）段落重排：有时下载的文档中，在每一行的行末都会出现回车符，造成文字还未占满一行就转到下一行了，文档右侧则出现空白。这时可以使用“段落重排”命令，使所有行首没有空格的行都被连接到上一行的行尾，使这些行合并为一个段落。

（7）段落首行缩进 2 字符：按照中文排版的习惯，每段的首行通常采用段落首行缩进格式，使用“段落首行缩进 2 字符”命令，可以方便地调整文章段落缩进格式。

特殊地，如果文档中含有大段英文，则应先处理英文部分，否则将导致英文内容全部合并到一个段落中。如果文档单词间留有多个空格，可以使用“删除空格”命令，系统会自动按照英文单词的处理规则进行调整，使各单词间保留一个空格。

在实际操作时，根据实际情况可能只需要有选择地执行部分命令。

【教学案例 3】荷塘月色

本案例是对散文《荷塘月色》多页排版过程详细步骤的介绍。主要应用分栏、首字下沉、页眉和页码的设置、中文版式和页面背景的设置等技能。排版效果如图 4-29 所示。

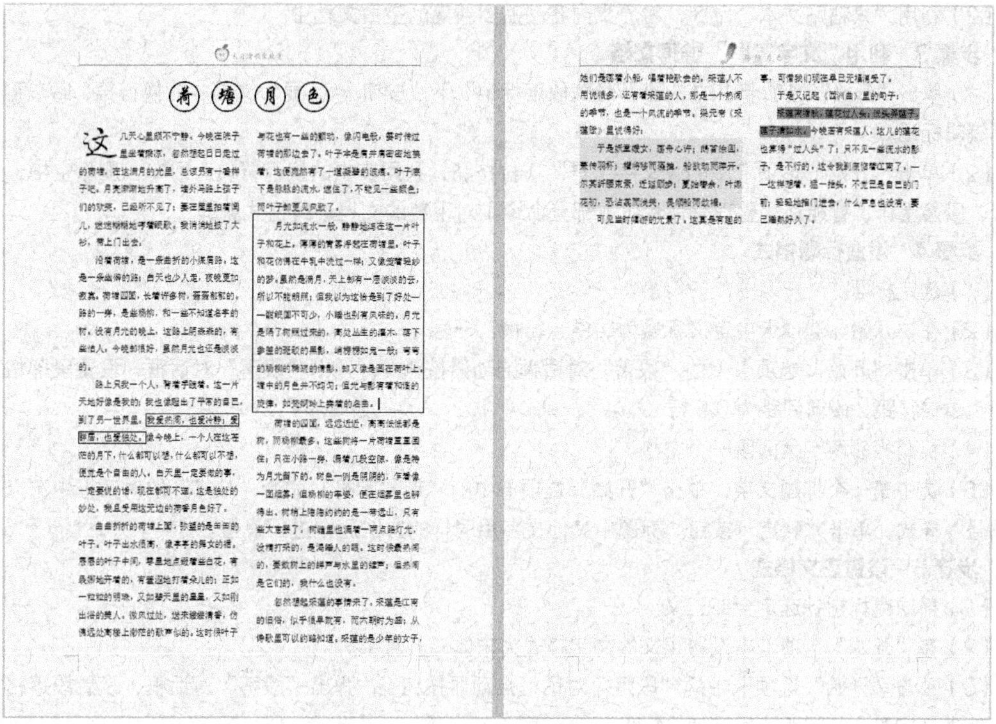

图 4-29 排版效果

操作要求

（1）从网上下载朱自清散文《荷塘月色》，并利用“文字工具”整理文档。

（2）设置标题居中、行楷、一号字、行距为 1 倍行距，段前间距为 0.5 行。

（3）设置标题为带圈字符（增大圈号），相邻两字之间留一个空格。

（4）设置正文为宋体、五号字，各段首行缩进 2 个字符，行距为固定值 21 磅。

（5）设置分栏和首字下沉。

（6）设置文字边框和段落边框。

（7）设置文字底纹和段落底纹。

（8）设置页眉和页码，且页眉、页码居中，添加页眉横线（奇偶页页眉不同）。

（9）设置页面背景为“纸纹 2”纹理。

操作步骤

步骤 1　新建文档并保存

（1）双击桌面上的 WPS 2019 图标，进入 WPS 2019 首页。

（2）单击“文字”类型下的“新建空白文档”模板，创建新的空白文档。

（3）单击快速访问工具栏中的“保存”按钮或按 F12 键，弹出“另存为”对话框，以“自己所在班级+姓名”为文件名，将文档保存在桌面上。

微课 08 荷塘月色 1

步骤 2　从网上下载朱自清的散文《荷塘月色》

（1）利用百度搜索引擎，检索朱自清的散文《荷塘月色》，并复制原文。

（2）利用“只粘贴文本”命令，将原文内容粘贴到新建的空白文档中。

步骤 3　利用“文字工具”整理文档

（1）单击“开始”选项卡中的“显示/隐藏段落标记”下拉按钮，显示文档中的换行符、回车符、空格等编辑标记。

（2）单击“开始”选项卡中的“文字工具”下拉按钮，利用其中的换行符转为回车、删除空格、删除空段、段落重排、智能格式整理等命令（或部分命令）对下载的文档进行格式整理。

步骤 4　设置标题格式

（1）选定标题。

（2）在“开始”选项卡中定义标题为居中、行楷、一号。

（3）单击“开始”选项卡中的“段落”对话框启动器按钮，弹出“段落”对话框，设置段落格式：行距为单倍行距，段前间距为 0.5 行。

（4）标题相邻两字之间留一个空格。

（5）选中第一个标题文字，单击“开始”选项卡中的“带圈字符”命令，从打开的对话框中选择“增大圈号”样式，单击“确定”按钮。标题中其他文字用同样的方法逐个进行设置。

步骤 5　设置正文格式

（1）拖动鼠标指针选定全部正文。

（2）在“开始”选项卡中设置正文的文字格式为宋体、五号字。

（3）单击“开始”选项卡中的“段落”对话框启动器按钮，弹出“段落”对话框，设置段落格式：首行缩进 2 字符；行间距为固定值 21 磅。

步骤 6　设置分栏

（1）选定全部正文内容，但切记：不要选择最后一段段末的回车符“↵”，否则会出现分栏后左多右少的情况。

（2）单击“页面布局”选项卡中的“分栏”下拉按钮，在弹出的下拉列表中选择“两栏”。

步骤 7　首字下沉

（1）将光标置于第一段段首，删除段首的两个空格。

（2）单击“插入”选项卡中的“首字下沉”下拉按钮，弹出“首字下沉”对话框。

（3）在对话框的“位置”区内，选择“下沉”，在“选项”区内，选择字体为方正启体简体、下沉行数为 2 行，单击“确定”按钮，完成首字下沉设置。

步骤 8 给文字添加边框

（1）选定第三段中的文字："我爱热闹……也爱独处。"

（2）单击"页面布局"选项卡中的"页面边框"按钮，弹出"边框和底纹"对话框。

（3）切换到"边框"选项卡，选择"设置"为"方框"，单击"应用于"下拉按钮，从列表中选择"文字"，单击"确定"按钮，为选定的文字添加边框。

微课 09 荷塘月色 2

步骤 9 给段落添加边框

（1）单击第五段中任一位置。

（2）单击"页面布局"选项卡中的"页面边框"按钮，弹出"边框和底纹"对话框。

（3）切换到"边框"选项卡，选择"设置"区为"方框"，"应用于"为"段落"，单击"确定"按钮，为选定的段落添加边框。

步骤 10 给文字添加底纹

（1）选定最后一个段落中的文字："采莲南塘秋，莲花过人头；低头弄莲子，莲子清如水。"

（2）单击"页面布局"选项卡中的"页面边框"按钮，弹出"边框和底纹"对话框。

（3）切换到"底纹"选项卡，选择"填充"栏下的"浅蓝"，单击"确定"按钮，选择的文字出现浅蓝色底纹。

步骤 11 给段落添加底纹

（1）单击倒数第四段中任一位置。

（2）单击"页面布局"选项卡中的"页面边框"按钮，弹出"边框和底纹"对话框。

（3）切换到"底纹"选项卡，选择"填充"栏下的"黄色"，单击"应用于"下拉按钮，从列表中选择"段落"，单击"确定"按钮，选择的段落出现黄色底纹。

步骤 12 插入页眉和页码

（1）双击页眉位置，进入"页眉"编辑状态，同时新的选项卡"页眉和页脚"被激活。

（2）单击"页眉和页脚"选项卡中的"页眉页脚选项"按钮，打开"页眉/页脚设置"对话框。

（3）在对话框中选中"奇偶页不同""显示奇数页页眉横线"和"显示偶数页页眉横线"三个复选框，单击"确定"按钮。

微课 10 荷塘月色 3

（4）确认光标在第一页页眉位置，单击"图片"下拉按钮，插入苹果图片并使其居中显示；输入页眉文字"朱自清散文欣赏"并选中文字内容，打开"字体"对话框，切换到"字符间距"选项卡，单击"位置"下拉按钮，将"朱自清散文欣赏"几个字的位置上升 2 毫米。

（5）单击第 2 页页眉位置，使用和第 1 页页眉相同的方法插入第 2 页的页眉。

（6）单击第 1 页页脚位置，在第 1 页页脚位置单击"插入页码"按钮，从弹出的"插入页码"对话框中选择页码样式，如图 4-30 所示，单击"确定"按钮。

步骤 13 添加页面背景

（1）单击"页面布局"选项卡中的"背景"下拉按钮，弹出页面背景设置的选项列表。

（2）选择"其他背景"→"纹理"命令，打开"填充效果"对话框，如图 4-31 所示。

（3）从纹理列表中选择"纸纹 2"，单击"确定"按钮，设置该纹理作为文档的背景。

步骤 14 保存文档

单击快速访问工具栏中的"保存"按钮或按 Ctrl+S 组合键再次保存文档。

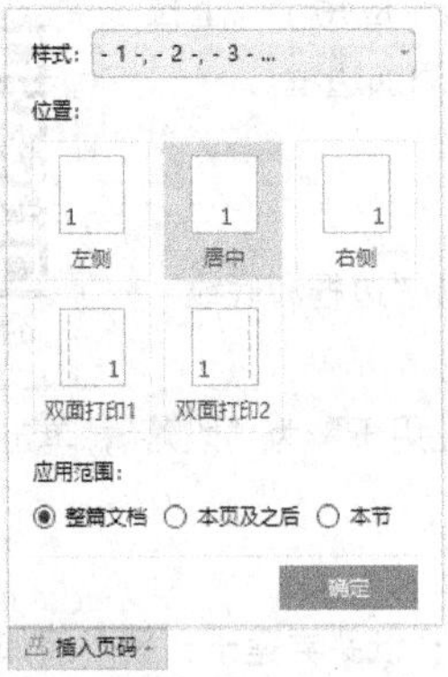

图 4-30 “插入页码”对话框

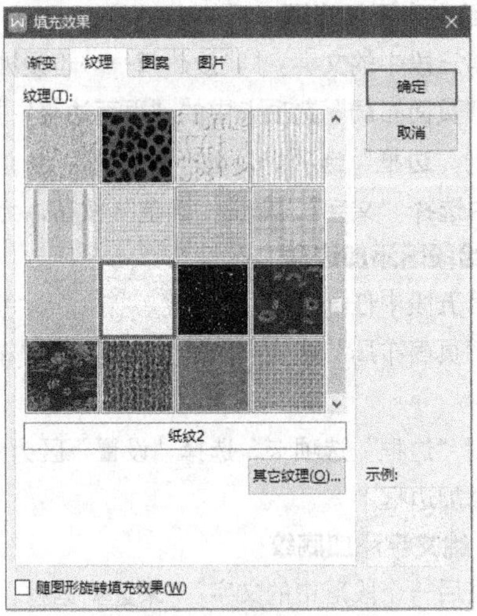

图 4-31 “填充效果”对话框

任务 4.4 图文混排

一篇图文并茂的文章会给人赏心悦目的感觉，在各种报纸、期刊和杂志上都有各种各样精美的插图。WPS 文字中，可应用插入文本框、图片、图形、艺术字等对象轻松制作出图文混排的文档，来增强文档的排版效果，使排版设计更加形象生动。

版面上除去四周白边，中间的区域就是版心。排版时要注意，所有插入的文本框、图片、图形、艺术字等对象不能超出版心区域（页面边框、页眉页脚除外）。

4.4.1 文本框

文本框是一种可以移动、大小可调的存放文本的容器。在 WPS 文字中，文本框有横排和竖排两种。每个页面可以放置多个文本框，每个文本框中的文字内容都可以单独排版而不受其他文本框和框外文本排版的影响。利用文本框可以把文档编排得更加丰富多彩。

1. 插入文本框及输入文本

（1）单击“插入”选项卡中的“文本框”下拉按钮，弹出文本框下拉列表，选择所需的文本框格式。

（2）在文档中需要插入文本框的位置拖动鼠标即可插入一个“横向”或“竖向”的文本框。

（3）插入文本框之后，光标自动位于文本框内，可以直接向文本框输入文本。

2. 改变文本框的位置和大小

移动文本框：鼠标指针指向文本框的边框线，当鼠标指针变成✥形状时，用鼠标拖动文本框，可实现文本框的移动。

改变文本框的大小：单击文本框，在其四周出现 8 个控制文本框大小的小方块，向内或外拖动小方块，可改变文本框的大小。

3. 设置文本框格式

文本框格式可以在单击右键弹出的快捷菜单中进行设置，也可以在选定文本框后被激活的“绘图工具”和“文本工具”两个新的选项卡中进行设置。

（1）通过属性按钮设置文本框格式。

① 选定要进行格式设置的文本框，在文本框右侧会自动弹出文本框属性按钮，如图 4-32 所示。

② 通过文本框属性按钮，可以快速设置文本框的常用属性，如绕排方式、形状样式、形状填充、形状轮廓等。

（2）通过属性面板设置文本框格式。

① 选定要进行格式设置的文本框。

② 在选定的文本框上右击鼠标，在弹出的快捷菜单中选择“设置对象格式”命令，在窗口右侧打开“属性”面板，如图 4-33 所示。

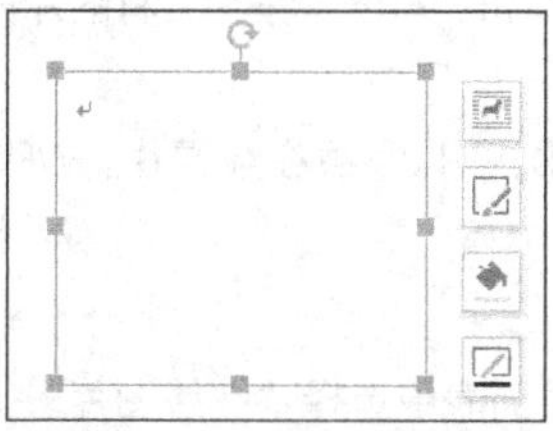

图 4-32 文本框属性按钮

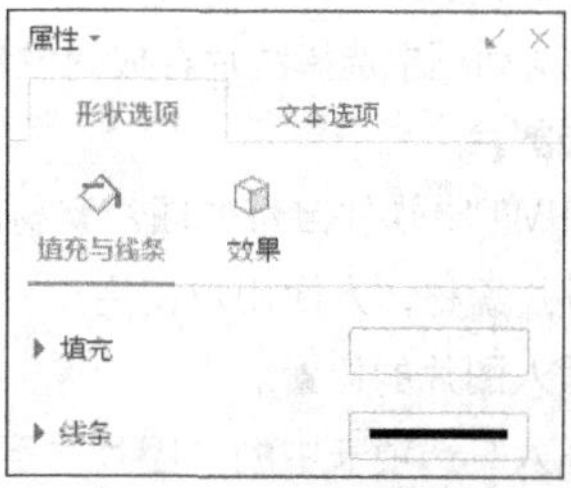

图 4-33 文本框属性窗口

③ 在“属性”面板中，可以进行文本框的填充和线型选择，以及文本填充和文本轮廓设置。

（3）通过快捷菜单设置文本框格式。

① 选定要进行格式设置的文本框。

② 在选定的文本框上右击鼠标，在弹出的快捷菜单中选择“设置对象格式”命令，打开“设置对象格式”对话框。

③ 在“设置对象格式”对话框中，可以设置文本框的填充颜色、边框线型和颜色，如图 4-34 所示，还可以设置文本框的环绕方式等，如图 4-35 所示。

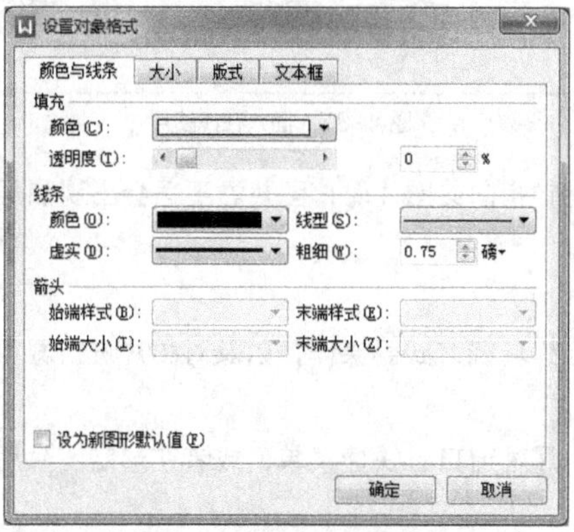

图 4-34 设置颜色与线条

图 4-35 设置环绕方式

（4）通过选项卡设置文本框格式。

插入文本框后，会同时激活“绘图工具”和“文本工具”两个新的选项卡，可以在其中进行阴影效果、三维效果等的设置。

要删除文本框，可先选中文本框，按键盘上的 Delete 键即可。

在 WPS 文字中，文本框、图片、艺术字都是作为图形对象来处理的，这些对象的操作方法很相似，只要掌握了其中一种对象的操作方法，学习其他对象的操作方法就很容易了。

4.4.2 图片与在线图片

插入图片可以使文档更加生动活泼，富有表现力。WPS 文字中可以插入的图片类型包括 JPG、PNG、GIF、BMP 等。

1. 插入图片

（1）单击要插入图片的位置。

（2）单击“插入”选项卡中的“图片”下拉按钮，从下拉列表中选择“来自文件”，弹出“插入图片”对话框，如图 4-36 所示。

（3）在弹出的对话框中选择图片存放的位置，选定图片后单击“打开”按钮，将图片插入到当前光标处。

2. 插入在线图片

在线图片来自 WPS 软件自带的图片素材库，连接互联网才可以下载在线图片。WPS 素材库提供常用类型的大量矢量图片素材，方便用户使用。

（1）单击要插入图片的位置。

（2）单击“插入”选项卡中的“图片”下拉按钮，从下拉列表中选择“在线图片”，弹出“在线图片”对话框，如图 4-37 所示。

图 4-36 插入图片

图 4-37 插入在线图片

（3）在对话框中搜索相应类型的图片素材，当鼠标指针指向该图片时，图片右下角会出现加号，单击加号会将选中的图片插入到当前光标处。

3. 图片的控制

插入图片后，可以对图片进行移动、缩放、旋转、选择环绕方式等操作，以及对图片进行裁剪，设置阴影效果、三维效果等。

同文本框的设置一样，图片格式可以通过属性按钮、属性窗口、快捷菜单，或者在选定图片后被激活的新选项卡“图片工具”中进行设置。

4.4.3 图形

在 WPS 文字中，除了能插入图片外，还可以使用“形状”工具来绘制图形。一般情况下，图形的绘制需要在“页面视图”中进行。

1. 创建图形

（1）单击“插入”选项卡中的“形状”下拉按钮，打开“形状”下拉列表，如图 4-38 所示。

（2）在下拉列表中选择要绘制的图形。

（3）在文档区域内按住已变为“+”字形的鼠标指针进行拖动，直到大小合适为止。

（4）释放鼠标，图形的周围出现尺寸控点，拖动控点可以改变图形的大小。

如果要绘制正方形或圆，或者水平直线与垂直直线，可在拖动鼠标的同时按住 Shift 键。

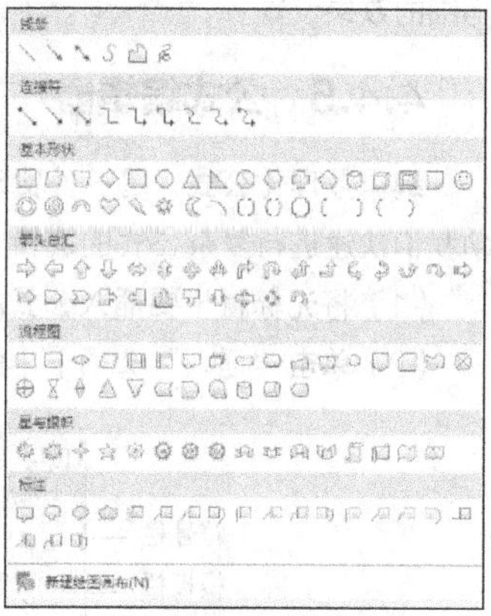

图 4-38　“形状”列表

2. 在图形中添加文本

（1）在图形中添加文本。

在图形上单击右键，在弹出的快捷菜单中单击“添加文字”或“编辑文字”命令，形状中出现光标，输入文字即可。

（2）设置图形格式。

选定已绘制的图形，会同时激活“绘图工具”和“文本工具”两个新的选项卡，可以在其中进行形状填充、形状轮廓、文字环绕、叠放次序、对齐、组合、阴影效果、三维效果等的设置，也可以利用选定图形后图形右侧出现的属性按钮进行格式设置。

4.4.4　艺术字

插入艺术字是制作报头、文章标题常用的方法。用户可以在 WPS 文字中插入有特殊效果的艺术字，来制作一个醒目、富有艺术感的标题。艺术字的制作步骤如下。

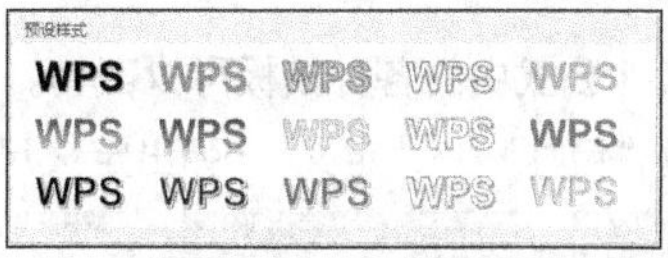

图 4-39　艺术字样式

（1）打开 WPS 文字文档，选中需要设置为艺术字的文字。

（2）单击“插入”选项卡中的“艺术字”按钮，弹出“样式”列表，如图 4-39 所示。单击选择合适的样式应用于选定的文字。

（3）新建艺术字后，在文本编辑区出现相关艺术字编辑的文本输入框，如图 4-40 所示。同时激活“文本工具”选项卡，在“文本工具”选项卡中可以设置艺术字的字体、字号、文本填充、文本轮廓、文本效果、文字方向等效果。

（4）单击“文本效果”下拉按钮，弹出“文本效果”下拉菜单，如图 4-41 所示，可以设置艺术字的阴影、倒影、发光、三维旋转及转换等效果。

（5）打开“文本效果”下拉菜单，选择“转换”选项。在打开的转换列表中列出了多种形状可供选择，WPS 文字中的艺术字将实时显示实际效果，如图 4-42 所示。

图 4-40　艺术字输入框

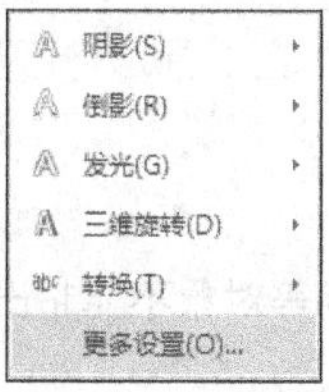

图 4-41　艺术字文本效果

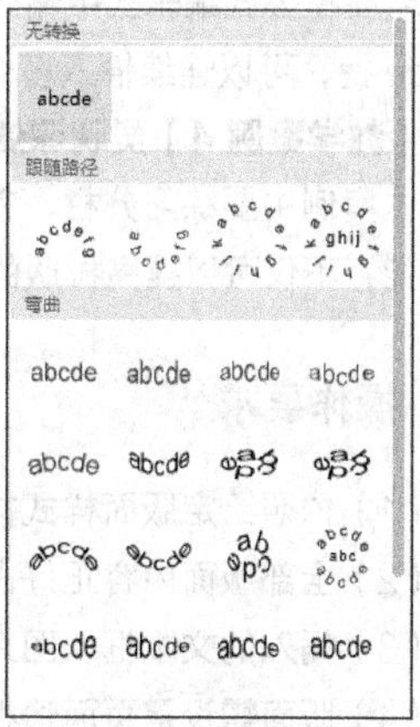

图 4-42　艺术字转换效果

（6）单击“设置文本效果格式”对话框启动器，在屏幕右侧弹出“属性”窗口，在其中可以进行更为详细的效果设置。

4.4.5 公式编辑器

编辑数理化公式，是一件费时费力的事，WPS 文字为我们提供了一个功能强大的公式编辑器，可以帮助我们快速进行复杂公式的编辑。

（1）将光标置于要插入公式的位置。

（2）单击“插入”选项卡中的“公式”按钮 π 公式，弹出“公式编辑器”，如图 4-43 所示。

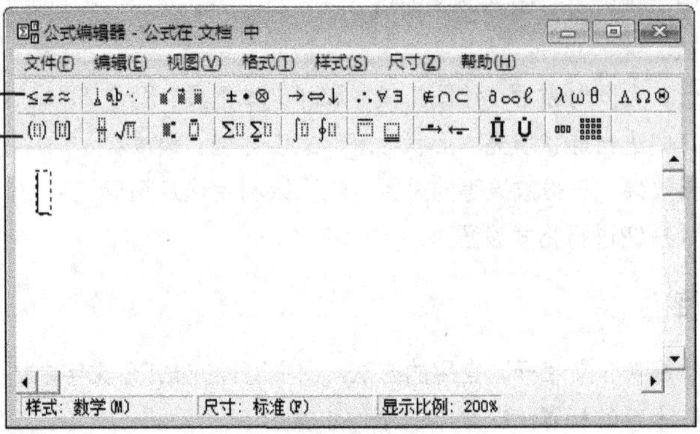

图 4-43 公式编辑器

（3）在“公式”工具栏上选择模板和符号，输入变量和数字构造公式。公式中的各种模板可以嵌套。

（4）构造公式时可以根据正文字号来更改公式字号大小。单击菜单栏“尺寸”→“定义”，弹出定义尺寸的对话框，如图 4-44 所示。

要修改公式编辑器文字的字号大小，只需要修改“尺寸”对话框中对应的尺寸即可。

（5）公式编辑完成后，单击“公式编辑器”窗口的“关闭”按钮，可返回到 WPS 文字窗口。

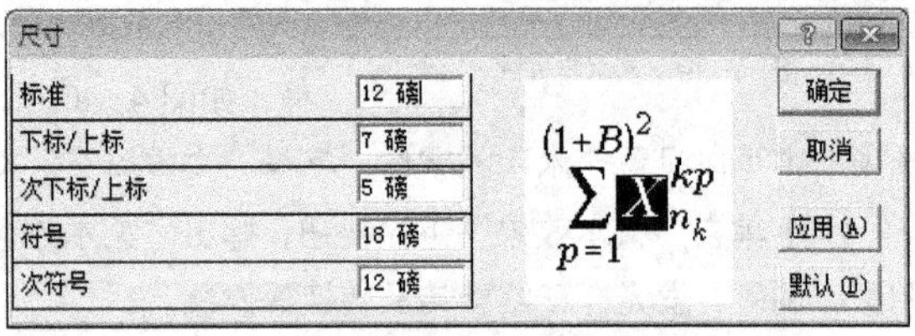

图 4-44 更改公式尺寸

若要修改已编辑的公式，可双击该公式，重新弹出“公式编辑器”窗口，便对该公式进行编辑修改。

若要在公式编辑式中输入空格，方法是按下 Ctrl+Alt+Space 组合键。即按住 Ctrl+Alt 组合键，多次按 Space 键，可以连续输入多个空格。

【教学案例 4】灵魂深处

本案例主要练习分栏、首字下沉、插入文本框、艺术字、图片及图片的裁剪等操作。灵活运用这些操作技能，不仅可以提高排版的效率，更能提高排版的设计效果。本案例的排版效果如图 4-45 所示。

操作要求

（1）依照给定版面样式排版。

（2）全部版面内容正好占满一页。

（3）插入的文本框、图片、艺术字等对象不能超出版心。

（4）版面需设置页面边框。

图 4-45 “灵魂深处”的排版效果

操作步骤

步骤 1 新建文档并保存

（1）启动 WPS 2019。

（2）新建 WPS 文字空白文档。

（3）单击快速访问工具栏中的“保存”按钮或按 F12 键，弹出“另存为”对话框，以“自己所在班级+姓名”为文件名，将文档保存在桌面上。

微课 11 灵魂深处 1

步骤 2 输入文本

输入艺术字和文本框以外的文本内容（爱树，爱它整整一世的风景……人，何以堪！）。输入文字时，暂时不考虑文本格式，按文本的默认格式输入即可。

步骤 3 设置正文格式

（1）拖动鼠标指针选定全部正文。

（2）单击“插入”选项卡中的“段落”对话框启动器按钮，弹出“段落”对话框，设置段落格式：首行缩进 2 字符；行间距暂时设定为固定值 20 磅。

步骤 4 分栏

（1）选定全部正文内容，但切记：不要选择最后一段段末的回车符“↵”。

（2）单击“页面布局”选项卡中的“分栏”下拉按钮，在弹出的下拉列表中选择“更多分栏”，弹出“分栏”对话框。

（3）在“预设”区中选择“两栏”。

（4）单击“确定”按钮，WPS 文字会按设置进行分栏。

步骤 5　首字下沉

（1）将光标置于要设置首字下沉的段落中。

（2）单击“插入”选项卡中的“首字下沉”下拉按钮，弹出“首字下沉”对话框。

（3）在对话框内选择“下沉”，设置下沉字体为方正启体简体、下沉行数为 2 行。

（4）单击“确定”按钮，即可完成首字下沉设置。

步骤 6　插入图片

（1）单击要插入图片的位置。

（2）单击“插入”选项卡中的“形状”下拉按钮，弹出图形列表。

（3）在图形列表中选择椭圆形状，在文档适当位置画一椭圆，调整好其大小和位置。

（4）选中椭圆，单击形状右侧的“布局选项”按钮，设置环绕方式为“紧密型”。

（5）在椭圆形状上右击鼠标，在弹出的快捷菜单中选择“设置对象格式”命令，在弹出的属性窗口中，选择“填充与线条”选项卡，单击“填充”下拉按钮，从中选择“图片或纹理填充”命令，在出现的“图片填充”后的下拉列表中选择“本地文件”，选择需要的图片即可。

步骤 7　插入艺术字

（1）单击“插入”选项卡中的“艺术字”按钮，弹出艺术字样式列表。

（2）单击列表中第 1 个艺术字样式，在编辑区出现的艺术字文本框中输入“灵魂深处”四个字，并设置艺术字的字体为方正舒体，字号为 36。

（3）选择艺术字，在“文本工具”选项卡下单击“文字方向”按钮，将艺术字改为竖排，移动至合适位置。

（4）改变艺术字的绕排方式为“四周型环绕”。

步骤 8　插入横向文本框

（1）单击“插入”选项卡中的“文本框”下拉按钮，弹出文本框下拉列表，选择“横向文本框”。

微课 12 灵魂深处 2

（2）在文档中需要插入文本框的位置拖动鼠标即可插入一个“横向文本框”。

（3）插入文本框之后，光标会自动位于文本框内，以便向文本框中输入文本。

（4）鼠标指针指向文本框的边框线，当鼠标指针变成✥形状时，用鼠标拖动文本框到合适的位置。

（5）单击文本框，在其四周出现 8 个控制文本框大小的小方块，向内或外拖动小方块，改变文本框到合适的大小。

步骤 9　插入竖向文本框

（1）插入竖向文本框及向框内输入文本的方法与横向文本框相同，只是其文字是自右向左竖向排列。

（2）插入图片，设置“环绕”为“浮于文字上方”，将其移动到竖向文本框的右下角处，调整其大小和位置。

步骤 10　插入文本框中的图片

插入文本框中的图片时，应先在文本框外部插入图片或在线图片，调整好其环绕方式和大小，然后将其移入文本框中。

步骤 11　调整页面

制作完成全部内容后，根据页面布局情况可再次调整行距，使全部页面内容正好占满一页。

步骤 12 给页面添加边框

（1）单击“页面布局”选项卡中的“页面边框”按钮，弹出“边框和底纹”对话框，切换到“页面边框”选项卡。

（2）设置页面边框为“方框”，“线型”为所需的边框线型，“应用于”为整篇文档。

（3）单击“页面边框”对话框中的“选项”按钮，在弹出的对话框中设置“度量依据”为“页边”，距正文各边距离均为 30 磅。

（4）单击“确定”按钮，给页面添加边框。

步骤 13 保存文档

单击快速访问工具栏中的“保存”按钮或按 Ctrl+S 组合键再次保存文档。

任务 4.5 表格制作

表格是文档中经常使用的一种信息表现形式，用于组织和显示信息。一个简洁美观的表格不仅增强了信息传达的效果，也让文档本身更加美观，更具实用性。表格还能够将数据清晰而直观地组织起来，并可以进行比较、运算和分析。

WPS 文字提供了强大的制表功能，熟练掌握表格的属性和操作，有助于快速准确地创建需要的表格。

4.5.1 表格的创建

WPS 文字提供了三种创建表格的方法。创建表格的步骤如下。

（1）单击要创建表格的位置。

（2）单击“插入”选项卡中的“表格”下拉按钮，弹出创建表格工具菜单，如图 4-46 所示。可用下面三种方法之一创建表格。

① 移动鼠标指定表格的行数和列数（如 4 行 6 列），单击鼠标左键创建表格。

② 单击“插入表格”命令，弹出图 4-47 所示的“插入表格”对话框，在对话框中输入表格的“列数”和“行数”，单击“确定”按钮创建表格。

图 4-46 表格下拉列表

图 4-47 “插入表格”对话框

③ 单击“绘制表格”命令，鼠标指针变为铅笔形状，在需要绘制表格的地方拖动鼠标到指定的行和列，松开左键，即可创建表格。

例如，创建 4 行 6 列的表格，如图 4-48 所示。

工作表中行、列交汇处的方格被称为单元格，它是存储数据的基本单位。

图 4-48　4 行 6 列的规则表格

绘制好表格后，将插入点放在要输入文本的单元格内，就可以输入文本了。当输入的文本到达单元格右边线时自动换行，并且会加大行高以容纳更多的内容。当然，也可以对单元格内的文字进行字体、字号、行间距等文本格式的设置。

4.5.2　表格的编辑

表格创建完成后，通常需要对它进行再编辑，包括调整行高和列宽，插入或删除行、列和单元格，单元格的合并与拆分，单元格的对齐方式和文字方向等。

1. 选定表格

表格的编辑同样具有“先选定，后操作”的特点，即首先选定要操作的表格对象，然后才能对选定的对象进行编辑。

（1）选定一个单元格：单击需要编辑的单元格。

（2）选定多个相邻的单元格：单击起始单元格，按住鼠标左键拖动鼠标至需连续选定的单元格的终点。

（3）选定整行：鼠标指针放在待选定行的左侧，鼠标指针变为 ↗ 形状时，单击左键。

（4）选定整列：鼠标指针放在待选定列的顶端，鼠标指针变为 ↓ 形状时，单击左键。

（5）选定整个工作表：鼠标指针移动到表格左上角的 ✥ 符号位置时，鼠标指针呈 ✥ 形状，单击左键。

2. 快速编辑表格

当鼠标指针移动到表格内部时，表格周围会出现一些控制符号，如图 4-49 所示。利用这些控制符号可以对表格进行一些基本操作。

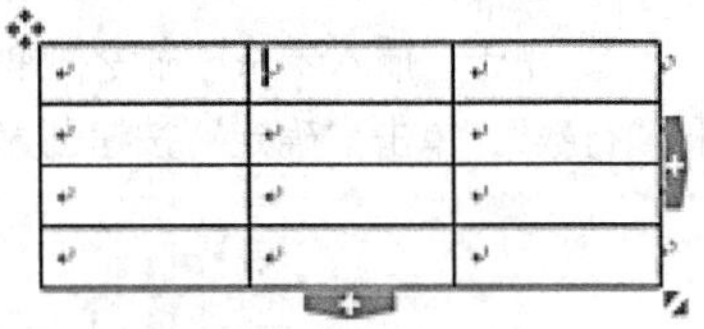

图 4-49　表格控制符

（1）移动表格：鼠标指针移动到表格左上角的 ✥ 符号（移动控制符）位置时，鼠标指针呈 ✥ 形状，按住鼠标左键可以移动表格到合适的位置。

（2）调整整个表格尺寸：鼠标指针移动到表格右下角的 ◪ 符号位置时，鼠标指针呈 ⤡ 形状，按住鼠标左键移动鼠标可以改变整个表格的大小。

（3）增加列：鼠标指针移动到表格右侧的 + 符号时，单击该符号，表格最右侧增加一列。

（4）增加行：鼠标指针移动到表格底部的 + 符号时，单击该符号，表格最下方增加一行。

（5）改变表格行高：将鼠标指针停留在要更改其高度的行的表线上，鼠标指针变为 ÷ 形状时拖动该表线即可改变该行的行高。

（6）改变表格列宽：将鼠标指针停留在要更改其宽度的列的表线上，鼠标指针变为 ↔ 形状时拖动该表线即可改变该列的列宽。

3. 利用功能区按钮编辑表格

选定绘制的表格，会同时激活两个新的选项卡——“表格工具”和“表格样式”。图 4-50 所示为“表格工具”选项卡的全部功能。

（1）插入行、列或单元格。

① 将光标定位于某个单元格。

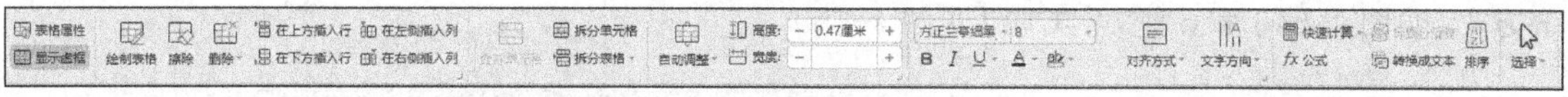

图 4-50 “表格工具”选项卡

② 单击“表格工具”选项卡中的“在上方插入行”“在下方插入行”按钮，或“在左侧插入列”“在右侧插入列”按钮，可在所选单元格的相应位置插入一行或一列；单击“表格工具”选项卡中的“插入单元格”对话框启动器，弹出“插入单元格”对话框，如图 4-51 所示，选择需要插入的选项后，单击“确定”按钮，可插入相应的行、列或单元格。

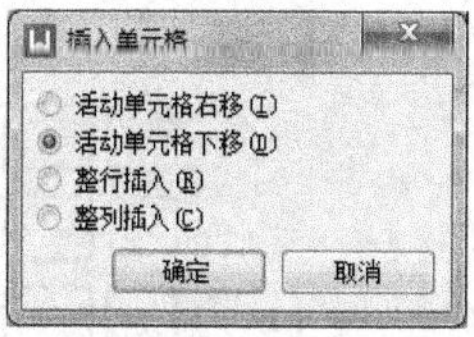

图 4-51 “插入单元格”对话框

（2）删除行、列或单元格。

① 将光标置于要删除的行、列或单元格。

② 单击“表格工具”选项卡中的“删除”下拉按钮，选择相应的删除选项：“单元格”“行”“列”或“表格”。

（3）调整行高或列宽。

① 选定整个表格。

② 单击“表格工具”选项卡中的“表格属性”对话框启动器，打开“表格属性”对话框。

③ 在对话框中可以指定表格的行高和各列的列宽。

（4）合并、拆分单元格。

用户可以将相邻的两个或多个单元格合并为一个单元格，也可以将一个单元格拆分成两个或多个单元格。

① 合并单元格。

- 选定需要合并的两个或多个相邻的单元格。
- 单击“表格工具”选项卡中的“合并单元格”按钮，结果如图 4-52 所示。

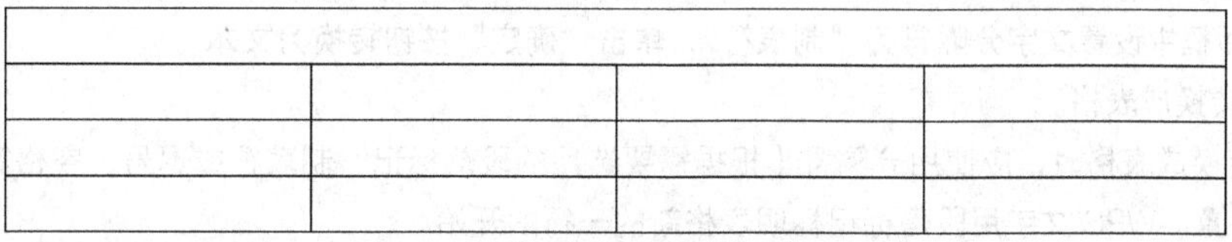

图 4-52 将表格第一行所有单元格合并

② 拆分单元格。

- 选定要拆分的单元格。
- 单击“表格工具”选项卡中的“拆分单元格”按钮，弹出“拆分单元格”对话框，如图 4-53 所示，在对话框中输入“列数”和“行数”的值，单击“确定”按钮。

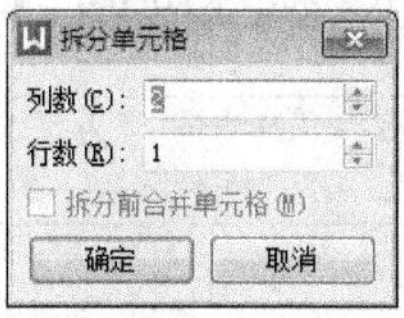

图 4-53 “拆分单元格”对话框

（5）平均分布各行或各列。

表格被调整后，各行的高度或各列的宽度已不均匀，可以利用“平均分布各行”或“平均分布各列”命令来调整。

① 选中要平均分布的多行或多列。

② 单击“表格工具”选项卡中的“自动调整”下拉按钮，从弹出的下拉列表中选择“平均分布各行”或“平均分布各列”按钮。

（6）单元格对齐方式和文字方向。

① 选择需要设置对齐方式的一个或多个单元格。

② 在“表格工具”选项卡中或快捷菜单中设置“对齐方式”和“文字方向”，WPS 文字提供了 9 种对

齐方式（见图 4-54）和 6 种文字方向（见图 4-55）。

图 4-54　对齐方式

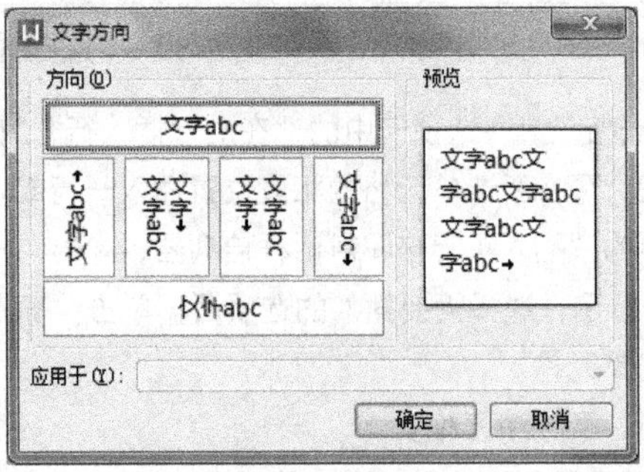

图 4-55　文字方向

（7）设置标题行重复。

一个比较大的表格可能在一页上无法完全显示或打印出来。如果希望在每一页的第一行都显示或打印标题行，可按以下步骤进行。

① 选定要作为表格标题的一行或多行（注意：选定内容必须包括表格的第一行）。

② 单击“表格工具”选项卡中的“标题行重复”按钮标题行重复。

WPS 文字能够依据自动分页符（软分页符）自动在新的一页上重复表格的标题。如果在表格中插入人工分页符，则 WPS 文字无法自动重复表格标题。只能在页面视图或打印出的文档中看到重复的表格标题。

（8）表格与文本的相互转换。

① 表格转换成文本

- 选定要转换成文本的表格。
- 单击“表格工具”选项卡中的“表格转换为文本”按钮表格转换成文本，在弹出的“表格转换为文本”对话框中设置文字分隔符为“制表符”，单击“确定”按钮转换为文本。

② 文本转换成表格。

将文本转换成表格时，应使用分隔符（根据需要选用的段落标记、制表符或逗号、空格等字符）标记新列开始的位置。WPS 文字用段落标记标明表格新的一行的开始。

- 选中要转换成表格的文本，确保已经设置好了所需要的分隔符。
- 单击“插入”选项卡中“表格”下拉按钮，在弹出的下拉列表中单击“文本转换成表格”命令，在出现的“将文字转换成表格”对话框中选择所需选项后再单击“确定”按钮。

4.5.3　表格的修饰

选定表格，会同时激活两个新的选项卡——“表格工具”和“表格样式”。“表格样式”选项卡如图 4-56 所示。

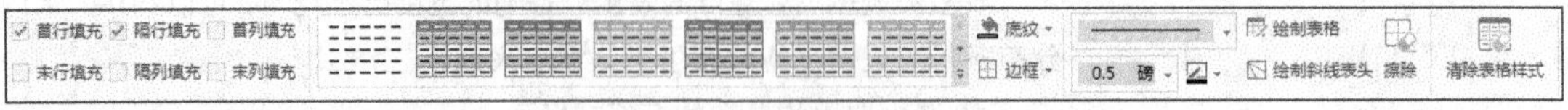

图 4-56　“表格样式”选项卡

1. 表格样式

表格样式用于对表格外观进行快速修饰。WPS 文字提供了多达数十种不同色彩风格的样式供用户选择。巧妙利用表格样式美化表格可以达到事半功倍的效果。

（1）将光标定位于任一单元格。

（2）单击“表格样式”选项卡中的一种样式应用到当前表格。

（3）在“表格样式”选项卡中，用户可以根据需要设置“首行填充”“首列填充”“末行填充”“末列填充”“隔行填充”或“隔列填充”。

如果对设置的样式不满意，可以重新选择样式，也可以单击“表格样式”选项卡中的“清除表格样式”按钮清除已应用的表格样式。

2. 设置表格的边框和底纹

（1）设置表格边框。

① 选中需要设置边框的表格或单元格。

② 单击“表格样式”选项卡，分别单击“线型”“线型粗细”和“边框颜色”下拉按钮，设置边框线的线型、线型粗细及边框颜色。

③ 单击“表格样式”选项卡中“边框”下拉按钮，从下拉边框列表类型（如图 4-57 所示）中选择所需的边框类型，选定区域的外框线即改变为所选边框类型。

（2）设置底纹颜色。

① 选择需要设置底纹颜色的表格或单元格。

② 单击“表格样式”选项卡中“底纹”下拉按钮，从下拉颜色列表中选择一种颜色，即可对选定区域设置底纹。

3. 绘制斜线表头

（1）选中需要绘制斜线表头的单元格。

（2）单击“表格样式”选项卡中的“绘制斜线表头”按钮 绘制斜线表头，弹出“斜线单元格类型”对话框，如图 4-58 所示。

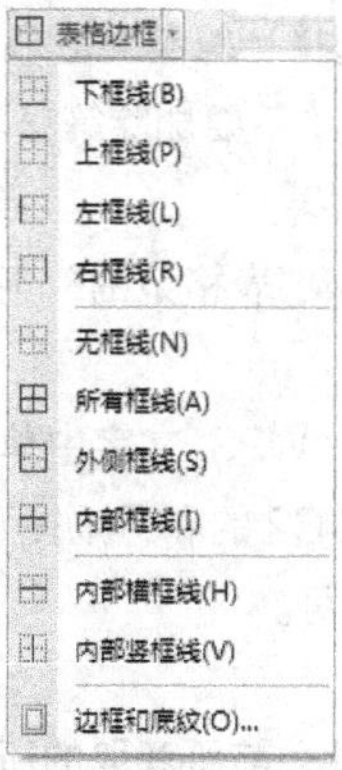

图 4-57 边框类型

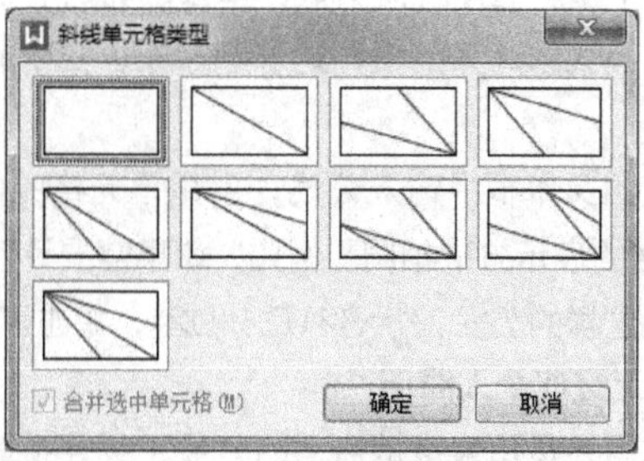

图 4-58 “斜线单元格类型”对话框

（3）选择所需的斜线类型，单击“确定”按钮。

4.5.4 表格中数值的计算

WPS 文字可以对表格中的数据进行求和、求平均值等常用函数的统计计算和加、减、乘、除等简单的算术计算。

在 WPS 文字的计算中，系统对表格中的单元格是以下面的方式进行标记的：在列的方向以字母 A~Z 进行标记，而行的方向从 1 开始，以自然数进行标记。如第一行、第一列的单元格标记为 A1，A1 就是该单元格的名称。

在表格中进行计算时，可以用像 A1、A2、B1、B2 这样的形式引用表格中的单元格。

在 WPS 文字中，对数值进行计算有两种方法：快速计算和 fx 公式。

1. 快速计算

对于求和、求平均值、最大值、最小值这些常用计算，可直接使用“快速计算”命令来完成。

（1）选定要参与计算的单元格区域（最后一个单元格为空白单元格）。

（2）单击“表格工具”选项卡中的“快速计算”下拉按钮，从列表中选择计算方法，即可在右侧或下方显示计算结果。

2. 利用公式进行计算

（1）选择要放置计算结果的单元格，单击“表格工具”选项卡中的“fx 公式”按钮 fx 公式，打开“公式”对话框，如图 4-59 所示。

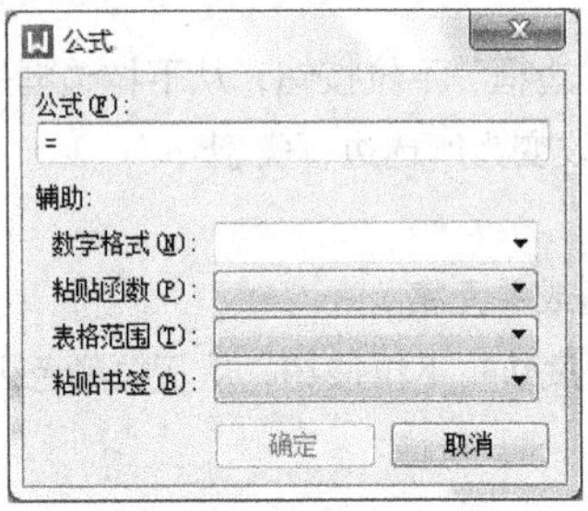

图 4-59 “公式”对话框

（2）如果选定的单元格位于一行数值的右端，则 WPS 文字将建议采用公式“=SUM（LEFT）”进行计算，单击“确定”按钮对左边的数字求和；如果选定的单元格位于一列数值的底端，则 WPS 文字将建议采用公式“=SUM（ABOVE）”进行计算，单击“确定”按钮对上方的数字求和。

单击“确定”按钮进行求和之前，可先单击“数字格式”按钮，选择计算结果应显示的数字格式。

如果要进行的不是求和运算，则首先删除“公式”框中原有的函数（不要删除等号“=”），然后在“粘贴函数”下拉列表中重新选择所需函数，单击“确定”按钮得出计算结果。

如果需要改变公式的计算范围，则可删除表达式中原有的范围，从“表格范围”下拉列表中重新选择计算范围。

也可以在公式的文本框中输入公式，引用单元格的内容进行计算。WPS 文字中单元格的表示方法与 WPS 表格中单元格的表示方法相同。例如，如果需要计算单元格 B2 与 C2 的和再减去 D2 中的数值，可在公式文本框中输入这样的公式：“=B2+C2-D2”，单击“确定”按钮即可。

【教学案例 5】经典个人简历

个人简历是求职人员用来推销自己的首要工具，招聘经理人在面试之前所获取的所有关于求职者的信息都来自简历。外观漂亮、简洁明了的简历会给招聘者留下良好印象，成为求职者求职真正的敲门砖。下面我们一起来制作图 4-60 所示的经典个人简历。

操作要求

（1）表格需占满一页纸。

（2）表格标题为行楷、一号字、居中，行距为单倍行距，段前、段后间距均为 0.5 行。

（3）表格最后两行高度相同，其余各行高度相同。

（4）表格内框线为 0.5 磅的细线和双细线，外框线为 1.5 磅的粗线。

（5）表格内文字为宋体、五号字，且在单元格内全部居中显示。

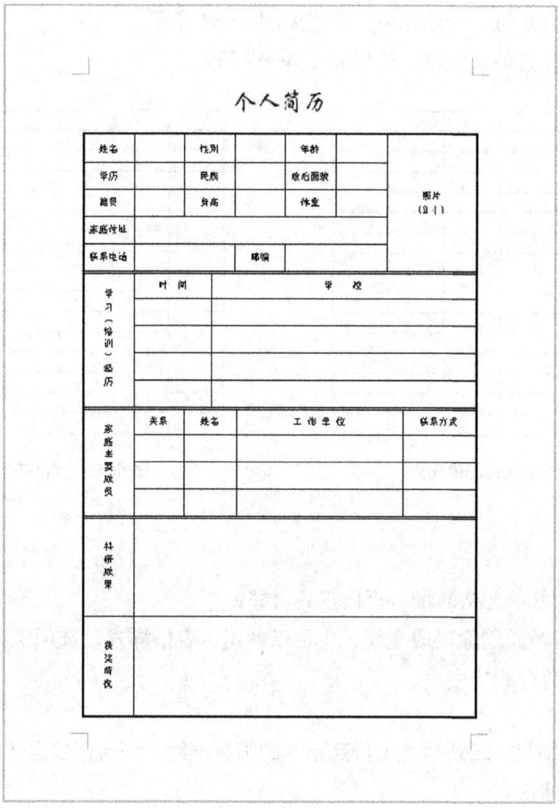

图 4-60　经典个人简历

操作步骤

步骤 1　建立文档并保存

（1）启动 WPS 2019。

（2）新建 WPS 文字空白文档。

（3）单击快速访问工具栏中的“保存”按钮或按 F12 键，弹出“另存为”对话框，以“自己所在班级+姓名”为文件名，将文档保存在桌面上。

微课 13 经典个人简历 1

步骤 2　输入表格标题

（1）输入标题：个人简历。

（2）键入回车键。

（3）设置标题格式为行楷、一号、居中。

（4）设置标题行距为单倍行距，段前、段后间距均为 0.5 行。

步骤 3　创建表格

（1）将光标置于标题行下方的空白行。

（2）单击“插入”选项卡中的“表格”下拉按钮，在下拉命令列表中选择“插入表格”命令，在弹出的“插入表格”对话框中设置列数为 7，行数为 16，单击“确定”按钮，即可在当前位置插入一个 16 行、7 列的表格。

微课 14 经典个人简历 2

（3）选择表格前五行的最后一列，单击“表格工具”选项卡中的“合并单元格”按钮，将表格中前五行最后一列的五个单元格合并为一个单元格，结果如图 4-61 所示。

（4）用相同的方法合并其他单元格，效果如图 4-62 所示。

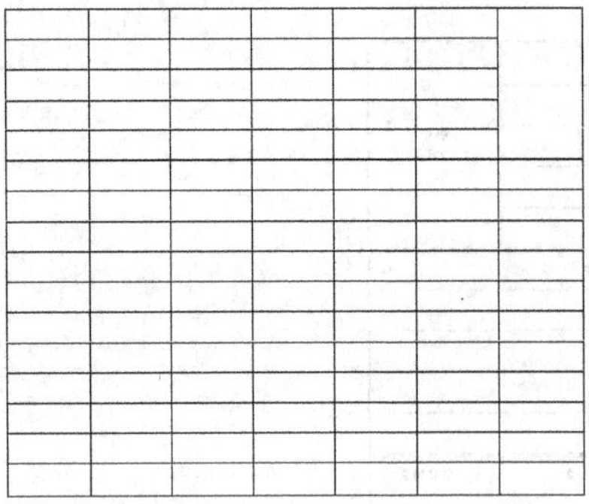

图 4-61　合并右上角的单元格

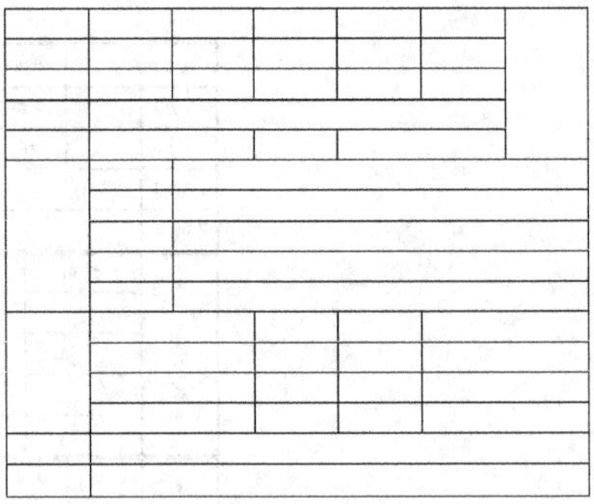

图 4-62　合并其他单元格

注意

1. 对于断开的竖线，合并单元格时最好直接将其合并掉。
2. 如果需要添加一段表线或删除一段表线，也可以使用“表格样式”选项卡中的“绘制表格”命令绘制表线或使用“擦除”命令删除表线。

（5）往下方拖动表格倒数第三条横线（行高不同的临界横线）到合适位置（约版心 2/3 处），再往下方拖动最下方的横线，使表格占满一页。

（6）选择表格除最后两行以外的其他全部行，单击“表格工具”选项卡“自动调整”下拉按钮中的“平均分布各行”命令，使所选各行的高度相同。用同样的方法使最下方两行高度相同，如图 4-63 所示。

（7）使用鼠标向左移动表格右上角放置照片单元格的左侧竖线，使其宽度适合放置照片。

（8）选择表格前三行的左侧六列，单击“表格工具”选项卡“自动调整”下拉按钮中的“平均分布各列”命令，使所选各列的宽度相同。

（9）移动表格中的竖线，使所有竖线位置合适，如图 4-64 所示。

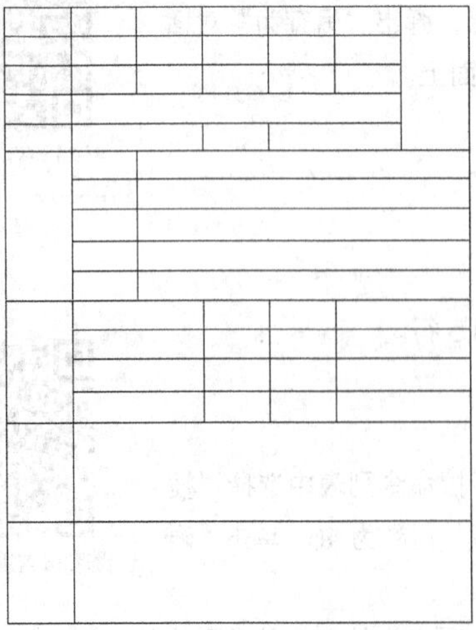

图 4-63　移动表格横线到合适位置

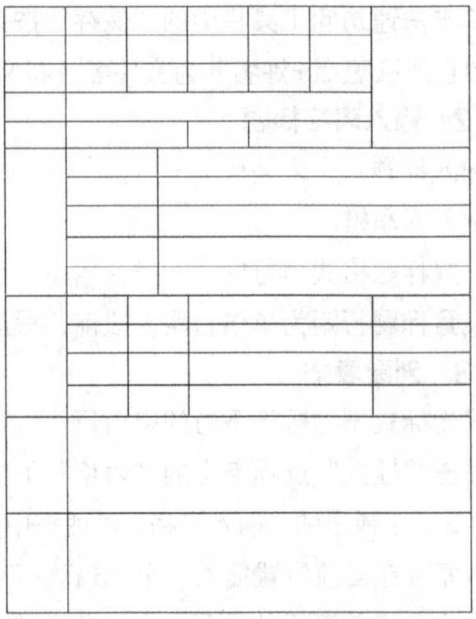

图 4-64　移动表格竖线到合适位置

步骤 4 美化表格

（1）在表格任一单元格中单击，在新弹出的“表格样式”选项卡中单击“线型粗细”下拉按钮，在下拉列表中选择线宽为 1.5 磅。

微课 15 经典个人简历 3

（2）单击表格左上角的 ✛ 符号选中整个表格，单击“表格样式”选项卡中的“边框”下拉按钮，从下拉列表中选择“外侧框线”，原表格的四条外边框线即被修改为 1.5 磅粗的框线。

（3）单击表格中任一单元格，在新弹出的“表格样式”选项卡中选择线型为双细实线。

（4）单击“表格样式”选项卡中的“绘制表格”命令，沿原表格内的第 6、11 和 15 条横线分别绘制双细实线，结果如图 4-65 所示。

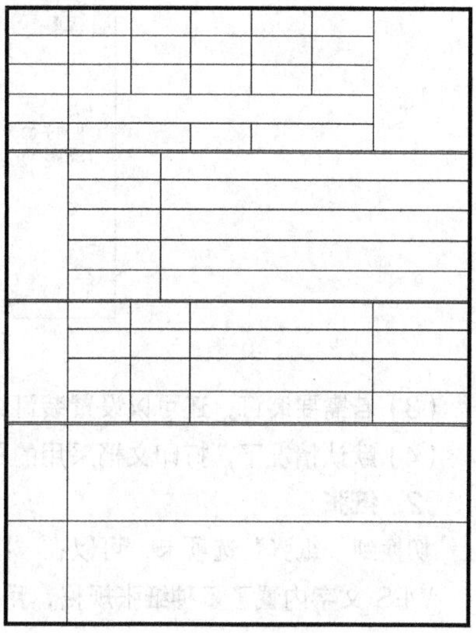

图 4-65 美化表格

步骤 5 输入文本

（1）选中整个表格，单击“表格工具”选项卡“对齐方式”中的“水平居中”按钮，使所有单元格中的文本内容在水平和垂直方向均居中。

（2）选择合并单元格后的第 6、第 7、第 8 和第 9 行的第一列，单击“表格工具”选项卡中的“文字方向”下拉按钮，从列表中选择“垂直方向从右到左”命令或“垂直方向从左到右”命令。

（3）填写文本内容。

步骤 6 保存文档

单击快速访问工具栏中的“保存”按钮或按 Ctrl+S 组合键再次保存文档。

任务 4.6 页面设置与打印

文档处理完之后，往往需要打印出来，以纸质的形式保存或传递，并使版面美观、布局合理。这就要求打印之前先进行页面设置，预览打印效果，满意之后再进行打印。

4.6.1 页面设置

正确进行页面设置和打印设置是正确显示页面和打印页面的前提。页面设置主要设置纸张大小、页边距和纸张方向，打印机设置主要是选择正确连接的打印机的名称、打印范围和打印份数。熟练进行页面设置和打印设置是办公文秘人员应该具备的基本技能。

单击“页面布局”选项卡中的“页面设置”对话框启动器按钮，打开“页面设置”对话框，如图 4-66 所示。

1. 页边距

页边距是指页面内容距离页边的尺寸。页面上除去四周的空白区域，剩下的以文字和图片为主要组成部分的中心区域就是版心。通常情况下，主要在版心区域内输入文字和插入图形。然而，也可以将某些项目放置在页边距区域中，如页眉、页脚和页码等。

（1）在“页面设置”对话框中单击“页边距”选项卡。

（2）若要自定义页边距，则在“上”“下”“左”“右”的数值框中分别输入页边距的数值。

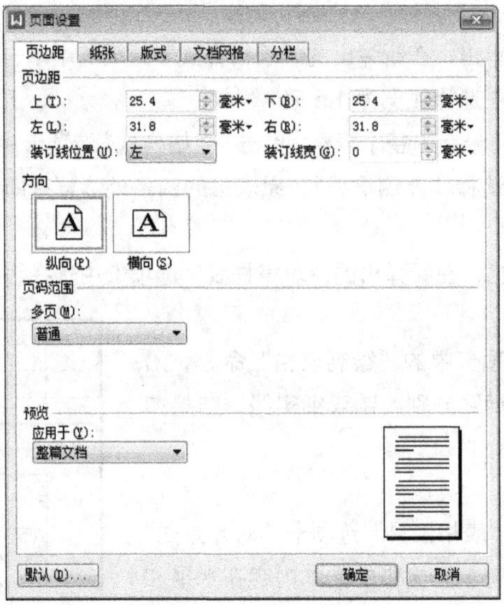

图 4-66 “页面设置”对话框

（3）若需要装订，还可以设置装订线的位置和装订线宽。

（4）默认情况下，打印文档采用的是“纵向”，也可以设置为“横向”打印。

2. 纸张

切换到“纸张”选项卡，可以在“纸张大小”的下拉列表中选取纸张的规格。

WPS 文字内置了多种纸张规格，用户可根据需要进行选择。通常使用的纸张有：A3、A4、B4、B5、16 开等多种规格，也可以自定义纸张大小。

4.6.2 打印预览

一般来说，一篇文档编辑完成以后，在打印之前，都要对文档排版的整体效果进行预览，如果有不满意的地方，可以返回到编辑状态重新设置，直到完全满意为止。这样不但可以节约纸张，还可以节约时间。

单击快速访问工具栏中的“打印预览”按钮，进入“打印预览”视图，同时激活新的“打印预览”选项卡，如图 4-67 所示。

图 4-67 “打印预览”选项卡

对打印预览中的显示结果满意后，单击“打印”下拉按钮，选择“直接打印”命令打印出文档，或选择“打印”命令打开“打印”对话框，设置打印参数后再进行打印。

对打印预览中的显示结果不满意时，可单击“关闭”按钮返回编辑状态重新进行设置。

4.6.3 打印设置

单击快速访问工具栏中的“打印”按钮，弹出“打印”对话框，如图 4-68 所示。

在“打印机”下拉列表中可选择打印机型号。

在“页码范围”区，可设置打印的页码范围：全部、当前页或指定页码范围。例如，要打印文档的第 1 页、第 3 页和第 5~12 页，可输入“1，3，5-12”。

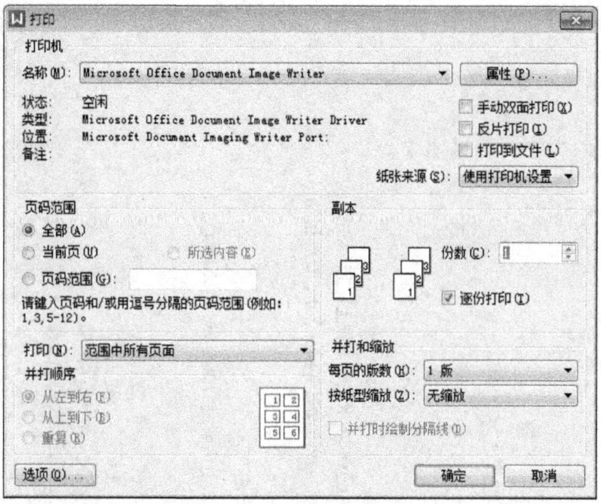

图4-68　“打印”对话框

在“份数”框中输入需要打印的份数。

【教学案例6】数学模拟试卷

正确进行页面设置和打印设置是正确显示页面和打印页面的前提。图 4-69 所示为一份数学模拟试卷的排版效果，首先按要求设置好页面，然后输入试卷内容，最后将其打印输出。另外，为防止试卷头和密封线以内的内容被修改，应将其设置为只读的保护方式。

操作要求

（1）设置纸张为8开、横向，页边距为上、下各25毫米，左、右各30毫米，左侧装订，装订宽度为30毫米。

（2）试卷分两栏，栏宽相等且两栏间有分隔线。

（3）密封线内文字均为宋体、小四号。

（4）设置试卷名称为宋体、小二号、加粗，居中，行距为单倍行距。

（5）设置试题行距为1.5倍行距。试题题目为黑体、小四号；试题内容为宋体、五号。

（6）将解答题图形的各图形元素组合为一个整体。

（7）试卷页脚中间位置应有“《高职应用数学》试题　第×页　共×页”字样。

（8）将试卷头和密封线以内的内容设置为只读的保护方式。

操作步骤

步骤1　新建文档并保存

（1）启动WPS 2019。

（2）新建WPS文字空白文档。

（3）单击快速访问工具栏中的“保存”按钮或按F12键，弹出“另存为”对话框，以“自己所在班级+姓名”为文件名，将文档保存在桌面上。

微课16 数学模拟试卷1

步骤2　页面设置

（1）单击“页面布局”选项卡中的第一个对话框启动器按钮，打开“页面设置”对话框。在“纸张”选项卡中设置纸张大小为8开；在“页边距”选项卡中设置上、下边距为25毫米，左、右边距为30毫米，左侧装订，装订宽度为30毫米，纸张方向为横向。

专 业
班 级
姓 名
学 号

密 封 线 内 不 要 答 题

运城职业技术学院 2016-2017 学年第一学期
《高职应用数学》试题

题 号	一	二	三	四	五	六	总 分
分 数							
评卷人							

得 分

一、选择题

1．下列函数中是奇函数的是（ ）。

A. $y=x+3$　B. $y=x^2+1$　C. $y=x^3$　D. $y=x^3+1$

2．设矩阵 $A=\begin{pmatrix} a & 0 & 0 \\ 0 & a & 0 \\ a & 0 & a \end{pmatrix}$，则行列式|3A|的值是（ ）。

A. $3a^3$　B. $-3a^3$　C. $27a^3$　D. $-27a^3$

3．下列无穷积分收敛的是（ ）。

A. $\int_0^{+\infty} \sin x\mathrm{d}x$　B. $\int_0^{+\infty} e^{-2x}\mathrm{d}x$　C. $\int_0^{+\infty} \frac{1}{x}\mathrm{d}x$　D. $\int_0^{+\infty} \frac{1}{\sqrt{x}}\mathrm{d}x$

4．设 $m \in F$，则矩阵 $m\begin{pmatrix} a & b \\ c & d \end{pmatrix}=$（ ）。

A. $\begin{pmatrix} ma & b \\ c & md \end{pmatrix}$　B. $\begin{pmatrix} ma & mb \\ c & d \end{pmatrix}$　C. $\begin{pmatrix} ma & b \\ mc & d \end{pmatrix}$　D. $\begin{pmatrix} ma & mb \\ mc & md \end{pmatrix}$

得 分

二、计算题

1．求极限 $\lim_{x \to 0} \frac{\sqrt{4+x}-2}{\sin 2x}$。

2．设 $f(x)=\begin{cases} e^x, & x<0 \\ \frac{1}{1+x}, & x \geqslant 0 \end{cases}$ 求 $\int_0^2 f(x-1)\mathrm{d}x$。

得 分

三、解答题

如下图所示，设椭圆的中心为原点 O，长轴在 x 轴上，上顶点为 A，左右焦点分别为 F_1、F_2，线段 OF_1、OF_2 的中点分别 B_1、B_2，且 $\triangle AB_1B_2$ 是面积为 4 的直角三角形。

（1）求该椭圆的离心率和标准方程；

（2）过 B_1 作直线交椭圆于 P、Q 两点，使 $PB_2 \perp QB_2$，求 $\triangle PB_2Q$ 的 A 面积。

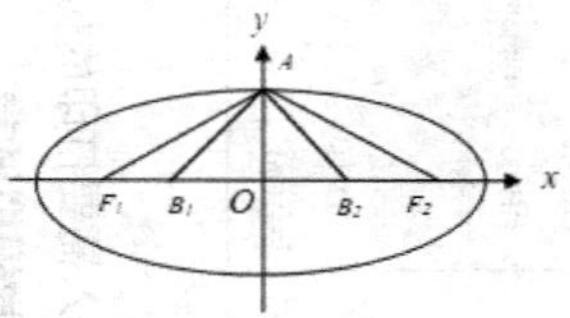

《高职应用数学》试题 第 1 页 共 1 页

图 4-69 数学模拟试卷

（2）单击“页面布局”选项卡中的“分栏”下拉按钮，从下拉命令列表中选择“更多分栏”，打开“分栏”对话框，预设分两栏，并选中“栏宽相等”和“分隔线”复选框。

步骤 3 试卷头和密封线

（1）绘制 1 列 8 行、列宽为 2.5 厘米的表格。光标放置于最下方的表格线上，向下拉伸表格至合适高度，并利用表格工具平均分布各行。

（2）在相应单元格内分别输入专业、班级、姓名、学号等内容，设置字号为小四号。

（3）将表格放置于试卷头的合适位置。

（4）沿版心左侧边缘绘制一条竖线，并向左复制该竖线到合适位置。

（5）插入竖向文本框，输入文本“密封线内不要答题”，设置字号为小四号，并设置“形状填充”为“无填充颜色”，“形状轮廓”为“无线条颜色”。

（6）将文本框放置于两条竖线之间。

步骤 4 试卷名称和评分栏

（1）输入文字时，暂时不考虑文本格式，按文本的默认格式输入即可。文本内容输入完成后，对试卷名称进行如下设置：宋体、小二号、加粗，居中，行距为单倍行距。

（2）插入 8 列 3 行的表格，并输入表格中的文字。

步骤 5 输入试卷内容

（1）设置试题行距为 1.5 倍行距。

（2）设置试题内容为宋体、五号，试题题目为黑体、小四号。

试卷主要内容为数学公式，这里仅举几个例子说明公式的编辑方法，其他公式可以做到举一反三。

1. $y=x^2+1$

（1）输入 $y=x2+1$。

（2）选中数字 2，单击“开始”选项卡中的“上标”按钮x^2。

微课 17 数学模拟试卷 2

2. $A\begin{pmatrix} a & 0 & 0 \\ 0 & a & 0 \\ a & 0 & a \end{pmatrix}_A$

（1）单击“插入”选项卡中的“公式”按钮π，打开“公式编辑器”窗口。

（2）从键盘输入“$A=$”。

（3）从“围栏模板”中选择圆括弧按钮$(\vdots)$。

（4）将鼠标定位在圆括弧中，选择矩阵模板中需要的矩阵并输入矩阵内容。要注意的是，输入空格时，需要在同时按下 Ctrl+Alt 组合键后，按下空格键；需要换行时，应按下回车键，如图 4-70 所示。

（5）单击公式编辑器窗口的“关闭”按钮，关闭窗口，公式显示在当前光标位置。

（6）需要修改编辑的公式时，可直接双击该公式，重新打开“公式编辑器”，修改编辑。

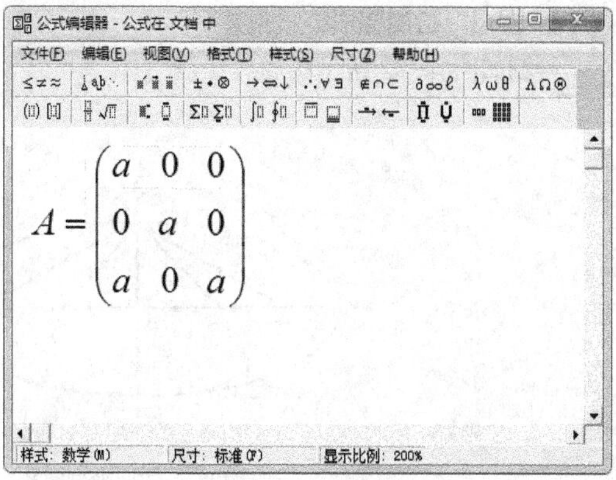

图 4-70 编辑公式

3. $\int_0^{+\infty} \frac{1}{\sqrt{x}} dx$

（1）单击“插入”选项卡中的“公式”按钮，打开“公式编辑器”窗口。

（2）从“积分模板”中选择积分按钮，在积分下限文本框中输入 0；在积分上限文本框中输入“+”符号，再从“其他符号”中选择“∞”符号；单击积分函数文本框，在“分式和根式模板”中选择分式按钮，单击分母文本框，在“分式和根式模板”中选择根式按钮，单击根式文本框，输入字母 *x*，单击分子文本框，输入数字 1，单击分式右侧，输入 d*x*。

（3）关闭“公式编辑器”窗口，公式显示在正文位置。

4. $\lim\limits_{x \to 0} \dfrac{\sqrt{4+x}-2}{\sin 2x}$

（1）单击“插入”选项卡中的“公式”按钮，打开“公式编辑器”窗口。

（2）在“上标和下标模板”中选择按钮，分别在上方和下方的文本框内输入 lim 和 $x \to 0$。在该符号右侧单击，选择分式按钮，在分母中输入 sin2*x*。单击分子文本框，选择根式按钮，在根式文本框中输入 4+*x*，在根式右侧单击，输入−2。

（3）关闭“公式编辑器”窗口，公式显示在正文位置。

5. $f(x)=\begin{cases} e^x, & x<0 \\ \dfrac{1}{1+x}, & x \geqslant 0 \end{cases}$

（1）单击“插入”选项卡中的“公式”按钮，打开“公式编辑器”窗口。

（2）从键盘逐个输入符号“*f*(*x*)=”。

（3）从“围栏模板”中选择花括弧按钮。

（4）从“矩阵模板”中选择两行按钮。

（5）在第一行的文本框中输入字母 e，在“下标和上标模板”中选择上标按钮，然后在上标文本框中输入 *x*，向右移动光标到光标与主行文字大小相同时，输入“，*x*<0”。

（6）将光标移动到第二行的文本框内，选择“分式和根式模板”中的分式按钮，在分子文本框中输入 1，在分母文本框中输入“1+x”。向右移动光标到光标与主行文字大小相同时，输入“，*x*”，在“关系符号”中选择 ≥ 符号，然后输入 0，结果如图 4-71 所示。

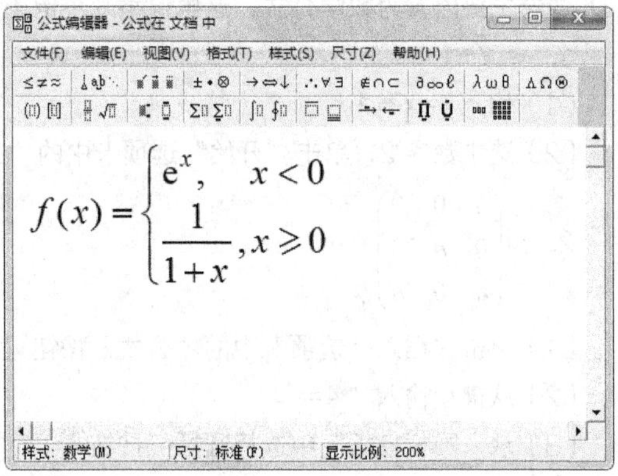

图 4-71　编辑公式

（7）关闭“公式编辑器”窗口，正文位置显示公式。

步骤 6　绘制图形

绘制如图 4-72 所示图形。

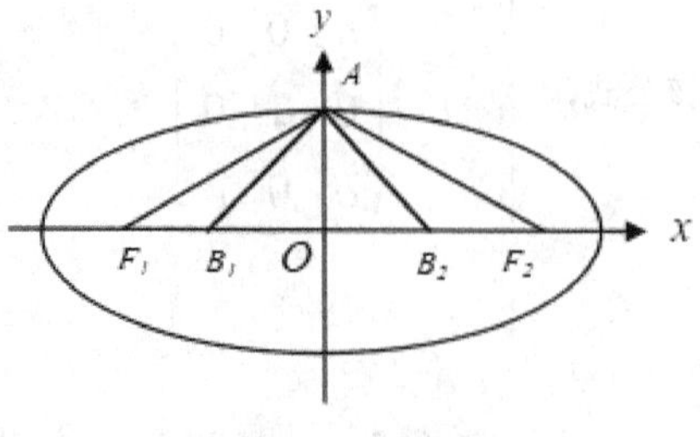

图 4-72　绘制图形

微课 18 数学模拟试卷 3

（1）单击“插入”选项卡中“形状”下拉按钮，选择“线条”栏中的“箭头”形状。

（2）按住 Shift 键，绘制一条水平向右的带有箭头的直线。

（3）选中直线，在新出现的“绘图工具”选项卡中单击“轮廓”下拉按钮，选择主题颜色为黑色，线型 0.25 磅，箭头样式选择“箭头样式 5”。

（4）同样的方法，绘制一条垂直向上的带有箭头的直线。

（5）在“形状”下拉列表中选择“椭圆”，绘制一个中心在原点的椭圆。

（6）在“形状”下拉列表中选择“直线”，绘制 4 条通过椭圆与竖直轴线上方交点并与水平轴线相交的直线。

（7）单击“插入”选项卡中“文本框”下拉按钮，选择“横向”文本框，在文本框内输入字母“x”。

（8）单击文本框右侧的“形状填充”按钮，选择“无填充颜色”；单击文本框右侧的“形状轮廓”按钮，选择“更多设置”，在弹出的属性窗口中设置“无线条颜色”。

（9）将文本框移至水平箭头右侧合适位置。

（10）同样的方法，插入其他文字。

（11）按住 Ctrl 键，当箭头变为带有加号的箭头形状时，逐一选择所有的形状及文本框，然后单击“绘图工具”中的组合按钮，将所有的形状及文本框组合为一个整体。

微课 19 数学模拟试卷 4

步骤 7 限制编辑

（1）选择可以修改的试题内容，单击“审阅”选项卡中的“限制编辑”按钮。

（2）选中“设置文档的保护方式”复选框，接着勾选下方的“每个人”复选框，单击“启动保护”按钮。

（3）输入密码，且两次输入的密码一致，单击“确认”按钮即可。

步骤 8 保存文档

单击快速访问工具栏中的“保存”按钮或按 Ctrl+S 组合键再次保存文档。

任务 4.7 长文档编辑

对一篇较长文档进行排版时，往往需要对正文和每一级标题设置不同的字体、字号、行距、缩进、对齐等格式，如果用纯手工设置将导致大量的重复劳动，使用 WPS 文字提供的样式功能则可以很方便地解决这个问题。利用样式编辑长文档，可以方便地进行后续的格式修改和从文档中提取目录。使用导航窗格（即文档结构图）可以清晰地显示整个文档的层次结构，对整个文档进行快速浏览和定位。

4.7.1 文档样式

样式是指一组已经命名的字符格式或段落格式的组合。通过使用样式可以批处理地给文本设定格式。使用样式有如下两个优点。

（1）使用样式可以保证格式的一致性。

（2）使用样式可以显著提高编辑效率。

样式可以分为字符样式和段落样式。字符样式是用样式名称来标识字符格式的组合，字符样式只作用于段落中选定的字符，如果我们要突出段落中的部分字符，那么可以定义和使用字符样式。段落样式是用样式名称保存的一套字符和段落的格式的组合，一旦创建了某个段落样式，就可以为文档中的标题或正文应用该样式。

例如，编写毕业论文时，为了使文档的结构层次清晰，通常需要设置多级标题。如果每级标题和正文均定义和应用了样式，那么在对排版格式进行调整时，只需修改相关样式，文档中所有使用这一样式的文本就会全部被修改。这既方便了文档的编辑，也方便了目录的制作。

1. 应用样式

用户可以直接利用 WPS 文字内置的样式对文稿进行设置，应用样式的操作步骤如下。

（1）选中要定义样式的标题或正文。

（2）在“开始”选项卡中单击“样式”展开按钮，从列表中选择需要的样式。选择一个样式后，所选样式便应用于所选对象。

2. 创建样式

若 WPS 文字的内置样式不能满足编辑文档的需要，则用户也可以自定义样式。新建样式的步骤如下。

（1）单击“开始”选项卡中的“新样式”下拉按钮，在打开的下拉列表中选择“新样式”命令，打开“新建样式”对话框，如图 4-73 所示。

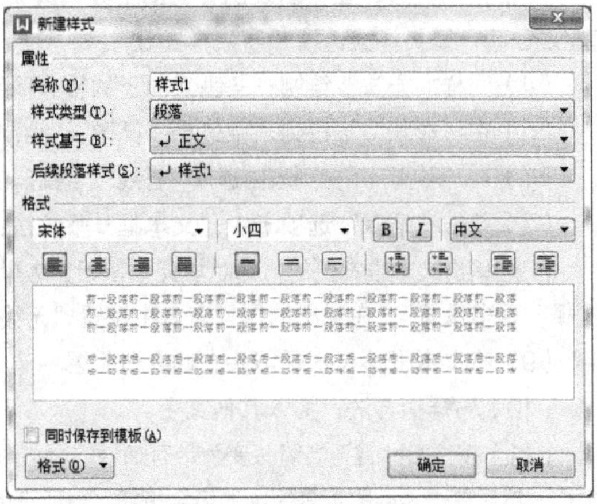

图 4-73 “新建样式”对话框

（2）在对话框的“名称”后的文本框中输入新样式的名称，在“样式类型”中选择段落样式或字符样式，在“样式基于”中选择与新建样式相近的样式以便于新样式的设置，在“后续段落样式”中选择使用新建样式之后的后续段落默认的样式。在“格式”区选项中，可以进行字体和段落格式的简单设置。若要更详细地设置字体、段落、边框、编号等，可以单击对话框左下角的“格式”按钮进行设置。

（3）设置好格式之后，单击“确定”按钮完成新样式的创建。创建好的样式会自动加入到样式库中供用户使用。

3. 修改样式

若用户对自定义样式或内置样式不满意，均可进行修改。修改样式的操作步骤如下。

（1）打开样式列表。

（2）在要修改的样式上单击右键，在快捷菜单中选择“修改样式”命令，弹出“修改样式”对话框。

（3）在对话框中修改样式设置。

（4）单击“确定”按钮。

样式被修改之后，原来应用该样式的所有文字或段落会自动应用修改后的样式。

4. 删除样式

若不再需要某自定义的样式，可以删除该样式。删除样式的操作步骤如下。

（1）打开样式列表。

（2）在要删除的样式上单击右键，在快捷菜单中选择“删除样式”命令，弹出“删除样式”确认框，单击“确定”按钮，选中的样式即可被删除。

样式被删除之后，原来应用该样式的所有文字或段落自动应用正文样式。

用户可以删除自定义样式，但不能删除内置样式。

4.7.2 导航窗格（即文档结构图）

导航窗格由文档各个不同等级的标题组成，显示整个文档的层次结构，通过它可以对整个文档进行快速浏览和定位。

只有对文档各级标题应用样式后，才会生成该文档的“导航窗格”。

单击“视图”选项卡中“导航窗格”下拉按钮，可选择在窗口左侧或右侧显示导航窗格，如图 4-74

所示；也可选择隐藏导航窗格。

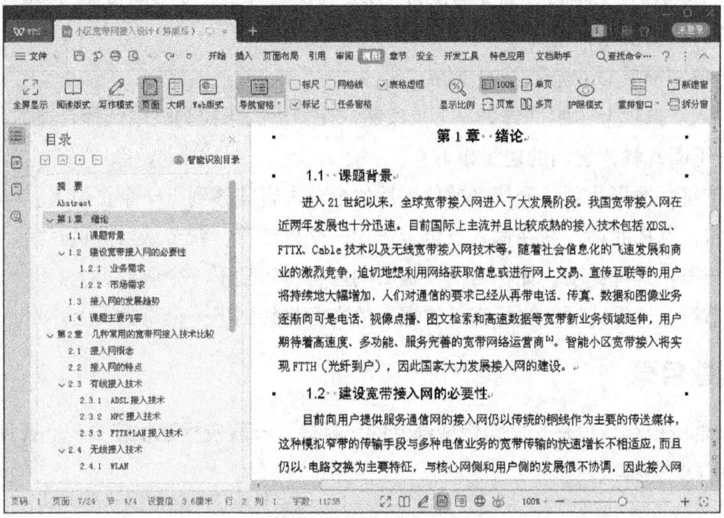

图 4-74 导航窗格

从显示的导航窗格中可以检查各级标题应用的样式是否正确，并可进行快速定位修改。单击“导航窗格”中要跳转的标题，该标题及其内容就会显示在右侧页面顶部。

单击导航窗格中标题左侧的小三角形，可以展开或折叠该标题的下一级子标题。

使用导航窗格，可以使用户在编辑文档时思路更加清晰，还可更轻松、高效地组织和编写文档。

4.7.3 分隔符

分隔符包括分页符、分栏符、分节符等，它可以将页面分成一个或多个节、页、栏，以便在文档的一页之内或多页之间采用不同的版面布局。

1. 分页符

默认情况下，当文本内容超过一页时，WPS 会自动按照设定的页面大小进行分页。但是，如果用户想在某个页面的内容不满一页时强制分页，可以使用插入分页符的方法来实现。

（1）将光标定位在需要插入分页符的文字位置。

（2）单击“插入”选项卡中的“分页”下拉按钮，弹出分隔符下拉列表，如图 4-75 所示。

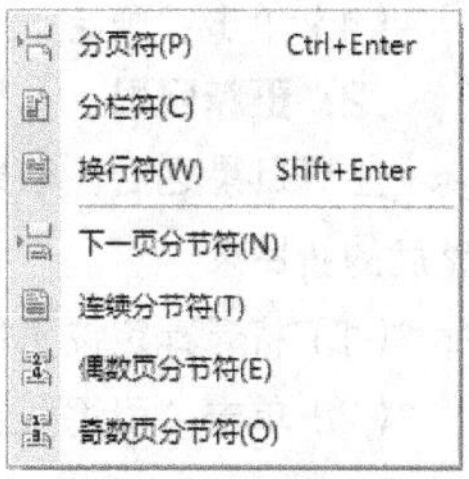

图 4-75 分隔符

（3）在下拉列表中选择“分页符”命令。

2. 分栏符

对文档（或部分段落）设置分栏后，WPS 文字会在文档的适当位置自动分栏。但是，若需要某些内容出现在下一栏的顶部，则可以使用插入分栏符的方法来实现。

（1）将光标定位在需要插入分栏符的文字位置。

（2）单击“插入”选项卡中的“分页”下拉按钮，在弹出的下拉列表中选择“分栏符”命令。

3. 换行符

“换行符”的功能等同于从键盘直接按下 Shift+Enter 组合键，可在插入点位置强制换行（显示为“↓”符号）。与直接按 Enter 键不同，这种方法产生的新行仍是当前段落的一部分。

4. 分节符

插入分节符之前，WPS 文字将整篇文档视为一节。当需要分别改变不同页面内容的页眉、页脚、页码、页边距、分栏数等时，需要把文档分节。

（1）将光标定位在需要插入分节符的位置。

（2）单击“插入”选项卡中的“分页”下拉按钮，在弹出的下拉列表中选择合适的分节符命令。

分节符命令有下面几种，它们的功能如下。

① 下一页分节符：选择此项，光标当前位置后的全部内容将移到下一个页面上。

② 连续分节符：选择此项，将在插入点位置添加一个分节符，新节从当前页开始。

③ 偶数页分节符：选择此项，光标当前位置后的内容将转到下一个偶数页上。

④ 奇数页分节符：选择此项，光标当前位置后的内容将转到下一个奇数页上。

4.7.4 创建目录

目录既是长文档的提纲，也是长文档组成部分的小标题，一般应标注相应页码。在创建文档的目录时，要求文档必须应用了文档样式。

1. 生成目录

在一篇文档中，如果各级标题都应用了恰当标题样式（内置样式或自定义样式），则 WPS 文字会识别相应的标题样式，自动完成目录的创建。具体操作步骤如下。

（1）将光标定位到需要生成目录的位置。

（2）单击“引用”选项卡中的“目录”→“自定义目录”命令，弹出“目录”对话框，如图 4-76 所示。

（3）在“制表符前导符”下拉列表框中可以指定标题与页码之间的分隔符。

在“显示级别”微调框中指定目录中显示的标题层次（当指定为“1”时，只有 1 级标题显示在目录中；当指定为“2”时，1 级标题和 2 级标题显示在目录中，以此类推）。

选中“显示页码”复选框，以便在目录中显示各级标题的页码；选中“页码右对齐”复选框，可以使页码右对齐页边距；如果要将目录复制成单独文件保存或打印，则必须将其与原来的文本断开链接，否则会出现提示“页码错误”。

（4）单击“确定”按钮，就可以从文档中抽取目录。

2. 更新目录

生成目录之后，如果用户对文档内容进行了修改，则可以利用“更新目录”命令，快速地重新生成调整后的新目录。

（1）将光标定位于目录页。

（2）单击“引用”选项卡中“更新目录”按钮，弹出“更新目录”对话框，如图 4-77 所示。

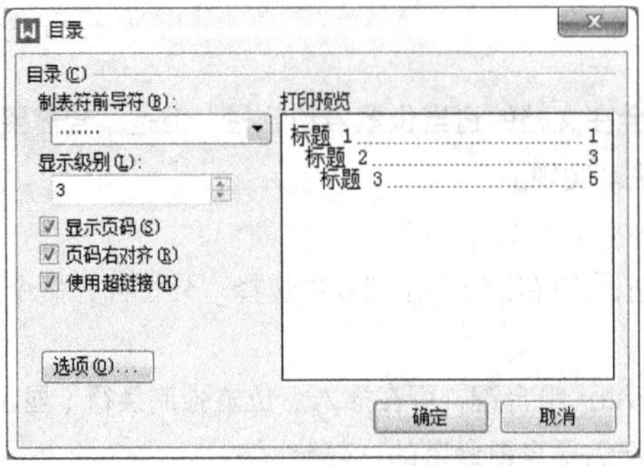

图 4-76 “目录”对话框

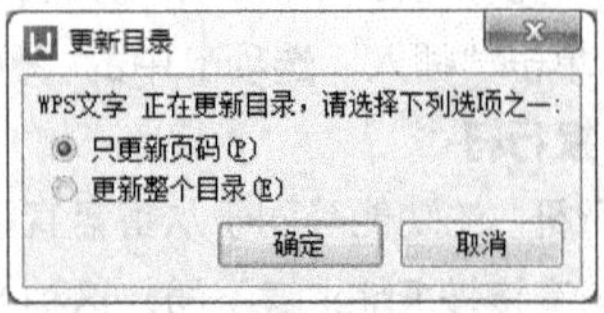

图 4-77 “更新目录”对话框

如果选中“只更新页码”单选按钮，则只更新现有目录项的页码，不会影响目录项的增加或修改；如果选中“更新整个目录”单选按钮，则重新生成目录。

（3）单击“确定”按钮，更新目录。

【教学案例 7】编排毕业论文

毕业论文，泛指专科毕业论文、本科毕业论文、硕士研究生毕业论文、博士研究生毕业论文等，即学生在学业完成前需要写作并提交的论文，是教学或科研活动的重要组成部分。

毕业论文一般由封面、摘要、目录、正文、参考文献和致谢等部分组成，通常都在几十页左右，且有严格的格式要求，如不掌握一定的排版技巧，则在编辑过程中将花费大量时间，而且层次不清，编辑效率大大降低。

本案例中某学生的论文内容已经完成，但不符合论文的格式要求。现从定义和应用论文样式、创建论文目录等方面完整介绍毕业论文的编辑方法。图 4-78 是根据论文内容自动生成的论文目录。

操作要求

（1）页面设置。

纸张设置为 A4、纵向，页边距为上、下各 25 毫米，左、右各 30 毫米，左侧装订，装订线宽 5 毫米。

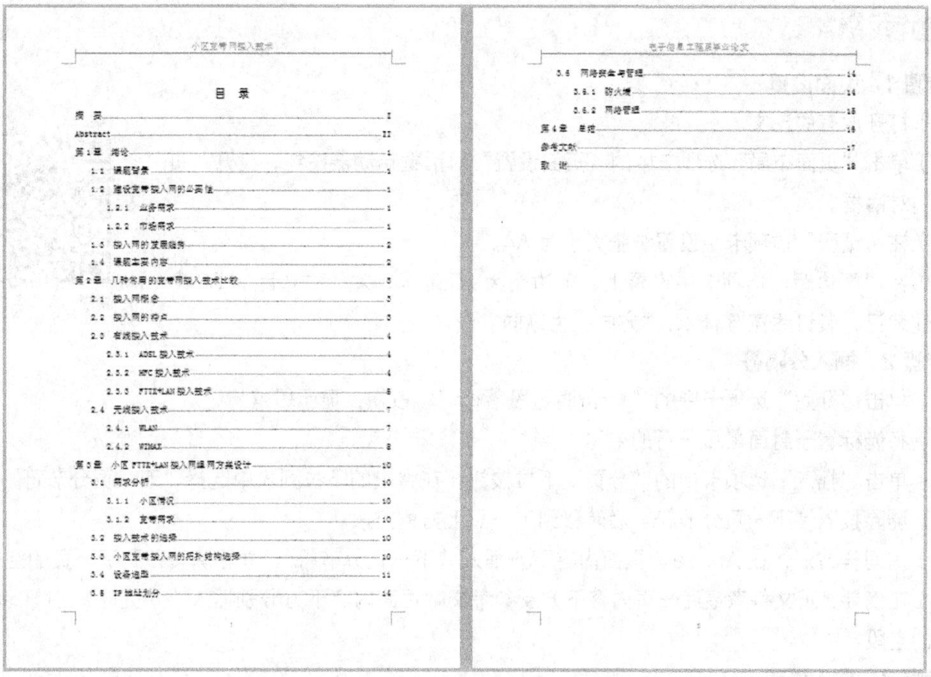
小区宽带网接入技术

目　录

电子信息工程系毕业论文

图 4-78　论文目录

（2）插入分隔符。

（3）插入页码。

① 封面不要页码。

② 摘要、目录、正文分别设置页码。

（4）插入页眉。

① 奇数页页眉：小区宽带网接入技术。

② 偶数页页眉：电子信息工程系毕业论文。

③ 页眉为宋体、小四号，显示页眉横线，封面不显示页眉。

（5）定制样式。

毕业论文各级标题和正文的格式设计依照《毕业论文格式设计要求》完成。

一级标题使用“标题 1”样式：（中文）黑体（西文）Times New Roman，小三号，居中，1.5 倍行距，段前 0.5 行，段后 0.5 行。

二级标题使用“标题 2”样式：（中文）黑体（西文）Times New Roman，四号，左侧缩进 2 个字符，1.5 倍行距。

三级标题使用“标题 3”样式：（中文）黑体（西文）Times New Roman，小四号，左侧缩进 2 个字符，1.5 倍行距。

正文使用“正文”样式：（中文）宋体（西文）Times New Roman，小四号，首行缩进 2 个字符，1.5 倍行距。

（6）对各级标题及正文应用样式。

（7）使用“导航窗格”管理毕业论文。

（8）创建目录。

操作步骤

步骤 1　页面设置

（1）打开原有的论文。

（2）单击“页面布局”选项卡中的“页面设置”对话框启动器按钮，打开“页面设置”对话框。

（3）在“纸张”选项卡中设置纸张大小为 A4。

（4）在“页边距”选项卡中设置上、下边距为 25 毫米，左、右边距为 30 毫米，左侧装订，装订线宽 5 毫米，“方向”为纵向。

微课 20 编排毕业论文 1

步骤 2　插入分隔符

（1）单击“开始”选项卡中的“显示/隐藏段落标记”按钮，显示段落标记。

（2）将光标置于封面最后一行的末尾。

（3）单击“插入”选项卡中的“分页”下拉按钮，在弹出的下拉列表中选择“下一页分节符”命令。

（4）删除插入“下一页分节符”后转移到下一页上方的空段。

（5）用同样方法，在 Abstract 页面内容下方插入“下一页分节符”，并删除转移到下一页的空段。

（6）在摘要、正文各章最后一页内容下方及参考文献页面内容下方分别插入“分页符”，并删除转移到下一页的空段。

步骤 3　插入页码

（1）双击封面页码，弹出“删除页码”按钮，单击“删除页码”下拉按钮，从弹出的下拉命令列表中选择“整篇文档”命令，删除论文中原有的全部页码。

（2）单击摘要页面的页码位置，出现“插入页码”按钮。

（3）单击“插入页码”下拉按钮，弹出“插入页码”对话框，如图 4-79 所示。

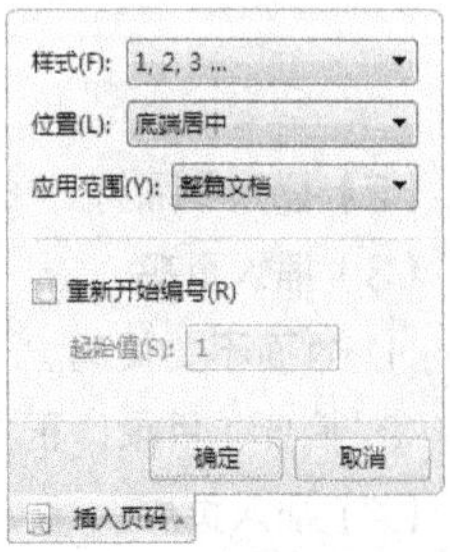

图 4-79　“插入页码”对话框

（4）在“样式”下拉列表中选择插入页码的样式，在“位置”下拉列表中选择插入页码的位置，在“应用范围”下拉列表中选择“本节”，同时选中“重新开始编号”复选框并输入“起始值”为 1。

（5）光标置于正文第 1 页的页码位置，用同样的方法为正文插入页码。

步骤 4 插入页眉

（1）双击正文第 1 页页面的页眉位置。

（2）在“页眉和页脚”选项卡中设置“页眉横线”为细实线。

（3）单击“页眉页脚选项”按钮，弹出“页眉/页脚设置”对话框，在对话框中选中“奇偶页不同”“显示奇数页页眉横线”及“显示偶数页页眉横线”三个复选框，如图 4-80 所示。

（4）单击正文第 1 页的页眉位置，输入页眉“小区宽带网接入技术”，单击正文第 2 页的页眉位置，输入页眉“电子信息工程系毕业论文”，设置文字为宋体、小四号。

（5）单击标题页页眉位置。

（6）单击“页眉页脚选项”按钮，弹出“页眉/页脚设置”对话框，在对话框中选中“首页不同”。

微课 21 编排毕业论文 2

步骤 5 定制毕业论文样式

本例需要定义四种样式，分别是正文、标题 1、标题 2、标题 3，每个样式的具体要求见毕业论文的格式要求。为操作方便，这里直接在原有样式的基础上进行修改。

（1）单击“开始”选项卡，在“样式”功能区中右击“正文”样式，在弹出的快捷菜单中选择“修改样式”命令，打开“修改样式”对话框，如图 4-81 所示。

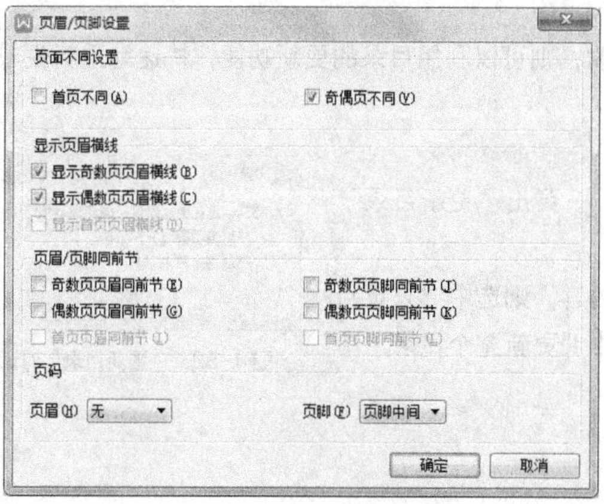

图 4-80 “页眉/页脚设置”对话框

图 4-81 “修改样式”对话框

（2）在对话框中依照《毕业论文格式设计要求》修改正文样式设置，单击“格式”按钮还可进行“字体”“段落”等更多设置。

（3）修改完成，单击“确定”按钮。

（4）用同样的方法进行标题 1、标题 2、标题 3 样式的设置。

步骤 6 使用文档结构图管理毕业论文

（1）单击“视图”选项卡中的“导航窗格”下拉按钮，可在下拉列表中选择在窗口左侧或右侧显示导航窗格，也可隐藏导航窗格。

（2）导航窗格可以显示文档结构，检查各级标题应用的样式是否正确，并可进行修改。

（3）若要编辑文档内容，则首先要对文档内容进行定位。单击“导航窗格”中要跳转的标题，该标题及其内容就会显示在页面顶部。

步骤 7　对各级标题及正文应用样式

（1）选中摘要页的标题“摘要”二字。

（2）单击“开始”选项卡样式列表中的“标题 1”样式，标题“摘要”即变为“标题 1”定义的样式。

使用上述方法，为全文所有的一级标题应用样式。也可以使用格式刷快速应用样式。

用同样的方法为全文中所有的各级标题及正文应用样式。

步骤 8　创建毕业论文目录

应用样式定义好文档的各级标题后，便可以制作毕业论文的目录了。

微课 22 编排毕业论文 3

1. 创建目录

（1）将光标定位于正文第 1 页最上方的空行。

（2）单击“插入”选项卡中“空白页”下拉按钮，在下拉列表中选择“竖向”按钮，插入一页空白页。

（3）输入“目录”二字后回车。

（4）单击“引用”选项卡中的“目录”下拉按钮，选择“自定义目录”，弹出“目录”对话框。

（5）在“制表符前导符”下拉列表框中指定标题与页码之间的分隔符为圆点分隔符，在“显示级别”中指定目录中显示的标题层次 3，选中“显示页码”、“页码右对齐”和“使用超链接”三个复选框，单击“确定”按钮，生成目录。

（6）选择“目录”二字，设置为黑体、小三号、居中、1.5 倍行距，段前、段后间距 0.5 行。

（7）选择全部目录内容，设置为宋体、小四号、1.5 倍行距。

2. 更新目录

生成目录之后，如果用户对文档内容进行了修改，则可以利用目录的更新功能，快速地重新生成调整后的新目录。

（1）将光标定位于目录页。

（2）单击“引用”选项卡中“更新目录”按钮，弹出“更新目录”对话框，如图 4-82 所示。

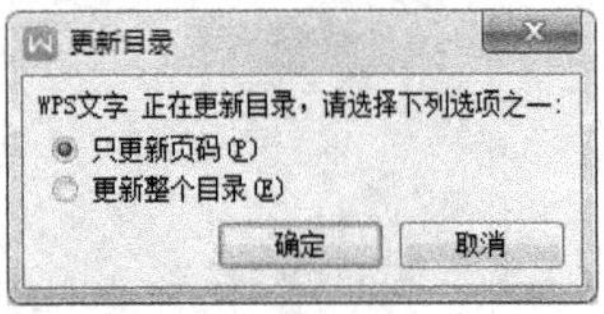

图 4-82　“更新目录”对话框

如果只更新现有目录项的页码，不修改目录项内容，则选中“只更新页码”单选按钮；如果目录项内容有增删，则应选中“更新整个目录”单选按钮，重新生成目录。

（3）单击“确定”按钮，更新目录。

任务 4.8　利用邮件合并批量处理文档

4.8.1　邮件合并的作用

在实际工作中，我们常常需要编辑大量格式基本相同、内容也大同小异的文件，如公司邮件、请柬、标签、工资单、成绩单、获奖证书、准考证等。如果一份一份地编辑打印，则虽然每份文件只需修改个别内容，但份数较多时，就成了一件非常繁琐的事情。使用 WPS 提供的“邮件合并”功能可以轻松解决这个问题，通过一个主文档和一个数据源文件，可批量制作和处理文档，快速为每个人生成一份文档。

利用邮件合并功能可批量制作和处理文档。

4.8.2　邮件合并的方法

邮件合并需要经过创建主文档、建立数据源和进行邮件合并三个步骤。

（1）创建主文档。

主文档是用于创建输出文档的“模板”，其中包含一些固定不变的文本内容，这些内容在所有输出文档中都是相同的，比如邀请函的文本内容、工资条的字段名称等。对于变化的文本内容（称为合并域），编写主文档时可以先将其忽略，邮件合并时再将其插入。

（2）建立数据源文件。

数据源实际上是一个数据列表，其中包含了用户希望合并到主文档中的内容，也就是文档中发生变化的内容（即合并域）。比如邀请函中受邀人的姓名、工资条的工资数额等。数据源文件一般用电子表格或数据库进行编辑和存储。

（3）进行邮件合并。

① 打开主文档，单击“引用”选项卡中的“邮件”按钮，激活“邮件合并”选项卡，其功能区如图 4-83 所示。

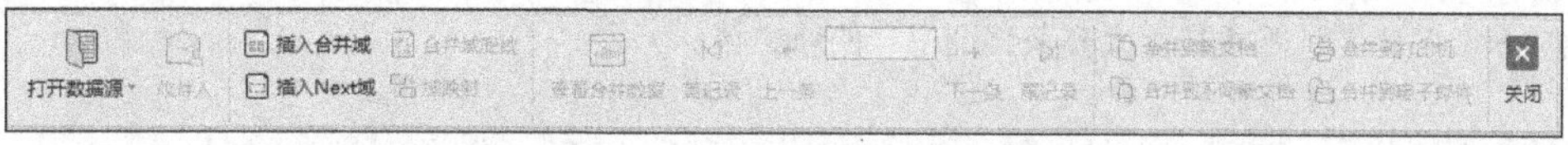

图 4-83 “邮件合并”工具栏

② 将光标置于主文档内要插入合并域的位置，单击“打开数据源”下拉按钮，选择“打开数据源”命令，弹出“选取数据源”对话框，导入数据源文件。

③ 单击“插入合并域”按钮，弹出“插入域”对话框，如图 4-84 所示。在“数据库域”中选择要插入的字段，单击“插入”按钮，可以看到主文档中插入合并域后生成的同学聚会邀请函，如图 4-85 所示。

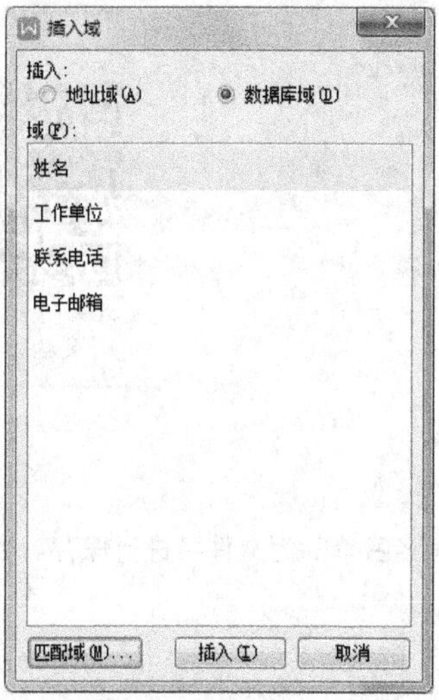

图 4-84 插入域对话框

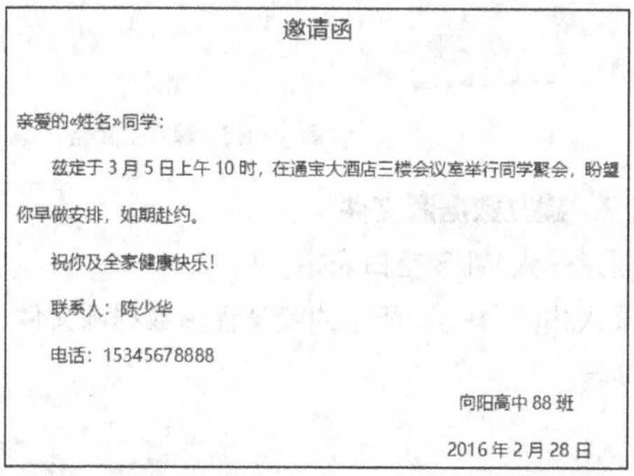
邀请函

亲爱的«姓名»同学：

兹定于 3 月 5 日上午 10 时，在通宝大酒店三楼会议室举行同学聚会，盼望你早做安排，如期赴约。

祝你及全家健康快乐！

联系人：陈少华

电话：15345678888

向阳高中 88 班

2016 年 2 月 28 日

图 4-85 主文档中插入合并域“姓名”后的邀请函

④ 单击“查看合并数据”，可以看到合并后的效果。单击“上一条”“下一条”按钮可看到合并后生成的每个同学的邀请函。再次单击“查看合并数据”，重新显示为域代码。

⑤ 如果用户希望在一页中制作多个邀请函，则必须单击“插入 NEXT”域（下一条记录）才能正常实现，但应注意该域必须在新记录的所有字段域之前，否则无法得出正确结果。

⑥ 如果希望每一份邀请函都是一个独立的文档，则单击“合并到不同新文档”。

如果希望所有同学的邀请函生成一个文档，里面每一页是不同同学的邀请函，则单击“合并到新文档”。

如果希望直接打印出来，则单击“合并到打印机”。

如果希望将邮件合并后的内容通过电子邮件发送，则单击“合并到电子邮件”。

邮件合并的最终文档包含了所有的输出结果，其中，有些文本内容在输出文档中是相同的，有些则会随着收件人的不同而发生变化。

【教学案例 8】批量生成荣誉证书

打印荣誉证书是一件烦琐的事，因为每张证书都需要更换姓名、赛项和获奖等级。利用 WPS 提供的“邮件合并”功能可以帮助你方便快捷地完成这一工作。合并后的文件可以保存到新文档或不同的新文档中，也可以打印输出，还可以以邮件形式将每位获奖者的证书发送给其本人。

操作要求

学期末，学院组织了校内计算机技能大赛。为了奖励优秀学生，需要打印大量的获奖证书。现已统计出学生的获奖信息，请你利用 WPS 软件的“邮件合并”功能快速批量生成每个学生的获奖证书，并将所有证书生成一个名为“计算机技能大赛获奖证书”的新文档。

操作步骤

步骤 1　创建主文档

（1）新建 WPS 文字空白文档。

（2）制作一张如图 4-86 所示的学生荣誉证书主文档，并保存为“荣誉证书主文档”。

图 4-86　建立主文档

微课 23 批量生成荣誉证书 1

步骤 2　建立数据源文件

（1）新建一张 WPS 空白表格。

（2）录入如图 4-87 所示的荣誉证书数据源文件，并以“获奖名单”为文件名进行保存。数据源文件不能有标题行。

	A	B	C
1	姓名	赛项	获奖等级
2	孙秀芳	求职简历	一等奖
3	王晨妮	求职简历	二等奖
4	李彦伟	求职简历	三等奖
5	郝佳欣	幻灯片制作	一等奖
6	梁春杰	幻灯片制作	二等奖
7	李晨光	幻灯片制作	三等奖
8	张美兵	电子表格	一等奖
9	李玉青	电子表格	二等奖
10	侯宜京	电子表格	三等奖

图 4-87　建立数据源文件

提示

主文档和数据源文件分别存储为.doc 和.xls 格式。

步骤 3　邮件合并

（1）打开主文档“荣誉证书主文档”，单击“引用”选项卡中的“邮件”按钮，激活“邮件合并”选项卡。

（2）单击“打开数据源”下拉按钮，选择“打开数据源”命令，弹出“选取数据源”对话框，导入数据源文件“获奖名单”。

（3）将光标置于主文档内要插入合并域的相应位置，单击“插入合并域”按钮，弹出“插入域”对话框，如图 4-88 所示，在“数据库域”中选择要插入的字段，要保证其与主文档中的字段内容相对应，单击“插入”按钮后，单击“关闭”按钮。

（4）同样的方法，将对应的合并域逐一插入。插入合并域后的荣誉证书主文档如图 4-89 所示。

（5）单击“查看合并数据”，可以看到合并后生成的数据源上第一个学生的荣誉证书的效果，如图 4-90 所示。

（6）重复单击“下一条”可看到每个学生的荣誉证书。

（7）单击“合并到新文档”，则生成一份里面包含所有学生获奖证书的新文档。

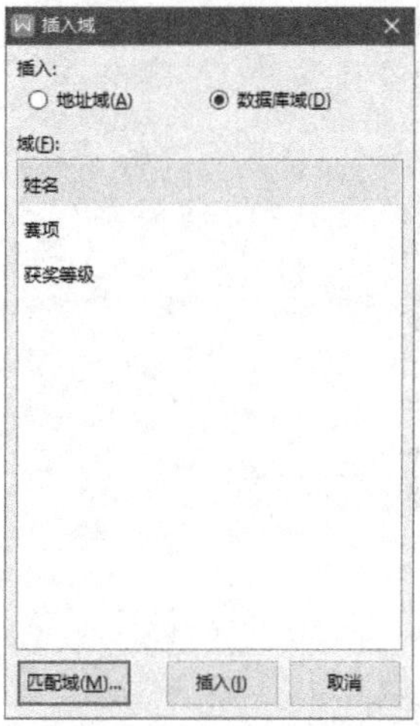

图 4-88　插入域对话框

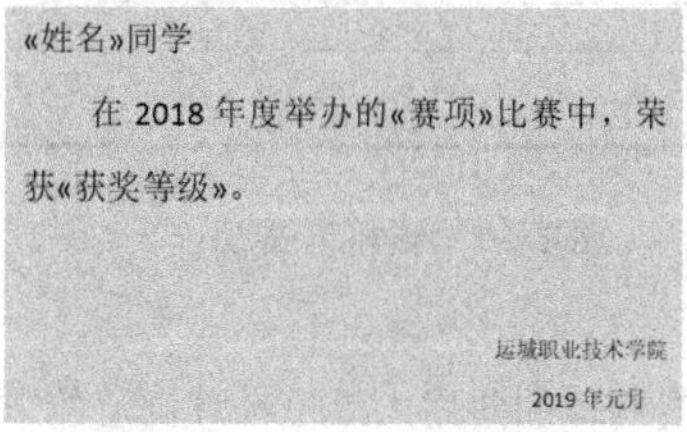

图 4-89　插入合并域后的荣誉证书

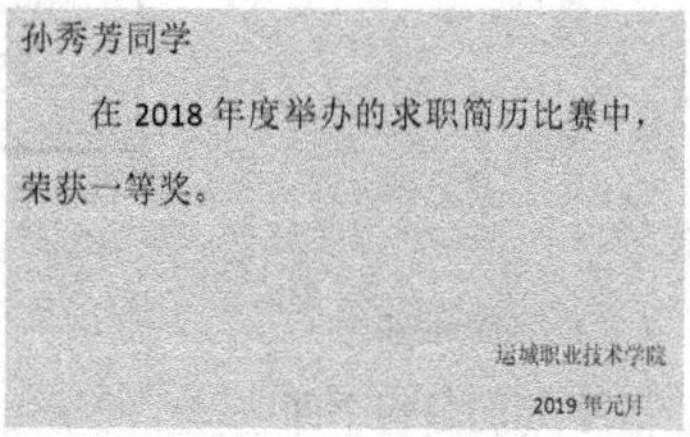

图 4-90　生成的第一个学生的荣誉证书

说明：

如果要将获奖证书以电子邮件的形式发送给学生，可以按下列步骤完成。

① 数据源文件中增加一列“学生邮箱”，并填写每个学生的电子邮箱。

② 单击“收件人”，勾选其中要发送的学生邮箱。

③ 设置好电子邮箱客户端。

④ 单击“合并到电子邮件”，发送邮件。

【项目自测】

1. 排版分原样照印排版和创意排版两种类型。原样照印排版即依照给定样张进行排版，主要考查学生对所学技能的掌握情况；创意排版即学生可充分发挥自己的创意能力进行排版，主要考查学生的创意能力和对所学知识的灵活运用能力。

（1）原样照印。

依照图 4-91 所示的版面，尽量排出与给定版面样式相同的版面。其中的文字大小、行间距、排版格式，图片与表格的形状、位置、大小，以及背景图案、页面边框等，尽量与给定的版面相同，最好能达到以假乱真的程度。

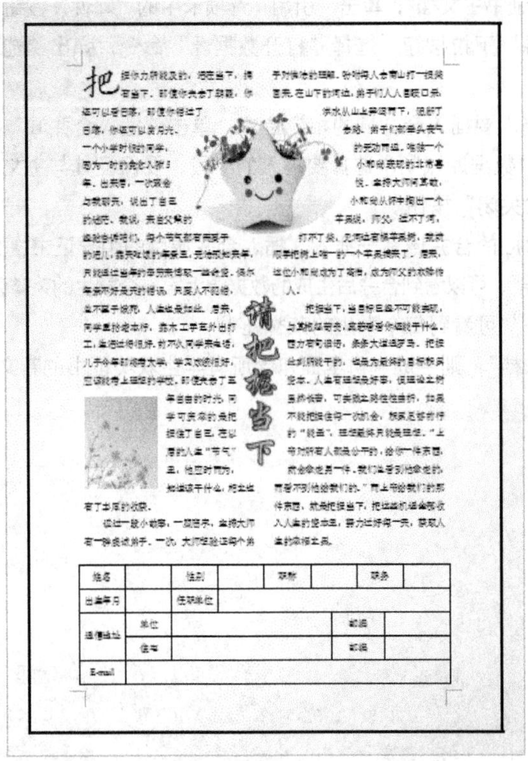

图 4-91　原样照印排版

（2）创意排版。

求职简历是每个即将毕业的学生需要制作的向用人单位推荐自己的求职资料。

求职简历需要求职者用简洁、真实的语言向招聘者表明自己的求职意向、教育背景、专业技能、兴趣爱好等信息。求职简历是招聘者在阅读求职者的求职申请后对其产生兴趣进而进一步决定是否给予其面试机会的极重要的依据性材料，求职者应该足够重视。

一份完整的求职简历，应该包括封面、简历页和自荐信三部分，如图 4-92 所示，同学们可以参考其样式进行制作。

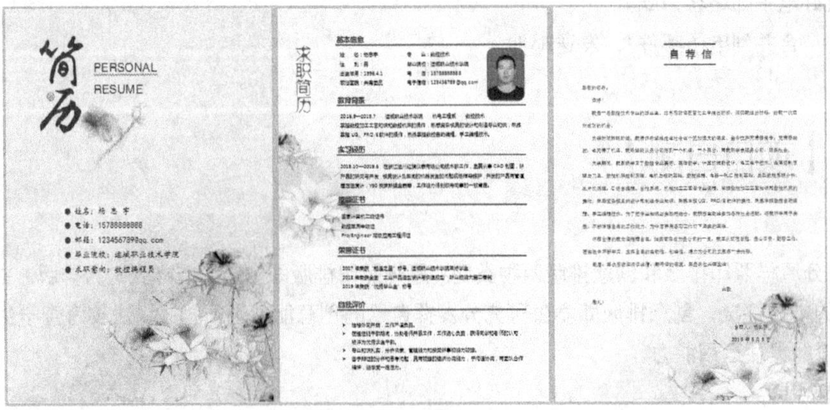

图 4-92　创意排版

履历表切忌过长，尽量浓缩在三页之内，最重要的是要有实质性的东西给用人单位看；履历表上填写的资料必须客观真实，千万不能编造；要突出对求职有用的兴趣特长；写求职意向最好不写薪水要求；一份简历配上标准的寸照能加分，而一张不合时宜的大头贴会将你直接淘汰。

求职者根据自己的实际情况，可以对该求职简历增删一些栏目，也可以重新布局版面，但应该做到以下的要求。

① 设置纸张为 A4 纸张。

② 简历上需体现求职意向、个人信息、教育背景、实习经历等基本信息。

③ 版面美观、布局合理、排版简洁明快。

④ 照片清晰，文字简洁，字体、字号运用得当，无错别字。

⑤ 合理运用文本框、图形、表格等编辑工具。

2. 人们在通信交流、科学研究以及数据分析活动中广泛采用着形形色色的表格。表格是一种组织整理数据的手段，在表格中可以填写文字或数字，便于进行统计查看。表格不仅可以清晰直观地传达信息，还可以对其中的数据进行比较、运算和分析。

（1）普通表格。

按下列要求绘制图 4-93 所示课程表。

① 设置表格行高为 1.1 厘米、列宽为 2.7 厘米。

② 在表格左上角单元格内绘制斜线表头。

③ 设置“课程表”三个字为宋体、四号、加粗，设置表格与标题文字水平居中。

④ 设置表格内的文字为宋体、小五号、中部居中。

（2）统计表格。

图 4-94 所示为某市 2012—2018 年小学生人数变化统计情况，请按照要求完成操作并以“2012—2018 年小学生人数变化情况”为文件名保存文档。

课程表

星期 节次	星期一	星期二	星期三	星期四	星期五
1－2	大学计算机基础	大学人文	图像设计与制作	实用英语	高等数学
3－4	思想道德修养与法律基础	体育	高等数学	大学计算机基础	大学人文
5－6	图像设计与制作			体育	经济法基础
7－8	形势与政策讲座		职业生涯规划		

图 4-93 课程表

2012－2018 年小学生人数变化↵
↵
年份 → 招生人数 → 毕业生人数 → 在校生人数↵
2012 → 9123 → 12707 → 65438↵
2013 → 8640 → 11668 → 59324↵
2014 → 8263 → 10358 → 54653↵
2015 → 7357 → 9013 → 51604↵
2016 → 7102 → 8948 → 49352↵
2017 → 7413 → 8879 → 50326↵
2018 → 7920 → 9073 → 52137↵

图 4-94 2012—2018 年小学生人数变化情况

① 按下列格式输入文字内容，文字为宋体、五号字。

② 将文中除标题外的文字转换成一个 8 行 4 列的表格。

③ 设置表格列宽为 2.5 厘米、行高为 0.7 厘米，设置表格与标题文字水平居中。

④ 设置表格中第一行和第一列文字中部居中，其余文字中部右对齐。

⑤ 设置表格外框线和第一行与第二行间的内框线为 3 磅红色单实线，其余内框线为 1 磅绿色单实线。

⑥ 在表格下方增加一行，分别统计历年的招生人数和毕业生人数的总和。

⑦ 按“在校生人数”列（依据“数字”类型）降序排列表格内容。

Chapter 5

项目五 WPS 演示

WPS 演示是金山 WPS Office 的组件之一，主要用于制作、播放幻灯片。应用该软件可以方便地在幻灯片中插入和编辑文本、图片、表格、艺术字和数学公式等内容。为了增强演示效果，还可以在幻灯片中插入声音对象或视频剪辑等。用户使用 WPS 演示可以轻松制作出内容丰富、图文并茂、层次分明、形象生动的演示文稿。WPS 演示广泛应用于教学演示、会议报告、交流观点、宣传展示等领域，并以其易学易用、功能强大等诸多优点，深受广大用户的欢迎。

任务 5.1 WPS 演示的基本操作

WPS 2019 的演示文稿由许多张幻灯片按一定的顺序排列组成，每张幻灯片都可以有其独立的标题、图片、说明以及多媒体对象等基本组成元素，但所有幻灯片都服务于一个共同的主题。在制作过程中对组成幻灯片的基本元素添加动画效果，演示文稿在播放时更具感染力和吸引力。

5.1.1 WPS 演示的工作界面

制作 WPS 演示文稿之前，首先需要熟悉其启动方法及工作界面。

1. 启动 WPS 演示

双击桌面上的 WPS 2019 快捷图标，或从“开始”→“所有程序”→“WPS Office”→“WPS 2019”，均可启动 WPS 2019。

启动 WPS 2019 后，进入 WPS 首页。单击窗口上方的“新建标签”按钮＋，接着单击“演示”按钮后，选择新建空白模板或其他合适的模板，即可创建演示文稿。

2. WPS 演示的工作界面

（1）窗口的组成。

用户成功启动 WPS 演示后，将显示其工作界面，如图 5-1 所示。

图 5-1 WPS 演示的窗口界面

“文件”菜单：单击“文件”下拉按钮，弹出下拉菜单，包括文件、编辑、视图、插入、格式、工具、幻灯片放映等，指向某个菜单，就会弹出该菜单对应的命令。

选项卡：WPS 演示将用于演示文稿的各种操作分为开始、插入、设计、切换、动画、幻灯片放映、审阅、视图、安全、特色应用、文档助手等 11 个默认的选项卡，每一个选项卡对应相应的功能区和命令按钮。另外还有一些选项卡只有在处理相关任务时才会出现，如图片工具、文本工具等。

功能区：功能区是在选项卡大类下面的功能分组。每个功能区中又包含若干个命令按钮。

快速访问工具栏：常用命令按钮位于此处，也可以添加自己常用的命令按钮。

文档标签：通过单击文档标签可以在打开的多个文档之间进行切换，单击文档标签右侧的“新建”按钮＋，可以建立新的文档。

幻灯片导航区：按大纲或缩略图形式显示全部幻灯片内容。可以在导航区进行幻灯片的选择、复制、移动及删除等操作。

编辑区：用于显示正在编辑的幻灯片，可以对其进行各种编辑操作。

任务窗格：可以在此修改对象属性，也可以进行自定义动画、幻灯片切换等操作。

备注窗格：用于对当前编辑的幻灯片添加注释说明。

状态栏：用于显示正在编辑的演示文稿的相关状态信息。

“视图”按钮：用于切换正在编辑的演示文稿的显示模式。

缩放滑块：用于调整正在编辑的演示文稿的显示比例。

（2）WPS 演示的视图模式。

WPS 演示的视图模式是指 WPS 演示文稿在计算机屏幕上的显示方式。WPS 演示主要提供了普通、幻灯片浏览、备注页、阅读视图等 4 种视图模式，如图 5-2 所示。

图 5-2 视图模式

一般情况下，制作演示文稿的大部分操作都是在“普通”视图下进行的，该视图有四个工作区域：幻灯片导航区、幻灯片编辑区、幻灯片任务窗格和备注窗格；使用“幻灯片浏览”视图可以大图标形式显示幻灯片以方便查看；使用“备注页”视图可显示幻灯片备注内容；使用“阅读视图”可全屏显示幻灯片，并可使用翻页按钮浏览幻灯片。

视图的切换非常简单。单击“视图”选项卡，在其功能区中单击相应的视图按钮；或者在状态栏右下方单击相应的视图按钮，即可实现不同视图的切换。

3. 退出 WPS 演示

常用以下两种方法退出 WPS 演示。

（1）单击 WPS 演示窗口标题栏右侧的“关闭”按钮。

（2）按 Alt+F4 组合键。

5.1.2 WPS 演示的文档管理

文档管理主要包括创建新演示文稿、保存演示文稿、打开演示文稿及关闭演示文稿。

1. 创建新演示文稿

启动 WPS 2019 后，单击“新建”按钮，在 WPS 主界面单击“演示”按钮，从演示文稿的模板列表中选择“新建空白文档”或选择合适的模板。

（1）若不需要借助任何模板，自己从零开始制作演示文稿，则可在模板列表中单击“新建空白文档”，创建新的空白演示文稿。

（2）若要建立基于模板的演示文稿，则在模板列表中选择需要的模板，然后下载所需模板，用户可以直接在模板基础上进行编辑。

2. 保存演示文稿

单击快速访问工具栏中的“保存”按钮或按 F12 键，弹出“另存为”对话框，选择希望保存演示文稿的位置，在“文件名”文本框中键入新的文件名，在“文件类型”下拉列表中选择要保存的文件类型，单击“保存”按钮即可保存演示文稿。其默认的文件类型为“*.pptx”。

对于已经保存过的演示文稿，如果需要保存修改后的结果，则使用快速访问工具栏中的“保存”按钮即可；如果希望保存当前内容同时又不替换原来的内容，可以按 F12 键打开“另存为”对话框进行相应操作。

3．打开演示文稿

要打开已经存在的演示文稿，常用以下两种方法。

（1）单击快速访问工具栏中的“打开”按钮。

（2）双击演示文稿的图标。

4．关闭演示文稿

要关闭演示文稿，只需单击演示文稿标签右侧的“关闭”按钮 × 即可。

如果演示文稿经过修改还没有保存，那么 WPS 演示在关闭文件之前会提示是否保存现有的修改。

5.1.3 幻灯片管理

通常，演示文稿由多张幻灯片组成。演示文稿创建完成之后，可能需要在某处插入新的幻灯片，或者删除不再需要的幻灯片，有时还需要调整幻灯片的前后顺序，以便更有条理地说明演示内容。而进行这些操作之前，都必须首先选择幻灯片，使之成为当前的操作对象。

1．选择幻灯片

在普通视图模式下，单击幻灯片导航区中的某张幻灯片，即可选定该幻灯片。

如需选择连续的多张幻灯片，可在幻灯片导航区单击鼠标选中第 1 张幻灯片，再按住 Shift 键单击要选择的最后一张幻灯片，即可选中这两张幻灯片之间的全部幻灯片。

如需选择不连续的多张幻灯片，可在幻灯片导航区单击鼠标选中第 1 张幻灯片，再按住 Ctrl 键依次选择所需的各张幻灯片，即可选中这几张不连续的幻灯片。

2．插入幻灯片

在幻灯片导航区选择需要在其之后插入幻灯片的目标幻灯片，然后单击“开始”选项卡中的“新建幻灯片”按钮，则可在当前幻灯片之后插入新的幻灯片。

3．复制幻灯片

在幻灯片导航区选择需要复制的一张或多张目标幻灯片，单击“开始”选项卡中的“复制”按钮，切换到需要粘贴的目标位置后，单击“开始”选项卡中的“粘贴”按钮，则可将选择的幻灯片粘贴到目标位置。

4．调整幻灯片顺序

在幻灯片导航区选择需要移动的幻灯片，按住鼠标左键用鼠标将其拖动到目标位置后松开鼠标即可。

5．删除幻灯片

在幻灯片导航区选择一张或多张需要删除的幻灯片，按 Delete 键即可删除。

5.1.4 幻灯片模板

应用模板可以使演示文稿具有统一的外观风格。模板是包含演示文稿样式的文件，包括背景图案、占位符的位置和大小、文本的字体和字号等。运用好的设计模板可以省去很多烦琐的工作，同时使制作出来的演示文稿内容更专业、版式更合理、主题更鲜明、字体更规范，增加演示文稿的可观赏性。WPS 演示向用户提供了大量实用的模板。

要使幻灯片应用选中的模板，可执行以下操作。

单击“设计”选项卡，在其下方的功能区中显示魔法、设计模板、更多设计、导入模板和本文模板等与模板有关的功能选项，如图 5-3 所示。

图 5-3 “设计”选项卡

（1）魔法：单击“魔法”按钮可以选择一款适合当前演示文稿的模板。

（2）设计模板：打开演示文稿，将鼠标指针指向某个模板时，会显示该模板的放大图片，单击该模板，该模板便会应用于打开的演示文稿。单击下拉列表按钮，可以显示更多幻灯片模板供用户选择。

（3）更多设计：显示全部的模板列表，单击选中的模板即可应用于当前演示文稿。

（4）导入模板：导入本机上的演示文稿模板。

（5）本文模板：应用本演示文稿中用到的模板。

5.1.5 插入幻灯片对象

1. 输入文本

在 WPS 演示中，可以在普通视图下输入文本。

应用 WPS 演示提供的版式创建演示文稿，其版面上提供了可以输入文字的文本占位符，用户只需单击文本占位符输入文本内容即可。用户也可以调整文本占位符的大小、位置或将其删除。

空白版式的幻灯片版面上没有文本占位符，用户可参照在 WPS 文字中插入文本框的方法输入文本。单击“插入”选项卡中“文本框”下拉按钮，在下拉列表中选择“横向”或“竖向”，然后在需要插入文本的位置拖曳一个文本框，即可输入文本内容。

在文本框和文本占位符中输入文本有相似之处，但也略有不同。相同之处在于两者都能完成文本内容的输入，不同之处在于预设版式中的文本占位符中输入的文本内容可以显示在大纲视图中，而后插入的文本框中输入的文本内容则不能显示在大纲视图中。

2. 插入本地图片与在线图片

可以在演示文稿中插入图片，以达到图文并茂的效果。

如果要插入本地文件夹中的图片，则单击“插入”选项卡中的“图片”按钮，或单击占位符中的按钮，弹出“插入图片”对话框，如图 5-4 所示。查找到存放图片的文件夹，选择合适的图片插入。

如果要插入在线图片，则单击“插入”选项卡中的“图片”下拉按钮，在弹出的下拉列表中选择“我的图片”命令，弹出图 5-5 所示的对话框。从图片列表中选择图片，或在搜索栏中输入要查找的图片的关键字，例如花、猫、大桥等，再从分类列表中选择图片，单击插入。

图 5-4 “插入图片”对话框

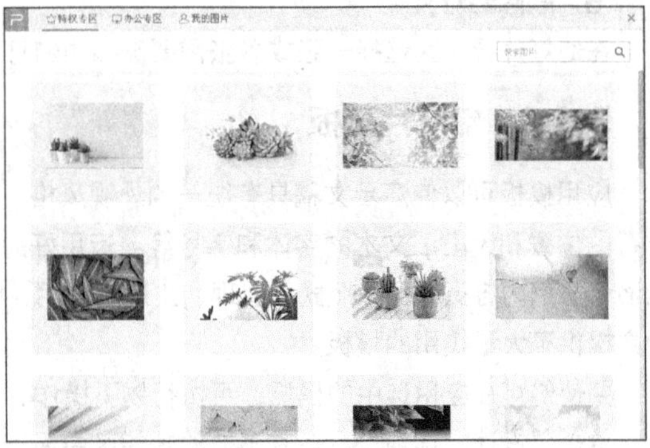

图 5-5 “在线图片”对话框

如果要在演示文稿中插入多张图片，并且要求每页演示文稿添加一张图片，可采用 WPS 演示中的“分页插入图片”的功能，一次批量插入图片。

选定插入的图片，在图片四周会出现八个控制点，同时出现“图片工具”选项卡，可对图片进行大小、位置、颜色、阴影、裁剪等控制操作。

3. 插入艺术字

艺术字是一种文字样式库，用户可以将艺术字添加到演示文稿中，制作出富有艺术性的、不同于普通文字的特殊文本效果。

单击“插入”选项卡中的“艺术字”按钮，弹出“艺术字样式”列表，如图 5-6 所示。选择合适的样式即可新建艺术字或将样式应用于选定的文字。

选定其中一种预设样式后，将在幻灯片编辑区出现艺术字编辑的文本输入框，如图 5-7 所示，同时激活“文本工具”选项卡。在该选项卡中可以设置艺术字的字体、字号、文本填充、文本轮廓、文本效果、文字方向等效果，也可直接单击艺术字右侧的属性按钮进行相应的设置。

图 5-6 “艺术字样式”列表

图 5-7 “艺术字”输入框

4. 插入表格

单击“插入”选项卡中的“表格”下拉按钮，弹出插入表格行数、列数示意图，可以根据需要移动鼠标选定行数、列数，单击鼠标即可在当前幻灯片中显示所需表格。或单击占位符中的按钮绘制表格。

如果制作的表格行列数较多，则需选择“表格”下拉列表中的“插入表格”选项，在弹出的“插入表格”对话框中输入列数和行数，如图 5-8 所示，即可在当前幻灯片中插入一张表格。

单击插入的表格，激活“表格样式”和“表格工具”两个新的选项卡，即可对表格进行编辑。

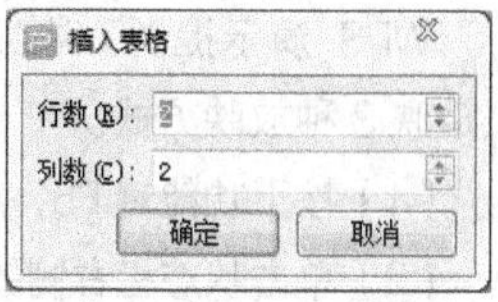

图 5-8 “插入表格”对话框

5. 插入形状

WPS 演示提供了一套绘制图形的工具，利用它可以创建各种图形。一般情况下，图形的绘制需要在普通视图中进行。

单击“插入”选项卡中的“形状”下拉按钮，从下拉列表中选择要绘制的图形按钮，即可在幻灯片中绘制图形。

选中绘制的图形后，会同时激活“绘图工具”和“文本工具”两个新的选项卡，可以在其中进行形状的各种设置，如填充、轮廓、对齐、组合、形状效果及文本填充、文本轮廓和文本效果等的设置。

6. 插入多媒体对象

放映幻灯片时，可以播放音频、视频、Flash 动画等多媒体对象，这极大地丰富了演示文稿的表现效果，受到广大用户的喜爱。

- 音频：嵌入音频和链接到音频只能在有小喇叭的那页播放。嵌入音频后，音频文件成为演示文稿的一部分，删除原音频文件后，演示文稿还可以继续播放音频；链接到音频后，只是保持了音频文件和演示文稿之间的链接关系，删除或移动原音频文件后，演示文稿的音频便不可播放。

嵌入背景音乐和链接背景音乐则是在放映幻灯片过程中持续播放音乐，两者之间的关系与嵌入音频和链接到音频的关系相同。

- 视频：可以嵌入本地文件夹中的视频文件或链接到本地文件夹中的视频文件，也可以插入网络视频。
- Flash：插入本地文件夹中的 Flash 动画文件。

下面以在幻灯片中嵌入音频为例，说明插入多媒体对象的方法。

（1）单击“插入”选项卡中的“音频”下拉按钮，从下拉列表中选择“嵌入音频”，弹出“插入音频”对话框，选择需要插入的音乐文件，单击“打开”按钮。

（2）插入音频文件后，会显示“音频工具”选项卡，如图 5-9 所示，在其中可对音频属性进行设置。

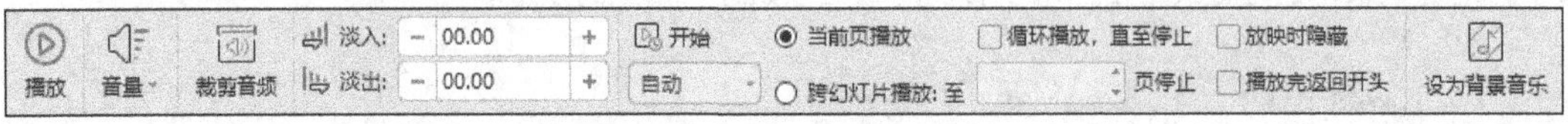

图 5-9 “音频工具”选项卡

5.1.6 幻灯片放映

完成了演示文稿的创建、动画效果、幻灯片切换等设置后，就可以放映幻灯片了。

单击“幻灯片放映”选项卡，展开“幻灯片放映”功能区，如图 5-10 所示，可以设置放映方式、排练计时，还可以进行手机遥控的设置。

图 5-10 “幻灯片放映”功能区

单击“设置放映方式”按钮，打开“设置放映方式”对话框，可对准备放映的演示文稿进行放映方式的设置，如图 5-11 所示。

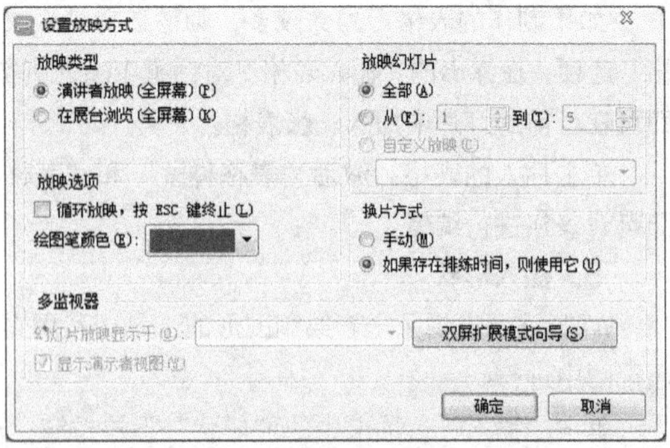

图 5-11 “设置放映方式”对话框

WPS 演示提供了从头开始、从当前开始、自定义放映 3 种放映方式。

（1）按下功能键 F5，从第 1 张幻灯片开始放映。

（2）单击状态栏右侧的▶按钮或按组合键 Shift+F5，从当前幻灯片开始播放。

（3）单击“幻灯片放映”选项卡中的“自定义放映”按钮，弹出“自定义放映”对话框，如图 5-12 所示，单击“新建”按钮，弹出“定义自定义放映”对话框，如图 5-13 所示。在对话框中可以设置需要放映的幻灯片及放映顺序。

放映过程中，可以按 Esc 键退出放映。

【教学案例 1】历史名城——北京

本案例介绍“历史名城——北京”演示文稿的制作过程，主要用到了设置模板，向幻灯片中插入文本框、图片、艺术字、表格等知识。本演示文稿的整体效果如图 5-14 所示。

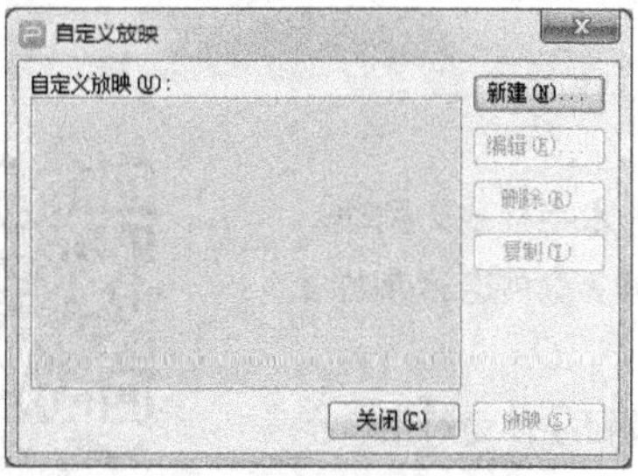

图 5-12 “自定义放映”对话框

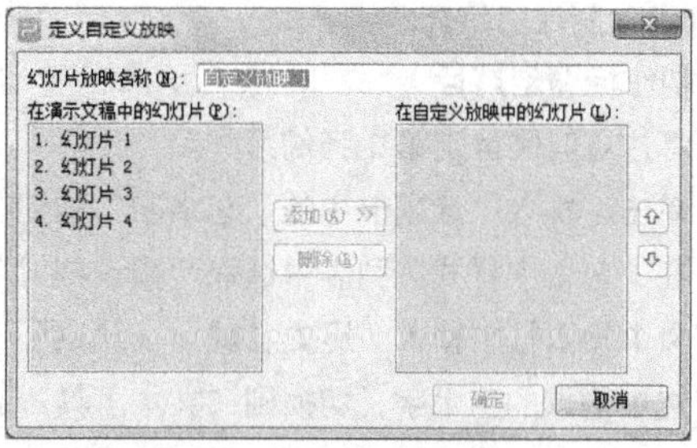

图 5-13 “定义自定义放映”对话框

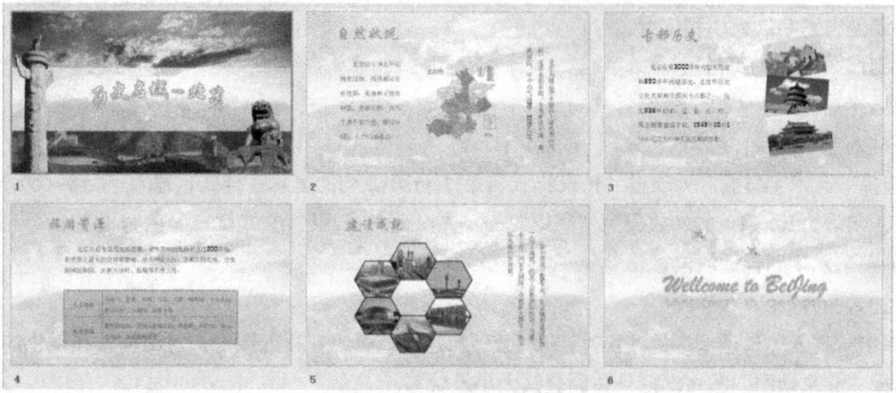

图 5-14 演示文稿整体效果

操作要求

制作演示文稿时可以自选模板，也可以重新布局页面和选择创意排版，但样稿中的文字、图片、表格等内容不可缺少。

操作步骤

步骤 1 新建文档并保存

（1）启动 WPS 2019。

（2）新建空白演示文稿。

（3）单击快速访问工具栏中的“保存”按钮或按 F12 键，弹出“另存为”对话框，以“自己所在班级+姓名”为文件名，将文档保存在桌面上。

微课 24 历史名城 1

步骤 2 应用模板

应用模板之前，至少应该再新建一张幻灯片，因为演示文稿模板的封面页和内容页的背景图案一般是不相同的。

（1）单击“开始”选项卡中的“新建幻灯片”下拉按钮，在其下拉列表中选择“本机版式”列表中的“空白”版式，新建一张空白版式幻灯片。

（2）单击“新建幻灯片”按钮，继续新建 4 张“空白”版式幻灯片。

（3）单击“设计”选项卡，从中选择适合主题的设计模版，单击该模板，即可将所选模板应用于当前演示文稿中。

步骤 3　制作幻灯片

1. 制作标题幻灯片

在幻灯片导航区选定第 1 张幻灯片。

微课25 历史名城2

（1）单击“插入”选项卡中的“艺术字”按钮，弹出“艺术字样式”列表。

（2）在“艺术字样式”列表中选取“预设样式”第 2 行第 2 列的艺术字样式，在艺术字文本输入框中输入“历史名城——北京”。

（3）选中输入的艺术字，切换到“文本工具”选项卡，设置字体为行楷、字号为 66 磅，在“文本轮廓”下拉列表中选择橙色，在“文本效果”下拉列表中设置“倒影”为第 1 行第 2 列效果，“转换”为“跟随路径”栏下的“上弯弧”效果。

（4）调整艺术字的大小和位置。

2. 制作第 2 张幻灯片

在幻灯片导航区选定第 2 张幻灯片。

（1）插入艺术字。

① 选择“艺术字样式”列表框“预设样式”第 1 行第 2 列的艺术字样式，输入“自然状况”，设置字体为行楷，字号为 54 磅，文本效果为“阴影”→“左上对角透视”，文本填充颜色为橙色。

② 调整艺术字到合适的位置。

（2）插入图片。

① 单击“插入”选项卡中的“图片”→“来自文件”，弹出“插入图片”对话框，在提供的素材文件夹中，选择“北京地图”图片，打开并调整其大小及位置。

② 选中插入的图片，在图片四周出现 8 个控制点，同时出现“图片工具”选项卡，单击其中的“设置透明色”按钮，在图片背景中白色区域单击，使图片中的白色区域透明。

（3）插入横向文本框。

① 单击“插入”选项卡中的“文本框”下拉按钮，从列表中选择“横向”命令，在图片左侧拖动鼠标，插入横向文本框。

② 在文本框中输入文字，并设置文字为宋体、20 磅，行间距为 2 倍行距。

③ 调整横向文本框的大小和位置。

（4）插入竖向文本框。

在图片右侧插入竖向文本框，输入文字内容并格式化文字。

3. 制作第 3 张幻灯片

定位到第 3 张幻灯片。

（1）插入艺术字。

在幻灯片左上方插入艺术字“古都历史”并调整其位置。

（2）插入文本框。

在幻灯片左侧插入文本框，输入文本内容并格式化。

（3）插入图片。

插入三张图片，调整其位置及大小，利用旋转控点对图片进行倾斜。

4. 制作第 4 张幻灯片

定位到第 4 张幻灯片。

（1）插入艺术字。

在幻灯片左上方插入艺术字“旅游资源”并调整其位置。

（2）插入文本框。

在幻灯片上方插入文本框，输入文本内容并格式化。

（3）插入表格。

① 单击“插入”选项卡中的“表格”下拉按钮，在列表中移动鼠标选定 2 列、2 行，单击鼠标左键即可在编辑区插入表格。

② 使用鼠标调整表格和单元格的大小。

③ 在“表格样式”选项卡中选择合适的样式应用到绘制的表格，如图 5-15 所示。

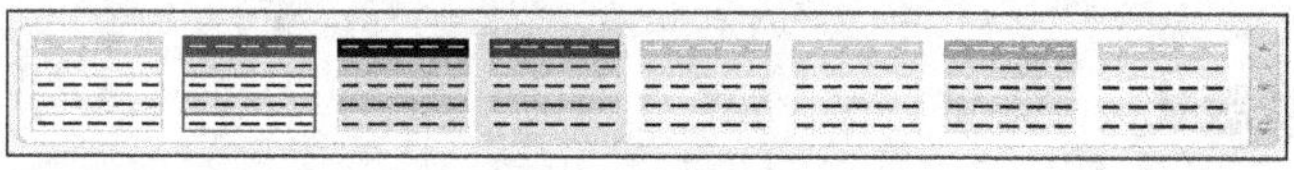

图 5-15 “表格样式”列表

5. 制作第 5 张幻灯片

定位到第 5 张幻灯片。

微课 26 历史名城 3

（1）插入艺术字。

在幻灯片左上方插入艺术字“建设成就”并调整其位置。

（2）插入图片。

① 单击“插入”选项卡中的“形状”下拉按钮，从下拉列表中选择六边形，在幻灯片中拖曳绘制六边形并调整好大小和位置。

② 在“绘图工具”选项卡中设置“填充”为“无填充颜色”，“轮廓”颜色为深红，线型为 3 磅。

③ 选定六边形，按 Ctrl 键拖曳，沿六边形各边分别复制出一个六边形。

④ 选定一个六边形，单击“绘图工具”选项卡中的“填充”按钮，在下拉列表中选择“图片或纹理”菜单下的“本地图片”命令，如图 5-16 所示。在弹出的“选择纹理”对话框中选择素材中提供的“鸟巢”图片。

⑤ 用同样的方法，在其他六边形中填充图片。

⑥ 按住 Ctrl 键，依次选中所有六边形，单击“绘图工具”选项卡中的“组合”下拉按钮，执行“组合”命令。

⑦ 选中组合图形，按住 Shift 键，拖动任意一个角的控制点，调整组合图形的大小。

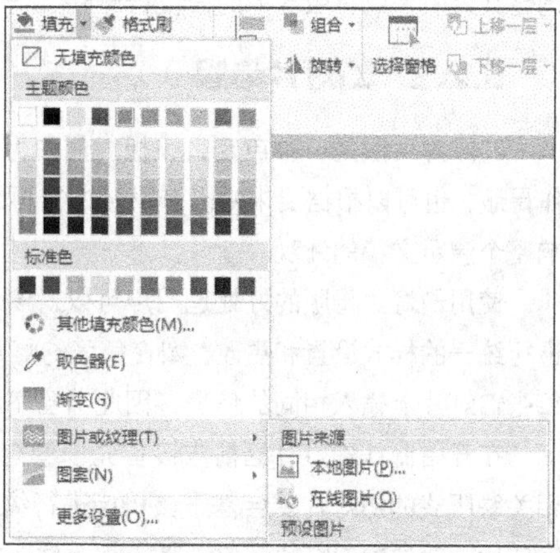

图 5-16 “填充”下拉列表

（3）插入文本框。

① 在图片右侧插入竖向文本框。

② 在竖向文本框中输入内容。

6. 制作第 6 张幻灯片

定位到第 6 张幻灯片。

（1）插入艺术字“Welcome to BeiJing”，设置其字体、字号、位置。

（2）插入“飞鸽”图片，并设置其大小和位置。

步骤 4 演示文稿的放映

按键盘上 F5 键从第 1 张幻灯片开始播放，或者单击状态栏右侧的▶按钮（或者 Shift+F5 组合键），从当前幻灯片开始播放。

在放映的过程中，按 Esc 键可以随时终止播放，回到幻灯片的编辑状态。

步骤 5　保存文档

单击快速访问工具栏中的“保存”按钮或按 Ctrl+S 组合键再次保存文档。

任务 5.2　幻灯片版式与母版

制作演示文稿时，经常需要幻灯片具有统一的外观，但其中部分幻灯片又有别于其他幻灯片而具有某种格式或图案，这时，可通过幻灯片母版轻松完成设置，以提高制作效率。很多情况下，母版和版式又具有密切的关系。

5.2.1　幻灯片版式

版式是指幻灯片内容在幻灯片上的排列方式。版式由占位符组成；占位符是版式上的虚线框，其内部可放置文字、图片、表格、艺术字、音频、视频等。

单击“设计”选项卡中的“版式”按钮，弹出“推荐排版”和“母版版式”列表，在“母版版式”选项卡列表中选取一种版式，单击鼠标左键即可应用此版式，如图 5-17 所示。

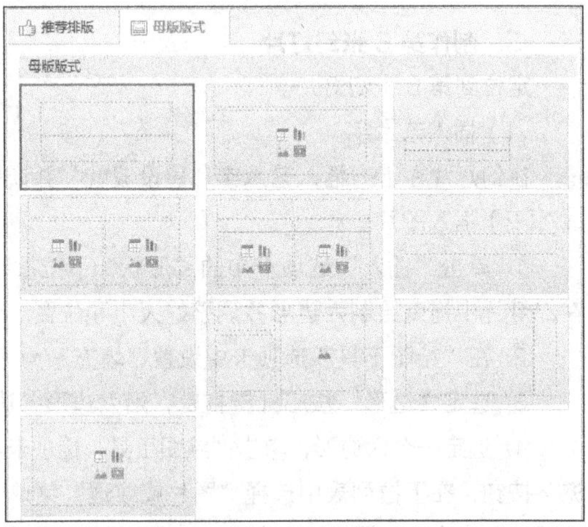

图 5-17　母版版式

也可以每次新建幻灯片，单击“新建幻灯片”下拉按钮，从“本机版式”选项卡中为其选择一种版式。

用户还可以将版式中的占位符移动到不同位置，调整其大小，或将版式中的占位符删除。

5.2.2　幻灯片母版

幻灯片母版是一种自定义模板。用户可以自己制作母版，也可以根据要求对已有模板进行再编辑，如加上企业 Logo 等，生成母版。同模板一样，母版将影响整个演示文稿的外观。

使用幻灯片母版的好处是用户可以对演示文稿中的每张幻灯片（包括以后添加到演示文稿中的幻灯片）进行统一的样式设置和更改，如在每张幻灯片中显示公司的 Logo 和公司名称。使用幻灯片母版后，无需在每张幻灯片上输入相同的信息，因此节省了时间。

在开始制作幻灯片之前应该首先创建幻灯片母版。创建好幻灯片母版后，则添加到演示文稿中的所有相关联版式的幻灯片都会基于该母版进行编辑。更改母版时，也必须在幻灯片母版视图下进行。母版创建完成后，新建的幻灯片都自动基于相关联版式的母版。

由于多母版的使用，演示文稿的可视性也越来越好。要在一个演示文稿中使用多个母版，应在新建幻灯片时就在“本机版式”中选择多个母版版式，相同母版的幻灯片选择相同的母版版式，不同母版的幻灯片选择不同的母版版式。

创建幻灯片母版的操作步骤如下。

（1）新建一个空白演示文稿。

（2）相同母版的幻灯片选择相同的母版版式，不同母版的幻灯片选择不同的母版版式。

（3）单击“设计”选项卡，若是用户自定义母版，直接单击“编辑母版”按钮，进入母版编辑状态，如图 5-18 所示；若是对已有模板进行再编辑以制作适合自己需要的母版，则应先选择一种模板，再单击

“编辑母版”按钮，进入母版编辑状态。这时，系统默认会根据不同的母版版式各提供一张可编辑的母版，如标题幻灯片版式母版、标题和内容版式母版、空白版式母版等。

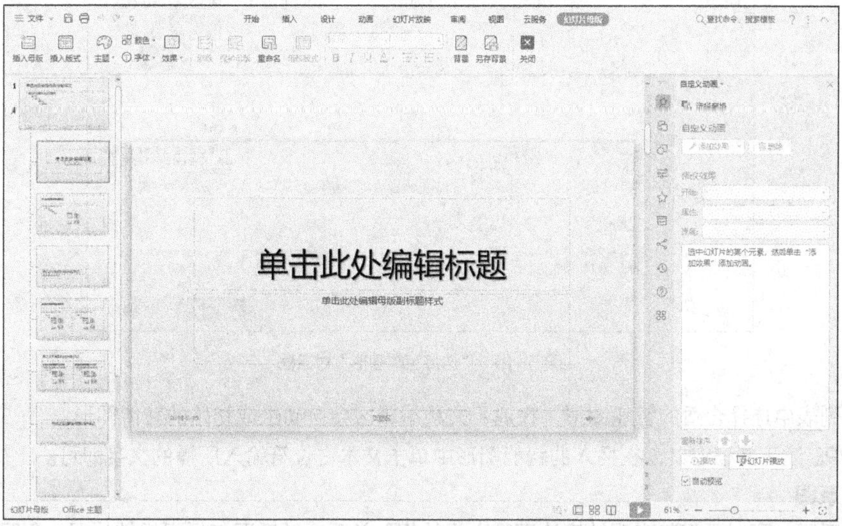

图 5-18 “幻灯片母版”视图

（4）鼠标指针指向任一张母版时，会显示“由幻灯片 n 使用”或“无幻灯片使用”。用户可根据版式的对应关系选择相应的幻灯片母版。

（5）对选择的母版可以进行编辑，如设置字体、字号、颜色等，也可以在母版中插入背景或图片，还可以在母版中设置跳转按钮等。

（6）母版设置完成后，单击“幻灯片母版”选项卡中的“关闭”按钮，退出母版编辑状态，返回到幻灯片普通视图模式编辑幻灯片。

提示

母版编辑完成后，一定要退出母版编辑状态，返回到幻灯片编辑状态。

5.2.3 智能图形与关系图

智能图形与关系图能够以直观的方式表达信息，是信息和观点的视觉表示形式。可以从多种不同布局中进行选择来创建智能图形或关系图，从而快速、轻松、有效地传达信息。

为智能图形或关系图选择布局时，应首先确认需要传达什么信息以及是否希望信息以某种特定的方式显示。用户可以尝试不同类型的不同布局，直至找到一个最适合的信息的图解布局。

1. 智能图形

智能图形包括列表、流程、循环、层次结构、关系、矩阵、棱锥图、图片 8 种图形。

创建智能图形时，智能图形及其“文本”窗格由占位符文本填充，可以使用自己的信息替换这些占位符文本。

如果由于向某个形状添加了更多文字导致该形状中的字号缩小，则智能图形的其余形状中的所有其他文字也将缩小到相同字号，使智能图形的外观保持一致且具有专业性。

单击“插入”选项卡中的“智能图形”按钮，打开“选择智能图形”对话框，如图 5-19 所示。

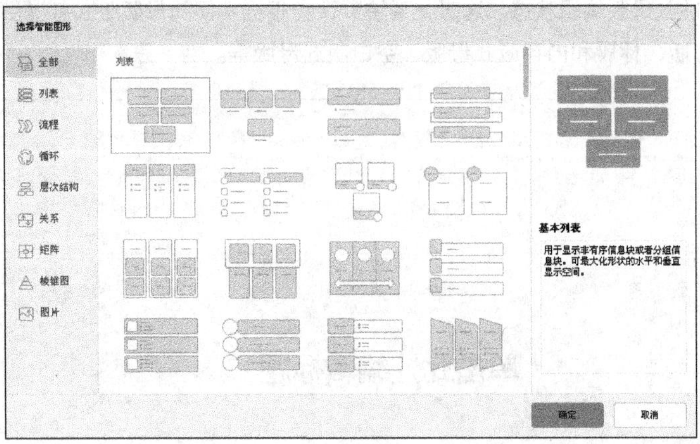

图 5-19 “选择智能图形”对话框

从图形列表中选择合适的智能图形，在演示文稿编辑区会自动生成初始的智能图形。

返回 WPS 演示文档窗口，在插入的智能图形中单击文本占位符输入所需的文字即可。

2. 关系图

利用关系图，可以更清楚直观地表达事物之间的相互关系。关系图包括组织结构图、象限、并列、总分、循环等分类。

单击“插入”选项卡中的“关系图”按钮，打开“关系图”对话框，如图 5-20 所示。

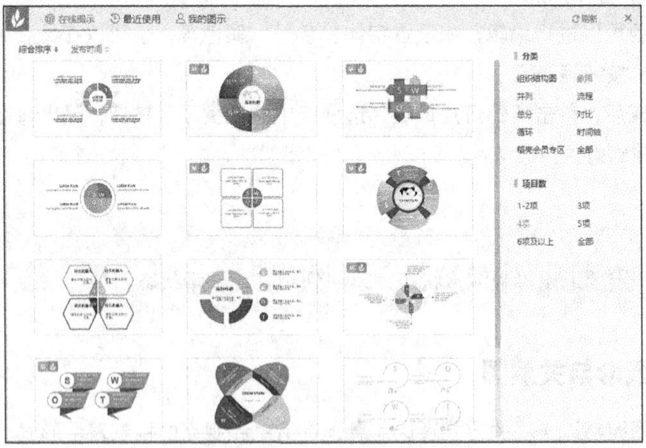

图 5-20 “关系图”对话框

在打开的“关系图”对话框中，首先在右侧选择合适的类别和项目数，然后在左侧选择需要的关系图，单击“插入”按钮。返回 WPS 演示窗口，在插入的关系图中单击文本占位符输入所需的文字即可。

例如，插入“并列”关系、项目数为 5 项时的第 3 行、第 1 列关系，效果如图 5-21 所示。

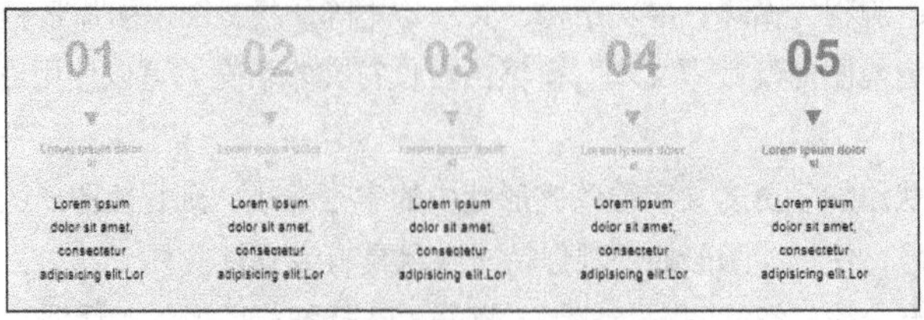

图 5-21 插入“并列”关系效果图

5.2.4 创建按钮、设置超链接

在 WPS 演示中可以创建超链接，实现与演示文稿中的某张幻灯片、另一份演示文稿、其他文档或是 Internet 地址之间的跳转，也可以添加交互式的动作，如在幻灯片放映中单击鼠标左键或是移动鼠标响应一定的动作或是声音，还可以添加动作按钮，实现播放、结束、上一张、下一张等跳转。

1. 创建按钮

单击“插入”选项卡中的“形状”下拉按钮，弹出“形状”下拉列表，选择最下面一排预定义的“动作按钮”，可以将动作按钮添加到演示文稿中，如图 5-22 所示。

选择一个动作按钮，在幻灯片编辑区绘制一个动作按钮，绘制完成后弹出“动作设置”对话框，如图 5-23 所示。

图 5-22 动作按钮

图 5-23 “动作设置”对话框

诸如、、、等按钮的功能已经确定，如果默认所选功能，关闭该对话框即可，否则可以借此对话框自定义其他功能。该对话框包括“鼠标单击”和“鼠标移过”两个选项卡，两张选项卡的格式和内容完全一样，但触发的条件不一样，前者为鼠标单击按钮时所发生的动作，后者则是鼠标在按钮上移过时所发生的动作。

2. 设置超链接

通过“动作设置”对话框，可以为创建的动作按钮添加超链接，链接到本演示文稿中的某张幻灯片、其他文件、电子邮件、站点等。

在 WPS 演示中，不仅可以利用动作按钮实现超链接，也可以在文字、图形、图片等对象上设置超链接。

选择需要设置超链接的对象，单击鼠标右键，在弹出的快捷菜单中选择“超链接”命令，弹出“插入超链接”对话框，如图 5-24 所示。

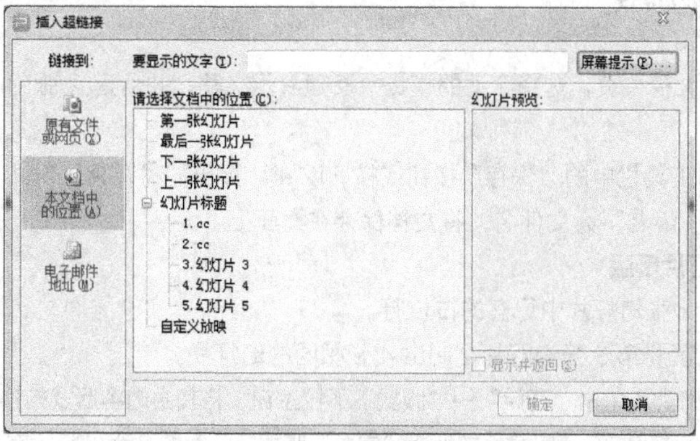

图 5-24 “插入超链接”对话框

可以设置超链接到其他文件或网页上，也可以超链接到本文档中的某张幻灯片。设置完成后，放映该幻灯片，单击“动作”按钮即可跳转到与之对应的超链接对象。

【教学案例 2】我的七彩大学生活

网络是知识的宝库。网络上有大量演示文稿素材和模板可下载使用，它们既可以提高制作演示文稿的效率，也可使版面更加美观。

本案例要制作一个主题为“我的七彩大学生活”演示文稿。在制作中主要用到了多母版设置、向幻灯片中插入形状、多媒体对象及设置超链接等技能，整体效果如图 5-25 所示。

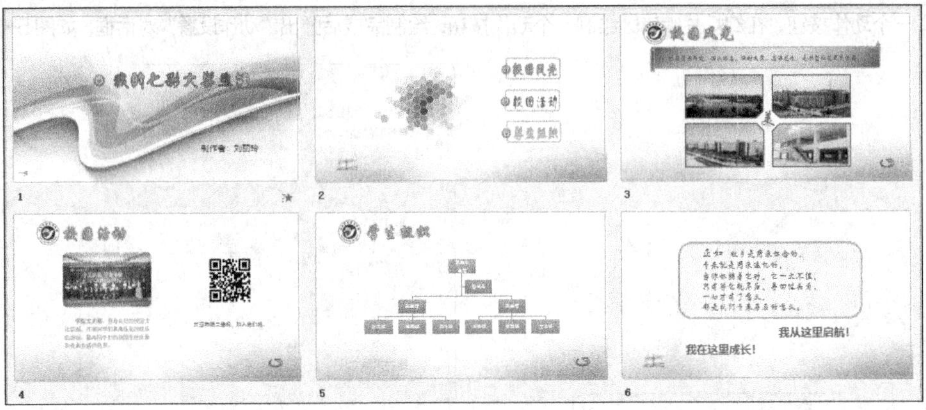

图 5-25 演示文稿整体效果

操作要求

（1）制作多个母版的演示文稿。

（2）可以自己重新布局幻灯片和选择创意排版，但样稿中的文字、图片等内容不可缺少。

（3）演示文稿中应该建立超链接，链接到本文档中的相应幻灯片。

（4）在第 1 张幻灯片中嵌入背景音乐。

（5）在第 5 张幻灯片中应插入组织结构图。

操作步骤

步骤 1 新建文档并保存

（1）启动 WPS 2019。

（2）在 WPS 演示文稿首页，选择合适的模板，新建演示文稿，并新建 2 张幻灯片。

（3）单击快速访问工具栏中的“保存”按钮或按 F12 键，弹出“另存为”对话框，以“自己所在班级+姓名”为文件名，将文档保存在桌面上。

微课 27 我的七彩大学生活 1

步骤 2 设计幻灯片母版

（1）删除第 1、第 2 张幻灯片中原有的占位符。

（2）在幻灯片导航区将第 2 张幻灯片复制出 4 张相同的幻灯片。

（3）选择第 2 张幻灯片，单击“开始”→“版式”下拉按钮，将其由内容版式转换为版式列表中的“空白”版式。同样的方法，将第 6 张幻灯片版式也转换为“空白”版式。此时的 6 张幻灯片有 3 种版式，分别是：第 1

张为“标题”版式，第 2 张和第 6 张为“空白”版式，第 3~5 张为“内容”版式。

（4）单击“设计”选项卡中的“编辑母版”按钮，进入母版编辑状态。这时会发现幻灯片导航区有多张幻灯片母版。选择“内容版式：由幻灯片 3-5 使用”母版，单击“插入”选项卡中的“图片”按钮，在打开的“插入图片”对话框中选择“Logo”图片插入到内容幻灯片母版中，调整图片的大小和位置。用同样的方法选择“空白版式：由幻灯片 2，6 使用”母版，插入“Book”图片并调整到左下角位置。

（5）单击“幻灯片母版”选项卡中的“关闭”按钮退出母版编辑状态。

微课 28 我的七彩大学生活 2

步骤 3 制作幻灯片

1. 制作标题幻灯片

（1）选择第 1 张幻灯片。

（2）插入艺术字“我的七彩大学生活”，设置字体为方正流行体简体，字号为 60 磅，加粗，并调整艺术字到合适的位置。

（3）单击“文本工具”选项卡中的“文本填充”下拉按钮，选择“渐变”命令，在右侧弹出的“对象属性”任务窗格中，设置“渐变填充”颜色为“红—橙—黄—绿—蓝—紫”渐变，如图 5-26 所示。在“文本轮廓”中设置描边颜色为黑色。

（4）插入素材文件夹中提供的“按钮”图片，调整其位置及大小。

（5）插入“文本框”，输入“制作者：刘丽玲”，调整其位置及大小。

2. 制作第 2 张幻灯片

（1）在幻灯片导航区选定第二张幻灯片。

（2）绘制超链接按钮。绘制圆角矩形，在“绘图工具”选项卡中单击“填充”按钮，设置填充色为“无填充颜色”，“轮廓”颜色为灰色，“线型”为 1.5 磅；插入艺术字“校园风光”，设置字体为方正流行体简体，大小为 40 磅，“文本填充”颜色为绿色；插入素材库中的“按钮”图片。

（3）调整圆角矩形、艺术字及“按钮”图片的大小及相对位置，用鼠标框选将其全部选中后，单击“绘图工具”选项卡中的“组合”按钮将三者组合为一个超链接按钮。

（4）复制绘制好的超链接按钮，生成两个副本，调整相对位置。

（5）单击第 2 个按钮，修改其中的艺术字为“校园活动”，颜色填充为粉色。

（6）单击第 3 个按钮，修改其中的艺术字为“学生组织”，颜色填充为青色。

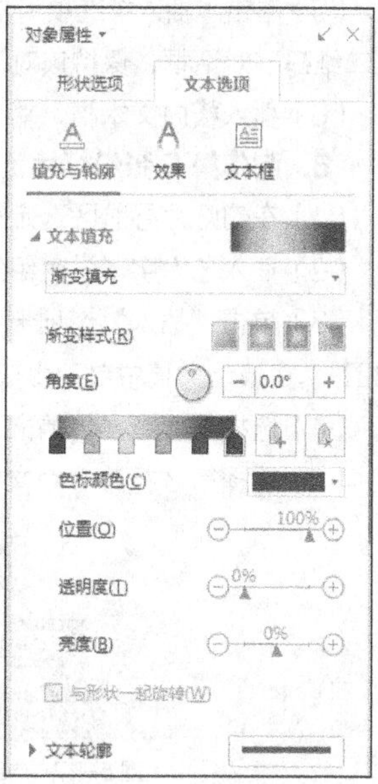

图 5-26 “对象属性”任务窗格

（7）插入“插图”图片，调整其大小及位置。

3. 制作第 3 张幻灯片

（1）在幻灯片导航区选定第 3 张幻灯片。

（2）插入艺术字“校园风光”，字体设置为华文行楷，大小为 54 磅，利用“文本工具”选项卡设置艺术字样式及颜色，调整到合适位置。

（3）单击“插入”选项卡中的“形状”按钮，打开“形状”下拉列表，从列表框“星与旗帜”类别中选择“横卷形”并在幻灯片中绘制图形。

（4）在“绘图工具”选项卡中选择“填充”中的渐变命令，在右侧“对象属性”任务窗格的“填充”下拉菜单中选择“渐变填充”，设置填充角度为 45° 。

（5）选定并在形状上单击鼠标右键，在快捷菜单中选择“编辑文字”命令，在

微课 29 我的七彩大学生活 3

形状中输入文字，并调整其大小及位置。

（6）绘制“剪去单角的矩形”形状，调整大小，设置“轮廓”线条为双线，宽度为 4 磅，颜色为蓝色。复制生成 3 个“剪去单角的矩形”，调整其相对位置。利用“绘图工具”选项卡中的“旋转”命令，调整其方向。

（7）分别选择四个剪去单角的矩形，单击“绘图工具”→“填充”→“图片或纹理”→“本地图片”，从素材库中选择图片。在“对象属性”任务窗格的“填充”选项组中去掉勾选“与形状一起旋转”复选框。

（8）插入艺术字“美”，设置字体颜色及样式，调整其大小及位置。

4. 制作第 4 张幻灯片

（1）在幻灯片导航区选定第 4 张幻灯片。

（2）插入艺术字“校园活动”，调整其颜色、大小和位置。

（3）单击“插入”选项卡中的“形状”下拉按钮，绘制圆角矩形；单击“绘图工具”选项卡中的“填充”下拉按钮，在圆角矩形中填充所需图片；单击“轮廓”下拉按钮，设置“颜色”为白色、“线型”为 6 磅；单击“形状效果”下拉按钮，设置“阴影”为“外部”第 4 种。

（4）插入横向文本框，输入文本内容并调整其位置和大小。

（5）单击“插入”选项卡中的“功能图”下拉按钮，选择“二维码”，打开“插入二维码”对话框，保持该对话框内的设置为默认，单击“确定”按钮。

（6）插入横向文本框，输入文本内容并调整其位置和大小。

微课 30 我的七彩大学生活 4

5. 制作第 5 张幻灯片

（1）在幻灯片导航区选定第 5 张幻灯片。

（2）插入艺术字“学生组织”，调整其颜色、大小及位置。

（3）单击“插入”选项卡中的“智能图形”按钮，在打开的对话框中选择“层次结构”中的“组织结构图”，在演示文稿中自动生成初始的组织结构图，如图 5-27 所示。

（4）选择第 2 行左侧的文本框，单击“设计”选项卡中的“从右向左”按钮。

（5）选择第 3 行第 3 个文本框，按键盘上的 Delete 键将其删除，结果如图 5-28 所示。

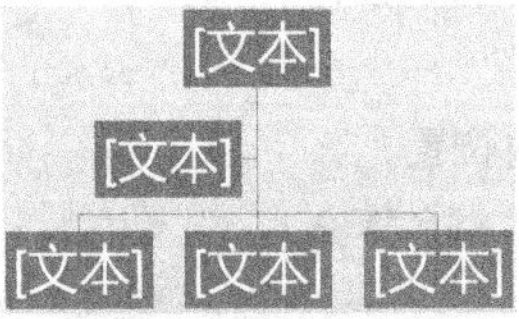

图 5-27 自动生成组织结构图

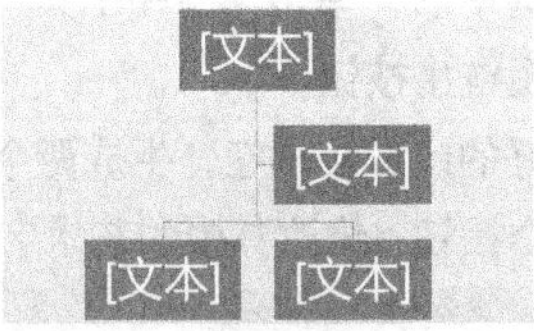

图 5-28 编辑调整组织结构图

（6）选中第 3 行第 1 个文本框，单击“设计”选项卡中的“添加项目”下拉按钮，在下拉列表中选择“在下方添加项目”，在其下方添加一个新项目。同样的方法，再添加两个新项目。

（7）选择第 3 行第 1 个文本框，单击“设计”选项卡中的“布局”下拉按钮，在下拉列表中选择“标准”。

（8）同样的方法，在第 3 行第 2 个文本框下方添加 3 个新项目，并设置布局为“标准”，如图 5-29 所示。

（9）单击各文本框，输入相应的文字内容，如图 5-30 所示。

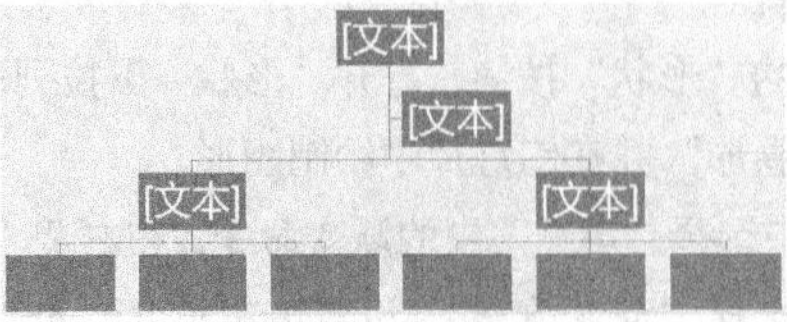

图 5-29 添加项目

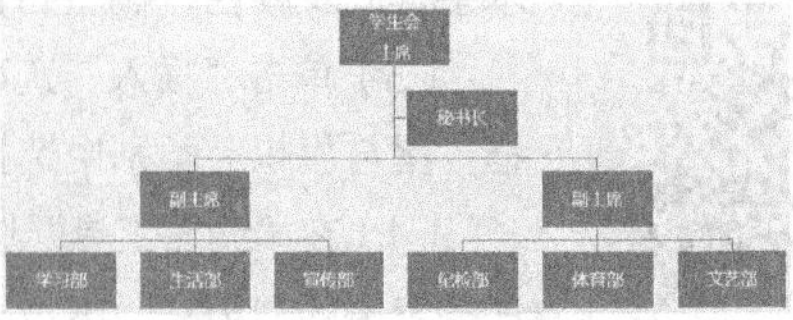

图 5-30 输入文字

6. 制作第 6 张幻灯片

（1）在导航区选定第 6 张幻灯片。

（2）绘制“圆角矩形”，设置“填充”颜色为黄色，“线条”颜色为深红，“样式”为“双线形”，宽度为 5 磅，调整其大小和位置。输入文本内容“正如故乡是用来怀念的……都是我们青春存在的意义。”设置文字的字体、字号和文字阴影。

（3）插入两个横向文本框，分别输入“我从这里启航！”和“我在这里成长！”调整其大小和位置。

微课 31 我的七彩大学生活 5

步骤 4 设置超链接

（1）定位到第 2 张幻灯片。

（2）选中第 1 个按钮，在艺术字“校园风光”的文本框上单击右键，在弹出的快捷菜单中选择“超链接”命令，打开“插入超链接”对话框，在左侧“链接到”栏中选择“本文档中的位置”，在右侧“请选择文档中的位置”栏中选择第 3 张幻灯片，如图 5-31 所示。

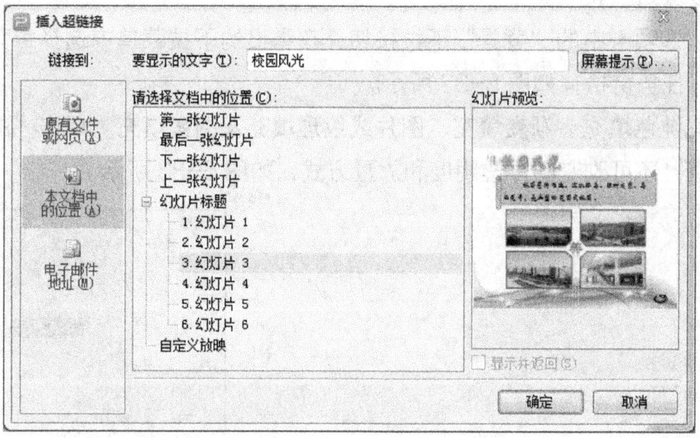

图 5-31 设置超链接

（3）选择按钮中的“校园活动”艺术字，链接到第 4 张幻灯片。

（4）选择按钮中的“学生组织”艺术字，超链接到第 5 张幻灯。

（5）定位到第 3 张幻灯片，绘制“返回按钮”形状，设置超链接到“第 2 张幻灯片”。

（6）选择“返回按钮”形状，将其分别复制到第 4 张和第 5 张幻灯片中。

（7）设置完成后，放映该幻灯片，单击超链接按钮即可跳转到与之对应的幻灯片。

步骤 5 插入背景音乐

（1）选定第 1 张幻灯片。

（2）单击“插入”选项卡中的“音频”下拉按钮，从下拉列表中选择“嵌入背景音乐”，弹出“从当前页插入背景音乐”对话框，选择素材中提供的“杨培安—我相信”音乐文件，插入背景音乐。

步骤 6 保存文档

单击快速访问工具栏中的“保存”按钮或按 Ctrl+S 组合键再次保存文档。

任务 5.3 动画设置与幻灯片切换

WPS 演示拥有强大的动画效果处理能力。演示文稿中的各张幻灯片制作完成后，可以对其进行自定义动画、幻灯片切换和放映方式等设置，从而起到突出主题、丰富版面的作用，这大大提高了演示文稿的趣味性和专业性。

5.3.1 幻灯片大小

这里的幻灯片大小其实是指调整幻灯片的显示比例。

根据放映幻灯片时投影屏的宽高比例，设置制作演示文稿时的幻灯片宽高比例。

系统默认的幻灯片显示比例为 16:9。单击“设计”选项卡中的“幻灯片大小”下拉按钮，从下拉列表中可以选择“标准（4:3）”或者“宽屏（16:9）”，还可以“自定义大小”。

需要调整幻灯片大小时，应在制作幻灯片之前进行。

5.3.2 幻灯片背景

当每张幻灯片的背景图案各不相同时，可以采用自定义背景的方法进行设置。WPS 演示提供了丰富的背景设置方案，可以使用颜色、纹理或图案作为幻灯片的背景，还可以使用图片作为幻灯片的背景。

插入背景的操作步骤如下。

（1）单击“设计”选项卡中的“背景”下拉按钮，在弹出的下拉菜单中选择“背景”命令，则在窗口右侧打开“对象属性”任务窗格，如图 5-32 所示。

（2）填充的类型有纯色填充、渐变填充、图片或纹理填充及图案填充。单击“图片或纹理填充”单选按钮，可选择图片来源，还可改变图片透明度和放置方式，如图 5-33 所示。

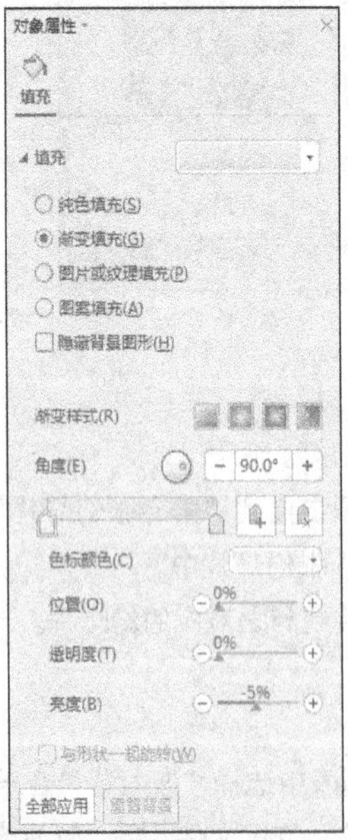

图 5-32 “对象属性”任务窗格

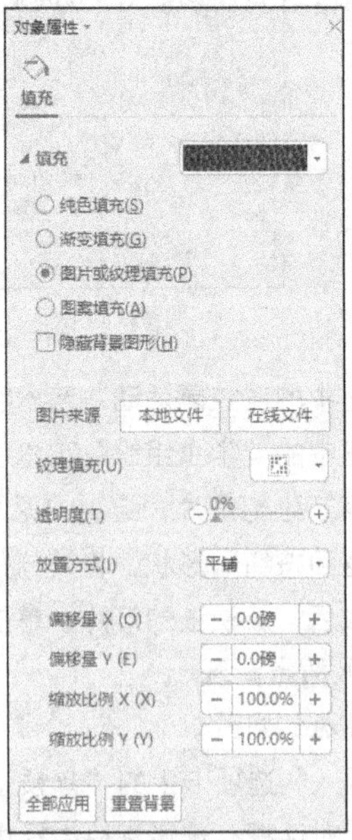

图 5-33 图片或纹理填充

5.3.3 自定义动画

WPS 演示可以为演示文稿的各种对象（文字、图片、艺术字、表格等）添加动画，使演示文稿更具动感效果。

用户可以使用“自定义动画”命令根据自己的要求定义幻灯片中各对象的动画效果和动画顺序。自定义动画包括进入、强调、退出、动作路径和绘制自定义路径五种动画效果。进入动画可以用于设置放映幻灯片时，让指定对象以某种特定效果进入幻灯片；强调动画可以用于设置放映幻灯片时，突出显示幻灯片中的指定对象的内容；退出动画可以用于设置放映幻灯片时，幻灯片对象的退场效果；动作路径可以用于设置放映幻灯片时，让对象以用户定义的路径出现在演示文稿中；自定义路径可以手绘动作路径，让对象沿手绘路径出现。

（1）选择要设置动画效果的对象。

（2）单击“动画”选项卡中的“自定义动画”按钮，在窗口右侧打开“自定义动画”任务窗格，如图 5-34 所示。

（3）在“自定义动画”任务窗格中单击“添加效果”下拉按钮从中选择所需要的动画。单击每一类动画最下方的“更多选项”可以选择更多的动画效果，如图 5-35 所示。

（4）给指定对象添加动画后，还可以在“自定义动画”任务窗格中对该动画效果进行更具体的设置，如设置“开始”方式、运动“属性”、运动“速度”等，如图 5-36 所示。设置完成后，单击“播放”按钮即可在编辑区预览对象的动态效果。

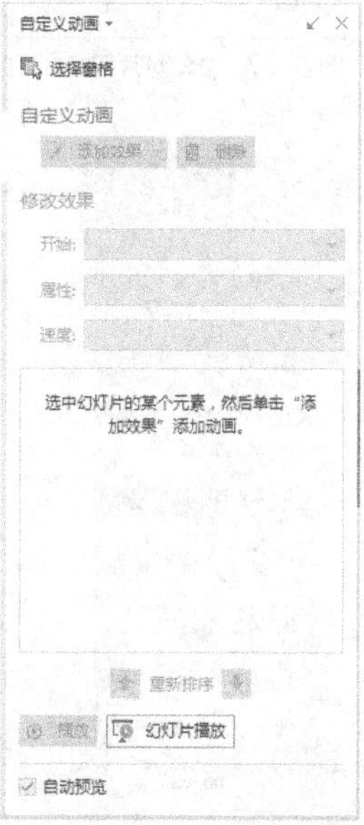

图 5-34 “自定义动画”任务窗格

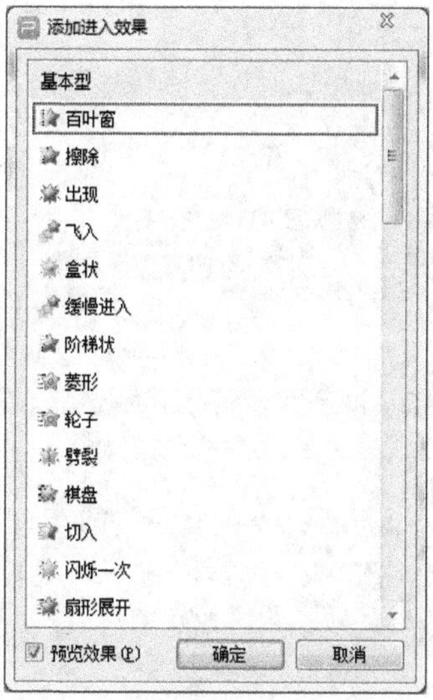

图 5-35 “添加进入效果”列表

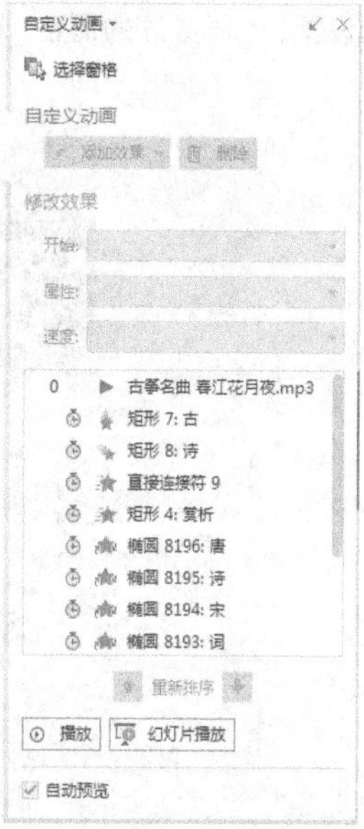

图 5-36 设置“自定义动画”

（5）对同一张幻灯片中的多个对象添加自定义动画效果后，在“自定义动画”任务窗格的动画列表中就会显示多个动画效果列表，如图 5-34 所示。这时可以选定需要改变出现顺序的动画，通过下方的“重新排序”按钮移动到合适位置上，以更改自定义动画的序列。

如果对当前动画效果不满意，可以在“自定义动画”任务窗格中单击“删除”按钮 删除 ，取消动画效果的设置。

5.3.4 幻灯片切换

播放幻灯片时，为了使前后幻灯片之间的切换变得平滑、自然，可以设置相邻两张幻灯片之间的切换效果。WPS 演示自带多种切换效果，可以使演示效果更加精彩。

为幻灯片添加切换效果的操作步骤如下。

（1）单击“切换”选项卡中的“切换效果”按钮，在窗口右侧打开“幻灯片切换”任务窗格，如

图 5-37 所示。

（2）在幻灯片切换列表中单击选择一种切换方案，则该切换效果将应用于当前幻灯片。若单击“应用于所有幻灯片”按钮，则该切换效果将应用于当前演示文稿的所有幻灯片中。

（3）在“修改切换效果”栏中可以改变幻灯片切换的速度，还可以选择换片时的声音效果。

（4）幻灯片放映时默认的换片方式为“单击鼠标时”，若选中“每隔”复选框，并在其后输入间隔时间（单位为秒），则幻灯片会按指定时间自动换片。也可两种换片方式同时存在。

（5）单击“排练当前页”按钮，可以展示当前页的播放效果。

如果要取消已设置的切换效果，可以设置切换效果为“无切换”。

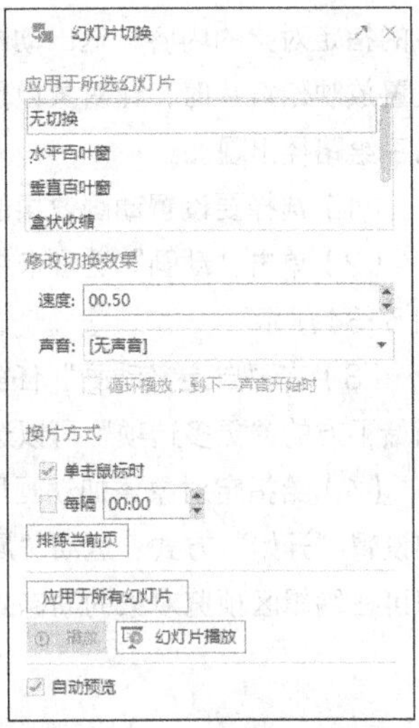

图 5-37 “幻灯片切换”任务窗格

【教学案例 3】古诗赏析

本案例通过制作“古诗赏析”演示文稿，主要练习自定义背景设置和动画设置、动画顺序的调整、幻灯片切换等操作。整体效果如图 5-38 所示。

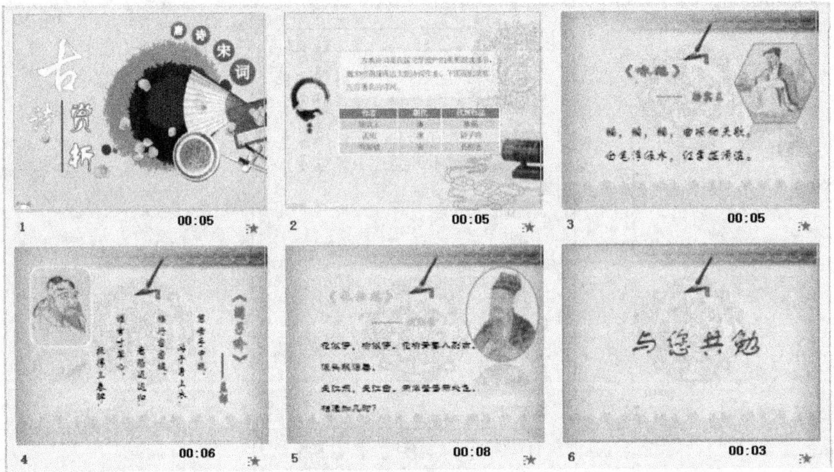

图 5-38 演示文稿整体效果

操作要求

（1）幻灯片的显示方式为“标准（4:3）”。

（2）制作多母版的演示文稿。

（3）全部幻灯片中的每个对象都需采用动画方式进入或显示。

（4）第 1 页和第 6 页的动画效果和给定幻灯片一致，其余各页的对象可以自选动画。

（5）设置幻灯片的切换方式，实现幻灯片自动放映。

操作步骤

步骤 1 新建文档并保存

（1）启动 WPS 2019。

（2）新建空白演示文稿。

（3）单击快速访问工具栏中的“保存”按钮或按F12键，弹出“另存为”对话框，以“自己所在班级+姓名”为文件名，将文档保存在桌面上。

微课32 古诗赏析1

步骤2 设置幻灯片大小

（1）单击“设计”选项卡中的“幻灯片大小”下拉按钮，在下拉列表中选择“标准（4:3）”。

（2）在弹出的“页面缩放选项”对话框中选择“确保适合”按钮，如图5-39所示。

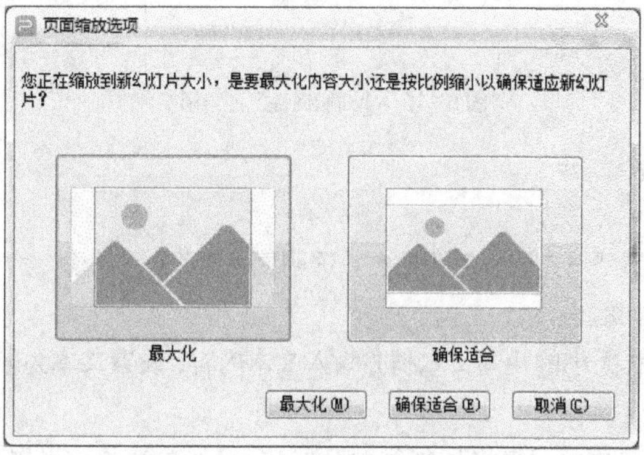

图5-39 “页面缩放选项”对话框

步骤3 设计幻灯片母版

（1）新建一张“标题和内容”版式幻灯片，再新建4张“空白”版式幻灯片。

（2）单击“设计”选项卡中的“编辑母版”按钮，进入母版编辑状态。

（3）在幻灯片导航区选择“标题幻灯片版式：由幻灯片1使用”母版，单击“幻灯片母版”选项卡中的“背景”按钮，在窗口右侧打开“对象属性”任务窗格，选择填充的图片来源为本地文件中的“背景1”。

（4）用同样的方法选择“标题和内容版式：由幻灯片2使用”母版，设置填充的背景图片为“背景2”；选择“空白版式：由幻灯片3-6使用”母版，设置填充的背景图片为“背景3”。

（5）单击“幻灯片母版”选项卡中的“关闭”按钮退出母版编辑状态。

步骤4 制作幻灯片

1. 制作标题幻灯片

微课33 古诗赏析2

（1）选择第1张幻灯片，删除幻灯片中的文本占位符。

（2）单击“插入”选项卡中的“艺术字”下拉按钮，选择“预设样式”第1行第2列的艺术字样式，输入“古”字，设置字体为行楷，大小为160磅，“填充”为白色，“轮廓”为浅蓝，单击“文本效果”下拉按钮设置“阴影”效果。用同样的方法输入“诗”“赏析”艺术字，并设置其字体、大小、填充、轮廓及阴影等效果。

（3）绘制竖向直线，在“绘图工具”选项卡中设置其轮廓线型及颜色，调整长短及位置。

（4）绘制正圆形状，单击“绘图工具”选项卡中的“填充”下拉按钮，选择其中的“渐变”命令，在右侧“对象属性”窗格设置“中心辐射”的渐变方式及渐变填充颜色，如图5-40所示。

（5）在正圆图形上单击右键，在快捷菜单中选择“编辑文字”命令，输入文字“唐”，调整字体及大小。

（6）选择正圆图形，复制生成3个副本，调整3个正圆的大小，放置到合适位置。修改3个正圆图形中的文字分别为诗、宋、词，调整文字大小。

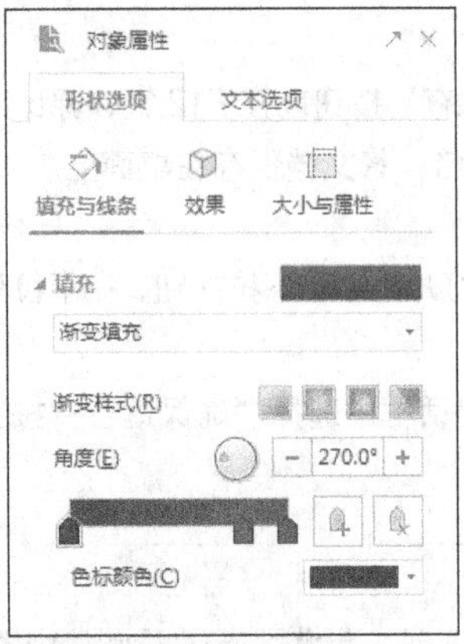

图 5-40 “对象属性”任务窗格

2. 制作第 2 张幻灯片

（1）选择第 2 张幻灯片。

（2）绘制圆角矩形，设置“填充”颜色为白色，透明度为 50%，“轮廓”为“无线条颜色”，调整其大小及位置。

（3）插入和圆角矩形同样大小的横向文本框并输入文本内容，设置文本为宋体、20 磅、1.5 倍行距。

（4）单击“插入”选项卡中的“表格”命令，插入 4 行 3 列的表格，设置表格样式，输入文字内容，调整其大小及位置。

微课 34 古诗赏析 3

3. 制作第 3~6 张幻灯片

（1）选择第 3 张幻灯片。

（2）绘制六边形并填充“骆宾王”素材图片，设置边框及倒影。

（3）插入艺术字，输入“咏鹅”“骆宾王”，设置大小及位置。

（4）绘制水平直线并设置轮廓线型及颜色，放置到合适位置。

（5）插入文本框并输入“鹅，鹅，鹅，曲项向天歌。白毛浮绿水，红掌拨清波。”文本内容，调整好位置和大小。

（6）用同样的方法完成第 4，5，6 张幻灯片的制作。

步骤 5　插入背景音乐

（1）选定第 1 张幻灯片。

（2）单击“插入”选项卡中的“音频”下拉按钮，选择“嵌入背景音乐”命令，弹出“从当前页插入背景音乐”对话框，选择素材中提供的“春江花月夜.mp3”音乐文件。

步骤 6　动画设置

1. 标题幻灯片的动画设置

（1）选定第 1 张幻灯片。

（2）单击“动画”选项卡中的“自定义动画”按钮，在窗口右侧显示“自定义动画”任务窗格。

微课 35 古诗赏析 4

（3）选择艺术字“古”，在“自定义动画”的任务窗格中单击“添加效果”按钮。选择“进入”动画效果中的“更多选项”命令，在弹出的动画列表中选择“下降”动画，并设置其开始方式为“之前”，速度为“快速”。

（4）设置艺术字“诗”的动画效果为“进入”→“上升”，开始方式为“之后”，速度为“快速”。

（5）设置线条形状的动画效果为“进入”→“擦除”，开始方式为“之后”，方向为“自顶部”，速度为“快速”。

（6）设置艺术字“赏析”的动画效果为“进入”→“擦除”，开始方式为“之后”，方向为“自顶部”，速度为“快速”。

（7）分别设置唐、诗、宋、词四个字所在的圆的动画效果为“进入”→“圆形扩展”，开始方式为“之后”，方向为“外”，速度为“中速”。

2. 第 2 张幻灯片的动画设置

（1）选定第 2 张幻灯片。

（2）选择圆角矩形，设置动画效果为“进入”→“渐变式缩放”，速度为“快速”，开始方式为“之前”。

（3）选择文本框，设置文本框的动画效果为“进入”→“颜色打字机”，开始方式为“之后”，速度为“非常快”。

微课 36 古诗赏析 5

（4）设置表格的动画效果为“进入”→“渐变式缩放”，开始方式为“之后”，速度为“快速”。

3. 第 3～5 张幻灯片的动画设置

（1）定位到第 3 张幻灯片。

（2）选择绘制好的六边形图片，设置动画效果为“进入”→“渐变式缩放”，开始方式为“之前”，速度为“中速”。

（3）设置艺术字《咏鹅》的动画效果为“进入”→“弹跳”，开始方式为“之前”，速度为“中速”。

（4）设置竖线的动画效果为“进入”→“渐变”，开始方式为“之前”，速度为“中速”。

（5）设置艺术字“骆宾王”的动画效果为“进入”→“渐变式缩放”，开始方式为“之后”，速度为“快速”。

（6）设置文本框的动画效果为“进入”→“擦除”，开始方式为“之后”，方向为“自左侧”，速度为“中速”。

（7）在窗口右侧任务窗格的动画列表中选中“文本框”动画效果，单击其右侧的下拉按钮，在下拉列表中选择“效果选项”命令，弹出“效果选项”对话框，在对话框中单击“正文文本动画”选项卡，设置“组合文本”显示方式为“按第一级段落”，如图 5-41 所示。

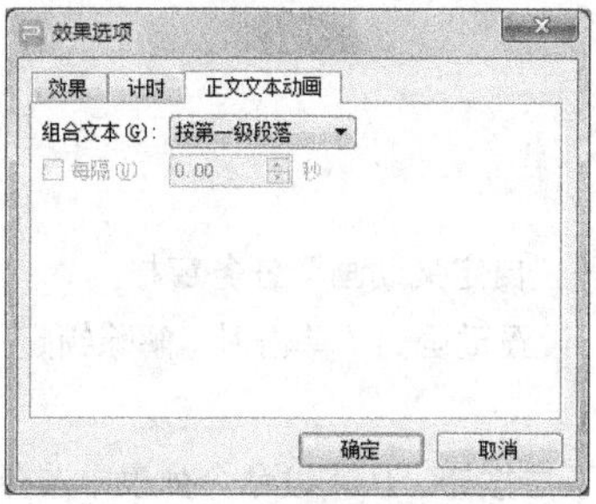

图 5-41　“效果选项”对话框

（8）用相似的方法对第 4、第 5 张幻灯片中的每个对象设置动画。

4. 第 6 张幻灯片的动画设置

（1）选定第 6 张幻灯片。

（2）将“与您共勉”文本框拖动到幻灯片下方。

（3）设置文本框的动画效果为“动作路径”→“向上”，路径中的绿色三角形代表对象出现的初始位置，而红色三角形代表对象的最终到达位置，单击绿色或红色三角形，用鼠标拖动三角形可以改变对象出现或最终到达的位置。

步骤 7　幻灯片切换

（1）单击“切换”选项卡中的“切换效果”按钮，在窗口右侧显示“幻灯片切换”任务窗格。

（2）在幻灯片切换列表中选择“菱形”切换方案，单击“应用于所有幻灯片”，将该切换效果应用到演示文稿的所有幻灯片中。

（3）选中换片方式中的“单击鼠标时”和“每隔”两个复选框，并在“每隔”后面的文本框中输入 5，意思是每隔 5 秒幻灯片自动切换到下一张幻灯片，不足 5 秒时，单击鼠标也可以切换到下一张幻灯片。

微课 37 古诗赏析 6

步骤 8　保存文档

单击快速访问工具栏中的“保存”按钮或按 Ctrl+S 组合键保存文档。

任务 5.4　触发器的使用

默认情况下，在放映演示文稿时，有 3 种方法可激活动画：单击鼠标出现（单击时）、与前一个动画同时出现（之前）、在前一个动画之后出现（之后）。

除了上述 3 种常用的激活动画效果的方法之外，WPS 演示还提供了一种功能更强的激活动画的方式——“触发器”。

5.4.1　触发器是什么

触发器是 WPS 演示中激活对象的重要工具，它相当于一个按钮，通过单击该按钮可以触发 WPS 演示文稿页面中已设定动画的执行。用于制作触发器按钮的对象可以是图形、图像、文本框等。在 WPS 演示中设置好触发器功能后，单击触发器会触发一个操作，该操作的对象可以是动画、音乐、影片等。

利用触发器可以更灵活地控制动画、音乐、影片等对象，实现许多特殊效果，让演示文稿具有一定的交互功能，这极大地丰富了演示文稿的应用领域。

5.4.2　触发器的设置

下面以一个实例来说明触发器的基本设置过程。

（1）选择一张幻灯片，在其中绘制一个圆。

（2）插入一个文本框并输入文本“向右移动”。

（3）单击“动画”选项卡中的“自定义动画”按钮，在窗口右侧打开“自定义动画”任务窗格。

（4）在编辑区中选定圆，为其定义动画方式“动作路径”→“向右”、设置动画为“单击时、解除锁定、中速”。

（5）在任务窗格动画列表中选择已定义动画“椭圆”，单击其右侧的下拉按钮，从下拉命令列表中选择“计时”命令，打开“向右”对话框，如图 5-42 所示。

（6）单击“触发器”的展开按钮，从展开列表中选择“单击下列对象时启动效果”单选按钮，单击其右侧的下拉按钮，从下拉列表中选择用于启动效果的对象“文本框××”，如图 5-43 所示。

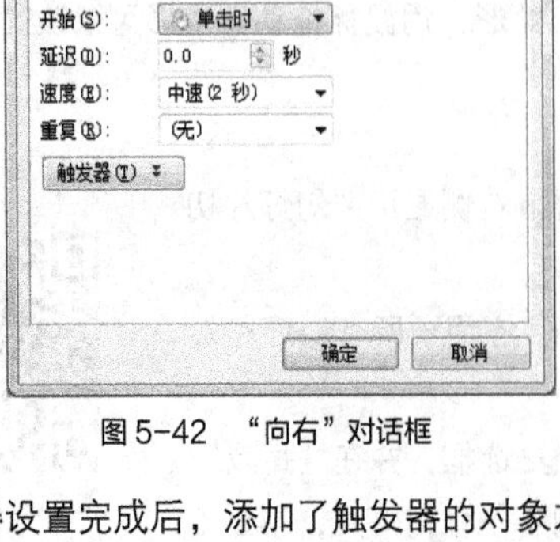

图 5-42　“向右”对话框

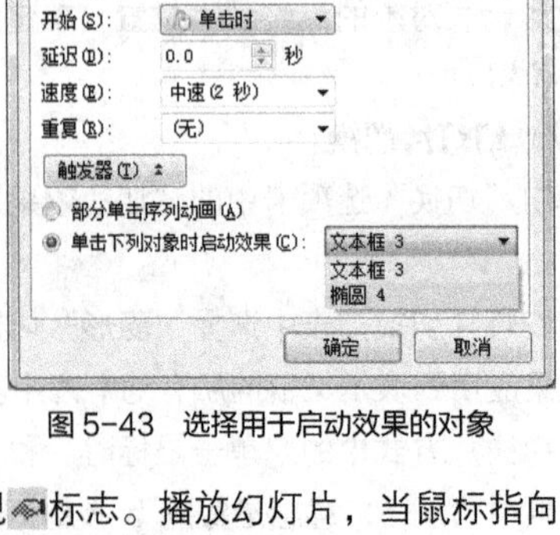

图 5-43　选择用于启动效果的对象

触发器设置完成后，添加了触发器的对象左上角会出现标志。播放幻灯片，当鼠标指向文本框“向右移动”时，鼠标指针变为手形，单击鼠标，圆形从原来位置向右侧移动。

从上面的设置过程中可以看出，设置触发器时要注意“让谁动，给谁加”的原则，即要让哪个对象有动作，就给哪个对象添加动画和触发器。

【教学案例 4】元旦晚会

本实例用 WPS 演示制作元旦晚会的演示文稿，利用演示文稿的红色背景和背景音乐烘托元旦晚会的热闹气氛。演示文稿中使用触发器，可以加强晚会的组织者和现场观众的互动，增加了观众的参与热情。幻灯片的整体效果如图 5-44 所示。

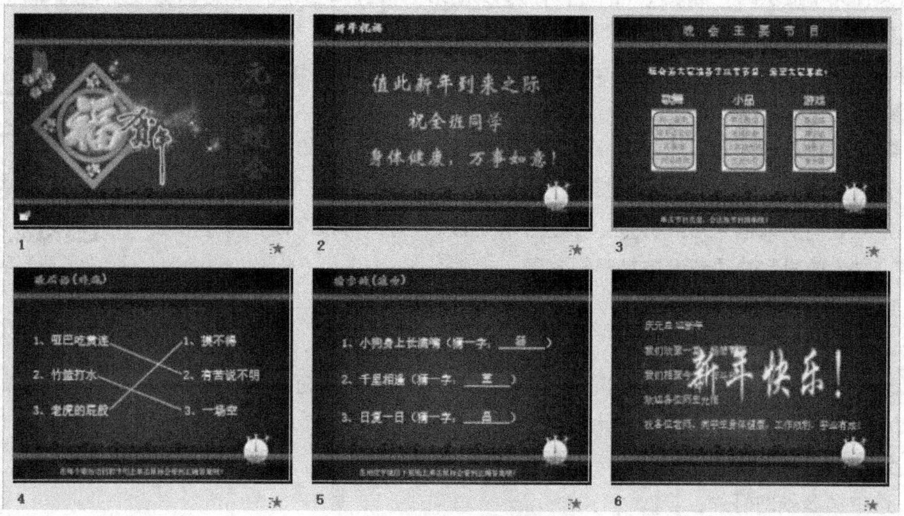

图 5-44 演示文稿整体效果

操作要求

（1）幻灯片的显示方式为“标准（4:3）”。

（2）制作演示文稿时可以自选模板。

（3）可以自己重新布局页面和创意排版，但样稿中的文字内容不可缺少。

（4）演示文稿中必须合理使用触发器。

（5）全部幻灯片中每个对象都采用动画方式进入或显示。

（6）设置幻灯片的切换方式，幻灯片放映方式为手动放映。

（7）在第 1 页中嵌入背景音乐。

操作步骤

步骤 1 新建文档并保存

（1）启动 WPS 2019。

（2）新建空白演示文稿。

（3）单击快速访问工具栏中的“保存”按钮或按 F12 键，弹出“另存为”对话框，以“自己所在班级+姓名”为文件名，将文档保存在桌面上。

步骤 2 设置幻灯片大小

（1）单击“设计”选项卡中的“幻灯片大小”下拉按钮，在打开的下拉列表中

微课 38 元旦晚会 1

选择“标准（4:3）”，单击“确定”按钮。

（2）在弹出的“页面缩放选项”对话框中选择“确保适合”。

步骤 3　设计幻灯片母版

（1）单击“开始”选项卡中的“新建幻灯片”下拉按钮，新建 5 张“空白”版式的幻灯片。

（2）单击“设计”选项卡中的“编辑母版”按钮，进入母版编辑状态。

（3）选择“标题幻灯片版式：由幻灯片 1 使用”母版，单击“幻灯片母版”选项卡中的“背景”按钮，打开素材文件夹中提供的“背景 1”图片，作为背景插入；选择“空白版式：由幻灯片 2–6 使用”母版，设置填充的背景图片为“背景 2”。

（4）单击“幻灯片母版”选项卡中的“关闭”按钮，退出母版编辑状态。

步骤 4　制作幻灯片

1. 制作标题幻灯片

（1）选择第 1 张幻灯片，删除幻灯片中的“文本占位符”。

（2）插入竖向文本框“元旦晚会”，设置字体为新魏、大小为 80 磅，调整其位置，并在“文本效果”选项卡设置其阴影效果。

微课 39 元旦晚会 2

2. 制作第 2 张幻灯片

（1）定位到第 2 张幻灯片。

（2）分别插入文本框“新年祝福”“值此新年到来之际”“祝全班同学”“身体健康，万事如意!”，调整它们的大小及位置。

3. 制作第 3 张幻灯片

（1）选中第 3 张幻灯片。

（2）插入文本框并输入文本，设置“晚会主要节目”“单击节目类型，会出现节目清单哦!”的字体颜色为黄色，“晚会为大家准备了以下节目，希望大家喜欢!”的颜色为深红色，调整字符间距及其大小和位置。

（3）绘制圆形形状，填充黄色射线渐变，设置其透明度为 50%。

（4）单击“插入”选项卡中的“图片”按钮，打开素材库中提供的“表格图片”，调整其大小。

（5）插入 4 个文本框，分别输入文本“同一首歌”“明天会更好”“孔雀舞”和“同桌的你”，调整其位置。

（6）将表格图片和文本框全部选中，单击“绘图工具”选项卡中的“组合”按钮，将所有对象组合成一个节目单整体。

（7）选中组合对象，复制生成两个副本，修改其中的文字内容，调整其相对位置。

4. 制作第 4 张幻灯片

每个歇后语的前半部分和后半部分分别用文本框插入，连线用“插入”→“直线”插入，调整其相对位置。

5. 制作第 5 张幻灯片

所有字谜的谜面和谜底分别用文本框插入，调整其相对位置。

6. 制作第 6 张幻灯片

文本内容“庆元旦迎新年……学业有成!”用文本框插入，“新年快乐!”用艺术字插入。

微课 40 元旦晚会 3

步骤 5　动画设置

1. 标题幻灯片的动画设置

（1）选定第 1 张幻灯片中的文本框“元旦晚会”。

（2）单击“动画”选项卡中的“自定义动画”按钮，在窗口右侧出现“自定义动画”任务窗格。

（3）在“自定义动画”任务窗格中单击“添加效果”按钮，选择“进入”→“更多选项”，在弹出的动画列表中选择“渐变式缩放”动画，并设置其开始方式为“之前”，速度为“快速”。

（4）在“任务窗格”的动画列表中找到“元旦晚会”对应的动画，单击其右侧下拉按钮，在下拉列表中选择“计时”命令，打开“渐变式绽放”对话框，在对话框的“计时”选项卡中单击“重复”下拉按钮，在下拉列表中选择重复次数为 2。

2. 第 2 张幻灯片的动画设置

（1）选定第 2 张幻灯片，选择“新年祝福”文本框，设置动画效果为“进入”→“颜色打字机”，开始方式为“之前”，速度为“快速”。

（2）选择文本框“值此新年到来之际”，设置动画效果为“进入”→“渐变式缩放”，开始方式为“之后”，速度为“快速”。

（3）将其余两个文本框的动画效果也设置为“渐变式缩放”，开始方式为“之后”，速度为“快速”。

3. 第 3 张幻灯片的动画设置

（1）选定第 3 张幻灯片。

（2）选择文本框“单击节目类型，会出现节目清单哦！”设置动画效果为“强调”→“忽明忽暗”，开始方式为“之前”，速度为“中速”。在“自定义动画”任务窗格的动画列表中选择对应动画名称，单击其右侧的下拉按钮，选择“计时”命令，打开“忽明忽暗”对话框，设置“重复”次数为 2，如图 5-45 所示，单击“确定”按钮。

（3）设置椭圆形状的动画效果为“动作路径”→“向右”，开始方式为“之后”，路径为“解除锁定”，速度为“非常慢”，调整动作路径长度。

（4）单击动画列表中“椭圆”的动画下拉按钮，在下拉列表中选择“效果选项”命令，弹出“向右”对话框，在“动画播放后”下拉菜单中选择“播放动画后隐藏”，如图 5-46 所示，单击“确定”按钮。

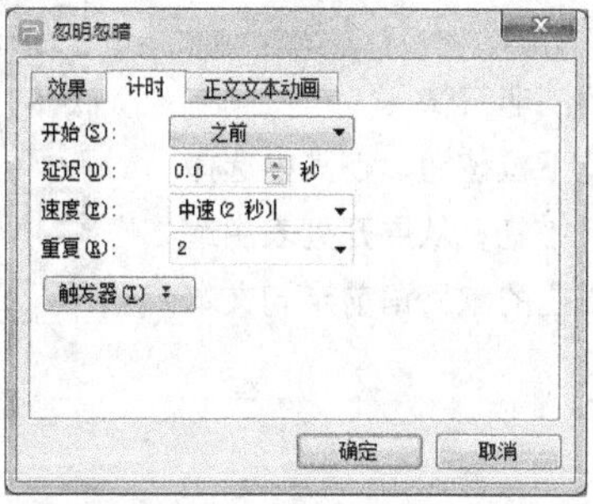

图 5-45　“忽明忽暗”对话框

图 5-46　“向右”对话框

（5）选中椭圆，在“绘图工具”选项卡中单击“置于底层”按钮。

（6）设置文本框“晚会为大家准备了以下节目，希望大家喜欢！”的动画效果为“强调”→“更改字体颜色”，开始方式为“之后”，字体颜色为橙色，速度为“中速”。

（7）用同样的方式设置第 4 张及第 5 张幻灯片中文本框的动画效果。

4. 第 4 张和第 5 张幻灯片的动画设置

第 4 张和第 5 张幻灯片需要给下方的提示文字设置“忽明忽暗”动画。

5. 第 6 张幻灯片的动画设置

（1）定位到第 6 张幻灯片。

（2）选定文本框“庆元旦 迎新年……学业有成！”设置动画效果为“进入”→“字幕式”，开始方式为

"之前"，速度为 13 秒。

（3）选定艺术字"新年快乐!"，设置动画效果为"进入"→"渐变式缩放"，开始方式为"之后"，速度为"中速"。

步骤 6　触发器的设置

本演示文稿中，第 3、第 4、第 5 张幻灯片中都用到了触发器。

微课 41 元旦晚会 4

1. 第 3 张幻灯片中触发器的设置

（1）定位到第 3 张幻灯片。

（2）选择"歌舞"下方的节目单组合对象，设置动画效果为"进入"→"切入"，开始方式为"单击时"，方向为"自顶部"，速度为"非常快"。在"自定义动画"任务窗格的动画列表中单击对应动画右侧的下拉按钮，在其中选择"计时"命令，打开"切入"对话框，单击"触发器"的展开按钮，从展开列表中选择"单击下列对象时启动效果"，在右侧的下拉列表中选择"文本框 39"，单击"确定"按钮。

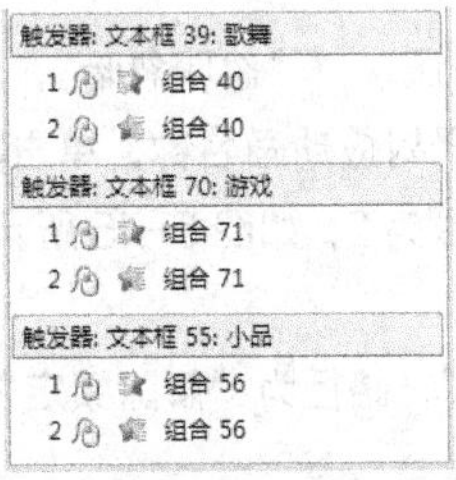

图 5-47　"触发器"动画列表

（3）再次选择"舞蹈"下方的节目单组合对象，设置动画效果为"退出"→"切出"，开始方式为"单击时"，方向为"到顶部"，速度为"非常快"。在"自定义动画"任务窗格中单击对应动画右侧的下拉按钮，在其中选择"计时"命令，打开"切出"对话框，单击"触发器"的展开按钮，从展开列表中选择"单击下列对象时启动效果"，在右侧的下拉列表中选择"文本框 39"，单击"确定"按钮。

（4）用同样的方法分别设置"小品"和"游戏"对应的节目单，效果如图 5-47 所示。

2. 第 4 张幻灯片中触发器的设置

（1）定位到第 4 张幻灯片。

（2）选择"1. 哑巴吃黄连"文本框对应的直线，设置动画效果为"进入"→"擦除"，开始方式为"单击时"，方向为"自左侧"，速度为"非常快"。

（3）在"自定义动画"任务窗格中单击动画列表右侧的下拉按钮，在其中选择"计时"命令，打开"擦除"对话框，单击"触发器"的展开按钮，从展开列表中选择"单击下列对象时启动效果"，在右侧的下拉列表中选择对应的歇后语前半句文本框的名称，单击"确定"按钮。

微课 42 元旦晚会 5

（4）用同样的方法分别设置其他直线形状的触发器。

3. 第 5 张幻灯片中触发器的设置

微课 43 元旦晚会 6

（1）定位到第 5 张幻灯片。

（2）选择文本框"器"，设置动画效果为"进入"→"棋盘"，开始方式为"单击时"，方向为"跨越"，速度为"非常快"。

（3）插入与第一个谜底下画线同样宽度的空格文本框（即在文本框中输入空格）。

（4）在"自定义动画"任务窗格动画列表中单击文本框"器"右侧的下拉按钮，在其中选择"计时"命令，打开"棋盘"对话框，单击"触发器"的展开按钮，从展开列表中选择"单击下列对象时启动效果"，在右侧的下拉列表中选择对应空格文本框的名称，单击"确定"按钮。

（5）用同样的方法分别设置其他对象的触发器。

步骤 7　插入背景音乐

（1）选定第 1 张幻灯片。

（2）单击“插入”选项卡中“音频”下拉列表中的“嵌入背景音乐”命令，弹出“从当前页插入背景音乐”对话框，选择素材中提供的“春节序曲.mp3”音乐文件。

步骤 8 保存文档

单击快速访问工具栏中的“保存”按钮或按 Ctrl+S 组合键再次保存文档。

任务 5.5 页面设置与打印

演示文稿的编辑、排版完成之后，往往需要打印输出，以纸质的形式保存或传递，并且要求版面美观、布局合理。这就要求打印之前先进行打印设置，再预览打印效果，满意之后再进行打印。

5.5.1 页面设置

单击“设计”选项卡中的“页面设置”按钮，打开“页面设置”对话框，如图 5-48 所示。

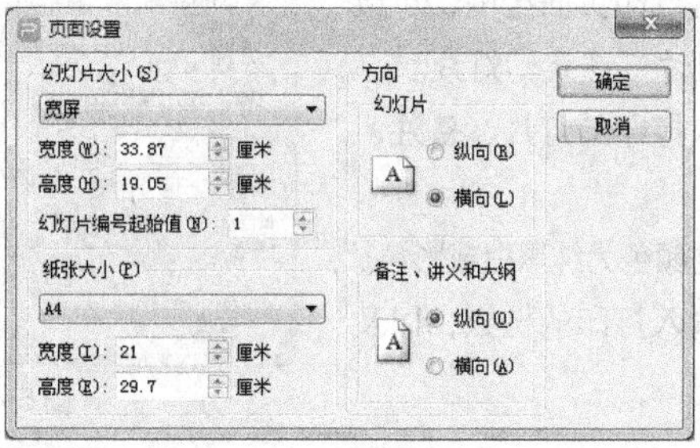

图 5-48 “页面设置”对话框

在“页面设置”对话框中可以设置幻灯片大小、纸张大小、幻灯片编号起始值、幻灯片方向，以及备注、讲义和大纲的方向等内容。

5.5.2 打印预览

单击快速访问工具栏中的“打印预览”按钮，展开“打印预览”选项卡，如图 5-49 所示。

图 5-49 “打印预览”选项卡

选项卡中各按钮的含义如下。

直接打印：单击“直接打印”下拉按钮，可以选择打印方式为直接打印或打印。选择“直接打印”命令，不需进行打印设置便可直接打印，屏幕中显示的内容与版面就是打印出来的内容与版面；选择“打印”命令，则会首先弹出“打印”对话框，进行对话框设置后才能进行打印。

幻灯片：单击“幻灯片”下拉按钮，可从下拉列表中选择幻灯片的打印形式。

打印机：从“打印机”下拉列表中选择与已安装打印相同型号的打印机。

纸张类型：从“纸张类型”下拉列表中选择打印幻灯片所用纸张的类型。

打印份数：在“份数”文本框中输入需打印幻灯片的份数。

打印顺序：在打印内容为讲义的情况下，设置幻灯片的打印顺序为水平或垂直。

横向/纵向：在讲义、备注页、大纲打印方式下，设置页面为横向/纵向布局。

打印隐藏幻灯片：在打印预览中显示被隐藏的幻灯片。

幻灯片加框：设置给幻灯片加上边框后打印。

页眉和页脚：设置幻灯片打印时的页眉和页脚。

颜色：设置以彩色或纯黑白方式打印当前演示文稿。

关闭：关闭幻灯片预览窗口，返回幻灯片的普通视图模式。

5.5.3 打印演示文稿

单击快速访问工具栏中的“打印”按钮，打开“打印”对话框，如图 5-50 所示。

在“打印机”区的名称下拉列表中可选择打印机型号，还可设置手动双面打印、反片打印、打印到文件等。

在“打印范围”区内可设置打印页面范围，可以选择打印全部幻灯片、当前幻灯片、选定幻灯片。

在“打印内容”区中可选取打印幻灯片、备注、大纲或讲义。

在“颜色”区内可设置打印的颜色为纯黑白或彩色。

在“打印份数”区中可以输入打印的份数，以及选择是否逐份打印。

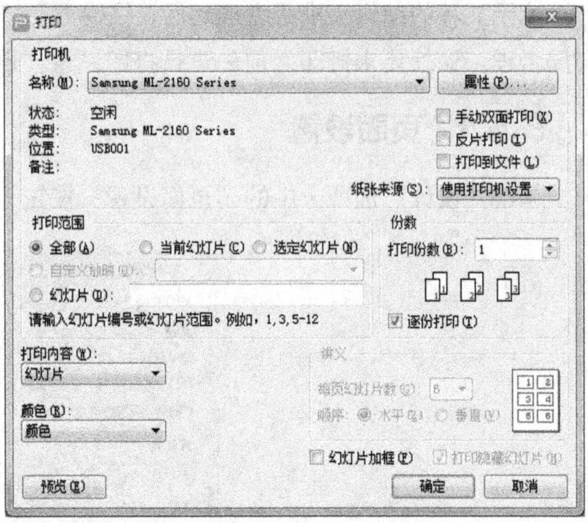

图 5-50 “打印”对话框

5.5.4 演示文稿打包

演示文稿打包是指将演示文稿及其相关的媒体文件复制到指定的文件夹中，避免因为插入的音频、视频文件的位置发生变化，产生无法播放的现象，这也便于演示文稿的重新编辑。WPS 演示提供的演示文稿打包工具，不仅使用方便，而且非常可靠。

WPS 演示的文件打包有两种形式：将演示文件打包成文件夹和将演示文件打包成压缩文件。

1. 将演示文件打包成文件夹

（1）将当前演示文件保存。

（2）单击“文件”菜单→“文件”→“文件打包”→“打包成文件夹”命令，打开“演示文件打包”对话框，如图 5-51 所示。

（3）在“演示文件打包”对话框中，浏览并选择合适的位置保存打包文件夹，如有需要，还可选中“同时打包成一个压缩文件”复选框，单击“确定”按钮。

（4）弹出“已完成打包”对话框，提示“文件打包已完成，您可以进行其他操作”提示框，有“打开文件夹”和“关闭”两个按钮可以选择。如单击“打开文件夹”按钮，则打开打包的文件夹，其中包含打包的演示文件和插入的音频、视频等文件。

2. 将演示文件打包成压缩文件

“打包成压缩文件”和“打包成文件夹”的操作基本相同，区别在于“打包成压缩文件”是将演示文稿和插入的音频、视频打包成一个压缩文件如图 5-52 所示；而“打包成文件夹”是将演示文稿和插入的音频、视频打包成一个文件夹。在打包成文件夹的操作中，如选中了“同时打包成一个压缩文件”复选框，就会同时将演示文档打包成一个压缩文件和一个文件夹。“打包成压缩文件”的对话框如图 5-52 所示。

图 5-51　“演示文件打包”对话框

图 5-52　演示文件打包成一个压缩文件

【教学案例 5】旅游文化节宣传片

为了迎接即将到来的运城旅游文化节，需要做一个相关宣传片，向游客展现运城市的风土人情。利用 WPS 演示提供的插入图片、声音、视频及各种自定义动画等功能，制作一个生动活泼、图文并茂的演示文稿，整体效果如图 5-53 所示。

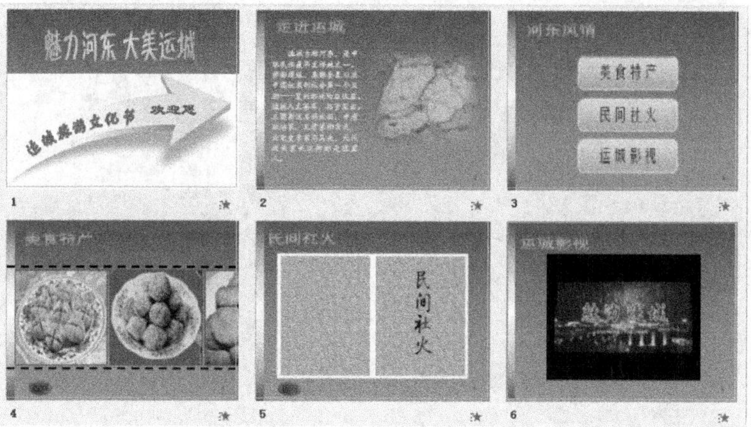

图 5-53　演示文稿整体效果

操作要求

（1）制作演示文稿时可以自选模板。

（2）可以自己重新布局页面和选择创意排版，但样稿中的文字、图片等内容不可缺少。

（3）幻灯片“民间社火”需采用“翻页”动画方式播放。

（4）将全部幻灯片内容打印一份。

操作步骤

步骤 1　新建文档并保存

（1）启动 WPS 2019。

（2）新建空白演示文稿。

（3）单击快速访问工具栏中的“保存”按钮或按 F12 键，弹出“另存为”对话框，以“自己所在班级+姓名”为文件名，将文档保存在桌面上。

微课 44 旅游文化节宣传片 1

步骤 2　设置幻灯片大小

（1）单击“设计”选项卡中的“幻灯片大小”下拉按钮，在打开的下拉列表中选择“标准（4:3）”，单击“确定”按钮。

（2）在弹出的“页面缩放选项”对话框中选择“确保适合”。

步骤 3　设置幻灯片母版

（1）单击“开始”选项卡中的“新建幻灯片”下拉按钮，新建 5 张“空白”版式的幻灯片。

（2）单击“设计”选项卡中的“编辑母版”按钮，进入母版编辑状态。

（3）选择“标题幻灯片版式：由幻灯片 1 使用”母版，单击“幻灯片母版”选项卡中的“背景”按钮，在窗口右侧弹出“对象属性”任务窗格，选择填充颜色为蓝色。

（4）选择“空白版式：由幻灯片 2-6 使用”母版，单击“幻灯片母版”选项卡中的“背景”按钮，在窗口右侧弹出“填充”任务窗格，单击“渐变填充”单选按钮。选择“渐变样式”为“蓝色－深蓝渐变”，如图 5-54（a）所示。

（5）确认“空白版式：由幻灯片 2-6 使用”母版处于选定状态，在幻灯片左侧绘制矩形形状，填充“蓝色－白色－蓝色”三色渐变，线条为“无线条”，如图 5-54（b）所示。

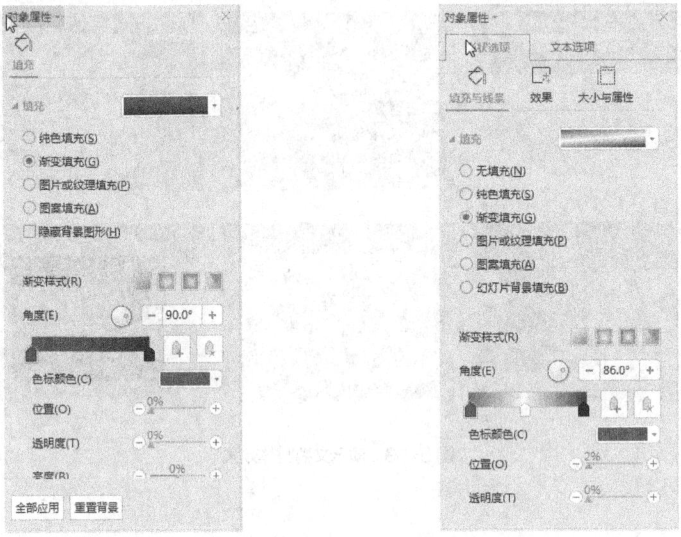

(a)　　　　　　　　(b)

图 5-54　“对象属性”任务窗格

（6）单击“幻灯片母版”选项卡中的“关闭”按钮，退出母版编辑状态。

微课 45 旅游文化节宣传片 2

步骤 4　制作幻灯片

1．制作标题幻灯片

（1）在幻灯片导航区选定第 1 张幻灯片。

（2）单击“插入”选项卡中的“图片”按钮，插入“箭头”图片，并放置在适当位置。

（3）插入艺术字。选择合适的艺术字样式，在艺术字文本区中输入文本“魅力河东 大美运城”，将艺术字字体设置为方正毡笔黑简体，调整艺术字的大小和位置。

（4）插入艺术字“运城旅游文化节”，将字体设置为方正黄草简体，调整字体大小和位置，并将艺术字逆时针旋转一个微小角度。

（5）插入横向文本框，输入文本“欢迎您”。字体格式设置为：隶书，54 磅，蓝色，放置在幻灯片外侧。

2．制作第 2 张幻灯片

（1）选定第 2 张幻灯片。

（2）在幻灯片左上角插入文本框并输入文本“走进运城”。设置文本格式为：黑体、54 磅，加粗，阴影，颜色填充为“深红色－橙色－黄色”三色渐变。

（3）在幻灯片左侧插入文本框并输入文本内容，设置文本格式为：白色、楷体、24 磅，行间距为 1.5 倍行间距。

（4）单击“插入”选项卡中的“图片”→“来自文件”按钮，插入图片“运城地图”。在“图片工具”选项卡中执行菜单命令“图片效果”→“柔化边缘”→“50 磅”，放置到适合位置。

3．制作第 3 张幻灯片

（1）选定第 3 张幻灯片。

（2）在幻灯片左上角插入文本框并输入文本“河东风情”，设置文本格式。

（3）单击“插入”选项卡中的“形状”按钮，打开“形状”下拉列表，从列表框中选择圆角矩形，在幻灯片区绘制圆角矩形并调整其大小和位置。单击“绘图工具”选项卡中“图形样式”下拉列表按钮，选择最后一行第 2 列的图形样式，设置“轮廓”颜色为白色，“填充”颜色为浅蓝色，“线型”为 3 磅。在“圆角形状”上单击鼠标右键，在弹出的快捷菜单中选择“编辑文字”命令，输入“美食特产”。设置字体为红色、方正姚体、48 号。

（4）复制两个已制作的圆角矩形，修改编辑圆角矩形中的文字。

4．制作第 4 张幻灯片

（1）选定第 4 张幻灯片。

（2）在幻灯片左上角插入文本框并输入文本“美食特产”，设置文本格式。

（3）单击“插入”选项卡中的“形状”按钮，从列表框中选择直线，在幻灯片区绘制一条水平直线。

（4）选定水平直线，单击“绘图工具”选项卡功能区中的“轮廓”下拉按钮，从下拉列表中选择“线型”6 磅的直线，“虚线线型”为短画线。

微课 46 旅游文化节宣传片 3

（5）将绘制好的直线复制一条，并调整好位置。

（6）单击“插入”选项卡中的“图片”按钮，插入素材文件夹中提供的 6 张美食图片。将 6 张图片调整好大小，并从左到右依次排列。

（7）按住 Ctrl 键依次选中 6 张图片，单击“绘图工具”选项卡中的“组合”下拉按钮中的“组合”命令，使 6 张图片组合为一张图片。

5．制作第 5 张幻灯片

（1）选定第 5 张幻灯片。

（2）在幻灯片左上角插入文本框并输入文本“民间社火”，设置文本格式。

（3）右侧最后一页绘制：绘制边框线条为白色、3 磅、大小为 13 厘米 × 10 厘米的矩形，“填充”为图片“花鼓”。

微课 47 旅游文化节宣传片 4

（4）右侧第 2 页绘制：复制上一步得到的矩形，更改“填充”图片为“高跷”，将该形状部分重叠于上一步形状之上。叠放次序可以通过右键菜单中的“置于顶层”命令改变。

（5）右侧封面绘制：复制已绘制的矩形，在“图片或纹理填充”下拉列表中选择第 2 行第 1 列的纹理（有色纸 3）。插入竖向文本框“民间社火”，设置文本格式为方正启体简体、66 磅。按住 Ctrl 键，选中纹理图片和文本框，将其组合。将该形状置上一步形状之上，整体对齐右侧三个形状。

（6）左侧第 1 页绘制：复制第（5）步的组合对象，取消组合并删除文本框，插入横向文本框并输入文本“高跷”相关内容，组合形状与文本框。

（7）左侧第 2 页绘制：复制第（6）步的组合对象，修改文本框文本内容“花鼓”，组合图片与文本框，置于上个图形上方。

（8）左侧封面绘制：复制第（7）步的组合对象，取消组合并删除文本框。置于左侧最上方，整体对齐左侧 3 个形状。

6. 制作第 6 张幻灯片

（1）选定第 6 张幻灯片。

（2）单击“插入”选项卡中的“视频”→“嵌入本地视频”，在弹出的对话框中选择要播放的影片即可。

（3）调整视频显示的位置和大小。

微课 48 旅游文化节宣传片 5

步骤 5 超链接的设置

（1）选择“美食特产”圆角矩形，单击“插入”选项卡中的“超链接”按钮，弹出“编辑超链接”对话框，如图 5-55 所示。在“链接到”下方选择“本文档中的位置”，在“请选择文档中的位置”下面的列表框中选择第 4 张幻灯片，单击“确定”按钮。

（2）重复操作，将“民间灶火”圆角矩形链接到第 5 张幻灯片，“运城影视”圆角矩形链接到第 6 张幻灯片。

（3）“返回”按钮的设置：定位到第 4 张幻灯片，绘制椭圆并添加文字“返回”，设置其“超链接”到第 3 张幻灯片。

（4）将制作好的“返回”按钮复制到第 5 张和第 6 张幻灯片中。

步骤 6 插入背景音乐

（1）定位到第 1 张幻灯片。

（2）将素材文件夹中提供的“人说山西好风光.mp3”音频文件作为演示文稿的背景音乐插入。

步骤 7 插入幻灯片页码

（1）单击“插入”选项卡中的“幻灯片编号”按钮，打开“页眉和页脚”对话框，如图 5-56 所示。

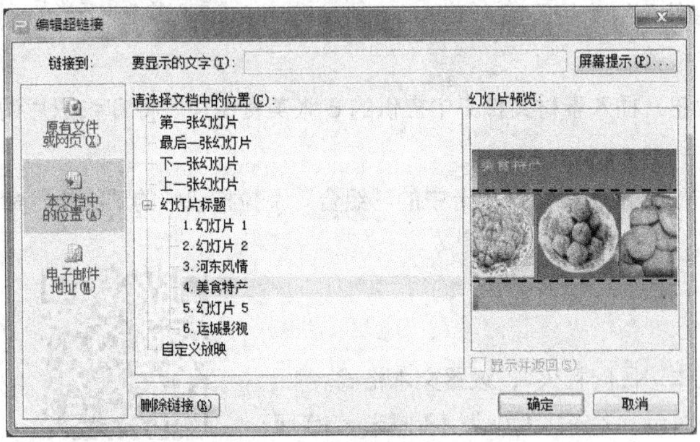

图 5-55 “编辑超链接”对话框

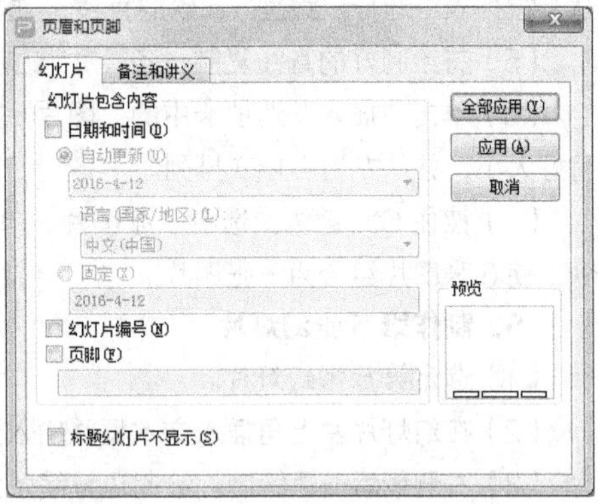

图 5-56 “页眉和页脚”对话框

（2）选中“幻灯片编号”复选框。

（3）选中“标题幻灯片不显示”复选框。

（4）单击“全部应用”按钮，给幻灯片添加页码。

步骤 8 幻灯片动画的设置

1. 标题幻灯片的动画设置

（1）在幻灯片导航区选中第 1 张幻灯片。

（2）单击“动画”选项卡中的“自定义动画”按钮，在窗口右侧打开“自定义动画”任务窗格。

微课 49 旅游文化节宣传片 6

（3）选择文本框“运城旅游文化节”，在“自定义动画”的任务窗格中单击“添加效果”按钮，选择“动作路径”→“绘制自定义路径”→“自由曲线”命令，出现铅笔状光标，用“铅笔”在幻灯片中绘制自由曲线路径。拖动绿色三角形到希望文本框对象开始出现的位置，拖动红色三角形到希望文本框对象最终出现的位置，设置开始方式为“之前”，速度为“快速”。

（4）选择文本框“欢迎您”，在“自定义动画”的任务窗格中单击“添加效果”按钮，选择“动作路径”→“向下”命令。拖动绿色三角形到希望文本框对象开始出现的位置，拖动红色三角形到希望文本框对象最终出现的位置，设置开始方式为“之后”，速度为“快速”。

2. 第 2 张幻灯片的动画设置

（1）选定文本框“走进运城”，添加动画“进入”→“渐变”，并设置为“之前”“非常快”。

（2）选定文本框“运城古称河东……”，添加动画“进入→颜色打字机、之前、非常快”。

（3）选定地图，添加动画“进入→渐变式缩放、之后、非常快”。

3. 第 3 张幻灯片的动画设置

（1）选定文本框“河东风情”，添加动画“进入→渐变、之前、非常快”。

（2）选定“美食特产”按钮，添加动画“进入→渐变式缩放、之后、非常快”。

（3）选定“民间社火”按钮，添加动画“进入→渐变式缩放、之后、非常快”。

（4）选定“运城影视”按钮，添加动画“进入→渐变式缩放、之后、非常快”。

4. 第 4 张幻灯片的动画设置

（1）选定文本框“美食特产”，添加动画“进入→渐变、之前、非常快”。

（2）将组合后的图片拖放到幻灯片右侧，添加动画“动作路径→向左、之后、解除锁定、15.0 秒”，拖动绿色三角形到希望文本框对象开始出现的位置，拖动红色三角形到希望文本框对象最终出现的位置，设置开始方式为“之后”，速度为“快速”。

5. 第 5 张幻灯片的动画设置

微课 50 旅游文化节宣传片 7

（1）选定文本框“民间社火”，添加动画“进入→渐变、之前、非常快”。

（2）选中右侧封面图形“民间社火”，选择“动画”→“自定义动画”→“退出”→“层叠”效果，并设置“开始：单击时、方向：到左侧、速度：快速”。

（3）选中左侧的第 3 页图形“高跷”，选择“进入”→“伸展”效果，并设置“开始：之后、方向：自右侧、速度：快速”。

（4）选中右侧的第 2 页图形“高跷”，选择“退出”→“层叠”效果，并设置“开始：单击时、方向：到左侧、速度：快速”。

（5）选中左侧的第 2 页图形“花鼓”，选择“进入”→“伸展”效果，并设置“开始：之后、方向：自右侧、速度：快速”。

（6）选中右侧的第 3 页图形“花鼓”，选择“退出”→“层叠”效果，并设置“开始：单击时、方向：到左侧、速度：快速”。

（7）选中左侧的封面图形“纹理”，选择“进入”→“伸展”效果，并设置“开始：之后、方向：自右侧、速度：快速”。

步骤 9　幻灯片的切换

（1）单击“切换”选项卡中“切换效果”按钮，窗口右侧弹出“幻灯片切换”任务窗格。在切换效果列表中选择“向左推出”，设置“声音”为“风铃”，“换片方式”为“单击鼠标时”，如图 5-57 所示。

（2）设置完成后，单击“应用于所有幻灯片”按钮，将幻灯片切换效

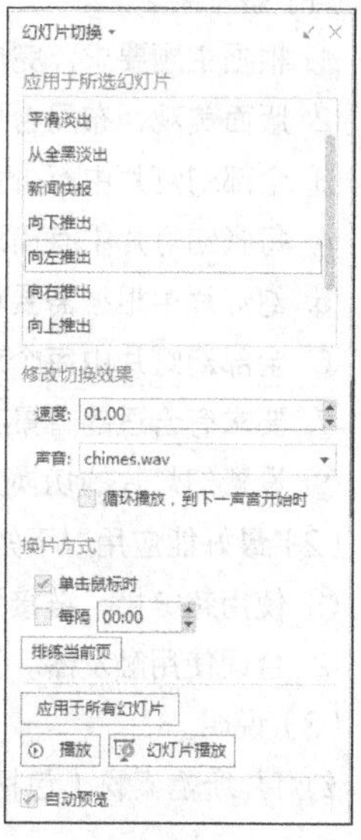

图 5-57　“幻灯片切换”任务窗格

果应用到当前演示文稿中的所有幻灯片中。

（3）如果想给任意一张幻灯片设置另外的效果，那么在设置完成后不要单击“应用于所有幻灯片”，而只将动画效果应用于当前的幻灯片。

步骤 10　保存及打包

（1）单击快速访问工具栏中的“保存”按钮或按 Ctrl+S 组合键再次保存文档。

（2）单击“文件”菜单中“文件打包”命令下的“打包成文件夹”子命令，打开“演示文件打包”对话框。

（3）在“演示文件打包”对话框中，选择合适的位置保存打包文件夹，单击“确定”按钮。

步骤 11　打印幻灯片

（1）将第 1 页幻灯片中的艺术字“运城旅游文化节”和“欢迎您”拖放到幻灯片中合适位置，将第 4 页中幻灯片中的图片组合拖放到幻灯片中合适位置。

微课 51 旅游文化节
宣传片 8

（2）在幻灯片导航区选中第 1 张幻灯片，单击快速访问工具栏中的“打印预览”按钮，预览第 1 张幻灯片的打印效果。使用“打印预览”选项卡中的“上一页”与“下一页”按钮可以预览其他幻灯片页面的内容。

（3）对预览效果满意后，单击快速访问工具栏中的“打印”按钮，弹出“打印”对话框，在对话框中设置“打印范围”为“全部”，“打印内容”为“幻灯片”，单击“确定”按钮，即可将幻灯片内容打印出来。

【项目自测】

为进一步提升在校学生对大学生活内涵的理解和认识，提高大学生计算机应用和演示文稿制作能力，展示学生学习计算机的成果，学院决定组织全院学生开展以“父母送我上大学，我上大学做什么？”为主题的演示文稿制作大赛。

（1）基本要求。

① 根据主题要求，完成至少 10 张幻灯片的制作。

② 版面美观，布局合理，图片清晰，文字简洁。

③ 全部幻灯片中至少包含 10 张图片（背景图片不计）。

④ 每张幻灯片中有简洁的文字说明。

⑤ 幻灯片中根据需要可以包含艺术字、表格、图表等对象。

⑥ 全部幻灯片中每个对象都采用动画方式进入或显示。

⑦ 要求有合适的背景音乐。

⑧ 设置幻灯片的切换方式（可以设置幻灯片为自动放映）。

（2）最好能应用以下知识点。

① 使用超链接，链接到本幻灯片中的指定页或指定网页。

② 合理使用触发器。

（3）说明。

幻灯片所需素材（包括文字、图片、音乐等）可以个人原创或从网上下载。

Chapter 6

项目六 WPS 表格

WPS 表格是金山 WPS Office 套装软件的一个重要组成部分，它是一个灵活高效的电子表格制作工具，不仅具有强大的数据组织、计算、分析和统计功能，还可以通过图表等多种形式将数据结果形象化显示。WPS 表格广泛应用于财经、金融、统计、管理等众多领域，也普遍应用于我们的日常生活、工作中。

利用 WPS 文字中的表格工具也可以绘制表格，但两者有明显区别：WPS 文字是文字处理软件，侧重表格的表现形式，可以制作任意复杂程度的不规则表格，但只能对表格中的数据进行一些简单的统计计算；而 WPS 表格是电子表格软件，更擅长表格数据的计算和分析，提供了大量函数以及排序、筛选、分类汇总、合并计算等实用功能用于数据处理，还可以根据数据生成图表，但制表功能相对较弱。

任务 6.1 WPS 表格的基本操作

WPS 表格的工作簿由一张或多张工作表按一定的顺序排列组成，每个工作簿相当于一个账本，每张工作表相当于一个账页。

6.1.1 WPS 表格的工作界面

操作 WPS 表格之前，首先需要熟悉其启动方法及工作界面。

1. 启动 WPS 表格

双击桌面上的 WPS 2019 快捷图标，或从“开始”→“所有程序”→“WPS Office”→“WPS 2019”，均可启动 WPS 2019。

启动 WPS 2019 后，进入 WPS 首页，单击窗口上方的“新建标签”按钮＋，接着单击“表格”按钮后，即可创建表格文档。

2. WPS 表格的工作界面

（1）窗口的组成。

用户成功启动 WPS 表格后，将显示其工作界面，如图 6-1 所示。

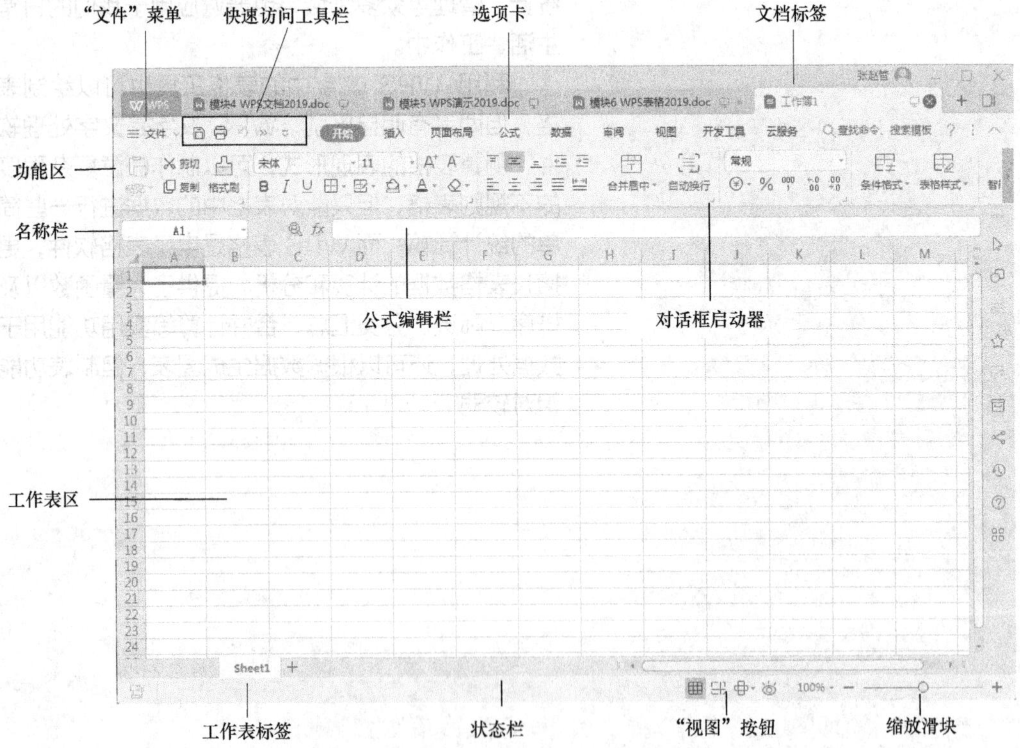

图 6-1 WPS 表格的工作界面

“文件”菜单：单击“文件”下拉按钮，弹出下拉菜单，其中主要包括文件、编辑、视图、插入、格式、工具、数据、窗口等菜单。鼠标指针指向某个菜单，会弹出该菜单对应的命令。

选项卡：WPS 表格将用于文档的各种操作分为开始、插入、页面布局、公式、数据、审阅、视图、安全、开发工具、特色应用和文档助手等 11 个默认的选项卡，每一个选项卡对应相应的功能区和命令按钮。另外还有一些选项卡只有在处理相关任务时才会出现，如图片工具、文本工具等。

功能区：单击选项卡名称，可以看到该选项卡下对应的功能区。功能区是在选项卡大类下面的功能分组，每个功能区中又包含若干个命令按钮。

对话框启动器：单击对话框启动器，则打开相应的对话框。有些命令需要通过窗口对话的方式来实现。

快速访问工具栏：常用命令按钮位于此处，如“保存”“撤销”和“恢复”等。在快速访问工具栏的末尾是一个下拉菜单，在其中可以添加其他常用命令。

名称栏：显示当前被激活的单元格的名称。

公式编辑栏：在此区域内可编辑选定单元格的计算公式或函数。

文档标签：通过单击工作簿标签可以在打开的多个工作簿之间进行切换，单击文档标签右侧的“新建”按钮 + ，可以建立新的文档。

工作表区：显示正在编辑的工作表，可以对当前工作表进行各种编辑操作。

工作表标签：通过单击工作表标签可以在打开的多个工作表之间进行切换，单击工作表标签右侧的“新建”按钮 + ，可以建立新的工作表。

状态栏：显示正在编辑的工作表的相关状态信息。

“视图”按钮：用于切换正在编辑的工作表的显示模式。

缩放滑块：用于调整正在编辑的工作表的显示比例。

（2）WPS 表格的视图模式。

WPS 表格的工作表包含四种视图模式，即普通、分页预览、全屏显示和阅读模式等四种视图模式，如图 6-2 所示。用户可以在“视图”选项卡中切换视图模式，也可以在工作簿窗口状态栏的右侧单击相应的视图按钮切换视图模式。

图 6-2　视图模式

“普通”视图为 WPS 表格的默认视图模式，用于正常显示工作表。

“分页预览”视图可以预览当前工作表打印时的分页位置。

“全屏显示”视图指界面中除工作表内容和行列编号以外的所有部分会暂时隐藏，以扩大用户的阅读区域。

“阅读模式”视图主要用于防止看错工作表的行与列，方便阅读。

（3）WPS 表格的工作簿、工作表与单元格。

如果将工作簿比作一本账簿，则一张工作表就相当于账簿中的一页，一个工作簿可以由多个工作表构成，而每个工作表又由若干个单元格构成，单元格是存储数据的基本单位。

① 工作簿。

工作簿是用来存储和运算数据的 WPS 表格文件。一个工作簿就是一个 WPS 表格文件。默认情况下，每个工作簿包含 1 张名为 Sheet1 的工作表。用户可以根据需要在工作簿中新建或删除工作表，或者重命名工作表。

② 工作表。

工作表又被称为电子表格，是 WPS 表格完成一项工作的基本单位，用于对数据进行组织和分析。每个工作表最多由 16384 列和 1048576 行组成。行由上到下从 1 到 1048576 进行编号；列由左到右，用字母从 A ~ Z、AA ~ AZ、BA ~ BZ、…、AAA ~ XFD 编号。

WPS 表格中的工作表类似于数据库中的“表”，我们把表中的每一行叫作一个“记录”，每一列叫作一个“字段”，列标题作为表中的字段名，行编号表示第几条记录。

③ 单元格。

工作表中行、列交汇处的方格被称为单元格，它是存储数据的基本单位。在工作表中，每一个单元格都有自己唯一的地址，这就是单元格的名称。单元格的地址由单元格所在的列号和行号组成，例如，C3 就表示单元格在第 C 列的第 3 行。

一个工作簿文件中可能有多个工作表，为了区分不同工作表的单元格，可在单元格地址前面增加工作表名称，工作表与单元格地址之间用“!”分开。例如 Sheet3 工作表中的 B5 单元格可表示为“Sheet3!B5”。

有时不同工作簿文件中的单元格之间要建立链接公式，这时公式前面需要加上工作簿的名称，例如“工资表”工作簿中的 Sheet1 工作表中的 C5 单元格可表示为“[工资表]Sheet1!C5”。

3. 退出 WPS 表格

常用以下两种方法退出 WPS 表格。

（1）单击 WPS 表格窗口标题栏右侧的“关闭”按钮 ✕ 。

（2）按 Alt+F4 组合键。

在退出 WPS 表格时，如果还没有保存当前的工作表，则会出现一个提示对话框，询问是否保存所进行的修改。如果用户想保存文件后退出，应单击“是”按钮，若不保存则可单击“否”按钮，如果不想退出 WPS 表格的编辑窗口则单击“取消”按钮。

6.1.2 工作簿的操作

文档管理主要包括新建工作簿、保存工作簿、打开工作簿及关闭工作簿。

1. 新建工作簿

启动 WPS 2019 后，单击“新建”按钮，在 WPS 主界面单击“表格”按钮，从 WPS 表格的模板列表中选择空白表格或合适的模板。

（1）若不需要借助任何模板，自己从零开始创建表格，则可在模板列表中单击“新建空白文档”，创建新的空白表格。

（2）若要建立基于模板的表格，则在模板列表中选择需要的模板，然后下载所需模板，用户可以直接在模板基础上进行编辑。

新建一个 WPS 表格文件即新建一个工作簿，其默认包含 1 张名为 Sheet1 的工作表。

2. 保存工作簿

单击快速访问工具栏中的“保存”按钮或按 F12 键，弹出“另存为”对话框，选择保存文件的位置，并在“文件名”文本框中键入新的文件名，单击“保存”即可。其默认的文件类型为“*.xlsx”。

对于已经保存过的工作簿，如果需要保存修改后的结果，则单击快速访问工具栏中的“保存”按钮即可；如果希望保存当前结果的同时又不替换原来的内容，或者需要保存为其他类型文件，则使用“另存为”命令。

在一个工作簿文件中，无论有多少个工作表，在使用“保存”命令时都会将其全部保存在一个工作簿文件中，而不是逐个工作表进行保存。

3. 打开工作簿

打开已经存在的工作簿，常用以下两种方法。

（1）单击快速访问工具栏中的“打开”按钮。

（2）双击工作簿文件名。

4. 关闭工作簿

单击要关闭的工作簿标签右侧的“关闭”按钮 × 。

如果工作簿经过修改还没有保存，那么 WPS 表格在关闭文件之前会提示是否保存现有的修改。

6.1.3 工作表的操作

工作表的操作主要包括新建工作表、重命名工作表、删除工作表和冻结窗格等操作。

1. 新建工作表

默认状态下，新建的工作簿只包含 1 张工作表，用户可以根据需要增加工作表。

单击工作表标签中的“新建工作表”按钮＋，每单击一次，可新建一张工作表。

2. 重命名工作表

工作表命名要做到见名知意，故用户通常需要为默认的工作表重新命名。

（1）双击需要重命名的工作表标签。

（2）在工作表标签中输入新的工作表名称。

3. 删除工作表

如果用户觉得某张工作表没用了，可以将它删除，但被删除的工作表将无法还原。

（1）选定一个或多个工作表。

（2）在选定的工作表标签上单击鼠标右键，在弹出的快捷菜单中单击“删除”命令。

4. 冻结窗格

使用 WPS 表格编辑表格的过程中，如果表格太大，行、列数较多，向下（或向右）滚屏，则上面（或左边）的标题行也会跟着滚动，这样在处理数据时往往难以分清各行（或各列）数据对应的标题，这时可以采用 WPS 表格的“冻结窗格”功能。这样在滚屏时，被冻结的标题行（列）固定显示在表格的最顶端（或最左侧），大大增强了表格编辑的直观性。

（1）将鼠标定位在需要冻结的标题行（一行或多行）的下一行和标题列（一列或多列）的下一列所在的单元格。

（2）单击“开始”选项卡中的“冻结窗格”按钮。

也可以直接利用“冻结首行”或“冻结首列”命令冻结工作表的首行或首列。

如果窗格已被冻结，单击“取消冻结”按钮可取消冻结。

6.1.4　单元格的操作

工作表的编辑主要是针对单元格、行、列以及整个工作表进行的包括撤销、恢复、复制、粘贴、移动、插入、删除、查找和替换等操作。

1. 选定单元格

对单元格进行编辑时，首先要选定单元格。熟练掌握选择不同范围内单元格的方法，可以加快编辑速度。

（1）选定一个单元格。

用鼠标单击所需编辑的单元格。当选定了某个单元格后，该单元格名称将会显示在名称栏内。

（2）选定矩形区域。

单击矩形区域的左上角单元格，按住鼠标左键拖动鼠标至矩形区域的右下角单元格。

（3）选定整行。

单击工作表行首的行号，选择结果如图 6-3 所示。

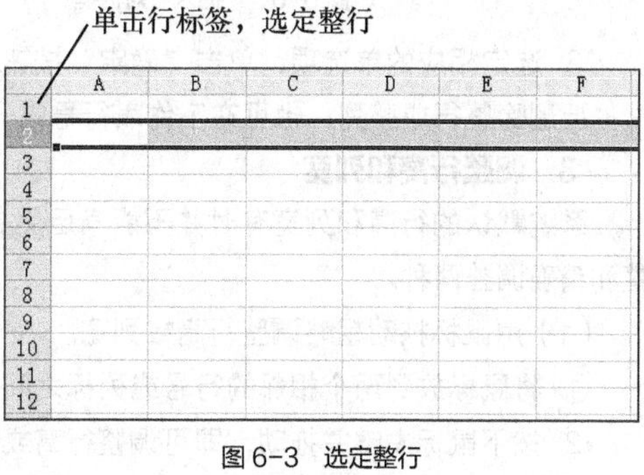

图 6-3　选定整行

（4）选定整列。

单击工作表列首的列标，选择结果如图 6-4 所示。

（5）选定整个工作表。

单击工作表左上角的“全选”按钮，选择结果如图 6-5 所示。

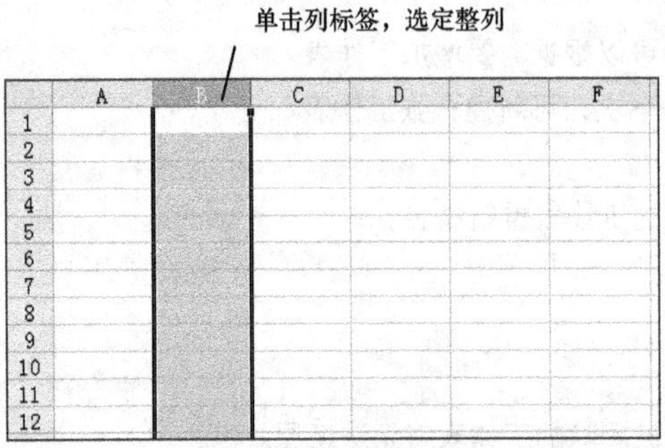

图 6-4　选定整列

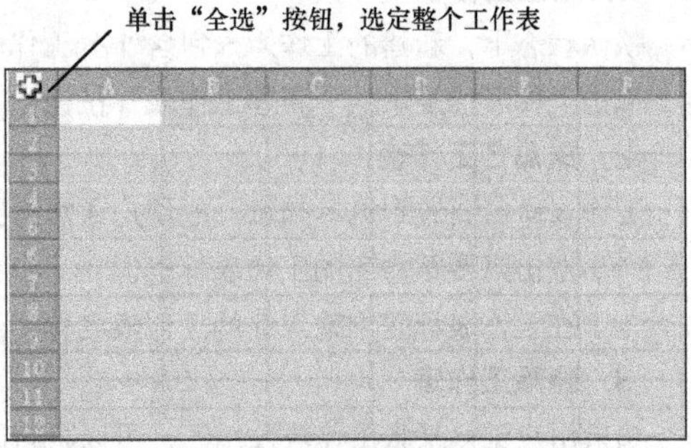

图 6-5　选定整个工作表

2. 插入/删除行、列、单元格

在对工作表的编辑中，有时需要插入或删除行、列、单元格。当插入单元格后，原有的单元格将后移，给新的单元格让出位置。当删除单元格时，周围的单元格会前移来填补空格。

（1）插入行、列、单元格。

① 选定单元格。

② 单击鼠标右键，在弹出的快捷菜单中选择“插入”命令，打开“插入”对话框，如图 6-6 所示。

③ 选择“活动单元格右移”或“活动单元格下移”单选项。单击“确定”按钮，即可插入单元格。

如果选择了“整行”或“整列”命令，则会在所选单元格上方插入一行或在所选单元格左侧插入一列。

要插入整行或整列，也可在工作表行号或列号上右击，从弹出的快捷菜单中选择“插入”命令。

（2）删除行、列、单元格。

① 选定要删除的单元格、行或列所在的任一单元格。

② 单击鼠标右键，在弹出的快捷菜单中选择“删除”命令，打开“删除”对话框，如图 6-7 所示。

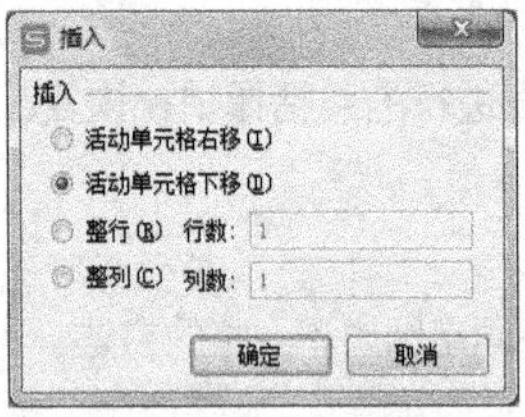

图 6-6　“插入”对话框

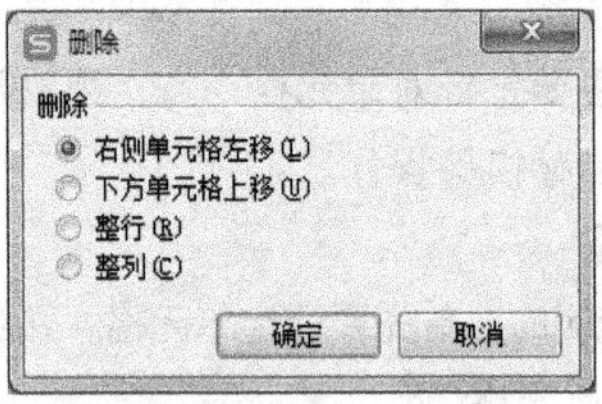

图 6-7　“删除”对话框

③ 选定相应的单选项，单击“确定”按钮。

要删除整行或整列，也可在工作表行号或列标上右击，从弹出的快捷菜单中选择“删除”命令。

3. 调整行高和列宽

系统默认的行高和列宽有时并不能满足用户的需要，这时需要调整行高和列宽。调整又可分为粗略调整和精确调整两种。

（1）用鼠标拖动粗略调整行高或列宽。

① 将鼠标放到两个相邻的行号或列标之间，鼠标变成双向箭头形状 ÷ 或 +||+。

② 按下鼠标左键并拖动，即可调整行高或列宽。

（2）输入数值精确调整行高或列宽。

① 选定要改变其行高或列宽的行或列。

② 在选定的行号或列标上右击，从弹出的快捷菜单中选择“行高”或“列宽”命令。

③ 在弹出的对话框中输入数值，单击“确定”按钮。

4. 合并、拆分单元格

在使用 WPS 表格的过程中，有时需要将两个或多个相邻的单元格合并成一个跨多列或多行显示的大单元格，或将一个大的单元格拆分恢复到原来的两个或多个单元格。

（1）合并单元格。

① 选择两个或多个要合并的相邻单元格。

② 单击“开始”选项卡中的“合并居中”下拉按钮，从下拉列表中选择“合并居中”命令。

提示

合并居中后，只有所选区域中左上角单元格中的数据将保留在合并的单元格中，其他单元格中的数据都将被删除。

（2）拆分合并的单元格。

① 选择已合并的单元格。

② 单击“开始”选项卡中的“合并居中”下拉按钮，从下拉列表中选择“取消合并单元格”命令。合并单元格的内容将出现在拆分单元格区域左上角的单元格中。

6.1.5 输入数据

当用户选定某个单元格后，即可在该单元格内输入内容。

1. 单元格数据的输入

（1）文本。

文本型数据是由字母、汉字和其他字符开头的数据，如表格中的标题、名称等。默认情况下，文本型数据沿单元格左对齐。

有些数据虽全部由数字组成，如学号、身份证号等，其形式表现为数值，但这些数字无需参加任何运算，WPS 表格可将其作为文本型数据处理，输入时应在数据前输入半角单引号“'”（如“'0032”），或者选定需要改变为文本的数据区域，将其改变为文本格式，再输入数字。

（2）数值。

在 WPS 表格中，数值型数据使用得最多，它由数字 0~9、正号、负号、小数点等组成。输入数值型数据时，WPS 表格自动将其沿单元格右对齐。

输入数字时需要注意两点。

① 输入分数时（如 1/5），应先输入“0”和一个空格，然后输入“1/5”。

② 输入的数值超过 10 位时，数值自动转换为文本形式显示；若列宽已被规定，输入的数据无法完整显示时，则显示为“####”，用户可以通过调整列宽使之完整显示。

（3）日期时间。

输入日期时，要用斜杠（/）或连接符（-）隔开年、月、日，如 2019/5/10 或 2019-5-10。输入时间时，要用冒号（:）隔开时、分、秒，如“9:30 am”和“9:30 pm”（am 代表上午；pm 代表下午；am 可以省略不写）。

在 WPS 表格中，时间分 12 小时制和 24 小时制，如果要基于 12 小时制输入时间，则需要在时间后输入 am 或 pm，用来表示上午或下午。否则，WPS 表格将默认以 24 小时制计算时间。

默认情况下，日期和时间项在单元格中右对齐。

（4）逻辑值。

逻辑值只有 Ture（真）和 False（假）两种，一般是在比较运算中产生的结果，多用于进行逻辑判断。默认情况下，逻辑值在单元格中居中对齐。

2. 智能填充数据

在行或列的相邻单元格中输入按规律变化的数据时，WPS 表格提供的智能填充功能可以实现快速输入。智能填充功能通过“填充柄”来实现。

填充柄是位于选定区域右下角的小方块。当鼠标指向填充柄时，鼠标的指针变为十字形状（＋），这时按下鼠标左键拖动就可在相应单元格进行自动填充。

（1）步长为 1 的数据的自动填充。

① 在选定的单元格中输入数值，如“1”。

② 将鼠标指针指向选定单元格右下角的填充柄，此时指针变成十字形状。

③ 按行或列的方向拖动鼠标，即可在拖过的单元格内生成依次递增的数值（步长为 1）。

（2）按等差数列自动填充。

① 在连续的两个单元格中分别输入数值，如“1”和“3”。

② 选定这两个单元格，将鼠标指针指向选定单元格右下角的填充柄。

③ 按填充数据的方向拖动鼠标，即可在拖过的单元格内生成按等差数列产生的数值。

（3）按等比数列自动填充。

① 在连续的三个单元格中分别输入数值，如“2”“4”“8”。

② 选定这三个单元格，将鼠标指针指向选定单元格右下角的填充柄。

③ 按填充数据的方向拖动鼠标，即可在拖过的单元格内生成按等比数列产生的数值。

（4）利用“序列”对话框自动填充。

① 在选定单元格内输入数值，如“0”。

② 单击“开始”选项卡中的“行和列”下拉按钮，打开级联子菜单，选择“填充”命令下的“序列”命令，弹出“序列”对话框，如图 6-8 所示。

③ 在对话框中指定序列产生在“行”，类型为“等差序列”，在“步长值”文本框中输入等差序列的差值“3”，输入终止值“30”，单击“确定”按钮，则指定单元格中自动填充从 0 开始到 30 结束、步长为 3 的等差序列。

3. 单元格格式设置

在 WPS 表格中，对工作表中的不同单元格数据，可以根据需要设置不同的格式，如设置单元格的数据类型，文本的对齐方式、字体以及单元格的边框和底纹等。

在要设置格式的单元格上单击鼠标右键，选择快捷菜单中的“设置单元格格式”命令，即可出现“单元格格式”对话框，如图 6-9 所示。

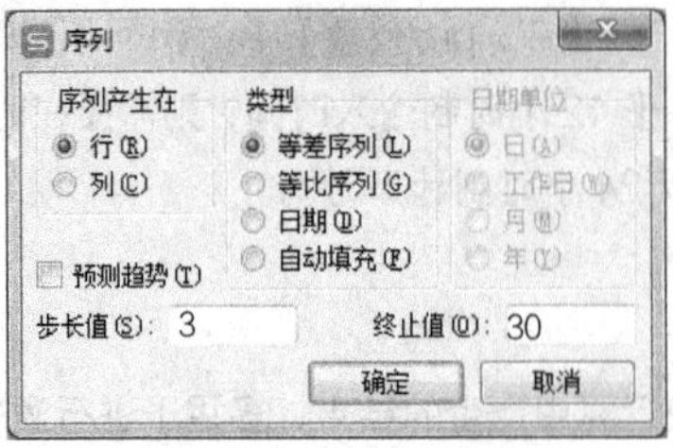

图 6-8 “序列”对话框

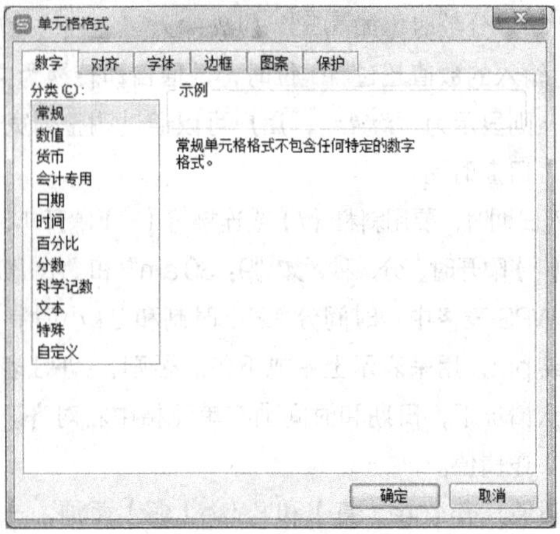

图 6-9 “单元格格式”对话框

在此对话框中，用户可以根据需要设置单元格的格式。

6.1.6　条件格式

所谓条件格式，是指当单元格内容满足给定条件时，自动应用指定条件的对应格式，例如文字颜色或单元格底纹。如果想突出显示所关注的单元格或单元格区域，可通过使用 WPS 表格提供的“条件格式”功能来实现。

1. 设置条件格式

（1）选择数据单元格区域。

（2）单击“开始”选项卡中的“条件格式”下拉按钮，在下拉列表中可以选择“突出显示单元格规则”“项目选取规则”“数据条”“色阶”“图标集”等条件规则，还可以“新建规则”和“管理规则”，如图 6-10 所示。

（3）选择级联子菜单中对应列表或对话框中设定条件，完成条件格式的设置。

2. 清除条件格式

（1）选择已设置条件格式的数据单元格区域。

（2）单击“开始”选项卡中的“条件格式”下拉按钮，在下拉命令列表中选择“清除规则”命令，根据需要，单击“清除所选单元格的规则”或“清除整个工作表的规则”。

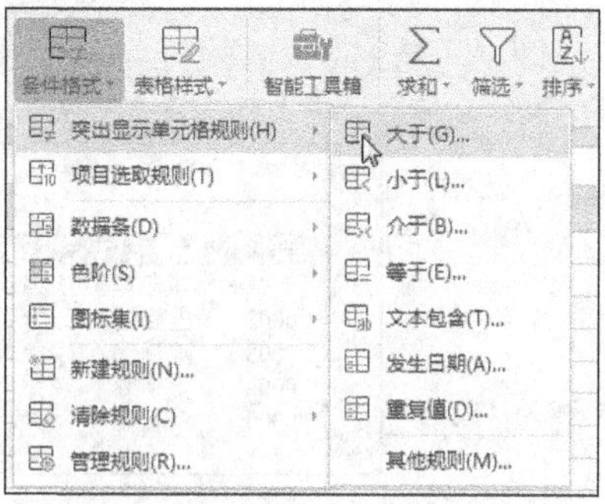

图 6-10　“条件格式”下拉列表

6.1.7　表格样式

表格样式是 WPS 表格内置的表格格式方案，方案中已经对表格中的各个组成部分定义了特定的格式，如单元格的字体、字号、边框、底纹等。表格样式用于对表格外观进行快速修饰，将制作的表格格式化，产生美观规范的表格，同时节省许多时间。

（1）选择要套用表格样式的单元格区域。

（2）单击“表格样式”选项卡，弹出表格样式列表，如图 6-11 所示。

（3）单击选择一种样式，弹出“套用表格样式”对话框，如图 6-12 所示。

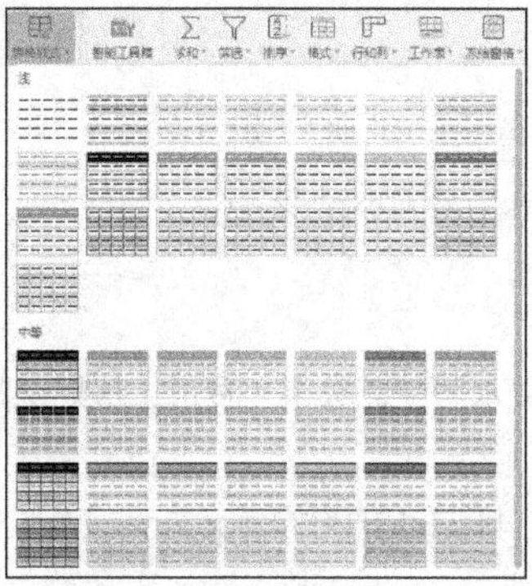

图 6-11　“表格样式”列表

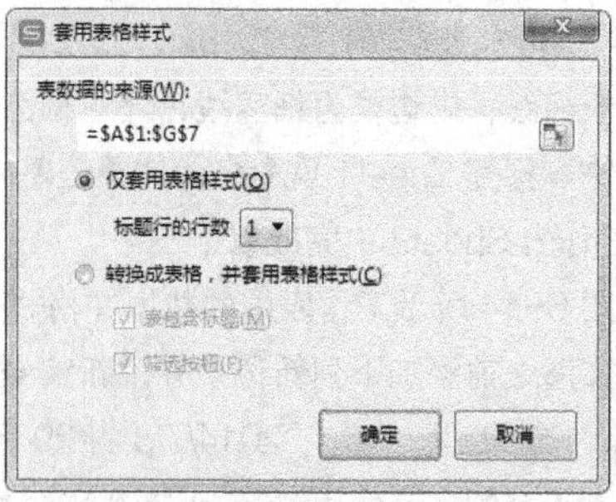

图 6-12　“套用表格样式”对话框

（4）在对话框中设置标题行的行数，单击“确定”按钮完成表格样式的套用。

如果对设置的样式不满意，可以重新选择样式，也可以单击“表格样式”列表中的“无”清除已应用的表格样式。

【教学案例 1】公司员工信息表

图 6-13 和图 6-14 所示为某公司员工信息的工作表。要求在同一工作簿中创建两张工作表，并完成在工作表中输入原始数据、格式化工作表等操作。

	A	B	C	D	E	F	G
1	××公司员工基本信息						
2	编号	姓名	性别	身份证号	学历	部门	职务
3	0001	郭志向	男	142035198109301738	硕士		经理
4	0002	王宝强	男	452356198510233214	本科	市场部	主任
5	0003	陈晓芳	女	142703198812034527	本科	企划部	主任
6	0004	史文清	女	315407198612052303	本科	市场部	职员
7	0005	刘志宏	男	251633198905122115	专科	企划部	职员
8						填表日期：2017-10-18	

图 6-13 “员工基本信息”工作表

	A	B	C	D	E	F	G
1	××公司员工其他信息						
2	编号	姓名	性别	参加工作时间	基本工资	QQ号	电子邮箱
3	0001	郭志向	男	2007/5/21	￥4,283.00	38699012	renzxg@163.com
4	0002	王宝强	男	2008/9/5	￥3,674.00	16845684	zxpcca@163.com
5	0003	陈晓芳	女	2010/9/2	￥3,384.00	42578259	duxbg@sian.com
6	0004	史文清	女	2009/6/5	￥3,559.00	75463184	75463184@qq.com
7	0005	刘志宏	男	2012/10/10	￥3,156.00	21034587	21034587@qq.com
8						填表日期：2017-10-18	

图 6-14 “员工其他信息”工作表

操作要求

（1）在工作表 Sheet 1 中完成以下任务。

① 录入图 6-13 所示工作表中的数据。

② 设置表格标题行的高度为 25 磅，其余各行高度均为 15 磅，各列宽度根据需要调整。

③ 将单元格“A1:G1”合并居中，并将单元格内字号改为 16 磅。

④ 将单元格“F8:G8”合并居中，并将单元格内字体改为楷体。

⑤ 将所有非空单元格的内容居中。

⑥ 在史文清之前添加下列新记录并重新编号：

0004　李永进　男　651626199204126835　本科　市场部　职员

⑦ 设置表格线：内边框为细实线，外边框为粗实线，表头下方为双细线。

⑧ 将工作表标签 Sheet1 重命名为“员工基本信息”。

（2）在工作表 Sheet2 中完成以下任务。

① 录入图 6-14 所示工作表中的数据并格式化工作表（文本居中，数字、货币、日期、邮箱居右）。

② 在史文清之前添加下列新记录并重新编号：

0004　李永进　男　2014/7/8　2905　61078634　61078634@qq.com

③ 将基本工资的工资额用“￥-1,234.10”格式显示。

④ 利用“条件格式”命令将基本工资小于 3000 的工资额倾斜显示。

⑤ 给表格套用表格样式“表样式中等深浅 6”。

⑥ 将工作表标签 Sheet2 重命名为“员工其他信息”。

（3）将该工作簿以“班级+姓名”命名保存。

操作步骤

步骤 1　建立工作簿

（1）启动 WPS 2019，新建一个空白工作簿。

（2）单击快速访问工具栏上的“保存”按钮，在弹出的“另存为”对话框中，选择保存位置为“桌面”，文件名为“班级+姓名”，单击“保存”按钮。

微课 52 公司员工信息表 1

步骤 2　在工作表 Sheet1 中输入数据

在工作表 Sheet1 相应的单元格区域中输入数据，结果如图 6-15 所示。

	A	B	C	D	E	F	G
1	××公司员工基本信息						
2	编号	姓名	性别	身份证号	学历	部门	职务
3	0001	郭志向	男	142035198109301738	硕士		经理
4	0002	王宝强	男	452356198510233214	本科	市场部	主任
5	0003	陈晓芳	女	142703198812034527	本科	企划部	主任
6	0004	史文清	女	315407198612052303	本科	市场部	职员
7	0005	刘志宏	男	251633198905122115	专科	企划部	职员
8						填表日期：2017-10-18	

图 6-15　输入数据

输入数据时应注意。

① 输入编号时，应先选定第一个需要填写编号的单元格，右击鼠标，在弹出的快捷菜单中选择“设置单元格格式”命令，然后在弹出的“单元格格式”对话框的“数字”选项卡中将单元格数据格式改为“文本”类型；或者在第一个编号前面先输入一个半角单引号，以表明输入的是文本类型的数字，然后再用鼠标拖动填充柄向下填充。

② 向多个不相邻的单元格填充相同内容时，可按住 Ctrl 键，分别选中需要输入相同内容的单元格，在最后选中的单元格中输入所需内容，再按下 Ctrl+Enter 组合键，则选中的单元格均被填充相同内容。

③ 由于身份证号字符较多，可将鼠标放于本列与后一列的列标号之间，在鼠标变为 ‖ 形状时，按住鼠标左键向右拖动调整该列列宽度到合适位置。

步骤 3　格式化工作表

1. 调整行高和列宽

（1）选中工作表第 1 行，在行号处右击，在弹出的快捷菜单中选择“行高”命令，在“行高”对话框中输入数值“25”，单击“确定”按钮。

（2）选中工作表第 2~8 行，在行号处右击，在弹出的快捷菜单中选择“行高”命令，在“行高”对话框中输入数值“15”，单击“确定”按钮。

（3）将鼠标放于两个列号之间，在鼠标变为 ‖ 形状时，用鼠标拖动调整各列宽度到合适位置，或者单击“开始”选项卡中的“行和列”下拉按钮，在其下拉列表中选择“最适合的列宽”选项。

2. 设置对齐方式

（1）选择“A1:G1”单元格区域，单击“开始”选项卡中的“合并居中”按钮，完成单元格的合并居中。

（2）选择“A2:G7”单元格区域，单击“开始”选项卡中的“水平居中”按钮和“垂直居中”按钮，完成单元格的数据居中。

（3）选择“F8:G8”单元格区域，单击“开始”选项卡中的“合并居中”按钮，完成单元格的合并居中。

3. 设置字体

（1）选择标题所在的合并居中后的单元格区域，在“开始”选项卡中的字号下拉列表中选择“16”。

（2）选择填表日期单元格区域，在“开始”选项卡中的字体下拉列表中选择“楷体”。

其余单元格采用默认值。设置后的工作表如图 6-16 所示。

	A	B	C	D	E	F	G
1	××公司员工基本信息						
2	编号	姓名	性别	身份证号	学历	部门	职务
3	0001	郭志向	男	142035198109301738	硕士		经理
4	0002	王宝强	男	452356198510233214	本科	市场部	主任
5	0003	陈晓芳	女	142703198812034527	本科	企划部	主任
6	0004	史文清	女	315407198612052303	本科	市场部	职员
7	0005	刘志宏	男	251633198905122115	专科	企划部	职员
8						填表日期：2017-10-18	

图 6-16　设置单元格格式

步骤 4　添加记录

（1）在第 6 行行标号处单击鼠标右键，在弹出的快捷菜单中单击“插入”命令，在第 6 行之前便插入一行空行。

（2）输入“李永进”的记录内容，利用填充柄对编号列重新排序，结果如图 6-17 所示。

微课 53 公司员工信息表 2

	A	B	C	D	E	F	G
1	××公司员工基本信息						
2	编号	姓名	性别	身份证号	学历	部门	职务
3	0001	郭志向	男	142035198109301738	硕士		经理
4	0002	王宝强	男	452356198510233214	本科	市场部	主任
5	0003	陈晓芳	女	142703198812034527	本科	企划部	主任
6	0004	李永进	男	651626199204126835	本科	市场部	职员
7	0005	史文清	女	315407198612052303	本科	市场部	职员
8	0006	刘志宏	男	251633198905122115	专科	企划部	职员
9						填表日期：2017-10-18	

图 6-17　添加记录

步骤 5　设置表格线

（1）选中“A2:G8”单元格区域，在“开始”选项卡中单击“框线”下拉按钮，在弹出的框线列表中选择“所有框线”，这时被选中区域单元格就加上了细的框线。

（2）在“A2:G8”单元格区域被选中的状态下，再次单击“框线”下拉按钮，在弹出的框线列表中选择“粗匣框线”，这时被选中区域的外边框即变成粗线。

（3）选中“A2:G2”合并后的单元格区域，再次单击“框线”下拉按钮，在弹出的框线列表中选择“双底框线”，这时被选中区域的下边框变成双线。

至此，“员工基本信息”表制作完成。

步骤 6　在工作表 Sheet2 中输入数据并格式化工作表

（1）单击工作表标签栏中的 + 按钮，新建一张工作表 Sheet 2。

（2）在工作表 Sheet 2 中输入图 6-14 所示的数据并格式化。

输入数据时应注意以下几点。

① 输入日期：年、月、日之间用“-”或“/”分开。

② 基本工资：输入基本工资时，可只输入工资数额，不输入货币符号。

（3）按照题目要求格式化工作表 Sheet 2，如图 6-18 所示。

微课 54 公司员工信息表 3

步骤 7　添加记录

在史文清之前添加“李永进”的记录并重新编号。

步骤 8　设置工资格式

选择“E3:E8”单元格区域，右击鼠标，在弹出的快捷菜单中选择“设置单元格格式”命令，然后在弹出的“单元格格式”对话框中设置“数字”选项卡中的“分类”为“货币”，设置货币的小数位数为 2 位，货币符号为人民币符号“¥”，负数形式为黑色“¥-1,234.10”，效果如图 6-19 所示。

	A	B	C	D	E	F	G
1	××公司员工其他信息						
2	编号	姓名	性别	参加工作时间	基本工资	QQ号	电子邮箱
3	0001	郭志向	男	2007/5/21	4283	38699012	renzxg@163.com
4	0002	王宝强	男	2008/9/5	3674	16845684	zxpcca@163.com
5	0003	陈晓芳	女	2010/9/2	3384	42578259	duxbg@sian.com
6	0004	史文清	女	2009/6/5	3559	75463184	75463184@qq.com
7	0005	刘志宏	男	2012/10/10	3156	21034587	21034587@qq.com
8						填表日期：2017-10-18	

图 6-18 输入数据

	A	B	C	D	E	F	G
1	××公司员工其他信息						
2	编号	姓名	性别	参加工作时间	基本工资	QQ号	电子邮箱
3	0001	郭志向	男	2007/5/21	¥4,283.00	38699012	renzxg@163.com
4	0002	王宝强	男	2008/9/5	¥3,674.00	16845684	zxpcca@163.com
5	0003	陈晓芳	女	2010/9/2	¥3,384.00	42578259	duxbg@sian.com
6	0004	李永进	男	2014/7/8	¥2,905.00	61078634	61078634@qq.com
7	0005	史文清	女	2009/6/5	¥3,559.00	75463184	75463184@qq.com
8	0006	刘志宏	男	2012/10/10	¥3,156.00	21034587	21034587@qq.com
9						填表日期：2017-10-18	

图 6-19 货币单位设置

步骤 9 利用“条件格式”将基本工资小于 3000 的工资额倾斜显示

（1）选择“E3:E8”单元格区域。

（2）单击“开始”选项卡中的“条件格式”下拉按钮，在下拉列表中选择“突出显示单元格规则”→“其他规则”，弹出“新建格式规则”对话框，设置满足条件的“单元格值”为“小于”“3000”，如图 6-20 所示。

微课 55 公司员工信息表 4

（3）单击“格式”按钮，在弹出的“单元格格式”对话框中设置字形为“斜体”。

（4）单击“确定”按钮，完成条件格式的设置，结果如图 6-21 所示。

图 6-20 “新建格式规则”对话框

	A	B	C	D	E	F	G
1	××公司员工其他信息						
2	编号	姓名	性别	参加工作时间	基本工资	QQ号	电子邮箱
3	0001	郭志向	男	2007/5/21	¥4,283.00	38699012	renzxg@163.com
4	0002	王宝强	男	2008/9/5	¥3,674.00	16845684	zxpcca@163.com
5	0003	陈晓芳	女	2010/9/2	¥3,384.00	42578259	duxbg@sian.com
6	0004	李永进	男	2014/7/8	*¥2,905.00*	61078634	61078634@qq.com
7	0005	史文清	女	2009/6/5	¥3,559.00	75463184	75463184@qq.com
8	0006	刘志宏	男	2012/10/10	¥3,156.00	21034587	21034587@qq.com
9						填表日期：2017-10-18	

图 6-21 设置“条件格式”后的效果

步骤 10 设置表格样式

（1）选择要套用表格样式的单元格区域。

（2）单击“开始”选项卡中的“表格样式”下拉按钮，在弹出的下拉列表中选择“表样式中等深浅 6”。

（3）单击“仅套用表格样式”单选按钮，标题行的行数设置为 1。

（4）单击“确定”按钮，完成表格样式套用。

步骤 11 重命名工作表

双击工作表标签“Sheet 1”，将工作表重命名为“员工基本信息”；双击工作表标签“Sheet 2”，将工作表重命名为“员工其他信息”，如图 6-22 所示。

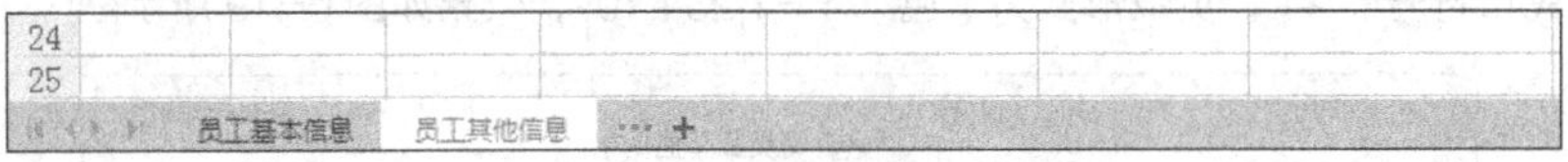

图 6-22　重命名工作表

步骤 12　保存工作簿

单击快速访问工具栏中的“保存”按钮或按 F12 键，弹出“另存为”对话框后再次将文件保存。

任务 6.2　公式与函数

6.2.1　公式

公式与函数是 WPS 表格的核心内容。公式就是对工作表中的数值进行计算的等式，它可以对工作表中的数据进行加、减、乘、除等运算。公式可以由数值、单元格引用、函数及运算符组成，它可以引用同一个工作表中的其他单元格、同一个工作簿不同工作表中的单元格及不同工作簿的工作表中的单元格。

1．输入与编辑公式

输入公式时必须以等号“=”开头。对公式中包含的单元格或单元格区域的引用，可以直接用鼠标拖动进行选定，或单击要引用的单元格并输入引用单元格标志或名称，如“=A3+B3-C3”表示将 A3、B3 单元格的数值求和后减去 C3 单元格内的数值，把结果放入当前单元格中。

使用公式有助于分析工作表中的数据。当改变了工作表内与公式有关的数据时，WPS 表格会自动更新计算结果。输入公式的步骤如下。

（1）选定要输入公式的单元格。

（2）在单元格或公式编辑栏中输入“=”。

（3）输入所需的公式。

（4）按 Enter 键，或单击公式编辑栏中的“√”按钮。

2．公式中的运算符

运算符用于对公式中的元素进行特定类型的运算。常用的运算符有算术运算符、字符连接符和关系运算符三种类型。算术运算符是最常用的运算符。运算符具有优先权，比如先乘除、后加减，在 WPS 表格中也是这样的。表 6-1 列出了常用的运算符及其功能。

表 6-1　公式中常用的运算符

运算符	功能	示例
–	负号	–8、–A1
%	百分号	20%
^	乘方	3^2（即 3^2）
*、/	乘、除	3*3、3/3
+、–	加、减	3+3、3–1
&	文本串联符	"Nor"&"th"等于"North"
=、<、>、<=、>=、<>	比较运算符	A1=B1、A1>=B1、A1<>B1

3．公式的复制

公式是可以复制的。例如在工资表中，只需使用公式计算出第一位员工的工资，其余员工的工资就可以使用填充柄复制公式，自动计算出结果。

（1）选中第一个需要填充结果的单元格。

（2）使用公式计算出第一个需要填充结果的单元格数值。

（3）再次选中已经计算出结果的单元格并将鼠标指针移动到其右下角的填充柄。

（4）按下鼠标左键按行或列的方向拖动鼠标，即可在拖过的单元格内自动计算出其他单元格的结果。

4. 单元格引用

单元格引用是对工作表的一个或一组单元格进行标识，它告诉 WPS 表格公式使用哪些单元格的值。通过引用，可以在一个公式中使用工作表不同部分的数据，或者在几个公式中使用同一单元格中的数据。同样，可以对工作簿的其他工作表中的单元格进行引用，也可对其他工作簿的数据进行引用。

单元格的引用可分为相对地址引用、绝对地址引用以及混合地址引用三种。

相对地址：形如 A1、B2 的地址。在公式中使用相对地址引用，则公式复制过程中引用的地址随位置而变，比如将 C1 中的“=A1”复制到 C2，公式将自动地变成“=A2”，如果复制到 D1，则公式变为“=B1”，即相对引用在公式复制时，“横向复制变列号，纵向复制变行号”。

绝对地址：形如$A$1、$B$2 的地址。在公式中使用绝对地址引用，则公式复制过程中引用的地址始终保持不变。比如将 C1 中的“=$A$1”复制到任何位置都是“=$A$1”。

混合地址：形如$A1、B$2 的地址。在公式中使用混合引用，则只有在纵向复制公式时$A1 的行号会改变，如将 C1 中的“=$A1”复制到 C2，公式改变为“=$A2”，而复制到 D1 则仍然是“=$A1”，也就是说形如$A1、$A2 的混合引用“纵变行号横不变”。而 B$2 恰好相反，在公式复制中，“横变列号纵不变”。

编辑公式时，反复按功能键 F4，可以在引用单元格的相对地址、绝对地址和混合地址之间进行切换。

6.2.2　函数及应用

函数是预定义的内置公式。它有特定的格式与用法，通常每个函数由一个函数名和相应的参数组成。函数名是定义函数功能的名称，参数位于函数名的右侧并用括号括起来，它是一个函数用以生成新值或进行运算的信息，大多数参数的数据类型都是确定的，而其具体值由用户提供。

1. 函数的分类与常用函数

在 WPS 表格中，函数按其功能可分为财务、日期与时间、数学与三角函数、统计、查找与引用、数据库、文本、逻辑、信息以及工程十大类，共计 300 多个函数。这里介绍几种常用函数的功能和用法，如表 6-2 所示。

表 6-2　常用函数表

函数	格式	功能
求和函数	=SUM(参数 1，参数 2，…)	计算单元格区域中所有数值的和
条件求和函数	=SUMIF(条件数据区，条件，求和数据区)	对单元格区域中满足条件的数值求和
平均值函数	=AVERAGE(参数 1，参数 2，…)	计算单元格区域中所有数值的平均值
条件平均值函数	=AVERAGEIF(条件数据区，条件，平均值数据区)	对单元格区域中满足条件的数值求平均值
计数函数	=COUNT(参数 1，参数 2，…)	计算区域中包含数字的单元格的个数
条件计数函数	=COUNTIF(条件数据区，条件)	计算区域中满足给定条件的单元格的个数
条件函数	=IF(测试条件，真值，假值)	判断是否满足某个条件，满足时返回一个值，不满足时则返回另一个值
排位函数	=RANK(数值，引用数据区，排位方式)	返回一个数字在数字列表中的排名
纵向查找函数	=VLOOKUP(查找值，数据表，列序数，匹配条件)	返回该列所需查询列序所对应的值

续表

函数	格式	功能
日期函数	=TODAY( )	返回当前日期
日期时间函数	=NOW( )	返回当前日期和时间
最大值函数	=MAX(参数 1，参数 2，…)	求出并显示一组参数的最大值
最小值函数	=MIN(参数 1，参数 2，…)	求出并显示一组参数的最小值
绝对值函数	=ABS(参数)	求出相应数字的绝对值
四舍五入函数	=ROUND(参数，小数位数)	对小数型参数指定的小数位数进行四舍五入

2. 应用函数

在 WPS 表格中，函数可以被直接输入，也可以用“插入函数”的方法输入。

若用户对函数非常熟悉，可采用直接输入法。首先单击要输入函数的单元格，然后依次输入等号、函数名、具体参数（要带左右括号），并按回车键或单击按钮 ✓ 确认即可。

若用户对函数不太熟悉，则可利用“插入函数”的方法输入函数，并按照提示输入或选择参数。操作步骤如下。

（1）选定要输入函数的单元格。

（2）单击“开始”选项卡中的“求和”下拉按钮，在弹出的下拉列表中，如果已有所需函数，则直接选择使用；若没有，则选择“其他函数”，弹出“插入函数”对话框，如图 6-23 所示。

（3）单击“或选择类别”右侧下拉按钮，从下拉列表中选择函数类别，则下方“选择函数”列表中显示对应类别的全部函数。

（4）从列表中选定所需函数并单击“确定”按钮，弹出“函数参数”对话框，如图 6-24 所示。

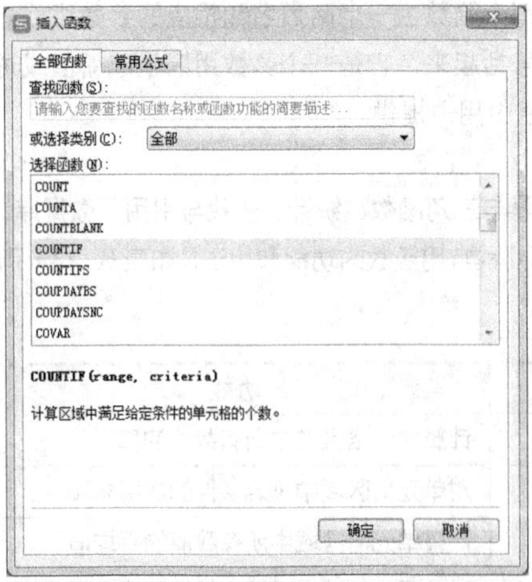

图 6-23 “插入函数”对话框

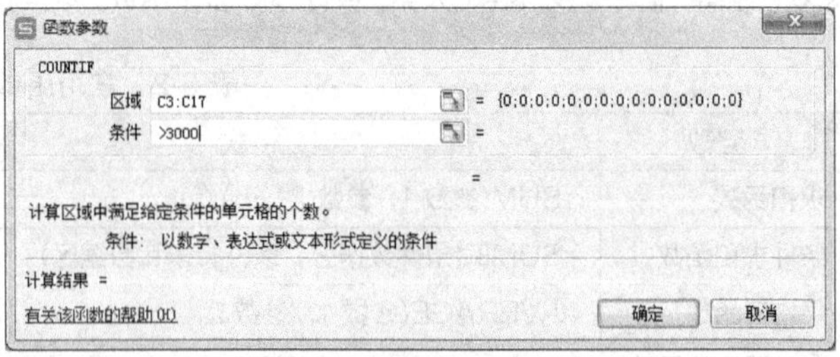

图 6-24 选择函数参数

（5）在对话框中确定该函数需要的参数。COUNTIF 函数是计算满足条件的单元格的个数，需要确定该函数引用的区域和计算该函数时所需的条件。单击“区域”文本框，在工作表中用鼠标拖动选择区域，单击“条件”文本框，在其中输入条件“>3000”。

（6）单击“确定”按钮，即可计算出该函数的值。

【教学案例 2】学生成绩表

统计学生的学习成绩是每个老师都经常要进行的一项工作。图 6-25 所示为某大学的学生成绩表，根据所学知识，进行计算每个学生的总分、平均分、名次，计算每门功课的平均分及最高分，统计各科的不及格人数，以及筛选出符合条件的记录等操作。

	A	B	C	D	E	F	G	H	I	J
1	××大学学生成绩表									
2								填表日期：2018.7.8		
3	学号	姓名	性别	大学语文	高等数学	计算机基础	总分	平均分	名次	等级
4	0001	张成祥	男	75	80	91				
5	0002	王红艳	女	86	85	89				
6	0003	龙志伟	男	57	62	56				
7	0004	唐　娜	女	85	53	84				
8	0005	马小承	男	73	81	66				
9	0006	田云龙	男	89	91	91				
10	0007	李芳芳	女	68	76	62				
11	0008	周春霞	女	71	86	71				
12	0009	张　强	男	79	58	87				
13	0010	杨　柳	女	82	81	83				
14	学科平均分									
15	学科最高分									

图 6-25　学生成绩表

操作要求

（1）用函数计算出每个学生的总分和平均分（平均分保留一位小数）。

（2）用函数计算出各学科的平均分（平均分保留一位小数）和最高分。

（3）用排位函数按总分由高到低排出名次。

（4）用条件函数给“等级”赋值：平均分在 80 分及以上者为“优秀”，60 分及以上者为“合格”，60 分以下者为“不合格”。

（5）新建三张工作表 Sheet2、Sheet3 和 Sheet4，将工作表 Sheet1 中“A1:J13”单元格的数据分别复制到工作表 Sheet2 ~ Sheet4 中 A1 单元格开始的区域。

（6）在工作表 Sheet2 中用函数统计总人数和各科不合格人数，并利用公式计算各科的不合格率。

（7）在工作表 Sheet3 中利用条件平均值函数分别计算“优秀”等级各科的平均分和“合格”等级各科的平均分。

（8）在工作表 Sheet4 中用纵向查找函数提取王红艳、唐娜、田云龙及张强的成绩等级。

操作步骤

步骤 1　建立工作簿并输入数据

（1）启动 WPS 2019，新建一个空白工作簿。

（2）保存工作簿。单击快速访问工具栏上的“保存”按钮，在弹出的“另存为”对话框中，选择保存位置为“桌面”，文件名为“班级+姓名”，单击“保存”按钮。

微课 56 学生成绩表 1

（3）在工作表 Sheet1 中输入数据并编辑格式，结果如图 6-25 所示。

步骤 2　计算每个学生的总分和平均分

（1）选择 G4 单元格，单击“开始”选项卡中“求和”下拉按钮，弹出函数下拉列表，在下拉列表中选择“求和”命令。G4 单元格中出现求和函数“= SUM(D4:F4)”，检查求和数据的范围正确后，按下 Enter 键，计算出第一个学生的总分，如图 6-26 所示。

（2）再次选择 G4 单元格，拖动填充柄至 G13 单元格处释放鼠标左键，利用填充柄完成公式的复制，计算出其余每个学生的总分，如图 6-27 所示。

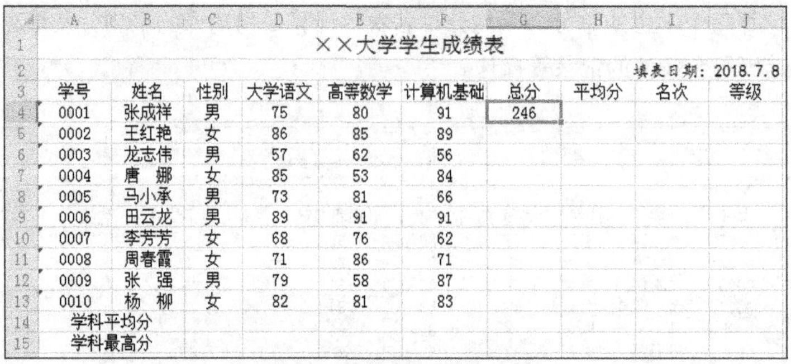

××大学学生成绩表

填表日期：2018.7.8

学号	姓名	性别	大学语文	高等数学	计算机基础	总分	平均分	名次	等级
0001	张成祥	男	75	80	91	246			
0002	王红艳	女	86	85	89				
0003	龙志伟	男	57	62	56				
0004	唐　娜	女	85	53	84				
0005	马小承	男	73	81	66				
0006	田云龙	男	89	91	91				
0007	李芳芳	女	68	76	62				
0008	周春霞	女	71	86	71				
0009	张　强	男	79	58	87				
0010	杨　柳	女	82	81	83				
学科平均分									
学科最高分									

图 6-26　求出第一个学生的总分

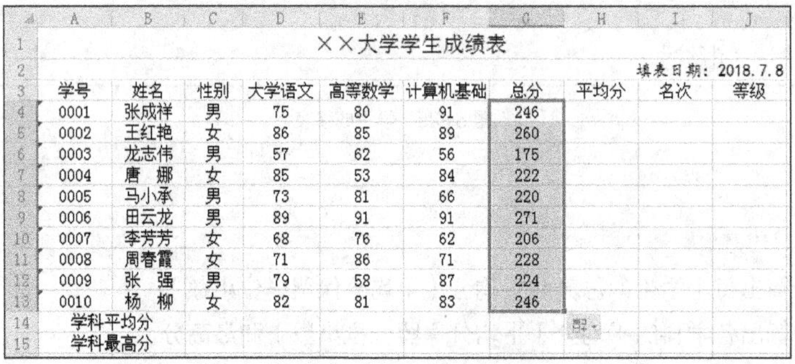

××大学学生成绩表

填表日期：2018.7.8

学号	姓名	性别	大学语文	高等数学	计算机基础	总分	平均分	名次	等级
0001	张成祥	男	75	80	91	246			
0002	王红艳	女	86	85	89	260			
0003	龙志伟	男	57	62	56	175			
0004	唐　娜	女	85	53	84	222			
0005	马小承	男	73	81	66	220			
0006	田云龙	男	89	91	91	271			
0007	李芳芳	女	68	76	62	206			
0008	周春霞	女	71	86	71	228			
0009	张　强	男	79	58	87	224			
0010	杨　柳	女	82	81	83	246			
学科平均分									
学科最高分									

图 6-27　求出全部学生的总分

（3）选择 H4 单元格，单击“开始”选项卡中“求和”下拉按钮，弹出函数下拉列表，在下拉列表中选择“平均值”命令。H4 单元格中出现求平均值函数。由于函数的取值范围不正确，故用鼠标重新框选“D4:F4”单元格区域，按下 Enter 键，计算出第一个学生的平均成绩。

（4）再次选择 H4 单元格，拖动填充柄至 H13 单元格释放鼠标左键，利用填充柄完成公式的复制，计算出其他学生的平均分。

（5）选择“H4:H13”单元格，单击“开始”选项卡中的“增加小数位数”按钮，然后多次单击“减少小数位数”按钮，至保留一位小数，如图 6-28 所示。

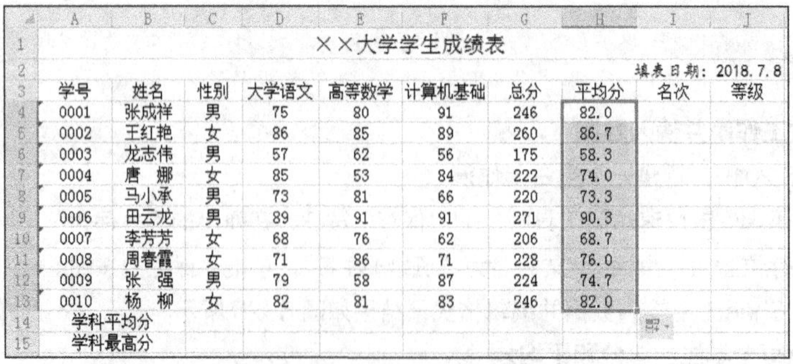

××大学学生成绩表

填表日期：2018.7.8

学号	姓名	性别	大学语文	高等数学	计算机基础	总分	平均分	名次	等级
0001	张成祥	男	75	80	91	246	82.0		
0002	王红艳	女	86	85	89	260	86.7		
0003	龙志伟	男	57	62	56	175	58.3		
0004	唐　娜	女	85	53	84	222	74.0		
0005	马小承	男	73	81	66	220	73.3		
0006	田云龙	男	89	91	91	271	90.3		
0007	李芳芳	女	68	76	62	206	68.7		
0008	周春霞	女	71	86	71	228	76.0		
0009	张　强	男	79	58	87	224	74.7		
0010	杨　柳	女	82	81	83	246	82.0		
学科平均分									
学科最高分									

图 6-28　求出全部学生的平均分

步骤 3　计算各学科平均分和最高分

（1）选择 D14 单元格，在“开始”选项卡中单击“求和”下拉按钮，弹出函数下拉列表，在函数下拉列表中选择“平均值”命令，D14 单元格显示“=AVERAGE(D4:D13)”，确认函数范围正确，按 Enter 键，求出“大学语文”的平均分。

（2）再次选择 D14 单元格，向右拖动填充柄至 F14 单元格处释放鼠标左键，利用填充柄完成公式的复制，计算出各门功课的平均分。

（3）选择“D14:F14”单元格，单击“开始”选项卡中的“增加小数位数”按钮，然后多次单击“减少小数位数”按钮，至保留一位小数，如图 6-29 所示。

××大学学生成绩表

填表日期：2018.7.8

学号	姓名	性别	大学语文	高等数学	计算机基础	总分	平均分	名次	等级
0001	张成祥	男	75	80	91	246	82.0		
0002	王红艳	女	86	85	89	260	86.7		
0003	龙志伟	男	57	62	56	175	58.3		
0004	唐　娜	女	85	53	84	222	74.0		
0005	马小承	男	73	81	66	220	73.3		
0006	田云龙	男	89	91	91	271	90.3		
0007	李芳芳	女	68	76	62	206	68.7		
0008	周春霞	女	71	86	71	228	76.0		
0009	张　强	男	79	58	87	224	74.7		
0010	杨　柳	女	82	81	83	246	82.0		
学科平均分			76.5	75.3	78.0				
学科最高分									

图 6-29 求出各门课程平均分

（4）选择 D15 单元格，单击“开始”选项卡中“求和”下拉按钮，弹出函数下拉列表，在函数下拉列表中选择“最大值”命令，由于函数范围不正确，故重新框选“D4:D13”单元格区域，按下 Enter 键，统计出“大学语文”成绩中的最高分。

（5）再次选择 D15 单元格，拖动填充柄至 F15 单元格处释放鼠标左键，利用填充柄完成公式的复制，统计出“高等数学”和“计算机基础”的最高分，如图 6-30 所示。

××大学学生成绩表

填表日期：2018.7.8

学号	姓名	性别	大学语文	高等数学	计算机基础	总分	平均分	名次	等级
0001	张成祥	男	75	80	91	246	82.0		
0002	王红艳	女	86	85	89	260	86.7		
0003	龙志伟	男	57	62	56	175	58.3		
0004	唐　娜	女	85	53	84	222	74.0		
0005	马小承	男	73	81	66	220	73.3		
0006	田云龙	男	89	91	91	271	90.3		
0007	李芳芳	女	68	76	62	206	68.7		
0008	周春霞	女	71	86	71	228	76.0		
0009	张　强	男	79	58	87	224	74.7		
0010	杨　柳	女	82	81	83	246	82.0		
学科平均分			76.5	75.3	78.0				
学科最高分			89	91	91				

图 6-30 统计各门课程最高分

步骤 4 用排位函数排出名次

（1）选中 I4 单元格。

（2）单击“开始”选项卡中“求和”下拉按钮，在弹出的函数下拉列表中选择“其他函数”，弹出“插入函数”对话框，如图 6-31 所示。

（3）在弹出的“插入函数”对话框中的“查找函数”文本框中输入函数名 RANK，单击“确定”按钮；或单击“或选择类别”右侧的下拉按钮，选择“全部”或“统计”，再从函数列表中选择排位函数 RANK（函数名按首字母在英文字母表中的顺序排列），弹出“函数参数”对话框。

微课 57 学生成绩表 2

（4）在对话框的“数值”文本框中输入“G4”，在“引用”文本框中输入绝对地址“$G$4:$G$13”（也可先输入 G4:G13，然后用功能键 F4 切换到$G$4:$G$13），“排位方式”忽略，如图 6-32 所示。

（5）单击“确定”按钮，在单元格 I4 中得到张成祥的名次为 3。

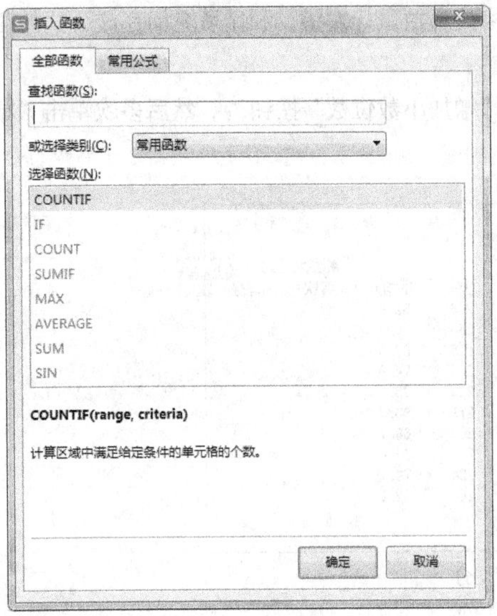

图 6-31 “插入函数”对话框

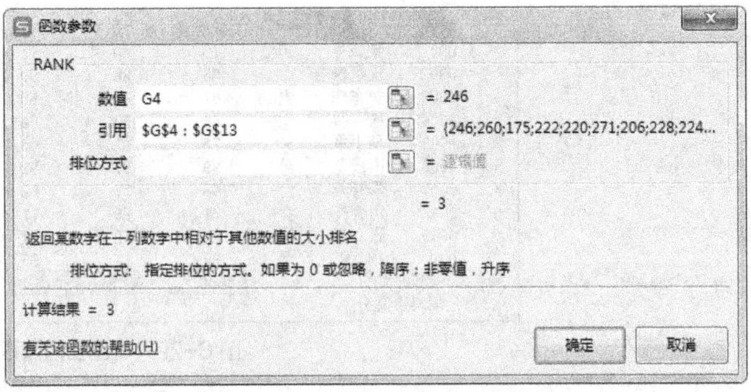

图 6-32 “函数参数”对话框

（6）再次选中 I4 单元格，向下拖动填充柄，填充其他学生的排名名次，如图 6-33 所示。

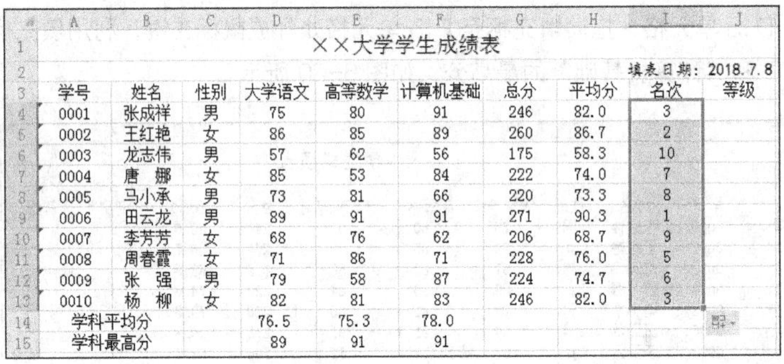

	A	B	C	D	E	F	G	H	I	J
1	××大学学生成绩表									
2									填表日期：2018.7.8	
3	学号	姓名	性别	大学语文	高等数学	计算机基础	总分	平均分	名次	等级
4	0001	张成祥	男	75	80	91	246	82.0	3	
5	0002	王红艳	女	86	85	89	260	86.7	2	
6	0003	龙志伟	男	57	62	56	175	58.3	10	
7	0004	唐 娜	女	85	53	84	222	74.0	7	
8	0005	马小承	男	73	81	66	220	73.3	8	
9	0006	田云龙	男	89	91	91	271	90.3	1	
10	0007	李芳芳	女	68	76	62	206	68.7	9	
11	0008	周春霞	女	71	86	71	228	76.0	5	
12	0009	张 强	男	79	58	87	224	74.7	6	
13	0010	杨 柳	女	82	81	83	246	82.0	3	
14	学科平均分			76.5	75.3	78.0				
15	学科最高分			89	91	91				

图 6-33 排名结果

提示

1. 在输入“引用”范围时，一定要用绝对地址锁定引用范围，否则排名出来的结果将是错误的。因为如果引用相对地址，则对张成祥的引用地址是（G4:G13），用填充柄向下复制公式后，王红艳的引用地址会改变为(G5:G14)，龙志伟的引用地址会改变为(G6:G15)，……即排名的引用范围将会发生改变，所以排名结果当然是错误的。
2. 总分相同时，名次相同，下一个名次将会跳过重复名次的排名。

步骤 5 区分等级

1. 方法一

（1）选中 J4 单元格。

（2）单击“开始”选项卡中的“求和”下拉按钮，在弹出的函数下拉列表中选择“其他函数”，弹出“插入函数”对话框。

（3）在对话框中单击“或选择类别”右侧的下拉按钮，从下拉列表中选择“全

微课 58 学生成绩表 3

部”，从“选择函数”列表中选择条件函数 IF，弹出“函数参数”对话框。

（4）在对话框的“测试条件”框中输入“H4>=80”，在“真值”框中输入“优秀”，如图 6-34 所示。

（5）将光标定位于“假值”框中，单击“公式编辑栏”左侧的 fx 按钮，从弹出的“插入函数”对话框中再次选择 IF 函数，弹出嵌套的 IF 函数的公式选项对话框，在“测试条件”框中输入“H4>=60”，在“真值”框中输入“合格”，在“假值”框中输入“不合格”，如图 6-35 所示。

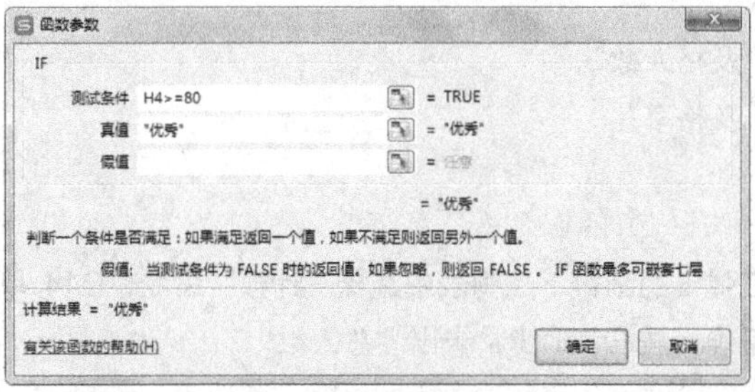

图 6-34　“函数参数”对话框

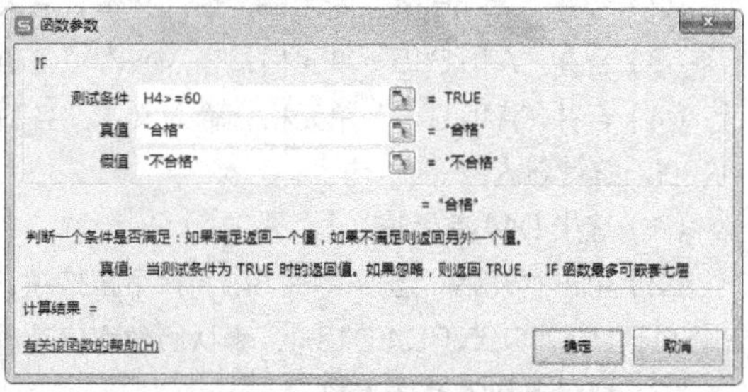

图 6-35　嵌套“函数参数”对话框

（6）单击“确定”按钮，在 J4 单元格中显示等级为“优秀”。向下拖动填充柄，显示其他学生的成绩“等级”，如图 6-36 所示。

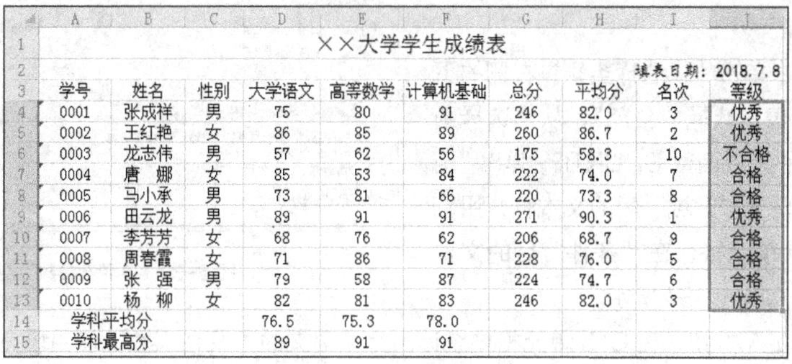

	A	B	C	D	E	F	G	H	I	J
1	××大学学生成绩表									
2									填表日期：2018.7.8	
3	学号	姓名	性别	大学语文	高等数学	计算机基础	总分	平均分	名次	等级
4	0001	张成祥	男	75	80	91	246	82.0	3	优秀
5	0002	王红艳	女	86	85	89	260	86.7	2	优秀
6	0003	龙志伟	男	57	62	56	175	58.3	10	不合格
7	0004	唐　娜	女	85	53	84	222	74.0	7	合格
8	0005	马小承	男	73	81	66	220	73.3	8	合格
9	0006	田云龙	男	89	91	91	271	90.3	1	优秀
10	0007	李芳芳	女	68	76	62	206	68.7	9	合格
11	0008	周春霞	女	71	86	71	228	76.0	5	合格
12	0009	张　强	男	79	58	87	224	74.7	6	合格
13	0010	杨　柳	女	82	81	83	246	82.0	3	优秀
14	学科平均分			76.5	75.3	78.0				
15	学科最高分			89	91	91				

图 6-36　给“等级”赋值

2. 方法二

也可按下列步骤直接输入函数完成“等级”显示。

（1）选中 J4 单元格。

（2）在公式编辑栏中输入条件函数：=IF(G4>=80，“优秀”，IF(G4>=60，“合格”，“不合格”))，显示第 1 个学生的成绩等级。

（3）利用填充柄填充其他学生的成绩等级。

输入条件函数时要注意以下几点。

① 公式必须以等号“=”开始。

② 除汉字用中文输入法以外，其他所有字母、数字及符号一律在英文状态下输入。

③ 函数名称不区分大小写字母。

④ 如果公式或函数输入错误，可直接在公式编辑栏中进行修改。

步骤 6　新建工作表并复制数据

（1）单击工作表标签栏中的 ＋ 按钮，新建三张工作表 Sheet2 ~ Sheet4。

（2）选中“A1:J13”的数据区域。

（3）右击鼠标，在右键菜单中选择“复制”命令。

微课 59 学生成绩表 4

（4）切换到工作表 Sheet2，选中 A1 单元格，右击鼠标，在快捷菜单中选择“粘贴”命令，将工作表 Sheet1 中的数据粘贴到工作表 Sheet2 中。

（5）同理，将工作表 Sheet1 中的数据粘贴到其他几个工作表中。

步骤 7　统计人数和不及格率

（1）切换到工作表标签 Sheet2。

（2）合并“A14:B14”单元格，输入文本“总人数”。

（3）合并“A15:B15”单元格，输入文本“各科不及格人数”。

（4）合并“A16:B16”单元格，输入文本“各科不及格率”。

1. 统计总人数

（1）选中 D14 单元格。

（2）单击“开始”选项卡中“求和”下拉按钮，在弹出的函数下拉列表中选择“计数”命令，D14 单元格显示“= COUNT(D4:D13)”，确认函数取值范围正确，按 Enter 键，求出“总人数”。

2. 统计各科不及格人数

（1）选中 D15 单元格。

（2）单击“开始”选项卡中“求和”下拉按钮，在弹出的函数下拉列表中选择“其他函数”，弹出“插入函数”对话框。

（3）在对话框中单击“或选择类别”右侧的下拉按钮，从下拉列表中选择“全部”，从“选择函数”列表中选择条件计数函数 COUNTIF，弹出“函数参数”对话框。单击“区域”后的文本框，用鼠标框选“D4:D13”单元格，在“条件”后的文本框中输入“<60”，如图 6-37 所示。

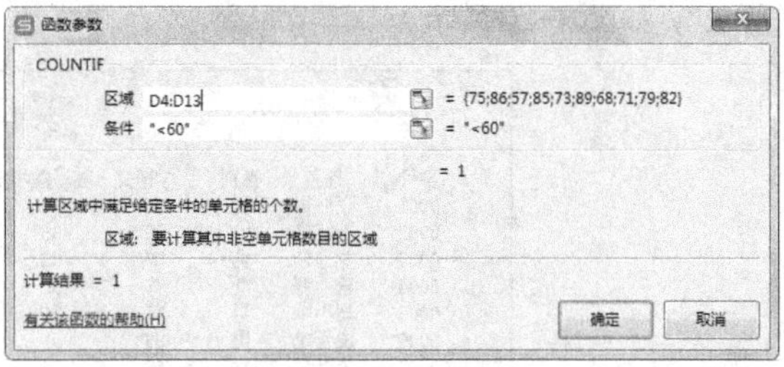

图 6-37　“函数参数”对话框

（4）单击“确定”按钮，在 D15 单元格中统计出大学语文的不及格人数，使用填充柄向右拖动，统计出高等数学和计算机基础的不及格人数，如图 6-38 所示。

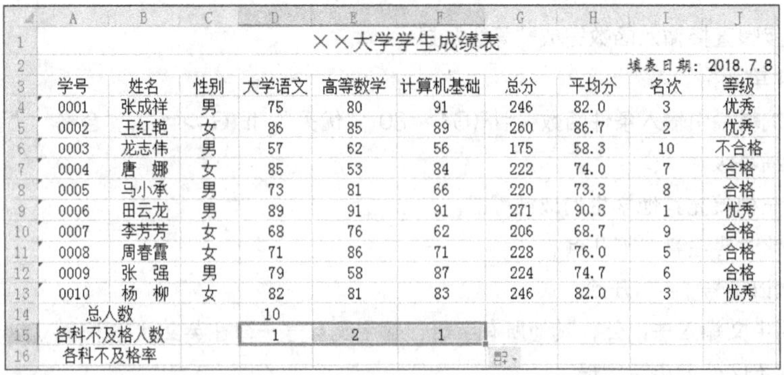

	A	B	C	D	E	F	G	H	I	J
1	××大学学生成绩表									
2									填表日期：2018.7.8	
3	学号	姓名	性别	大学语文	高等数学	计算机基础	总分	平均分	名次	等级
4	0001	张成祥	男	75	80	91	246	82.0	3	优秀
5	0002	王红艳	女	86	85	89	260	86.7	2	优秀
6	0003	龙志伟	男	57	62	56	175	58.3	10	不合格
7	0004	唐　娜	女	85	53	84	222	74.0	7	合格
8	0005	马小承	男	73	81	66	220	73.3	8	合格
9	0006	田云龙	男	89	91	91	271	90.3	1	优秀
10	0007	李芳芳	女	68	76	62	206	68.7	9	合格
11	0008	周春霞	女	71	86	71	228	76.0	5	合格
12	0009	张　强	男	79	58	87	224	74.7	6	合格
13	0010	杨　柳	女	82	81	83	246	82.0	3	优秀
14	总人数			10						
15	各科不及格人数			1	2	1				
16	各科不及格率									

图 6-38　统计“总人数”和“各科不及格人数”

3. 计算各科不及格率

不及格率 = 不及格人数/总人数 × 100%。

（1）选中 D16 单元格。

（2）在公式编辑栏中输入公式“=D15/10”，单击公式编辑栏左侧的 ✓ 按钮或按回车键，则 D16 单元格中显示大学语文的不及格率。使用填充柄向右拖动，统计出高等数学和计算机基础的不及格率。这时的不及格率以小数形式显示。

（3）选择“D16:F16”单元格区域，右击鼠标，从弹出的快捷菜单中选择“设置单元格格式”命令，在弹出的“单元格格式”对话框中设置数字格式为“百分比”，小数位数为 1 位，此时各科的不及格率以百分比形式显示，如图 6-39 所示。

	A	B	C	D	E	F	G	H	I	J
1	××大学学生成绩表									
2								填表日期：2018.7.8		
3	学号	姓名	性别	大学语文	高等数学	计算机基础	总分	平均分	名次	等级
4	0001	张成祥	男	75	80	91	246	82.0	3	优秀
5	0002	王红艳	女	86	85	89	260	86.7	2	优秀
6	0003	龙志伟	男	57	62	56	175	58.3	10	不合格
7	0004	唐 娜	女	85	53	84	222	74.0	7	合格
8	0005	马小承	男	73	81	66	220	73.3	8	合格
9	0006	田云龙	男	89	91	91	271	90.3	1	优秀
10	0007	李芳芳	女	68	76	62	206	68.7	9	合格
11	0008	周春霞	女	71	86	71	228	76.0	5	合格
12	0009	张 强	男	79	58	87	224	74.7	6	合格
13	0010	杨 柳	女	82	81	83	246	82.0	3	优秀
14	总人数			10						
15	各科不及格人数			1	2	1				
16	各科不及格率			10.0%	20.0%	10.0%				

图 6-39 计算各科不及格率

步骤 8 分别计算“优秀”等级和“合格”等级各科的平均分

（1）切换到工作表 Sheet3 中。

（2）合并“A14:B14”单元格，输入文本“优秀等级平均分”。

（3）合并“A15:B15”单元格，输入文本“合格等级平均分”。

（4）选中 D14 单元格。

（5）单击“开始”选项卡中“求和”下拉按钮，在弹出的函数下拉列表中选择“其他函数”，弹出“插入函数”对话框。

微课 60 学生成绩表 5

（6）在对话框中单击“或选择类别”右侧的下拉按钮，从下拉列表中选择“全部”，从“选择函数”列表中选择条件平均值函数 AVERAGEIF，弹出“函数参数”对话框。单击“区域”后的文本框，用鼠标框选“$J$4:$J$13”单元格，在“条件”框中输入“优秀”，在“求平均值区域”框中输入“D4:D13”，如图 6-40 所示。

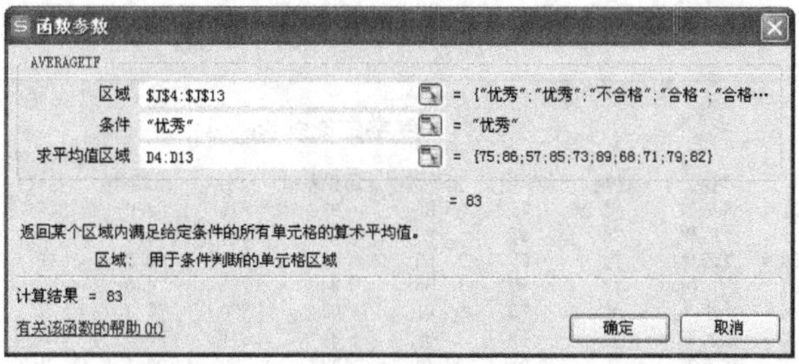

图 6-40 计算“优秀”等级大学语文的平均分

（7）单击“确定”按钮，在 D14 单元格中统计出等级为“优秀”学生的大学语文的平均成绩，使用填充柄向右拖动，统计出等级为“优秀”的学生的高等数学和计算机基础的平均成绩，如图 6-41 所示。

（8）同样的方法，统计出等级为“合格”的学生的各学科的平均成绩，结果如图 6-41 所示。

	A	B	C	D	E	F	G	H	I	J
1	××大学学生成绩表									
2									填表日期：2018.7.8	
3	学号	姓名	性别	大学语文	高等数学	计算机基础	总分	平均分	名次	等级
4	0001	张成祥	男	75	80	91	246	82.0	3	优秀
5	0002	王红艳	女	86	85	89	260	86.7	2	优秀
6	0003	龙志伟	男	57	62	56	175	58.3	10	不合格
7	0004	唐　娜	女	85	53	84	222	74.0	7	合格
8	0005	马小承	男	73	81	66	220	73.3	8	合格
9	0006	田云龙	男	89	91	91	271	90.3	1	优秀
10	0007	李芳芳	女	68	76	62	206	68.7	9	合格
11	0008	周春霞	女	71	86	71	228	76.0	5	合格
12	0009	张　强	男	79	58	87	224	74.7	6	合格
13	0010	杨　柳	女	82	81	83	246	82.0	3	优秀
14	优秀等级平均分			83.0	84.3	88.5				
15	合格等级平均分			75.2	70.8	74				

图 6-41　“优秀”等级与“合格”等级各科的平均分

步骤 9　提取王红艳等人的成绩等级

当数据量很大的时候，如果用手动的方法逐个查找所需记录将会十分烦琐，WPS 表格因此提供了专门的查找函数——VLOOKUP 函数。VLOOKUP 函数是一个纵向查找函数，该函数搜索指定单元格区域的第一列，然后返回该列所需查询列序所对应的值。

微课 61 学生成绩表 6

（1）切换到工作表 Sheet4。

（2）在“B16:B19”单元格区域中分别输入所要查找的学生姓名：王红艳、唐娜、田云龙、张强（注意姓名之间要输入空格）。

（3）选中 C16 单元格。

（4）单击“开始”选项卡中“求和”下拉按钮，在弹出的函数下拉列表中选择“其他函数”，再在弹出的“插入函数”对话框中选择纵向查找函数 VLOOKUP，弹出“函数参数”对话框。在“查找值”框中输入要查找内容的单元格名称 B16，在“数据表”框中输入查找范围$B$4:$J$13，在“列序数”中输入 9，在“匹配条件”中输入 0，如图 6-42 所示。

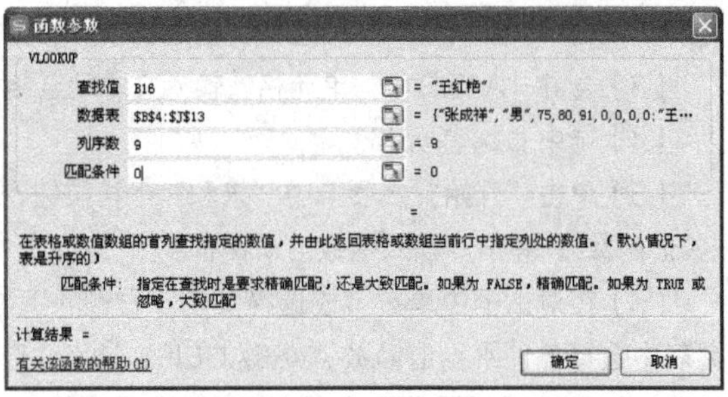

图 6-42　“函数参数”对话框

（5）单击“确定”按钮，在 C16 单元格中显示王红艳的成绩等级为“优秀”。重新选定 C16 单元格，使用填充柄向下拖动，显示其他学生的等级，如图 6-43 所示。

	A	B	C	D	E	F	G	H	I	J
1	××大学学生成绩表									
2									填表日期：2018.7.8	
3	学号	姓名	性别	大学语文	高等数学	计算机基础	总分	平均分	名次	等级
4	0001	张成祥	男	75	80	91	246	82.0	3	优秀
5	0002	王红艳	女	86	85	89	260	86.7	2	优秀
6	0003	龙志伟	男	57	62	56	175	58.3	10	不合格
7	0004	唐　娜	女	85	53	84	222	74.0	7	合格
8	0005	马小承	男	73	81	66	220	73.3	8	合格
9	0006	田云龙	男	89	91	91	271	90.3	1	优秀
10	0007	李芳芳	女	68	76	62	206	68.7	9	合格
11	0008	周春霞	女	71	86	71	228	76.0	5	合格
12	0009	张　强	男	79	58	87	224	74.7	6	合格
13	0010	杨　柳	女	82	81	83	246	82.0	3	优秀
14										
15										
16		王红艳	优秀							
17		唐　娜	合格							
18		田云龙	优秀							
19		张　强	#N/A							

图 6-43　显示所要查找学生的等级

说明：

1. “查找值”为要查找内容所在的单元格名称，即找什么。

2. “数据表”需输入要查找范围的绝对地址，且将“查找值”所在列作为第一列，即在哪找。

3. “列序数”为返回值在“数据表”中的列序数，而不是工作表中的“列序数”，即找到后返回其右侧对应的第几列数据。

4. “匹配条件”指定在查找时是精确匹配还是大致匹配，精确匹配输入FLASE或0，大致匹配输入TURE或1。精确匹配只查找精确匹配的值，大致匹配可以找到近似匹配的值。在我们的工作中，大多都使用精确匹配，所以该参数大多情况下选择为0。

5. 若找到匹配的值则显示结果，若找不到匹配的值则返回一个错误信息#N/A。

VLOOKUP的函数格式可表述为：VLOOKUP(找什么，在哪找，找到后返回其右侧对应的第几列数据，精确匹配或者大致匹配)。所以也可按下列步骤直接输入函数完成数据查找。

（1）选中C16单元格。

（2）在公式编辑栏中输入函数：=VLOOKUP(B16,$B$3:$J$13,9,0)，显示第一个学生的成绩等级。

（3）利用填充柄填充其他学生的成绩等级。

步骤10 保存工作簿

单击快速访问工具栏中的“保存”按钮或按F12键进行保存工作簿。

任务6.3 排序与筛选

6.3.1 数据排序

数据排序是指以一个或多个关键字为依据，按一定顺序对工作表中的数据进行重新排列。排序后的工作表成为按指定关键字排列的有序工作表，便于浏览、查询和统计相关的数据。

排序有快速排序和自定义排序两种。如果按单列字段进行排序，可采用快速排序的方法；如果按多列字段进行排序，则应采用自定义排序的方法。

要注意的是，在排序的数据区域不能含有合并的单元格，否则不能进行正常的排序。

依据数据格式的不同，排序方式如下。

- 对数字进行排序，按数字从小到大为升序，从大到小为降序。
- 对文本进行排序，按首字母顺序从A~Z为升序，从Z~A为降序。
- 对日期和时间进行排序，按从早到晚为升序，从晚到早为降序。

1. 快速排序

（1）单击要排序的字段所在列的任一非空单元格。

（2）单击“开始”选项卡中的“排序”下拉按钮，从命令列表中选择“升序排序”或“降序排序”命令，即按选定的关键字排序。

2. 自定义排序

（1）单击工作表中任一单元格或选中整张数据清单（若标题行是合并的单元格，则选择的数据区域不能包含标题行）。

（2）单击“开始”选项卡的“排序”下拉按钮，从下拉列表中选择“自定义排序”命令，打开图6-44所示“排序”对话框。

（3）在对话框中确定主要关键字的“排序依据”和“次序”。

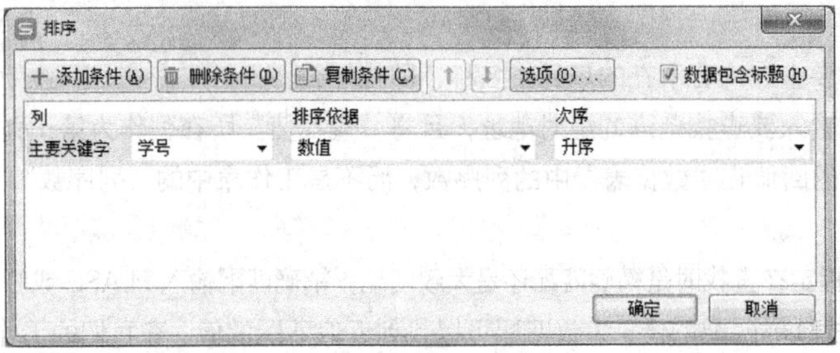

图 6-44 自定义排序

（4）根据需要可以单击“添加条件”按钮，增加多个排序关键字。

（5）根据所选区域有无表头，选中或取消选中“数据包含标题”复选框。

（6）单击“确定”按钮，完成排序。

大多数排序操作都是按列排序。单击“选项”按钮，可以设置排序方向为“按行排序”。

注意

添加排序条件时，只有当排序记录的主要关键字相同时，才需要添加次要关键字；次要关键字也相同时，才需要添加第三关键字。

6.3.2 数据筛选

数据筛选是指在工作表中快速提取出满足指定条件的记录的方法。筛选后的数据清单中只包含符合条件的记录，便于浏览和查询。不符合条件的记录暂时被隐藏起来而不会被删除。

可以使用筛选和高级筛选两种方法进行数据的筛选。

1. 筛选

当筛选条件仅涉及一个字段的内容时，可通过“筛选”命令快速筛选出满足条件的记录。

（1）选中整张数据清单（若标题行是合并的单元格，则选择的数据区域不能包含标题行）。

（2）单击“开始”选项卡中的“筛选”下拉按钮，从命令列表中选择“筛选”命令。这时可以看到，在工作表中的每个字段名右侧都会出现一个下拉按钮，如图 6-45 所示。

	A	B	C	D	E	F	G	H	I
1	7月份工资表								
2	姓名	部门	基本工	岗位津	工龄工	水电费	应发工	扣除	实发工资
3	张爱华	市场部	2589	500	300	126	3263	261.04	3001.96
4	李诗纯	市场部	3647	500	300	86	4361	348.88	4012.12
5	王亚莉	人力资源部	2894	300	500	95	3599	287.92	3311.08
6	张丽丽	企划部	3562	400	600	105	4457	356.56	4100.44
7	魏海燕	企划部	2349	400	400	132	3017	241.36	2775.64
8	陈小晓	市场部	2698	500	200	84	3314	265.12	3048.88
9	李国芬	企划部	3312	400	300	76	3936	314.88	3621.12
10	刘圆圆	市场部	2636	500	400	108	3428	274.24	3153.76

图 6-45 “自动筛选”控制按钮

（3）单击要筛选字段的下拉按钮，如“基本工资”，则出现图 6-46 所示的下拉列表对话框。单击“数字筛选”按钮，在下拉列表框中根据单元格数据类型显示与该类型相关的可选条件项，例如数值类型，则显示等于、大于、小于、介于、前 10 项、自定义筛选等。

（4）单击“高于平均值”按钮，则此时工作表中仅显示基本工资高于平均值的记录，若要显示全部记录，则应再次单击“基本工资”下拉按钮，在弹出的对话框中单击“清空条件”按钮，原来的数据即可再次完整地显示出来。

单击“筛选”对话框的“数字筛选”按钮，在弹出的列表中选择“自定义筛选”命令，弹出“自定义自动筛选方式”对话框，如图 6-47 所示。该筛选方式可以为一个字段设置两个筛选条件，然后按照两个条件的组合进行筛选。两个条件的关系有“与”和“或”两种，前者表示筛选出同时满足两个条件的数据，后者表示筛选出满足任意一个条件的数据。

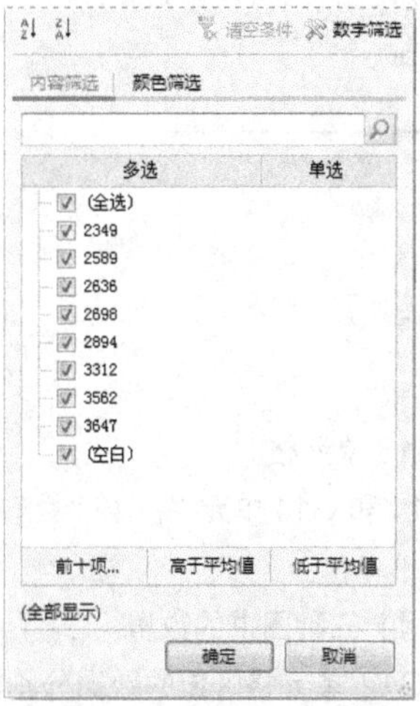

图 6-46 “数字筛选”对话框

图 6-47 “自定义自动筛选方式”对话框

如果要退出筛选状态，则再次单击“数据”选项卡中的“筛选”按钮，取消自动筛选并且字段名右侧的下拉按钮同时消失。

2. 高级筛选

一般来说，当筛选条件仅涉及一个字段时，通过“筛选”命令即可完成筛选操作；当筛选条件涉及多个字段时，通常需要通过“高级筛选”命令来完成筛选操作。

（1）将表头字段名复制到工作表数据区域中距原有数据区域至少空出一行或一列的位置。

（2）在新复制的表头下方对应位置输入筛选条件，属于“并且”关系的条件要放在同一行，属于“或者”关系的条件要放在不同行。

（3）单击“开始”选项卡中的“筛选”下拉按钮，从命令列表中选择“高级筛选”命令，弹出“高级筛选”对话框，如图 6-48 所示。

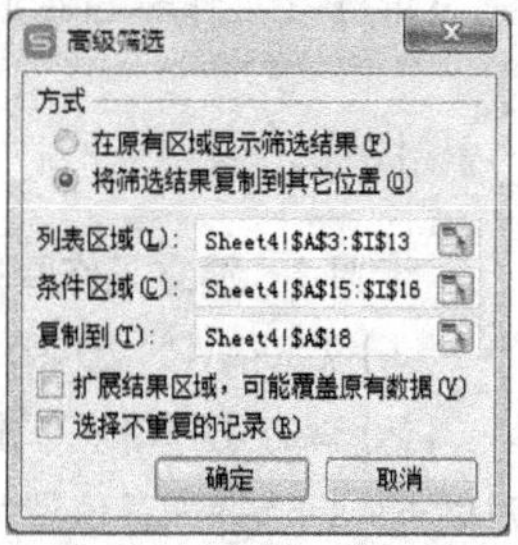

图 6-48 “高级筛选”对话框

（4）在“方式”中单击“将筛选结果复制到其他位置”单选项，则下方的“复制到”变为可用。

（5）定义源数据区域。单击“列表区域”右侧的输入框，在工作表中选择要筛选的源数据区域。

（6）定义条件区域。单击“条件区域”右侧的输入框，在工作表中选择已输入的条件区域。

（7）定义筛选结果区域。单击“复制到”右侧的输入框，在工作表中条件区域下方单击选择放置筛选结果的开始单元格。

（8）单击“确定”按钮，在定义好的位置显示筛选结果。

【教学案例 3】图书管理

如图 6-49 所示，在工作表中输入数据，并按要求完成对工作表的操作。

	A	B	C	D	E	F	G
1	图书管理						
2	序号	书名	出版社	类别	单价	数量	金额
3	0001	智慧社区	电子工业出版社	科普	58.00	10	
4	0002	大学计算机基础	人民邮电出版社	教材	52.00	5	
5	0003	开车是一场修行	广东科技出版社	生活	36.00	8	
6	0004	寻找时间的边缘	海南出版社	科普	32.00	7	
7	0005	恐龙星球	人民邮电出版社	科普	55.20	9	
8	0006	数据库技术与应用	清华大学出版社	教材	52.00	6	
9	0007	智慧城市	清华大学出版社	科普	56.00	6	
10	0008	荒野求生秘技	人民邮电出版社	生活	39.20	8	
11	0009	物联网	清华大学出版社	科普	48.00	12	
12	0010	网络工程CAD	清华大学出版社	教材	49.80	9	
13	清华大学出版社图书						
14	清华大学出版社科普类图书						

图 6-49　图书管理

操作要求

（1）计算每种图书的金额。

（2）计算清华大学出版社图书总数量和总金额，分别填入 F13 和 G13 单元格。

（3）计算清华大学出版社科普类图书总数量和总金额，分别填入 F14 和 G14 单元格。

（4）利用“条件格式”命令中的“渐变填充：红色数据条”标识图书单价。

（5）利用 VLOOKUP 函数提取《恐龙星球》《智慧城市》及《物联网》三种图书的数量。

（6）新建 6 张工作表 Sheet2～Sheet7，将工作表 Sheet1 中 A1:G12 单元格区域的数据分别复制到 Sheet2～Sheet3 中 A1 单元格开始的区域内。在 Sheet3 中清除条件格式后，再将全部数据复制到 Sheet4～Sheet7 中 A1 单元格开始的区域内。

（7）在工作表 Sheet2 中，按图书单价由高到低对记录进行排序（单价相同时按书名的拼音升序排序）。

（8）在工作表 Sheet3 中，筛选出科普类别的图书。

（9）在工作表 Sheet4 中，筛选出单价大于 50 的科普类图书，并将筛选结果存放在 A18 开始的区域。

（10）在工作表 Sheet5 中，筛选出单价大于 50 的图书或科普类图书，并将筛选结果存放在 A18 开始的区域。

（11）在工作表 Sheet6 中，筛选出单价大于 40 且小于 50 的图书。

（12）在工作表 Sheet7 中，筛选出书名中包含“智慧”二字的图书。

操作步骤

步骤 1　建立工作簿并输入数据

（1）启动 WPS 2019，新建一个空白工作簿。

（2）保存工作簿。单击快速访问工具栏上的“保存”按钮，在弹出的“另存为”对话框中，选择保存位置为“桌面”，文件名为“班级+姓名”，单击“保存”按钮。

（3）输入数据并编辑格式，结果如图 6-49 所示。

微课 62 图书管理 1

步骤 2　计算每种图书的金额

（1）选择 G3 单元格。

（2）在公式编辑栏中输入公式“=E3*F30”，单击公式编辑栏左侧的 ✓ 按钮或按回车键，G3 单元格中显示“大学计算机”基础的金额。

（3）使用填充柄向下拖动，计算出其他图书的金额，如图 6-50 所示。

	A	B	C	D	E	F	G
1			图书管理				
2	序号	书名	出版社	类别	单价	数量	金额
3	0001	智慧社区	电子工业出版社	科普	58.00	10	580.00
4	0002	大学计算机基础	人民邮电出版社	教材	52.00	5	260.00
5	0003	开车是一场修行	广东科技出版社	生活	36.00	8	288.00
6	0004	寻找时间的边缘	海南出版社	科普	32.00	7	224.00
7	0005	恐龙星球	人民邮电出版社	科普	55.20	9	496.80
8	0006	数据库技术与应用	清华大学出版社	教材	52.00	6	312.00
9	0007	智慧城市	清华大学出版社	科普	56.00	6	336.00
10	0008	荒野求生秘技	人民邮电出版社	生活	39.20	8	313.60
11	0009	物联网	清华大学出版社	科普	48.00	12	576.00
12	0010	网络工程CAD	清华大学出版社	教材	49.80	9	448.20
13	清华大学出版社图书						
14	清华大学出版社科普类图书						

图 6-50　求出每种图书的金额

步骤 3　计算清华大学出版社图书总数量和总金额

（1）选择 F13 单元格。

（2）单击“开始”选项卡中的“求和”下拉按钮，在弹出的函数下拉列表中选择“其他函数”，再在接下来弹出的“插入函数”对话框中输入或选择条件求和函数 SUMIF，单击“确定”按钮，弹出“函数参数”对话框。

（3）单击“区域”文本框，用鼠标框选“C3:C12”区域，按功能键 F4，将引用地址切换为绝对地址 $C$3:$C$12；单击“条件”文本框，在文本框中输入“清华大学出版社”；单击“求和区域”文本框，用鼠标框选 F3:F12 区域，对话框设置如图 6-51 所示。

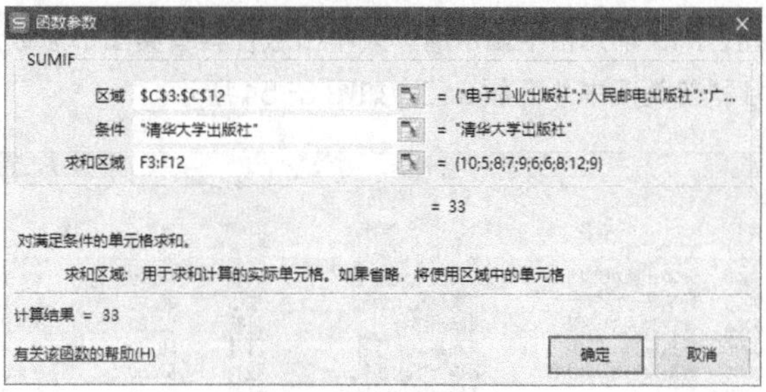

图 6-51　“条件求和”设置

（4）单击“确定”按钮，F13 单元格中显示清华大学出版社图书总数量 33，使用填充柄向右拖动，显示清华大学出版社图书总金额 1672.2，如图 6-52 所示。

	A	B	C	D	E	F	G
1			图书管理				
2	序号	书名	出版社	类别	单价	数量	金额
3	0001	智慧社区	电子工业出版社	科普	58.00	10	580.00
4	0002	大学计算机基础	人民邮电出版社	教材	52.00	5	260.00
5	0003	开车是一场修行	广东科技出版社	生活	36.00	8	288.00
6	0004	寻找时间的边缘	海南出版社	科普	32.00	7	224.00
7	0005	恐龙星球	人民邮电出版社	科普	55.20	9	496.80
8	0006	数据库技术与应用	清华大学出版社	教材	52.00	6	312.00
9	0007	智慧城市	清华大学出版社	科普	56.00	6	336.00
10	0008	荒野求生秘技	人民邮电出版社	生活	39.20	8	313.60
11	0009	物联网	清华大学出版社	科普	48.00	12	576.00
12	0010	网络工程CAD	清华大学出版社	教材	49.80	9	448.20
13	清华大学出版社图书					33	1672.2
14	清华大学出版社科普类图书						

图 6-52　计算清华大学出版社图书总数量和总金额

步骤 4　计算清华大学出版社科普类图书总数量和总金额

（1）选择 F14 单元格。

（2）单击“开始”选项卡中的“求和”下拉按钮，在弹出的函数下拉列表中选择“其他函数”，再在接下来弹出的“插入函数”对话框中输入或选择多条件求和函数 SUMIFS，单击“确定”按钮，弹出“函数参数”对话框。

（3）单击“求和区域”文本框，用鼠标框选“F3:F12”区域；单击“区域 1”文本框，用鼠标框选“C3:C12”区域，按功能键 F4，将引用地址切换为绝对地址$C$3:$C$12，单击“条件 1”文本框，在文本框中输入“清华大学出版社”；单击“区域 2”文本框，用鼠标框选“D3:D12”区域，按功能键 F4，将引用地址切换为绝对地址$D$3:$D$12，单击“条件 2”文本框，在文本框中输入“科普”，对话框设置如图 6-53 所示。

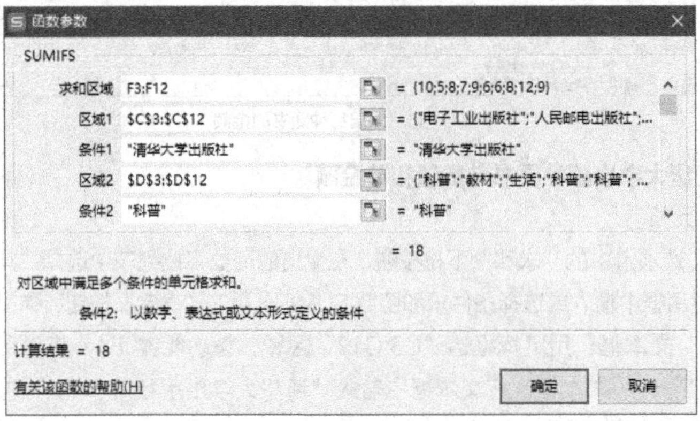

图 6-53 “多条件求和”设置

（4）单击“确定”按钮，F13 单元格中显示清华大学出版社科普类图书总数量为 18，使用填充柄向右拖动，显示清华大学出版社科普类图书总金额 912，如图 6-54 所示。

	A	B	C	D	E	F	G
1	图书管理						
2	序号	书名	出版社	类别	单价	数量	金额
3	0001	智慧社区	电子工业出版社	科普	58.00	10	580.00
4	0002	大学计算机基础	人民邮电出版社	教材	52.00	5	260.00
5	0003	开车是一场修行	广东科技出版社	生活	36.00	8	288.00
6	0004	寻找时间的边缘	海南出版社	科普	32.00	7	224.00
7	0005	恐龙星球	人民邮电出版社	科普	55.20	9	496.80
8	0006	数据库技术与应用	清华大学出版社	教材	52.00	6	312.00
9	0007	智慧城市	清华大学出版社	科普	56.00	6	336.00
10	0008	荒野求生秘技	人民邮电出版社	生活	39.20	8	313.60
11	0009	物联网	清华大学出版社	科普	48.00	12	576.00
12	0010	网络工程CAD	清华大学出版社	教材	49.80	9	448.20
13	清华大学出版社图书					33	1672.2
14	清华大学出版社科普类图书					18	912

图 6-54 计算清华大学出版社科普类图书总数量和总金额

步骤 5 利用“条件格式”命令的“红色数据条”标识图书单价

（1）选择“E3:E12”单元格区域。

（2）单击“开始”选项卡中的“条件格式”下拉按钮，在下拉列表中选择“数据条”→“渐变填充：红色数据条”，单价列单元格被填充渐变的红色数据条，如图 6-55 所示。

	A	B	C	D	E	F	G
1	图书管理						
2	序号	书名	出版社	类别	单价	数量	金额
3	0001	智慧社区	电子工业出版社	科普	58.00	10	580.00
4	0002	大学计算机基础	人民邮电出版社	教材	52.00	5	260.00
5	0003	开车是一场修行	广东科技出版社	生活	36.00	8	288.00
6	0004	寻找时间的边缘	海南出版社	科普	32.00	7	224.00
7	0005	恐龙星球	人民邮电出版社	科普	55.20	9	496.80
8	0006	数据库技术与应用	清华大学出版社	教材	52.00	6	312.00
9	0007	智慧城市	清华大学出版社	科普	56.00	6	336.00
10	0008	荒野求生秘技	人民邮电出版社	生活	39.20	8	313.60
11	0009	物联网	清华大学出版社	科普	48.00	12	576.00
12	0010	网络工程CAD	清华大学出版社	教材	49.80	9	448.20
13	清华大学出版社图书					33	1672.2
14	清华大学出版社科普类图书					18	912

图 6-55 标识图书单价

步骤 6 提取三种图书的数量

1. 方法一

（1）在“B16:B18”单元格区域中分别输入所要查找的书名：“恐龙星球”“智慧城市”及“物联网”。

微课 63 图书管理 2

（2）选中 C16 单元格。

（3）单击“开始”选项卡中“求和”下拉按钮，在弹出的函数下拉列表中选择“其他函数”，再在弹出的“插入函数”对话框中选择纵向查找函数 VLOOKUP，弹出“函数参数”对话框。在“查找值”框中输入要查找内容的单元格名称 B16，在“数据表”框中输入查找范围$B$3:$G$12，在“列序数”中输入 5，在“匹配条件”中输入 0。

（4）单击“确定”按钮，在 C16 单元格中显示“恐龙星球”的数量为 9。重新选定 C16 单元格，使用填充柄向下拖动，显示其他图书的数量，如图 6-56 所示。

2. 方法二

也可按下列步骤直接输入函数完成数据提取。

（1）选中 C16 单元格。

（2）在公式编辑栏中输入纵向查找函数：=VLOOKUP(B16,$B$3:$G$12,5,0)，显示第一本书的数量。

（3）利用填充柄填充其他图书的数量。

	A	B	C	D	E	F	G
1			图书管理				
2	序号	书名	出版社	类别	单价	数量	金额
3	0001	智慧社区	电子工业出版社	科普	58.00	10	580.00
4	0002	大学计算机基础	人民邮电出版社	教材	52.00	5	260.00
5	0003	开车是一场修行	广东科技出版社	生活	36.00	8	288.00
6	0004	寻找时间的边缘	海南出版社	科普	32.00	7	224.00
7	0005	恐龙星球	人民邮电出版社	科普	55.20	9	496.80
8	0006	数据库技术与应用	清华大学出版社	教材	52.00	6	312.00
9	0007	智慧城市	清华大学出版社	科普	56.00	6	336.00
10	0008	荒野求生秘技	人民邮电出版社	生活	39.20	8	313.60
11	0009	物联网	清华大学出版社	科普	48.00	12	576.00
12	0010	网络工程CAD	清华大学出版社	教材	49.80	9	448.20
13	清华大学出版社图书					33	1672.2
14	清华大学出版社科普类图书					18	912
15							
16		恐龙星球	9				
17		智慧城市	6				
18		物联网	12				

图 6-56 提取所要查找图书的单价

步骤 7 新建工作表并复制数据

（1）单击工作表标签栏中的 + 按钮，新建工作表 Sheet 2 ~ Sheet 7。

（2）选中工作表 Sheet 1 中“A1:G12”的单元格区域。

（3）将其分别复制到工作表 Sheet 2 和 Sheet 3 中 A1 开始的单元格区域。

（4）切换到工作表 Sheet 3 中，选择 E3:E12 单元格区域，单击“开始”选项卡中“条件格式”下拉按钮，选择下拉菜单中的“清除规则”→“清除所选单元格的规则”，清除条件格式。

（5）将工作表 Sheet 3 中的数据区域分别粘贴到工作表 Sheet 4 ~ Sheet 7 中 A1 开始的单元格区域。

步骤 8 在 Sheet2 中按图书单价进行排序

（1）切换到工作表 Sheet 2。

（2）选择“A2:G12”单元格区域。

（3）在“开始”选项卡中单击“排序”下拉按钮，从下拉列表中选择“自定义排序”命令，弹出“排序”对话框。

（4）单击“主要关键字”下拉按钮，在关键字列表中选择“单价”，单击“次序”下拉列表，在次序列表中选择“降序”。

（5）单击对话框中的“添加条件”按钮，显示“次要关键字”条件行。单击“次要关键字”下拉按钮，在关键字列表中选择“书名”，单击“次序”下拉列表，在次序列表中选择“升序”，如图 6-57 所示。单击对话框中的“选项”按钮，弹出“排序选项”对话框，选择“拼音排序”单选按钮。

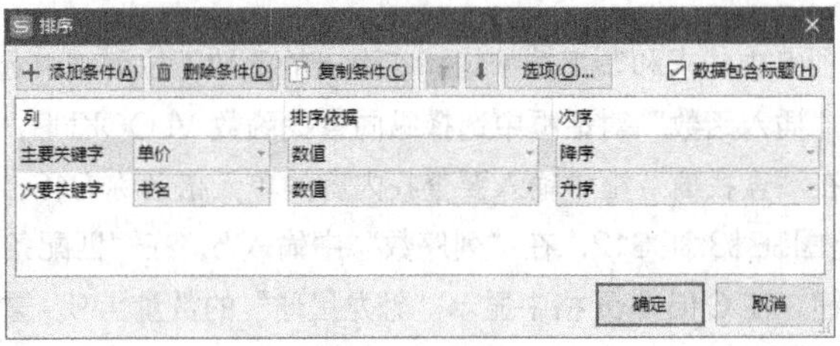

图 6-57　“排序”设置

（6）单击“确定”按钮，排序结果如图 6-58 所示。

	A	B	C	D	E	F	G
1	图书管理						
2	序号	书名	出版社	类别	单价	数量	金额
3	0001	智慧社区	电子工业出版社	科普	58.00	10	580.00
4	0007	智慧城市	清华大学出版社	科普	56.00	6	336.00
5	0005	恐龙星球	人民邮电出版社	科普	55.20	9	496.80
6	0002	大学计算机基础	人民邮电出版社	教材	52.00	5	260.00
7	0006	数据库技术与应用	清华大学出版社	教材	52.00	6	312.00
8	0010	网络工程CAD	清华大学出版社	教材	49.80	9	448.20
9	0009	物联网	清华大学出版社	科普	48.00	12	576.00
10	0008	荒野求生秘技	人民邮电出版社	生活	39.20	8	313.60
11	0003	开车是一场修行	广东科技出版社	生活	36.00	8	288.00
12	0004	寻找时间的边缘	海南出版社	科普	32.00	7	224.00

图 6-58　按单价降序排序

步骤 9　在 Sheet3 中筛选出科普类别的图书

（1）切换到工作表 Sheet 3。

（2）选中“A2:G12”单元格区域。

（3）单击“开始”选项卡中“筛选”下拉按钮，从下拉列表中选择“筛选”命令，这时在每个字段旁显示下拉按钮。

（4）单击“类别”下拉按钮，在弹出的对话框中单击“文本筛选”按钮，然后在弹出的快捷菜单中选择“自定义筛选”命令，弹出“自定义自动筛选方式”对话框，进行如图 6-59 所示的设置。

（5）单击“确定”按钮，显示筛选结果如图 6-60 所示。

微课 64 图书管理 3

图 6-59　“自定义自动筛选方式”设置

	A	B	C	D	E	F	G
1	图书管理						
2	序号	书名	出版社	类别	单价	数量	金额
3	0001	智慧社区	电子工业出版社	科普	58.00	10	580.00
6	0004	寻找时间的边缘	海南出版社	科普	32.00	7	224.00
7	0005	恐龙星球	人民邮电出版社	科普	55.20	9	496.80
9	0007	智慧城市	清华大学出版社	科普	56.00	6	336.00
11	0009	物联网	清华大学出版社	科普	48.00	12	576.00

图 6-60　筛选结果

注意

进行筛选后，观察该字段名右侧的下拉按钮的形状有何变化。

（6）若要重新筛选，可单击筛选时所选字段右侧的筛选标记，在弹出的对话框中单击“清空条件”按钮，重新显示全部记录，此时各字段右侧的下拉按钮还存在，可重新筛选。

（7）若要去掉各字段右侧的筛选标记，可在“开始”选项卡中再次单击“筛选”按钮，这时列标题旁的下拉按钮消失，显示全部记录行。

步骤 10 在 Sheet4 中筛选出单价大于 50 的科普类图书

（1）切换到工作表 Sheet4。

（2）将表头（即第 2 行内容）复制到第 14 行。

（3）在对应位置输入筛选条件（字母、数字和符号应在英文状态下输入），如图 6-61 所示。

（4）单击“开始”选项卡中“筛选”下拉按钮，从下拉列表中选择“高级筛选”命令，弹出“高级筛选”对话框。

（5）设置筛选方式为“将筛选结果复制到其他位置”；单击“列表区域”文本框，在工作表中选择“A2:G12”的单元格区域；单击“条件区域”文本框，在工作表中选择“A14:G15”的单元格区域；单击“复制到”文本框，在工作表中选择 A18 单元格，如图 6-62 所示。

	A	B	C	D	E	F	G
1	图书管理						
2	序号	书名	出版社	类别	单价	数量	金额
3	0001	智慧社区	电子工业出版社	科普	58.00	10	580.00
4	0002	大学计算机基础	人民邮电出版社	教材	52.00	5	260.00
5	0003	开车是一场修行	广东科技出版社	生活	36.00	8	288.00
6	0004	寻找时间的边缘	海南出版社	科普	32.00	7	224.00
7	0005	恐龙星球	人民邮电出版社	科普	55.20	9	496.80
8	0006	数据库技术与应用	清华大学出版社	教材	52.00	6	312.00
9	0007	智慧城市	清华大学出版社	科普	56.00	6	336.00
10	0008	荒野求生秘技	人民邮电出版社	生活	39.20	8	313.60
11	0009	物联网	清华大学出版社	科普	48.00	12	576.00
12	0010	网络工程CAD	清华大学出版社	教材	49.80	9	448.20
13							
14	序号	书名	出版社	类别	单价	数量	金额
15				科普	>50		

图 6-61 输入筛选条件

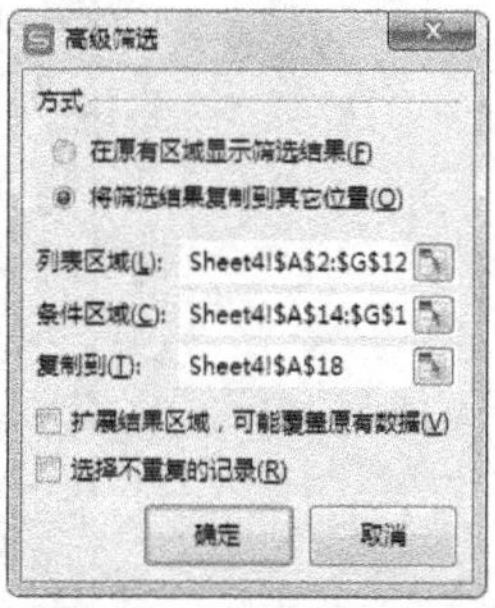

图 6-62 “高级筛选”设置

注意

输入筛选条件时，若需要同时满足多个条件，则应将多个条件写在同一行；若只需满足多个条件的其中之一，则应将多个条件分写在不同行。

（6）单击“确定”按钮，筛选结果如图 6-63 所示。

	A	B	C	D	E	F	G
1	图书管理						
2	序号	书名	出版社	类别	单价	数量	金额
3	0001	智慧社区	电子工业出版社	科普	58.00	10	580.00
4	0002	大学计算机基础	人民邮电出版社	教材	52.00	5	260.00
5	0003	开车是一场修行	广东科技出版社	生活	36.00	8	288.00
6	0004	寻找时间的边缘	海南出版社	科普	32.00	7	224.00
7	0005	恐龙星球	人民邮电出版社	科普	55.20	9	496.80
8	0006	数据库技术与应用	清华大学出版社	教材	52.00	6	312.00
9	0007	智慧城市	清华大学出版社	科普	56.00	6	336.00
10	0008	荒野求生秘技	人民邮电出版社	生活	39.20	8	313.60
11	0009	物联网	清华大学出版社	科普	48.00	12	576.00
12	0010	网络工程CAD	清华大学出版社	教材	49.80	9	448.20
13							
14	序号	书名	出版社	类别	单价	数量	金额
15				科普	>50		
16							
17							
18	序号	书名	出版社	类别	单价	数量	金额
19	0001	智慧社区	电子工业出版社	科普	58.00	10	580.00
20	0005	恐龙星球	人民邮电出版社	科普	55.20	9	496.80
21	0007	智慧城市	清华大学出版社	科普	56.00	6	336.00

图 6-63 高级筛选结果

步骤 11　在 Sheet5 中筛选出单价大于 50 的图书或科普类图书

（1）切换到工作表 Sheet5。

（2）将表头（即第 2 行内容）复制到第 14 行。

（3）在对应位置输入筛选条件（注意与并列条件的位置比较）。

（4）单击“开始”选项卡中“筛选”下拉按钮，从下列命令列表中选择“高级筛选”命令，弹出“高级筛选”对话框。

（5）设置筛选方式为“将筛选结果复制到其他位置”；单击“列表区域”文本框，在工作表中选择“A2:G12”的单元格区域；单击“条件区域”文本框，在工作表中选择“A14:G16”的单元格区域；单击“复制到”文本框，在工作表中选择 A18 单元格。

（6）单击“确定”按钮，筛选结果如图 6-64 所示（注意与并列条件的结果比较）。

	A	B	C	D	E	F	G
1	图书管理						
2	序号	书名	出版社	类别	单价	数量	金额
3	0001	智慧社区	电子工业出版社	科普	58.00	10	580.00
4	0002	大学计算机基础	人民邮电出版社	教材	52.00	5	260.00
5	0003	开车是一场修行	广东科技出版社	生活	36.00	8	288.00
6	0004	寻找时间的边缘	海南出版社	科普	32.00	7	224.00
7	0005	恐龙星球	人民邮电出版社	科普	55.20	9	496.80
8	0006	数据库技术与应用	清华大学出版社	教材	52.00	6	312.00
9	0007	智慧城市	清华大学出版社	科普	56.00	6	336.00
10	0008	荒野求生秘技	人民邮电出版社	生活	39.20	8	313.60
11	0009	物联网	清华大学出版社	科普	48.00	12	576.00
12	0010	网络工程CAD	清华大学出版社	教材	49.80	9	448.20
13							
14	序号	书名	出版社	类别	单价	数量	金额
15					>50		
16				科普			
17							
18	序号	书名	出版社	类别	单价	数量	金额
19	0001	智慧社区	电子工业出版社	科普	58.00	10	580.00
20	0002	大学计算机基础	人民邮电出版社	教材	52.00	5	260.00
21	0004	寻找时间的边缘	海南出版社	科普	32.00	7	224.00
22	0005	恐龙星球	人民邮电出版社	科普	55.20	9	496.80
23	0006	数据库技术与应用	清华大学出版社	教材	52.00	6	312.00
24	0007	智慧城市	清华大学出版社	科普	56.00	6	336.00
25	0009	物联网	清华大学出版社	科普	48.00	12	576.00

图 6-64　高级筛选结果

步骤 12　在 Sheet 6 中筛选出单价大于 40 且小于 50 的图书

（1）切换到工作表 Sheet 6。

（2）选中“A2:G12”单元格区域。

（3）单击“开始”选项卡中“筛选”下拉按钮，从下拉命令列表中选择“筛选”命令，这时在每个字段旁显示下拉按钮。

（4）单击“单价”下拉按钮，在弹出的对话框中单击“数字筛选”按钮，然后在弹出的下拉列表中选择“自定义筛选”命令，弹出“自定义自动筛选方式”对话框，进行如图 6-65 所示的设置。

微课 65 图书管理 4

（5）单击“确定”按钮，筛选结果如图 6-66 所示。

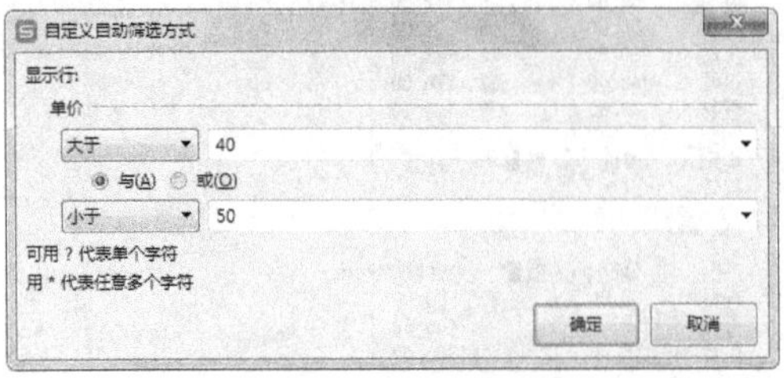

图 6-65　自动筛选设置

	A	B	C	D	E	F	G
1	图书管理						
2	序号	书名	出版社	类别	单价	数量	金额
11	0009	物联网	清华大学出版社	科普	48.00	12	576.00
12	0010	网络工程CAD	清华大学出版社	教材	49.80	9	448.20

图 6-66　自动筛选结果

步骤 13　在 Sheet7 中筛选出书名中包含“智慧”二字的图书

（1）切换到工作表 Sheet 7。

（2）选中“A2:G12”单元格区域。

（3）单击“开始”选项卡中“筛选”下拉按钮，从下拉命令列表中选择“筛选”命令，这时在每个字段旁显示出下拉按钮。

（4）单击“书名”下拉按钮，在弹出的对话框中单击“文本筛选”按钮，然后在弹出的下拉列表中选择“自定义筛选”命令，弹出“自定义自动筛选方式”对话框，进行如图 6-67 所示的设置。

（5）单击“确定”按钮。自动筛选结果如图 6-68 所示。

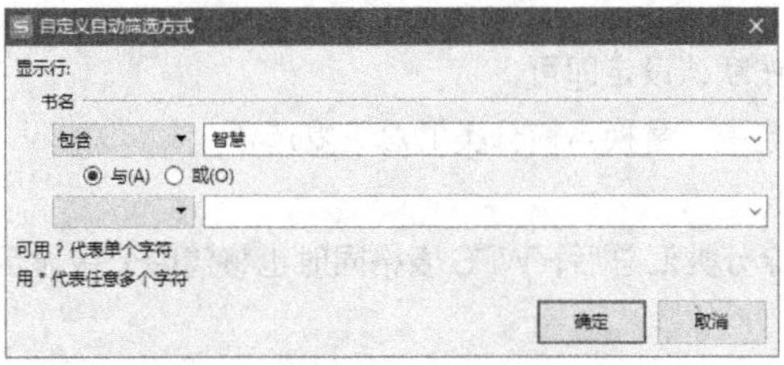

图 6-67　自定义自动筛选设置

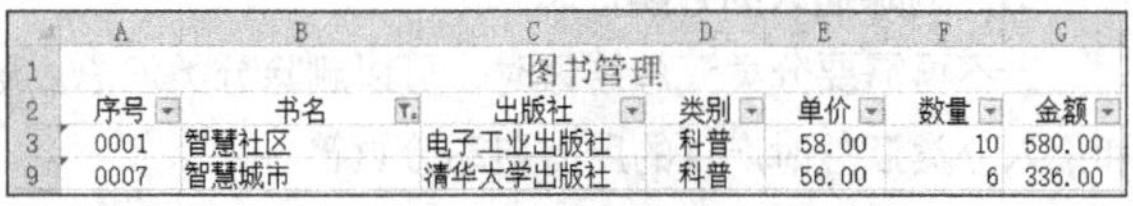

	A	B	C	D	E	F	G
1	图书管理						
2	序号	书名	出版社	类别	单价	数量	金额
3	0001	智慧社区	电子工业出版社	科普	58.00	10	580.00
9	0007	智慧城市	清华大学出版社	科普	56.00	6	336.00

图 6-68　自动筛选结果

任务 6.4　分类汇总与分级显示

分类汇总就是把工作表中的数据按指定的字段进行分类后再进行统计，便于对数据进行分析管理。进行分类汇总后，WPS 表格直接在数据区域中插入汇总行，从而可以同时看到数据明细和汇总。此外，还可以分级显示列表，以便为每个分类汇总项显示或隐藏明细数据行。

分类汇总命令实际包含两个命令，即“分类”和“汇总”，首先应该按需要汇总的字段进行排序，将需要进行分类汇总的记录排列到一起，即先进行分类。然后，再对指定的包含数据的列进行汇总。

6.4.1　分类汇总

分类汇总就是按指定关键字进行分类统计，包括计数、求和、求平均值、乘积、方差等。可以仅按一个字段进行分类汇总，即简单分类汇总；也可以按多个字段进行分类汇总，即嵌套分类汇总。

1. 简单分类汇总

（1）先选定要进行分类汇总的数据区域，对数据按汇总列字段进行排序，如按部门排序。

（2）再次选择要进行分类汇总的数据区域。

（3）单击“数据”选项卡中的“分类汇总”按钮，打开“分类汇总”对话框，如图 6-69 所示。

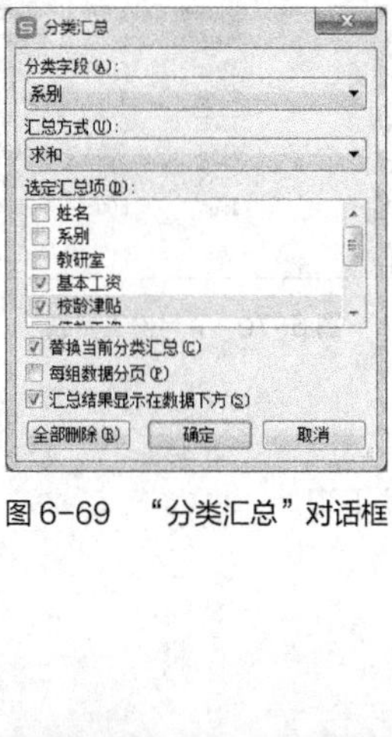

图 6-69　“分类汇总”对话框

（4）在“分类字段”下拉列表框中，选择需要用来分类汇总的字段名，选定的字段名应与步骤（1）中排序的字段名相同。

（5）在“汇总方式”下拉列表框中，单击所需的用于计算分类汇总的函数（如求和）。

（6）在“选定汇总项”列表框中，选定需要汇总计算的字段名对应的复选框。

（7）单击“确定”按钮，即可生成分类汇总结果。

2. 嵌套分类汇总

有时需要在一组数据中，按多列字段进行分组汇总。例如需要对每个月每类物品进行分类汇总，这样的情况就是嵌套分类汇总。对于嵌套分类汇总，需要使用多次分类汇总命令。

（1）对数据按需要分类汇总的多个关键字进行排序。

（2）按主要关键字进行分类汇总，这时其余的设定都按默认设定即可。

（3）按次要关键字依次进行分类汇总，这时需要取消选中“替换当前分类汇总”复选框。

3. 删除插入的分类汇总

当不再需要分类汇总结果时，可以删除分类汇总。删除分类汇总后，WPS 表格同时也将清除分级显示和插入分类汇总时产生的所有自动分页符。

（1）在含有分类汇总结果的工作表中，单击任一非空单元格。

（2）单击“数据”选项卡中的“分类汇总”按钮，打开“分类汇总”对话框。

（3）单击对话框中的“全部删除”按钮，完成删除。

6.4.2 分级显示

分类汇总的结果可以形成分级显示。另外，还可以为数据列表自行创建分级显示，最多可分 8 级。使用分级显示可以快速显示摘要行或摘要列，或者显示每组的明细数据。

当一个数据表经过分类汇总后，在数据区域的左侧就会出现分级显示符号，例如“教学案例 4 工资表”汇总结果中，其左上角的 1 2 3 4 表示分级的级数和级别，数字越大级别越小，+ 表示可展开下级明细，- 表示可收缩下级明细。

【教学案例 4】工资表

如图 6-70 所示，在工作表中输入数据，并按要求完成对工作表的操作。

	A	B	C	D	E	F	G	H	I
1	7月份工资表								
2	姓名	系别	教研室	基本工资	校龄津贴	绩效工资	扣除	实发工资	收入水平
3	张爱华	机电	数控	3589	300	362	425		
4	李小龙	机电	电气	4287	400	492	552		
5	王亚莉	经管	会计	3894	500	426	482		
6	陈江南	机电	电气	3684	400	337	549		
7	卫春燕	经管	营销	3349	300	259	400		
8	陈小晓	机电	数控	3198	200	315	421		
9	李国芬	印刷	图文	3565	300	528	514		
10	刘明军	机电	电气	3636	400	463	449		
11	向英姿	经管	营销	2986	200	385	407		
12	闫静平	印刷	包装	3764	500	364	462		
13	叶晓春	经管	会计	4278	400	412	529		
14	张国平	印刷	包装	3865	300	397	456		
15	赵思源	机电	数控	4153	100	483	327		
16	苏向前	印刷	图文	3658	300	394	435		
17	李创业	经管	营销	4565	500	256	432		
18	机电系总人数								
19	机电系实发工资大于4000的人数								

图 6-70　7 月份工资表

操作要求

（1）利用公式计算出每个员工的实发工资。

（2）给收入水平赋值：实发工资大于 4500 的赋值为“高”，小于 3500 的赋值为“低”，其余赋值为“中”。

（3）利用条件格式将实发工资高于平均值的单元格用“浅红填充深红文本”标出。

（4）统计机电系总人数和机电系实发工资大于 4000 的人数，结果分别放在 D18 和 D19 单元格内。

（5）新建五张工作表 Sheet 2～Sheet 6，将工作表 Sheet1 中“A1:I17”中的数据复制到工作表 Sheet 2 中 A1 单元格开始的区域内，在 Sheet 2 中清除条件格式后，再将其分别复制到 Sheet 3～Sheet 6 中 A1 单元格开始的区域内。

（6）在工作表 Sheet 2 中用 VLOOKUP 函数提取李小龙、向英姿及叶晓春的实发工资。

（7）在工作表 Sheet 3 中筛选出扣除项大于 400 且小于 500 的记录。

（8）在工作表 Sheet 4 中筛选出机电系基本工资大于 4000 的记录并复制到 A23 单元格开始的区域。

（9）在工作表 Sheet 5 中按系别分类汇总，求出各系的实发工资总和。

（10）在工作表 Sheet 6 中按系别和教研室分类汇总，求出各系和各教研室的实发工资总和。

操作步骤

步骤 1　建立工作簿并输入数据

（1）启动 WPS 2019，新建一个空白工作簿，并将其以“班级+姓名”命名保存。

（2）输入数据，建立工作表，如图 6-70 所示。

微课 66 工资表 1

步骤 2　计算实发工资

（1）选择 H3 单元格，在单元格或公式编辑栏中输入计算公式“=D3+E3+F3-G3”，检查计算公式正确后，按下 Enter 键，计算出第一个员工的实发工资。

（2）再次选择 H3 单元格，拖动填充柄至 H17 单元格处释放鼠标左键，利用填充柄完成公式的复制，计算出每个员工的实发工资，如图 6-71 所示。

	A	B	C	D	E	F	G	H	I
1	7月份工资表								
2	姓名	系别	教研室	基本工资	校龄津贴	绩效工资	扣除	实发工资	收入水平
3	张爱华	机电	数控	3589	300	362	425	3826	
4	李小龙	机电	电气	4287	400	492	552	4627	
5	王亚莉	经管	会计	3894	500	426	482	4338	
6	陈江南	机电	电气	3684	400	337	549	3872	
7	卫春燕	经管	营销	3349	300	259	400	3508	
8	陈小晓	机电	数控	3198	200	315	421	3292	
9	李国芬	印刷	图文	3565	300	528	514	3879	
10	刘明军	机电	电气	3636	400	463	449	4050	
11	向英姿	经管	营销	2986	200	385	407	3164	
12	闫静平	印刷	包装	3764	500	364	462	4166	
13	叶晓春	经管	会计	4278	400	412	529	4561	
14	张国平	印刷	包装	3865	300	397	456	4106	
15	赵思源	机电	数控	4153	100	483	327	4409	
16	苏向前	印刷	图文	3658	300	394	435	3917	
17	李创业	经管	营销	4565	500	256	432	4889	
18	机电系总人数								
19	机电系实发工资大于4000的人数								

图 6-71　计算实发工资

步骤 3　给“收入水平”赋值

（1）选中 I3 单元格。

（2）在 I3 单元格或公式编辑栏中输入公式“=IF(H3>4500,"高",IF(H3<3500,"低","中"))”，按 Enter 键，得到第一名员工的收入水平，用填充柄填充其他员工的收入水平，得到如图 6-72 所示的结果。

	A	B	C	D	E	F	G	H	I
1	7月份工资表								
2	姓名	系别	教研室	基本工资	校龄津贴	绩效工资	扣除	实发工资	收入水平
3	张爱华	机电	数控	3589	300	362	425	3826	中
4	李小龙	机电	电气	4287	400	492	552	4627	高
5	王亚莉	经管	会计	3894	500	426	482	4338	中
6	陈江南	机电	电气	3684	400	337	549	3872	中
7	卫春燕	经管	营销	3349	300	259	400	3508	中
8	陈小晓	机电	数控	3198	200	315	421	3292	低
9	李国芬	印刷	图文	3565	300	528	514	3879	中
10	刘明军	机电	电气	3636	400	463	449	4050	中
11	向英姿	经管	营销	2986	200	385	407	3164	低
12	闫静平	印刷	包装	3764	500	364	462	4166	中
13	叶晓春	经管	会计	4278	400	412	529	4561	高
14	张国平	印刷	包装	3865	300	397	456	4106	中
15	赵思源	机电	数控	4153	100	483	327	4409	中
16	苏向前	印刷	图文	3658	300	394	435	3917	中
17	李创业	经管	营销	4565	500	256	432	4889	高
18	机电系总人数								
19	机电系实发工资大于4000的人数								

图 6-72　给“收入水平”赋值

步骤 4　利用条件格式将实发工资高于平均值的单元格用“浅红填充深红文本”标出

（1）选择“H3:H17”单元格区域。

（2）单击“开始”选项卡中的“条件格式”下拉按钮，在下拉列表中选择“项目选取规则”→“高于平均值”，弹出“高于平均值”对话框，设置“针对选定区域设置为”为“浅红填充深红文本”。

（3）单击“确定”按钮，完成条件格式的设置，实发工资高于平均值的单元格会以“浅红填充深红文本”显示，如图 6-73 所示。

微课 67 工资表 2

	A	B	C	D	E	F	G	H	I
1	7月份工资表								
2	姓名	系别	教研室	基本工资	校龄津贴	绩效工资	扣除	实发工资	收入水平
3	张爱华	机电	数控	3589	300	362	425	3826	中
4	李小龙	机电	电气	4287	400	492	552	4627	高
5	王亚莉	经管	会计	3894	500	426	482	4338	中
6	陈江南	机电	电气	3684	400	337	549	3872	中
7	卫春燕	经管	营销	3349	300	259	400	3508	中
8	陈小晓	机电	数控	3198	200	315	421	3292	低
9	李国芬	印刷	图文	3565	300	528	514	3879	中
10	刘明军	机电	电气	3636	400	463	449	4050	中
11	向英姿	经管	营销	2986	200	385	407	3164	低
12	闫静平	印刷	包装	3764	500	364	462	4166	中
13	叶晓春	经管	会计	4278	400	412	529	4561	高
14	张国平	印刷	包装	3865	300	397	456	4106	中
15	赵思源	机电	数控	4153	100	483	327	4409	中
16	苏向前	印刷	图文	3658	300	394	435	3917	中
17	李创业	经管	营销	4565	500	256	432	4889	高
18	机电系总人数								
19	机电系实发工资大于4000的人数								

图 6-73　“高于平均值”标示结果

步骤 5　统计机电系总人数和机电系实发工资大于 4000 的人数

1. 统计机电系总人数

（1）选中 D18 单元格。

（2）选择条件计数函数 COUNTIF，弹出“函数参数”对话框。单击“区域”文本框，用鼠标框选“B3:B17”区域，在“条件”文本框中输入“机电”，单击“确定”按钮，显示结果为 6。

2. 统计机电系实发工资大于 4000 的人数

（1）单击选中 D19 单元格。

（2）选择多条件计数函数 COUNTIFS，弹出“函数参数”对话框。单击“区域 1”文本框，用鼠标框选“B3:B17”区域，在“条件 1”文本框中输入“机电”；单击“区域 2”文本框，用鼠标框选“H3:H17”区域，在“条件 2”文本框中输入“>4000”，单击“确定”按钮，结果如图 6-74 所示。

	A	B	C	D	E	F	G	H	I
1	7月份工资表								
2	姓名	系别	教研室	基本工资	校龄津贴	绩效工资	扣除	实发工资	收入水平
3	张爱华	机电	数控	3589	300	362	425	3826	中
4	李小龙	机电	电气	4287	400	492	552	4627	高
5	王亚莉	经管	会计	3894	500	426	482	4338	中
6	陈江南	机电	电气	3684	400	337	549	3872	中
7	卫春燕	经管	营销	3349	300	259	400	3508	中
8	陈小晓	机电	数控	3198	200	315	421	3292	低
9	李国芬	印刷	图文	3565	300	528	514	3879	中
10	刘明军	机电	电气	3636	400	463	449	4050	中
11	向英姿	经管	营销	2986	200	385	407	3164	低
12	闫静平	印刷	包装	3764	500	364	462	4166	中
13	叶晓春	经管	会计	4278	400	412	529	4561	高
14	张国平	印刷	包装	3865	300	397	456	4106	中
15	赵思源	机电	数控	4153	100	483	327	4409	中
16	苏向前	印刷	图文	3658	300	394	435	3917	中
17	李创业	经管	营销	4565	500	256	432	4889	高
18	机电系总人数			6					
19	机电系实发工资大于4000的人数			3					

图 6-74 统计机电系总人数和机电系实发工资大于 4000 的人数

步骤 6 新建工作表并复制数据

（1）单击工作表标签栏中的 + 按钮，新建工作表 Sheet 2 ~ Sheet 6。

（2）选中工作表 Sheet 1 中“A1:I17”的数据区域，将其复制到工作表 Sheet 2 中 A1 开始的单元格区域。

（3）清除工作表 Sheet 2 中的条件格式。

（4）将工作表 Sheet 2 中的数据分别粘贴到工作表 Sheet 3~Sheet 6 中 A1 开始的单元格区域。

微课 68 工资表 3

步骤 7 提取李小龙等人的实发工资

（1）切换到工作表 Sheet 2。

（2）在“A19:A21”单元格区域中分别输入所要查找的姓名：李小龙、向英姿、叶晓春。

（3）选中 B19 单元格。

（4）单击“开始”选项卡中“求和”下拉按钮，在弹出的函数下拉列表中选择“其他函数”，再在弹出的“插入函数”对话框中选择纵向查找函数 VLOOKUP，弹出“函数参数”对话框。在“查找值”框中输入要查找的单元格名称 A19，在“数据表”框中输入查找范围$A$1：$H$17，在“列序数”中输入 8，在“匹配条件”中输入 0。

（5）单击“确定”按钮，在 C19 单元格中显示李小龙的实发工资为 4627。重新选定 C19 单元格，使用填充柄向下拖动，显示其他两个人的实发工资，结果如图 6-75 所示。

	A	B	C	D	E	F	G	H	I
1	7月份工资表								
2	姓名	系别	教研室	基本工资	校龄津贴	绩效工资	扣除	实发工资	收入水平
3	张爱华	机电	数控	3589	300	362	425	3826	中
4	李小龙	机电	电气	4287	400	492	552	4627	高
5	王亚莉	经管	会计	3894	500	426	482	4338	中
6	陈江南	机电	电气	3684	400	337	549	3872	中
7	卫春燕	经管	营销	3349	300	259	400	3508	中
8	陈小晓	机电	数控	3198	200	315	421	3292	低
9	李国芬	印刷	图文	3565	300	528	514	3879	中
10	刘明军	机电	电气	3636	400	463	449	4050	中
11	向英姿	经管	营销	2986	200	385	407	3164	低
12	闫静平	印刷	包装	3764	500	364	462	4166	中
13	叶晓春	经管	会计	4278	400	412	529	4561	高
14	张国平	印刷	包装	3865	300	397	456	4106	中
15	赵思源	机电	数控	4153	100	483	327	4409	中
16	苏向前	印刷	图文	3658	300	394	435	3917	中
17	李创业	经管	营销	4565	500	256	432	4889	高
18									
19	李小龙	4627							
20	向英姿	3164							
21	叶晓春	4561							

图 6-75 显示要查找员工的实发工资

步骤 8　筛选扣除项大于 400 且小于 500 的记录

（1）切换到工作表 Sheet 3。

（2）选中“A2:I17”单元格区域。

（3）在“开始”选项卡中单击“筛选”下拉按钮，从下拉命令列表中选择“筛选”命令，这时在每个字段名右侧显示下拉按钮。

（4）单击“扣除”下拉按钮，在弹出的对话框中单击“数字筛选”按钮，然后在弹出的下拉列表中选择“自定义筛选”命令，弹出“自定义自动筛选方式”对话框，进行图 6-76 所示的设置。这里的“与”即“并且”的关系，表示多个条件需同时满足；“或”即“或者”的关系，表示多个条件中任意满足其中一个即可。

（5）单击“确定”按钮，筛选结果如图 6-77 所示。

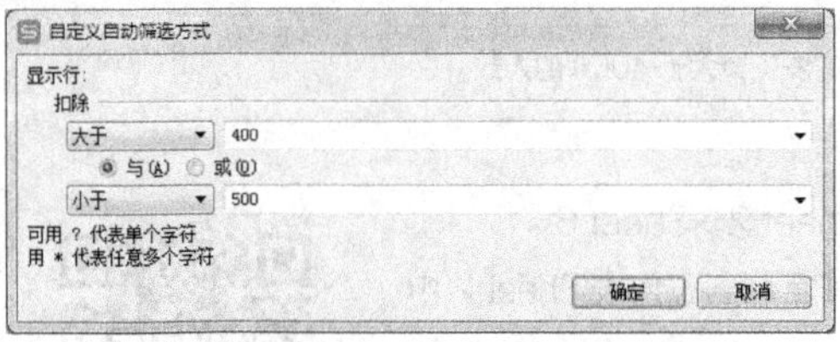

图 6-76　“自定义自动筛选方式”设置

	A	B	C	D	E	F	G	H	I
1				7月份工资表					
2	姓名	系别	教研室	基本工资	校龄津	绩效工	扣除	实发工	收入水
3	张爱华	机电	数控	3589	300	362	425	3826	中
5	王亚莉	经管	会计	3894	500	426	482	4338	中
8	陈小晓	机电	数控	3198	200	315	421	3292	低
10	刘明军	机电	电气	3636	400	463	449	4050	中
11	向英姿	经管	营销	2986	200	385	407	3164	低
12	闫静平	印刷	包装	3764	500	364	462	4166	中
14	张国平	印刷	包装	3865	300	397	456	4106	中
16	苏向前	印刷	图文	3658	300	394	435	3917	中
17	李创业	经管	营销	4565	500	256	432	4889	高

图 6-77　筛选结果

步骤 9　筛选机电系基本工资大于 4000 的记录

（1）切换到工作表 Sheet 4 中。

（2）将第 2 行单元格的数据（即表头）复制到第 19 行。

（3）在对应位置输入筛选条件（除汉字外的字符应在英文状态下输入）。

（4）在“开始”选项卡中单击“筛选”下拉按钮，从下拉列表中选择“高级筛选”命令，弹出“高级筛选”对话框，进行正确设置。

（5）单击“确定”按钮，筛选结果如图 6-78 所示。

	A	B	C	D	E	F	G	H	I
1				7月份工资表					
2	姓名	系别	教研室	基本工资	校龄津贴	绩效工资	扣除	实发工资	收入水平
3	张爱华	机电	数控	3589	300	362	425	3826	中
4	李小龙	机电	电气	4287	400	492	552	4627	高
5	王亚莉	经管	会计	3894	500	426	482	4338	中
6	陈江南	机电	电气	3684	400	337	549	3872	中
7	卫春燕	经管	营销	3349	300	259	400	3508	中
8	陈小晓	机电	数控	3198	200	315	421	3292	低
9	李国芬	印刷	图文	3565	300	528	514	3879	中
10	刘明军	机电	电气	3636	400	463	449	4050	中
11	向英姿	经管	营销	2986	200	385	407	3164	低
12	闫静平	印刷	包装	3764	500	364	462	4166	中
13	叶晓春	经管	会计	4278	400	412	529	4561	高
14	张国平	印刷	包装	3865	300	397	456	4106	中
15	赵思源	机电	数控	4153	100	483	327	4409	中
16	苏向前	印刷	图文	3658	300	394	435	3917	中
17	李创业	经管	营销	4565	500	256	432	4889	高
18									
19	姓名	系别	教研室	基本工资	校龄津贴	绩效工资	扣除	实发工资	收入水平
20		机电		>4000					
21									
22									
23	姓名	系别	教研室	基本工资	校龄津贴	绩效工资	扣除	实发工资	收入水平
24	李小龙	机电	电气	4287	400	492	552	4627	高
25	赵思源	机电	数控	4153	100	483	327	4409	中

图 6-78　高级筛选结果

步骤 10　按系别分类汇总

1. 按“系别”进行排序

（1）切换到工作表 Sheet 5。

（2）选择工作表中数据区域“A2:I17”。

（3）在“开始”选项卡中单击“排序”下拉列表中的“自定义排序”命令，在弹出的“排序”对话框中选择主要关键字为“系别”，次序为“升序”，单击“确定”按钮，得出按“系别”排序的结果，如图 6-79 所示。

微课 69 工资表 4

2. 按“系别”进行分类汇总

（1）选择工作表中数据区域“A2:I17”。

（2）单击“数据”选项卡中的“分类汇总”按钮，选择分类字段为“系别”，汇总方式为“求和”，汇总项为“实发工资”，如图 6-80 所示。

	A	B	C	D	E	F	G	H	I
1	7月份工资表								
2	姓名	系别	教研室	基本工资	校龄津贴	绩效工资	扣除	实发工资	收入水平
3	张爱华	机电	数控	3589	300	362	425	3826	中
4	李小龙	机电	电气	4287	400	492	552	4627	高
5	陈江南	机电	电气	3684	400	337	549	3872	中
6	陈小晓	机电	数控	3198	200	315	421	3292	低
7	刘明军	机电	电气	3636	400	463	449	4050	中
8	赵思源	机电	数控	4153	100	483	327	4409	中
9	王亚莉	经管	会计	3894	500	426	482	4338	中
10	卫春燕	经管	营销	3349	300	259	400	3508	中
11	向英姿	经管	营销	2986	200	385	407	3164	低
12	叶晓春	经管	会计	4278	400	412	529	4561	高
13	李创业	经管	营销	4565	500	256	432	4889	高
14	李国芬	印刷	图文	3565	300	528	514	3879	中
15	闫静平	印刷	包装	3764	500	364	462	4166	中
16	张国平	印刷	包装	3865	300	397	456	4106	中
17	苏向前	印刷	图文	3658	300	394	435	3917	中

图 6-79 按“系别”排序的结果

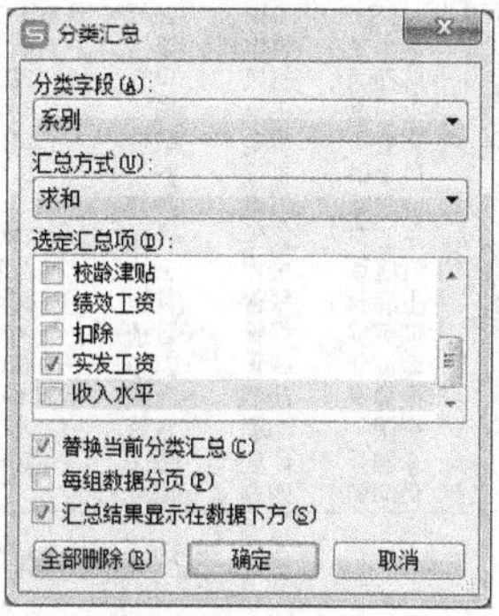

图 6-80 “分类汇总”设置

（3）单击“确定”按钮，WPS 表格将按“系别”进行分类汇总，如图 6-81 所示。

	A	B	C	D	E	F	G	H	I
1	7月份工资表								
2	姓名	系别	教研室	基本工资	校龄津贴	绩效工资	扣除	实发工资	收入水平
3	张爱华	机电	数控	3589	300	362	425	3826	中
4	李小龙	机电	电气	4287	400	492	552	4627	高
5	陈江南	机电	电气	3684	400	337	549	3872	中
6	陈小晓	机电	数控	3198	200	315	421	3292	低
7	刘明军	机电	电气	3636	400	463	449	4050	中
8	赵思源	机电	数控	4153	100	483	327	4409	中
9		机电 汇总						24076	
10	王亚莉	经管	会计	3894	500	426	482	4338	中
11	卫春燕	经管	营销	3349	300	259	400	3508	中
12	向英姿	经管	营销	2986	200	385	407	3164	低
13	叶晓春	经管	会计	4278	400	412	529	4561	高
14	李创业	经管	营销	4565	500	256	432	4889	高
15		经管 汇总						20460	
16	李国芬	印刷	图文	3565	300	528	514	3879	中
17	闫静平	印刷	包装	3764	500	364	462	4166	中
18	张国平	印刷	包装	3865	300	397	456	4106	中
19	苏向前	印刷	图文	3658	300	394	435	3917	中
20		印刷 汇总						16068	
21		总计						60604	

图 6-81 按“系别”分类汇总的结果

步骤 11 按系别和教研室进行分类汇总

1. 按“系别”和“教研室”两列进行排序，即进行多关键字排序

微课 70 工资表 5

（1）切换到工作表 Sheet 6。

（2）选择工作表中数据区域“A2:I17”。

（3）在“开始”选项卡中单击“排序”下拉列表中的“自定义排序”命令，在弹出的“排序”对话框中选择主关键字为“系别”，次要关键字为“教研室”，单击“确定”按钮，得出按“系别”和“教研室”排序的结果，如图 6-82 所示。

2. 按“系别”进行分类汇总（外部分类汇总）

（1）选择工作表中数据区域“A2:I17”。

（2）打开“分类汇总”对话框，在“分类字段”下选择“系别”，在“汇总方式”中选择默认的“求和”，在“选定汇总项”下仅选择“实发工资”，单击“确定”按钮。

（3）显示汇总结果。

3. 对“教研室”进行分类汇总（嵌套分类汇总）

（1）再次打开“分类汇总”对话框，进行相应设置，并在“分类字段”下选择“教研室”，取消选中“替换当前分类汇总”复选框，如图 6-83 所示。

	A	B	C	D	E	F	G	H	I
1	7月份工资表								
2	姓名	系别	教研室	基本工资	校龄津贴	绩效工资	扣除	实发工资	收入水平
3	李小龙	机电	电气	4287	400	492	552	4627	高
4	陈江南	机电	电气	3684	400	337	549	3872	中
5	刘明军	机电	电气	3636	400	463	449	4050	中
6	张爱华	机电	数控	3589	300	362	425	3826	中
7	陈小晓	机电	数控	3198	200	315	421	3292	低
8	赵思源	机电	数控	4153	100	483	327	4409	中
9	王亚莉	经管	会计	3894	500	426	482	4338	中
10	叶晓春	经管	会计	4278	400	412	529	4561	高
11	卫春燕	经管	营销	3349	300	259	400	3508	中
12	向英姿	经管	营销	2986	200	385	407	3164	低
13	李创业	经管	营销	4565	500	256	432	4889	高
14	闫静平	印刷	包装	3764	500	364	462	4166	中
15	张国平	印刷	包装	3865	300	397	456	4106	中
16	李国芬	印刷	图文	3565	300	528	514	3879	中
17	苏向前	印刷	图文	3658	300	394	435	3917	中

图 6-82 按“系别”和“教研室”排序的结果

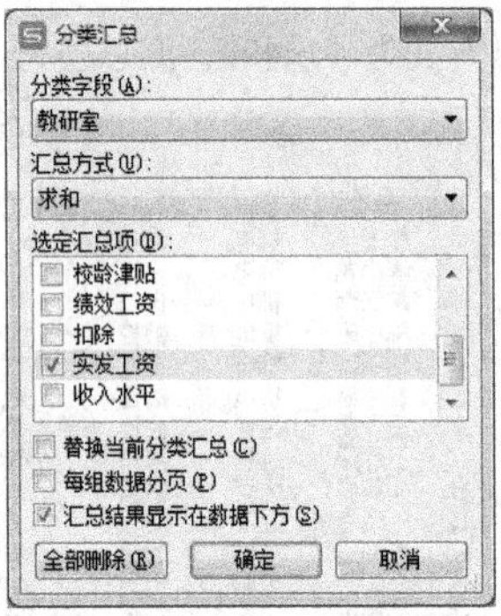

图 6-83 “分类汇总”设置

（2）单击“确定”按钮，按“系别”和“教研室”对“实发工资”分类汇总的结果如图 6-84 所示。

	A	B	C	D	E	F	G	H	I
1	7月份工资表								
2	姓名	系别	教研室	基本工资	校龄津贴	绩效工资	扣除	实发工资	收入水平
3	李小龙	机电	电气	4287	400	492	552	4627	高
4	陈江南	机电	电气	3684	400	337	549	3872	中
5	刘明军	机电	电气	3636	400	463	449	4050	中
6			电气 汇总					12549	
7	张爱华	机电	数控	3589	300	362	425	3826	中
8	陈小晓	机电	数控	3198	200	315	421	3292	低
9	赵思源	机电	数控	4153	100	483	327	4409	中
10			数控 汇总					11527	
11		机电 汇总						24076	
12	王亚莉	经管	会计	3894	500	426	482	4338	中
13	叶晓春	经管	会计	4278	400	412	529	4561	高
14			会计 汇总					8899	
15	卫春燕	经管	营销	3349	300	259	400	3508	中
16	向英姿	经管	营销	2986	200	385	407	3164	低
17	李创业	经管	营销	4565	500	256	432	4889	高
18			营销 汇总					11561	
19		经管 汇总						20460	
20	闫静平	印刷	包装	3764	500	364	462	4166	中
21	张国平	印刷	包装	3865	300	397	456	4106	中
22			包装 汇总					8272	
23	李国芬	印刷	图文	3565	300	528	514	3879	中
24	苏向前	印刷	图文	3658	300	394	435	3917	中
25			图文 汇总					7796	
26		印刷 汇总						16068	
27			总计					60604	
28		总计						60604	

图 6-84 按“系别”和“教研室”分类汇总的结果

步骤 12 删除分类汇总

（1）选择数据区域中的任一单元格。

（2）在“分类汇总”对话框中，单击“全部删除”按钮，即可删除“分类汇总”的结果，恢复到分类汇总前的工作表数据。

步骤 13 保存工作簿

单击快速访问工具栏中的“保存”按钮或按 F12 键保存工作簿。

任务 6.5 合并计算

6.5.1 什么是合并计算

若要对多张工作表进行跨表计算，即将多张工作表的数据汇总到一张目标工作表中，就需要用到“合并计算”命令。这些源工作表可以与目标工作表在同一个工作簿中，也可以位于不同的工作簿中。合并计算的方法有两种：按位置合并计算和按分类合并计算。

按位置合并计算数据时，要求在所有源区域中的数据被同样排列，也就是每一个工作表中的记录名称和字段名称均在相同的位置上；如果记录名称不尽相同，所放位置也不一定相同时，则应使用按分类合并计算数据。

6.5.2 合并计算的方法

下面以分类合并计算为例，介绍合并计算命令的使用方法。

（1）若需合并的单元格不在同一工作簿中，应首先将其复制到同一个工作簿中。

（2）把光标定位到合并区域的第一个单元格中。

（3）单击“数据”选项卡中的“合并计算”按钮，打开“合并计算”对话框，如图 6-85 所示。

（4）在“函数”下拉列表框中，选定希望用来合并计算数据的函数，默认函数是求和。

（5）在“引用位置”文本框中，输入希望进行合并计算的源区域的引用位置，或单击“引用位置”框中红色箭头按钮，然后在工作表选项卡上单击所需工作表，在工作表中选定源区域，如图 6-86 所示，该区域的单元格引用将出现在“引用位置”文本框中。

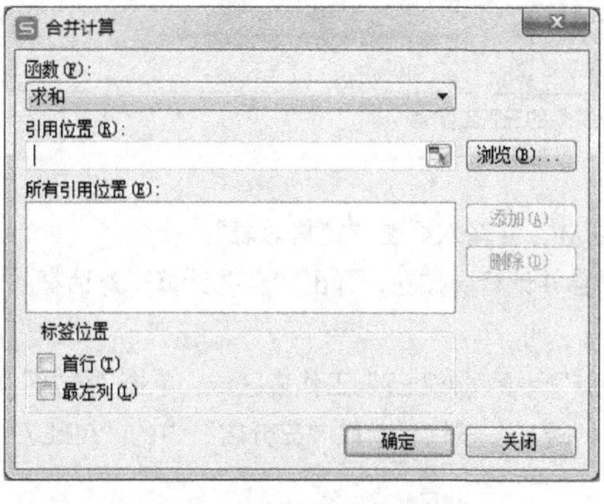

图 6-85 “合并计算”对话框

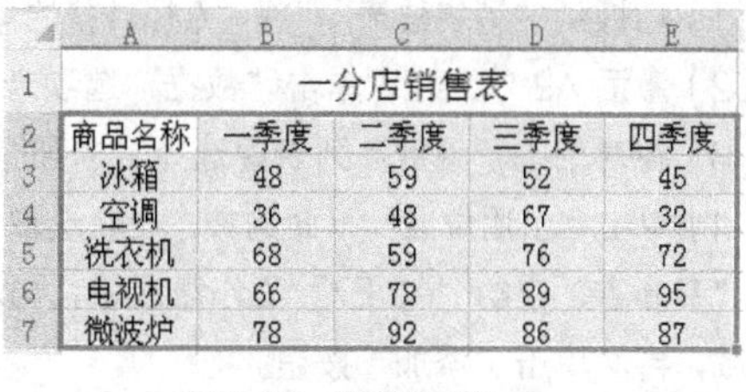

	A	B	C	D	E
1	一分店销售表				
2	商品名称	一季度	二季度	三季度	四季度
3	冰箱	48	59	52	45
4	空调	36	48	67	32
5	洗衣机	68	59	76	72
6	电视机	66	78	89	95
7	微波炉	78	92	86	87

图 6-86 选定源区域

（6）单击“添加”按钮，对要进行合并计算的所有源区域重复上述步骤添加到“所有引用位置”。单击“确定”按钮则可以看到合并计算的结果。

再次进行合并计算时，首先必须“删除”原有的引用位置然后重新引用位置。

【教学案例 5】汇总各分店销售情况

图 6-87 显示了三张将要进行合并计算的工作表 Sheet 1、Sheet 2 和 Sheet 3，这三张工作表显示了某商店的三个分店的产品销售情况，它们没有按相同的次序进行排序，甚至销售的产品也不完全相同。手工进行合并计算是非常耗时的工作，而利用 WPS 表格进行合并计算则非常方便。

操作要求

（1）在工作表 Sheet 1、Sheet 2、Sheet 3 中分别录入三个分店的原始数据，并分别重命名为一分店、二分店、三分店。

（2）新建工作表 Sheet 4，将其重命名为“销售总表”，并用“合并计算”命令计算三个分店每季度每种商品的销量总量。

操作步骤

步骤 1 建立工作簿并输入数据

（1）启动 WPS 2019，新建一个空白工作簿，并将其以“班级+姓名”命名保存。

（2）创建新的工作表 Sheet 2～Sheet 4，并将四张工作表分别命名为一分店、二分店、三分店和销售总表。

（3）在一分店、二分店、三分店的工作表中分别输入下列数据，如图 6-87 所示。

微课 71 汇总各分店销售情况

	A	B	C	D	E
1	一分店销售表				
2	商品名称	一季度	二季度	三季度	四季度
3	冰箱	48	59	52	45
4	空调	36	48	67	32
5	洗衣机	68	59	76	72
6	电视机	66	78	89	95
7	微波炉	78	92	86	87

	A	B	C	D	E
1	二分店销售表				
2	商品名称	一季度	二季度	三季度	四季度
3	洗衣机	59	65	89	73
4	冰箱	46	58	82	67
5	电视机	75	67	53	86
6	空调	36	66	87	54
7	电磁炉	68	57	45	73

	A	B	C	D	E
1	三分店销售表				
2	商品名称	一季度	二季度	三季度	四季度
3	空调	32	46	73	38
4	冰箱	45	48	62	54
5	微波炉	57	61	63	68
6	电磁炉	45	56	58	67
7	电视机	38	56	53	65

图 6-87 待“合并计算”的三张工作表

步骤 2 对三张工作表进行合并计算

（1）切换到“销售总表”，将“A1:E1”的单元格合并，并输入标题“销售总表”。

（2）激活 A2 单元格，单击“数据”选项卡中的“合并计算”按钮，弹出“合并计算”对话框。

（3）在对话框“函数”列表中选择“求和”函数。

（4）单击“引用位置”下面的文本框，选取“一分店”中的“A2:E7”工作表区域，单击“添加”按钮，选取“二分店”中的“A2:E7”工作表区域，再次单击“添加”按钮，选取“三分店”中的“A2:E7”工作表区域，再次单击“添加”按钮。

（5）选中“标签位置”功能组的“首行”和“最左列”复选框，如图 6-88 所示。

（6）单击“确定”按钮，得出的合并计算结果如图 6-89 所示。

注意

每次进行合并计算后，如果要重新进行合并计算操作，则必须首先在“合并计算”对话框中单击“删除”按钮，删除上一次合并计算时所有引用的位置。

步骤 3 保存工作簿

单击快速访问工具栏中的“保存”按钮或按 F12 键保存工作簿。

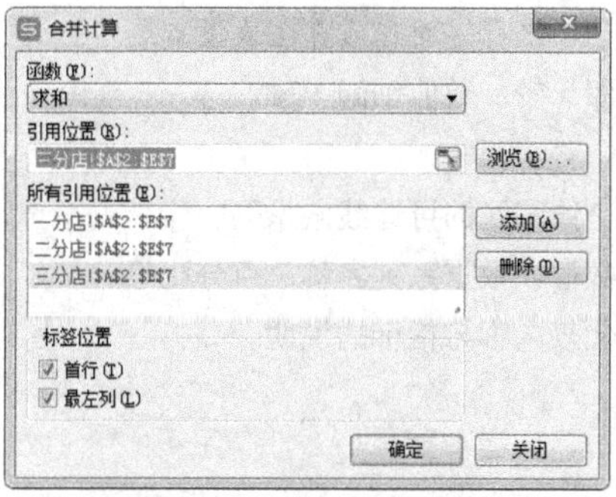

图 6-88　“合并计算”对话框

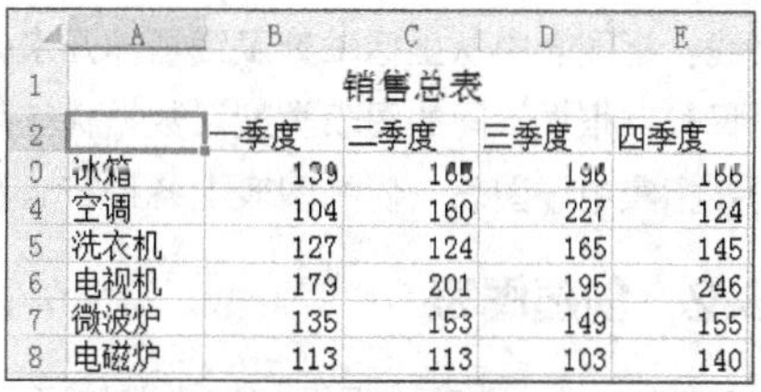

	A	B	C	D	E
1	销售总表				
2		一季度	二季度	三季度	四季度
3	冰箱	139	165	196	166
4	空调	104	160	227	124
5	洗衣机	127	124	165	145
6	电视机	179	201	195	246
7	微波炉	135	153	149	155
8	电磁炉	113	113	103	140

图 6-89　合并计算结果

任务 6.6　创建数据图表

6.6.1　图表简介

1. 图表的类型

WPS 表格提供了柱形图、折线图、饼图、条形图、面积图、XY（散点图）、股价图、雷达图、组合图等 9 大类型的图表，每一类图表又有若干个子类型。在这些图表中，最常用到的是柱形图、折线图和饼图。

柱形图用于直观展示各项之间的对比差异，比如用柱形图表示对不同对象的投票情况；折线图用于强调数值随时间变化的趋势，比如用折线图表示一星期内的天气变化情况；饼图用于直观显示各部分在项目总和中所占的比例，比如用饼图表示公司年度各产品的销售额分别占总销售额的比例情况。

2. 图表与工作表的关系

图表是工作表的直观表现形式，是以工作表中的数据为依据创建的，所以要想建立图表就必须先建立好工作表。图表与工作表中的数据相关联，并随工作表中数据的变化而自动调整。图表使表格中的数据关系更加形象直观，使数据的比较或趋势变得一目了然，从而更容易表达用户的观点。通过创建图表可以更加清楚地了解各个数据之间的关系和数据之间的变化情况，方便对数据进行对比和分析。

制作完成的图表可以单独占用一张工作表，即独立图表；也可以嵌入到当前工作表中，即嵌入式图表。

3. 图表的组成元素

图 6-90 所示为建立完成的柱形图表，从图中可以看出，图表的基本组成元素如下。

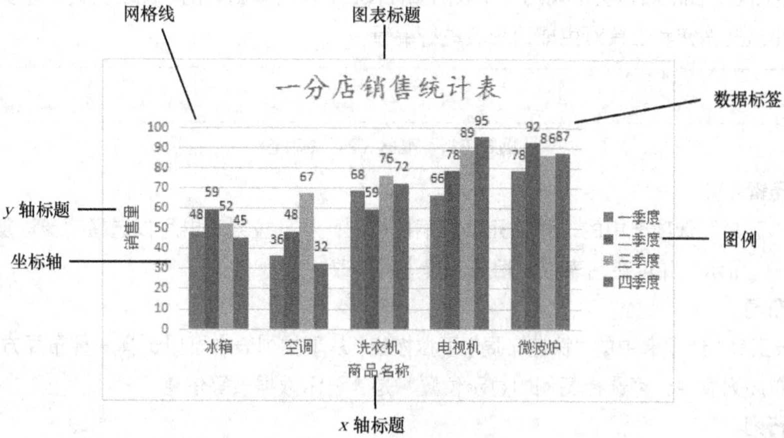

图 6-90　图表的组成元素

图表标题：一个图表应该有一个文本标题，它可以自动与坐标轴对齐或在图表顶端居中。

坐标轴：由两部分组成，即分类轴和数值轴，分类轴即 x 轴、数值轴即 y 轴。

轴标题：用于标示坐标轴所代表的字段变量。

网格线：指图表中从坐标轴刻度线延伸开来并贯穿整个绘图区的可选线条系列。

数据标签：根据不同的图表类型，数据标签可以表示数值、数据系列名称、百分比等。

图例：指集中于图表一侧的图表上各种符号和颜色所代表内容与指标的说明。

6.6.2 创建图表

在 WPS 表格中，创建数据图表的步骤如下。

（1）选定要创建图表的数据区域。

（2）单击“插入”选项卡中的“图表”按钮，弹出“插入图表”对话框，如图 6-91 所示。

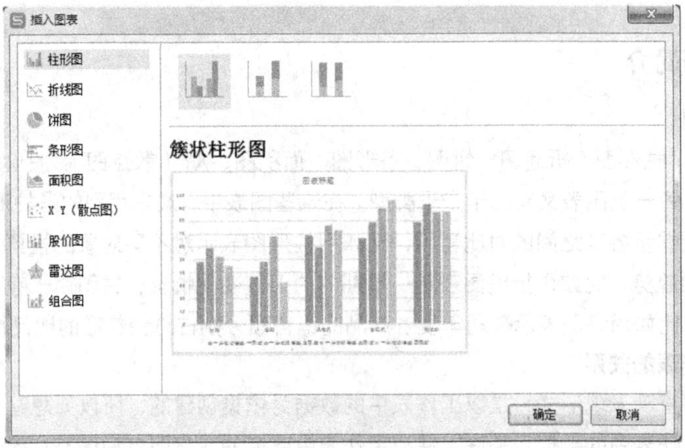

图 6-91 “插入图表”对话框

（3）在对话框左侧选择图表类型，则会在右侧下方出现该类型的图表。在对话框右侧上方还可以选择该类型图表的子类型。单击“确定”按钮，该图表被插入到工作表中。

6.6.3 编辑图表

选择生成的图表，图表右侧会出现编辑图表的属性按钮，同时弹出新的“图表工具”选项卡，如图 6-92 所示，可以使用这些按钮和工具对生成的图表进行编辑。

图 6-92 “图表工具”选项卡

1. 添加元素

单击“图表工具”选项卡中的“添加元素”下拉按钮，从下拉列表中可以选择需要添加或去除的图表元素，如图 6-93 所示，并可在图表中对相应元素进行修改。

2. 快速布局

单击“图表工具”选项卡中的“快速布局”下拉按钮，从下拉列表中可以选择一种布局方式，如图 6-94 所示。在快速布局列表中，可选择图例的显示位置、是否显示数据表等信息。

3. 切换行列

默认状态下生成的图表为按行生成图表。单击“图表工具”选项卡中的“切换行列”按钮，可以在按行生成的数据图表和按列生成的数据图表间切换。

4. 更改图表类型

单击“图表工具”选项卡中的“更改类型”按钮，打开“更改图表类型”对话框，选择合适的图表类型后，单击“确定”按钮，即可更改图表类型。

5. 设置图表元素格式

单击“图表工具”选项卡中的“设置格式”按钮，在窗口右侧弹出“属性”任务窗格，如图 6-95 所示。在该窗格中可以调整所选图表元素的格式。

图 6-93　图表元素

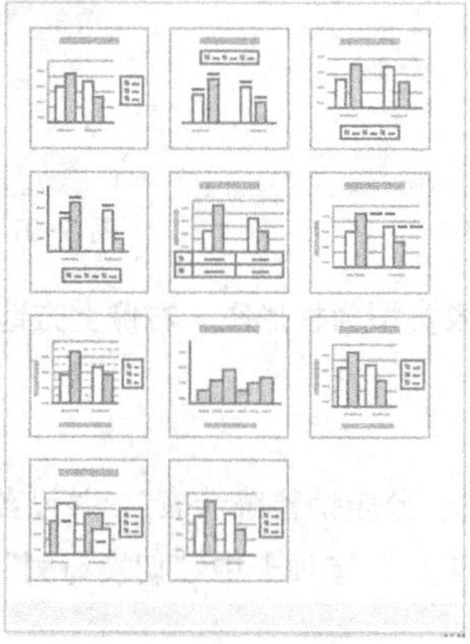

图 6-94　快速布局

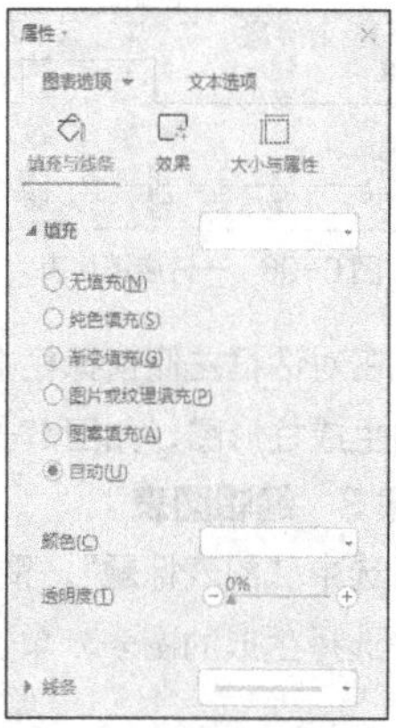

图 6-95　设置图表元素格式

【教学案例 6】给三个分店创建图表

在图 6-87 所示的三个分店销售情况的教学案例中，显示了三个分店的三张销售统计表，为了使表格中的数据关系更加形象直观，使数据的比较或趋势变得一目了然，可以通过创建图表的方法，更方便地对数据进行对比和分析。

操作要求

（1）对一分店按每个季度每种商品的销售量生成柱形图表，使图表放置在 B10:H25 的单元格区域内，效果如图 6-99 所示。

（2）对二分店按每种商品每个季度的销售量生成折线图表，使图表放置在 B10:H25 的单元格区域内，效果如图 6-101 所示。

（3）对三分店按每种商品年销售量分别占所有商品总销量的比例生成饼图，使图表放置在 B10:H25 的单元格区域内，效果如图 6-104 所示。

操作步骤

步骤 1　打开工作表

打开工作簿“销售统计表”，切换到工作表“一分店销售表”，如图 6-96 所示。

步骤 2　为一分店销售表建立柱形图

（1）选择“A2:E7”的数据区域，在“插入”选项卡中单击“图表”按钮，打开“插入图表”对话框，如图 6-97 所示。

微课 72 给三个分店创建图表 1

	A	B	C	D	E
1	一分店销售表				
2	商品名称	一季度	二季度	三季度	四季度
3	冰箱	48	59	52	45
4	空调	36	48	67	32
5	洗衣机	68	59	76	72
6	电视机	66	78	89	95
7	微波炉	78	92	86	87

图 6-96　一分店销售表

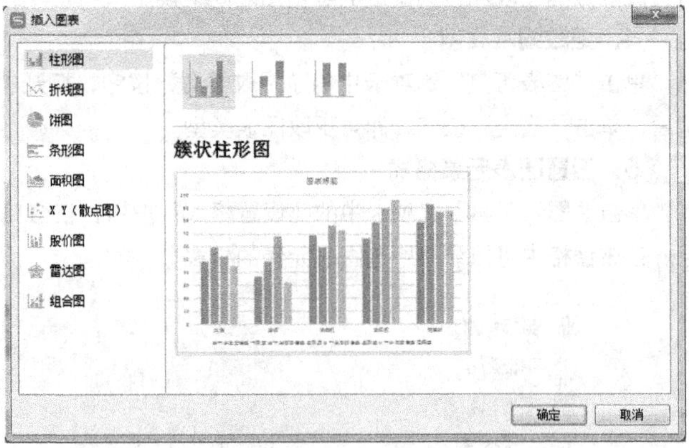

图 6-97　“插入图表”对话框

（2）在对话框左侧选择栏中选择图表类型为柱形图，右侧上方选择子类型为“簇状柱形图”，单击“确定”按钮生成柱形图，如图 6-98 所示。

步骤 3　编辑图表

（1）选中“图表标题”，重命名为“一分店销售统计表”，并设置为楷体、16 磅。

（2）选择生成的图表，单击“图表工具”选项卡中“切换行列”按钮，使生成的图表转换为按列生成的图表。

（3）单击“图表工具”选项卡中的“添加元素”下拉按钮，在下拉列表中选择“轴标题”→“主要纵向坐标轴”，并重命名纵向坐标轴标题为“销售量”。

（4）在“添加元素”下拉列表中选择“数据标签”→“数据标签外”。

（5）在“添加元素”下拉列表中选择“图例”→“右侧”，使图例显示在图表右侧。

编辑完成的柱形图如图 6-99 所示。

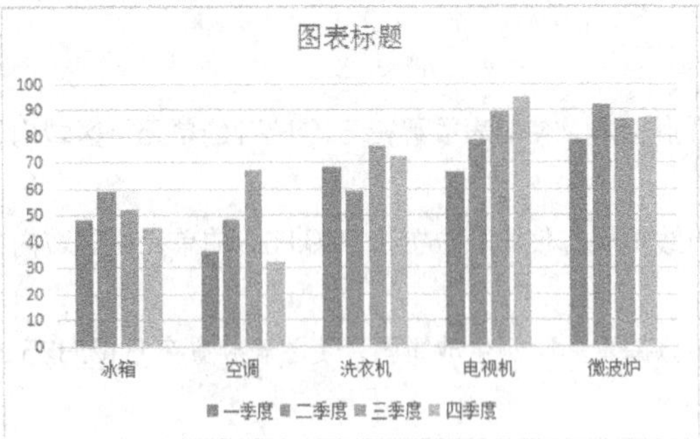

图 6-98　自动生成的柱形图

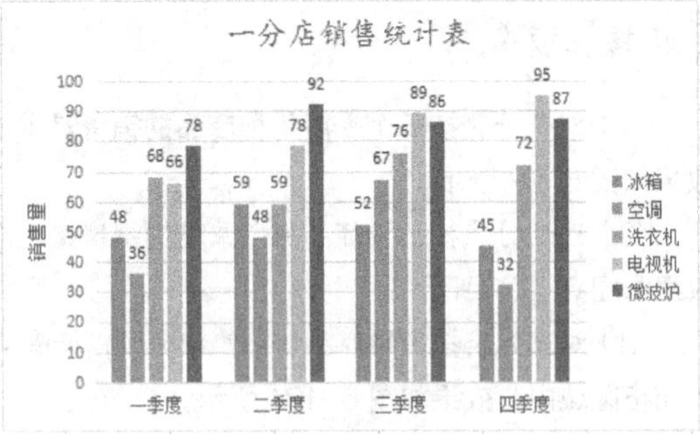

图 6-99　完成的柱形图

步骤 4　更新图表中的数据

图表中的数据和工作表中的数据是密切关联的，当工作表中的源数据发生变化时，图表中的对应数据也会随之发生变化。

例如将一季度空调销量由 36 修改为 56 时，图表中相应的一季度空调销量也将由 36 自动调整为 56，如图 6-100 所示。

步骤 5　为二分店销售表建立折线图

与建立一分店柱形图的方法类似，二分店销售表建立好的折线图如图 6-101 所示。

	A	B	C	D	E
1	一分店销售表				
2	商品名称	一季度	二季度	三季度	四季度
3	冰箱	48	59	52	45
4	空调	56	48	67	32
5	洗衣机	68	59	76	72
6	电视机	66	78	89	95
7	微波炉	78	92	86	87

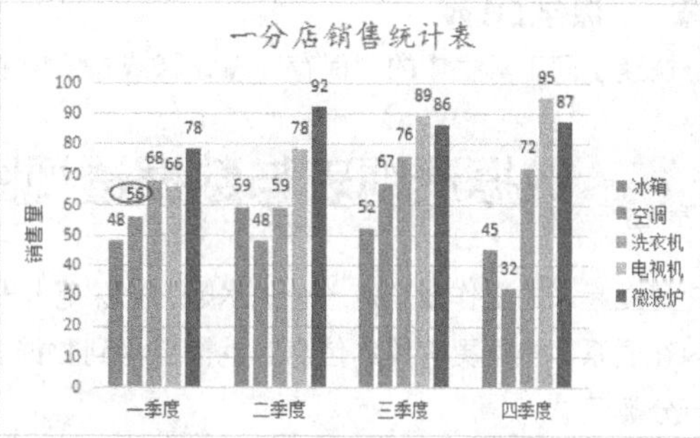

图 6-100 更新“数据源”

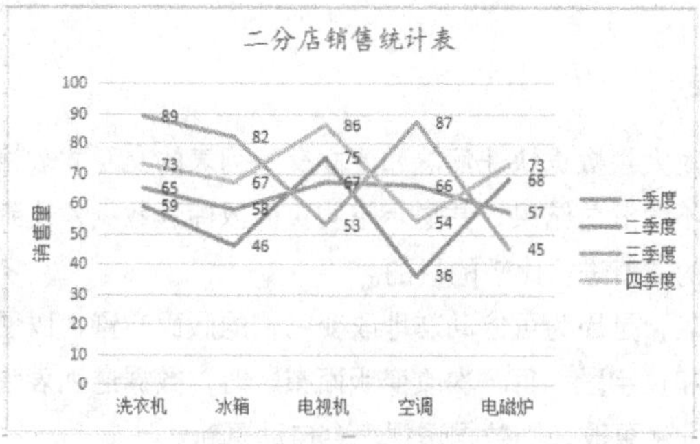

图 6-101 二分店折线图

步骤 6 为三分店销售表建立饼图

（1）求出每种商品的销售总量，如图 6-102 所示。

	A	B	C	D	E	F
1	三分店销售表					
2	商品名称	一季度	二季度	三季度	四季度	总计
3	空调	32	46	73	38	189
4	冰箱	45	48	62	54	209
5	微波炉	57	61	63	68	249
6	电磁炉	45	56	58	67	226
7	电视机	38	56	53	65	212

图 6-102 每种商品的销售总量

微课 73 给三个分店
创建图表 2

（2）按住 Ctrl 键，选择“商品名称”和“总计”两列，建立三分店销售表的饼图，修改图表标题及图例位置，如图 6-103 所示。

（3）单击“图表工具”选项卡中的“快速布局”按钮，在弹出的布局列表中选择“布局 1”，生成的饼图如图 6-104 所示。

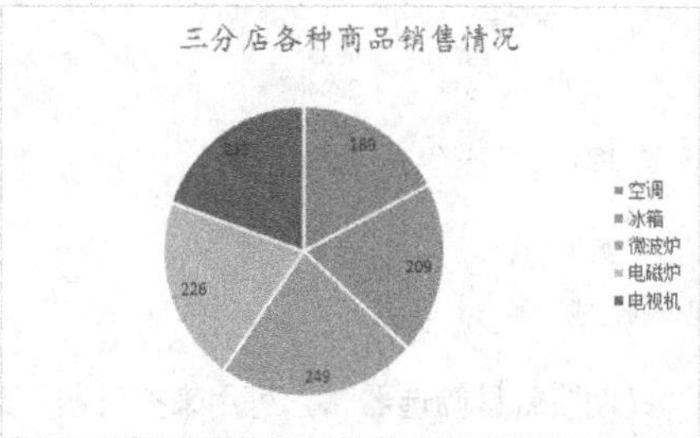

图 6-103 自动生成的饼图

图 6-104 完成后的饼图

步骤 7　保存工作簿

单击快速访问工具栏中的“保存”按钮或按 F12 键保存工作簿。

任务 6.7　数据透视表与数据透视图

用户建立起来的工作表只是一个流水账，如果想从一个静态的、只有原始数据记录的工作表中找出数据间的内在联系，挖掘更有用的信息，就需要用到数据透视表。利用数据透视表可以快速地从不同方面对数据进行分类汇总。

数据透视图以图形形式呈现数据透视表中的汇总数据，其作用与普通图表一样，可以更为形象地对数据进行比较，反映趋势。

6.7.1　数据透视表

数据透视表是一种可以对大量数据快速汇总和建立交叉列表的交互式表格，它能够快速灵活地对行和列进行转换以查看源数据的不同汇总结果，并显示不同页面以筛选数据，达到深入分析数据、从不同的角度查看数据、并对相似数据的数值进行比较的目的。

之所以称其为数据透视表，是因为可以动态地改变它们的版面布置，以便按照不同的方式分析数据，也可以重新安排行号、列标和页字段。每一次改变版面布置时，数据透视表会立即按照新的布置重新计算数据。另外，如果原始数据发生更改，则数据透视表会自动更新。

1. 创建数据透视表

（1）选择工作表中的数据区域。

（2）单击“插入”选项卡中的“数据透视表”按钮，弹出“创建数据透视表”对话框。

（3）在对话框中选择要分析的数据和放置数据透视表的位置。

（4）单击“确定”按钮，弹出“数据透视表”任务窗格，同时在工作表中出现放置透视表的区域。

（5）在任务窗格区域，分别将“字段列表”中的各字段名称拖放到“数据透视表区域”中的相应位置，拖放完成后，则在数据区域自动生成数据透视表。

生成数据透视表后，用户可以根据自己的需要灵活拖放各字段在每个区域的位置，或改变数据的汇总方式，生成不同的数据透视表，方便以不同方式分析数据。

2. 数据透视表的组成

数据透视表主要由以下几个部分组成，如图 6-105 所示。

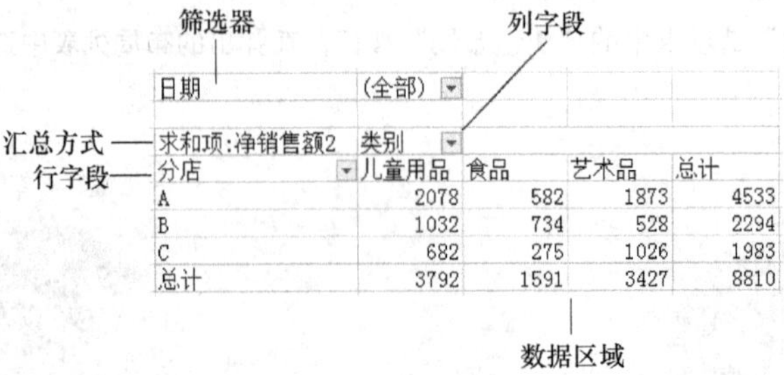

图 6-105　数据透视表的组成

筛选器：用于按照指定项进行筛选的字段。在本例中，“日期”就是筛选器，它可用来按日期筛选报表。

行字段：在数据透视表中被指定为行方向的字段。在本例中，“分店”就是行字段。

列字段：在数据透视表中被指定为列方向的字段。在本例中，“类别”就是列字段。

数据区域：即数据透视表报表中包含汇总数据的部分。数据区域中的单元格显示了行和列字段中各项的汇总数据。

汇总方式：有求和、计数、平均值等多种汇总方式。改变数据的汇总方式，可生成不同的数据透视表，方便用户按不同方式分析数据。

6.7.2 数据透视图

数据透视图是数据透视表的图形展示，是一种交互式的强大数据分析和汇总工具，它把数据更形象直观地展现给用户。在相关联的数据透视表中对字段布局和数据所做的更改，会立即反映在数据透视图中。数据透视图和相关联的数据透视表必须始终位于一个工作簿中。

除了数据源来自数据透视表以外，数据透视图与标准图表的组成元素基本相同，包括数据系列、类别、数据标记和坐标轴，以及图表标题、图例等。其与普通图表的区别在于，当创建数据透视图时，数据透视图的图表区中将显示字段筛选器，以便对基本数据进行排序和筛选。

【教学案例 7】销售统计表

在工作表中输入图 6-106 所示的销售统计表中的数据，并按要求对工作表进行分类汇总和数据透视表的操作。

	A	B	C	D
1	销售统计表			
2	日期	分店	类别	净销售额
3	2018/12/1	C	食品	186
4	2018/12/1	B	食品	398
5	2018/12/1	B	食品	336
6	2018/12/1	A	艺术品	1547
7	2018/12/1	C	艺术品	385
8	2018/12/1	A	儿童用品	916
9	2018/12/1	B	儿童用品	67
10	2018/12/1	A	儿童用品	83
11	2018/12/1	C	儿童用品	682
12	2018/12/2	B	食品	74
13	2018/12/2	C	食品	89
14	2018/12/2	A	食品	582
15	2018/12/2	B	儿童用品	891
16	2018/12/2	A	儿童用品	1079
17	2018/12/2	C	艺术品	365
18	2018/12/2	A	艺术品	326
19	2018/12/2	B	艺术品	528
20	2018/12/2	C	艺术品	276

图 6-106 建立工作表

操作要求

（1）在工作表 Sheet 1 中录入销售统计表原始数据，并将 Sheet 1 重命名为“分类汇总表”。

（2）将工作表 Sheet 1 中的数据复制到工作表 Sheet 2 中 A1 单元格开始的区域内，并将 Sheet 2 重命名为“数据透视表”。

（3）在工作表 Sheet 1 中，进行下列方式的数据汇总：①按日期和分店分类汇总；②按日期和类别重新分类汇总。

（4）在工作表 Sheet 2 中建立数据透视表，按日期统计每个分店每种商品的总销售额。调整“字段列表”在“数据透视表区域”中的位置，观察数据透视表的变化情况。

（5）在工作表 Sheet 2 中对生成的数据透视表生成“堆积柱形图”，使图表放置在 F11:J24 单元格区域内。

操作步骤

步骤 1 建立工作簿并输入数据

（1）启动 WPS 2019，新建一个空白工作簿，并将其以“班级+姓名”命名保存。

（2）在工作表 Sheet 1 中输入图 6-106 所示数据。

（3）将工作表 Sheet 1 中数据复制到 Sheet 2 中 A1 开始的单元格区域。

（4）将工作表 Sheet 1 重命名为“分类汇总表”，工作表 Sheet 2 重命名为“数据透视表”。

微课 74 销售统计表 1

步骤 2　创建分类汇总

（1）选择“分类汇总表”中的数据区域 A2:D20。

（2）按日期和分店分类汇总。

（3）按日期和类别重新进行分类汇总。

步骤 3　创建数据透视表

（1）选择“数据透视表”中的数据区域 A2:D20。

微课 75 销售统计表 2

（2）单击“插入”选项卡的“数据透视表”按钮，弹出“创建数据透视表”对话框，单元格区域显示当前数据区域为 Sheet1!$A$2:$D$20，单击“请选择放置数据透视表的位置”区域的“现有工作表”单选按钮，然后在当前工作表中单击 F4 单元格，如图 6-107 所示。

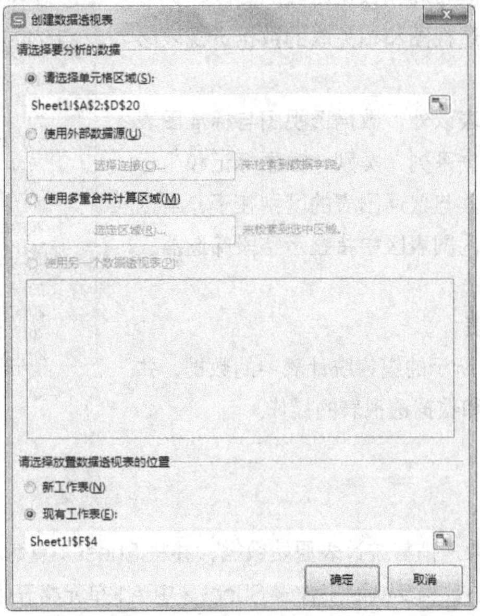

图 6-107　“创建数据透视表”对话框

（3）单击“确定”按钮，窗口右侧出现“数据透视表”任务窗格，同时在工作表中出现放置透视表的区域，如图 6-108 所示。

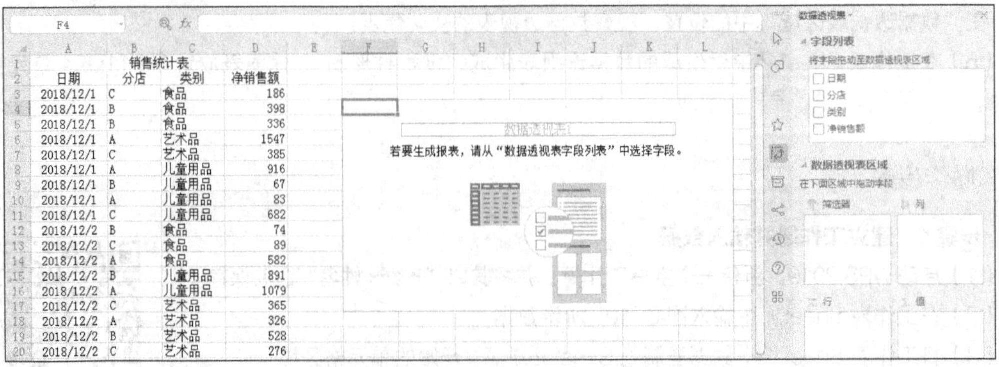

图 6-108　使用“数据透视表”命令后的窗口

（4）在任务窗格区域，分别将“字段列表”中的字段名称拖放到“数据透视表区域”中的相应位置，拖放完成，则在数据区域自动生成数据透视表，如图 6-109 所示。

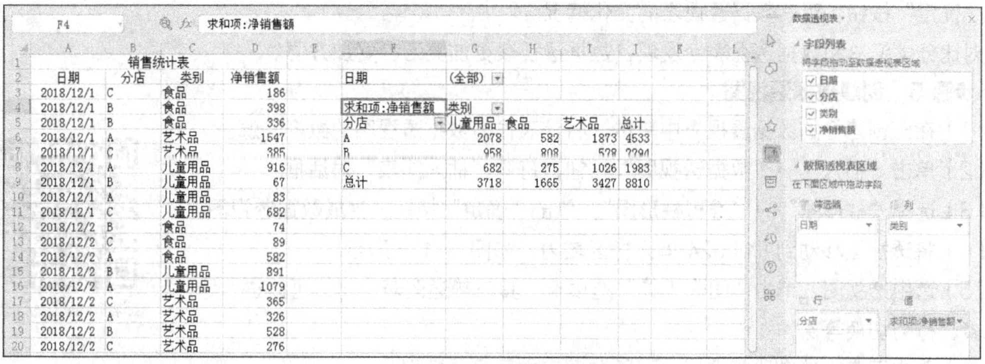

图 6-109 生成的“数据透视表”

步骤 4 更新和维护数据透视表

从生成的数据透视表中，可以看出“全部”日期中各分店销售的各种商品的总金额。用户还可以根据自己的需要灵活方便地变换各种统计方式，比如指定日期的各分店销售的各种商品的总金额、指定日期的指定商品的销售金额、指定日期的各种商品在各分店的销售总金额、指定日期的各分店销售各种商品的平均销售金额等情况。

图 6-110 “值字段设置”对话框

（1）单击筛选器“日期”下拉按钮，从下拉列表中选择“2018/12/1 仅筛选此项”，观察数据透视表的变化情况。

（2）单击“类别”下拉按钮，从下拉列表中去掉“艺术品”复选框，观察数据透视表的变化情况。

（3）在任务窗格的“数据透视表区域”，拖动鼠标将行字段与列字段交换位置，观察数据透视表的变化情况。

（4）双击透视表中的“求和项：净销售额”单元格，弹出“值字段设置”对话框，如图 6-110 所示，在“值字段汇总方式”选项卡中选择“平均值”。单击“确定”按钮后得到按平均值汇总的数据透视表（设置保留一位小数），如图 6-111 所示。

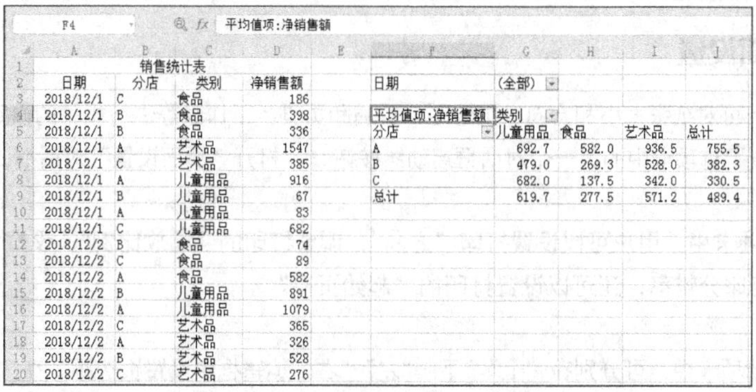

图 6-111 按平均值汇总的数据透视表

（5）双击“计数项：净销售额”，在弹出的“数据透视表字段”对话框中选择分类汇总方式为“计数”，单击“确定”按钮，观察数据透视表的变化情况。

对比分类汇总和数据透视表会发现，数据透视表更加灵活、更加方便。

步骤 5　创建数据透视图

（1）在已创建好的数据透视表中单击，将该表作为数据透视图的数据来源。

（2）单击“插入”→“数据透视图”按钮，打开“插入图表”对话框。

（3）选择“柱形图”→“堆积柱形图”，单击“确定”按钮，生成数据透视图。

（4）将透视图移动到 F11:J24 单元格区域内，如图 6-112 所示。

（5）选中透视图，单击“图表工具”选项卡，其与普通图表一样，可以进行添加元素、行列切换等操作。

微课 76 销售统计表 3

（6）单击图表中的字段筛选器，可更改图表中显示的数据。

步骤 6　保存工作簿

单击快速访问工具栏中的“保存”按钮或按 F12 键保存工作簿。

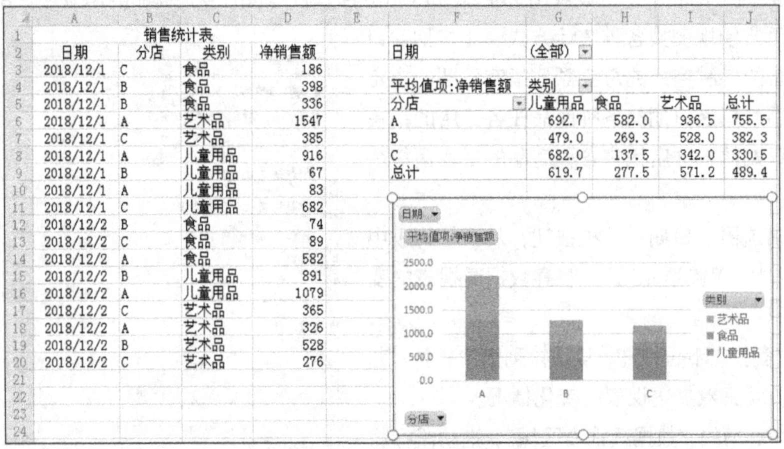

图 6-112　生成的“数据透视图”

任务 6.8　页面设置与打印

应用 WPS 表格完成数据报表的制作后，首先要对页面进行设置，经预览达到理想的页面效果后再进行打印设置，最后打印报表。

6.8.1　页面设置

通过页面设置，可对纸张大小和方向、页边距、页眉和页脚、工作表等进行相关的设定，以达到用户的要求。单击“页面布局”选项卡中的第一个对话框启动器按钮，打开“页面设置”对话框，如图 6-113 所示。

1. 页面

在“页面”选项卡中，用户可以设置打印“方向”，调整打印的“缩放比例”，设置“纸张大小”，选择“打印质量”设置打印分辨率，还可以设置打印的“起始页码”。

2. 页边距

在“页边距”选项卡中，可分别在“上”“下”“左”“右”编辑框中设置页边距。在“页眉”“页脚”编辑框中可设置页眉、页脚的位置；在“居中方式”中，可选“水平”和“垂直”两种方式，如图 6-114 所示。

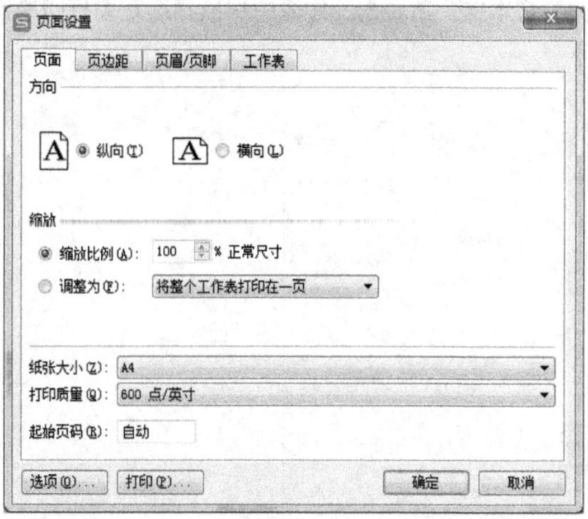

图 6-113 “页面设置”对话框

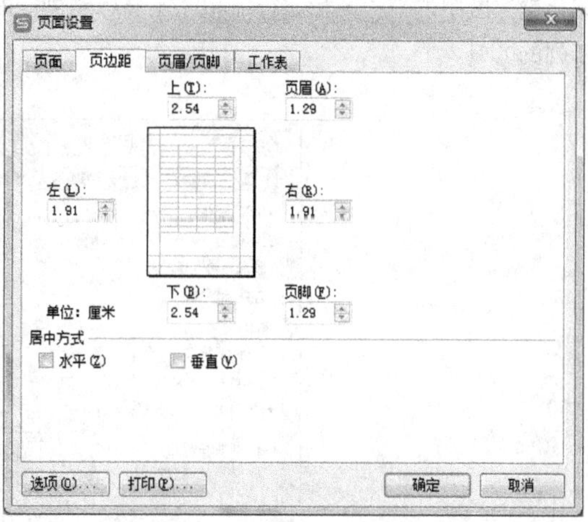

图 6-114 “页边距”设置

3. 页眉/页脚

切换到“页眉/页脚”选项卡，如图 6-115 所示。在“页眉/页脚”选项卡中单击“页眉”或“页脚”下拉列表可选定一些系统定义的页眉或页脚。

（1）单击“自定义页眉”按钮，弹出“页眉”对话框，如图 6-116 所示。

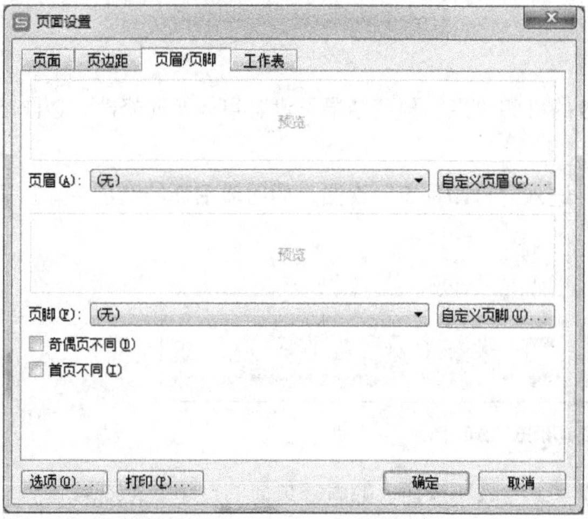

图 6-115 “页眉/页脚”设置

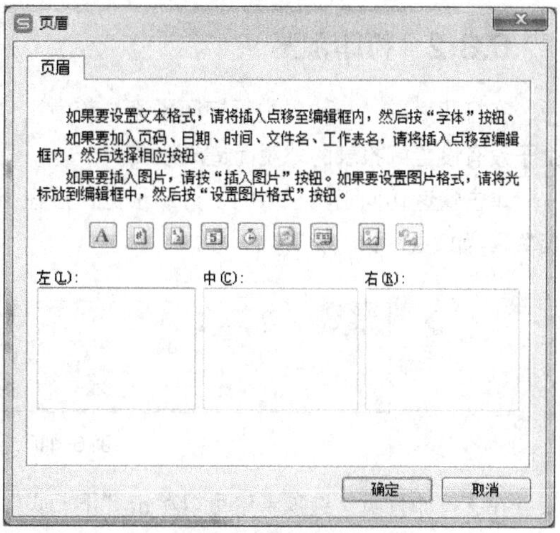

图 6-116 自定义页眉设置对话框

（2）如果用户要插入页码、日期、时间、文件名、工作表名，则应将插入点移到“左”“中”“右”三个文本框内，然后选择相应的按钮；用户也可以在“左”“中”“右”三个文本框中输入自己想要的页眉、页脚。

（3）单击“自定义页脚”按钮，弹出“页脚”对话框，按同样的方法设置页脚。

4. 工作表

切换到“工作表”选项卡，如图 6-117 所示。在“工作表”选项卡中可以设置打印区域、跨页打印时各页打印的行列标题的区域、是否打印网格线及行号行标，以及打印顺序等。

如果要打印某个区域，则单击“打印区域”后的文本框，然后在工作表中用鼠标选定要打印的区域；如果打印的内容较长，要打印在多张纸上，要求每页上具有与第一页相同的行标题和列标题，可单击“打印标题”区中的“顶端标题行”和“左端标题列”右侧的文本框，然后在工作表中用鼠标选定要打印的行和列的区域。

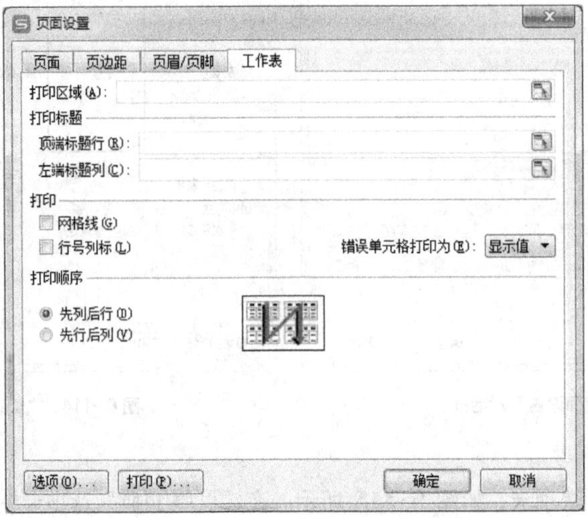

图 6-117　“工作表”设置

用户还可以指定是否打印网络线与行号列标，确定打印顺序。

6.8.2　打印预览

在打印之前，一般先进行打印预览，查看工作表的打印效果，预览结果不满意可以及时修改，以防止由于没有设置好报表的外观而造成浪费。

单击快速访问工具栏中的“打印预览”按钮，进入“打印预览”视图，同时激活新的选项卡“打印预览”，如图 6-118 所示。

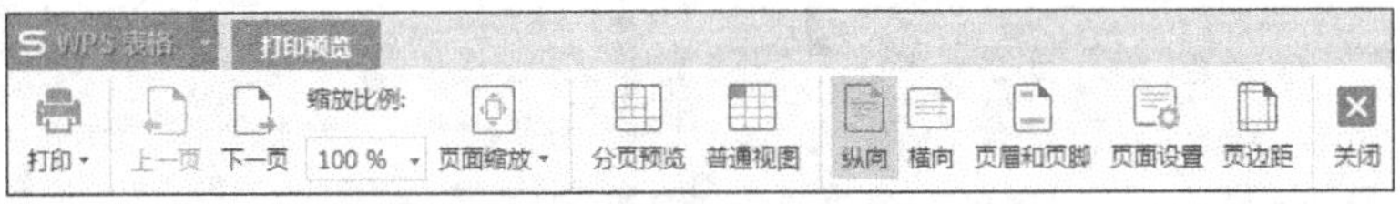

图 6-118　“打印预览”选项卡

在“打印预览”选项卡中可以单击“下一页”和“上一页”按钮，翻看各页面的打印预览效果。

单击“页面缩放”下拉按钮，可以选择“无缩放”“将整个工作表打印在一页”“将所有列打印在一页”“将所有行打印在一页”四种打印预览效果。

在“打印预览”选项卡中还可以进行页面设置。

预览结束，可以单击“关闭”按钮返回原工作表，也可以单击“打印”按钮直接打印工作表。

6.8.3　打印输出

预览结果满意后，单击快速访问工具栏中的“打印”按钮，打开“打印”对话框，如图 6-119 所示。

用户可以在对话框中选择打印机名称，指定打印的“页码范围”，确定“打印内容”和打印“份数”，还可以指定“每页的版数”和打印内容“按纸型缩放”等。

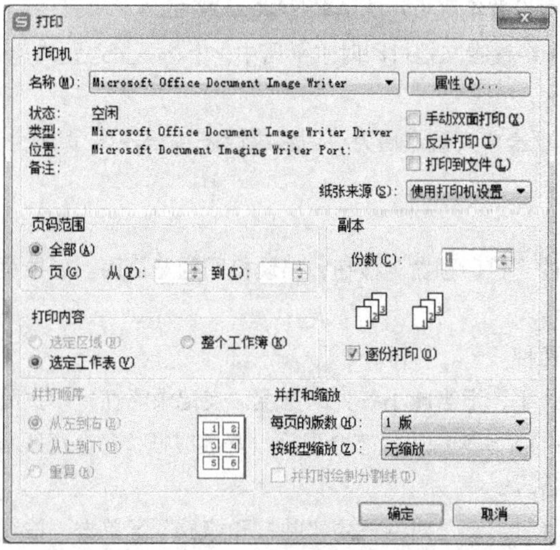

图 6-119　“打印”对话框

【教学案例 8】打印销售统计表

打开“销售统计表”并切换到“数据透视表”，如图 6-120 所示，按要求完成对工作表的打印。

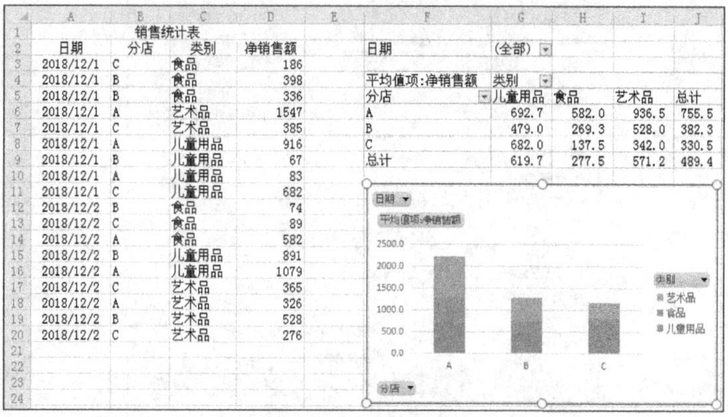

销售统计表

日期	分店	类别	净销售额
2018/12/1	C	食品	186
2018/12/1	B	食品	398
2018/12/1	B	食品	336
2018/12/1	A	艺术品	1547
2018/12/1	C	艺术品	385
2018/12/1	A	儿童用品	916
2018/12/1	B	儿童用品	67
2018/12/1	A	儿童用品	83
2018/12/1	C	儿童用品	682
2018/12/2	B	食品	74
2018/12/2	C	食品	89
2018/12/2	A	食品	582
2018/12/2	B	儿童用品	891
2018/12/2	A	儿童用品	1079
2018/12/2	C	艺术品	365
2018/12/2	A	艺术品	326
2018/12/2	B	艺术品	528
2018/12/2	C	艺术品	276

日期　(全部)

平均值项:净销售额	类别			
分店	儿童用品	食品	艺术品	总计
A	692.7	582.0	936.5	755.5
B	479.0	269.3	528.0	382.3
C	682.0	137.5	342.0	330.5
总计	619.7	277.5	571.2	489.4

图 6-120　销售统计表

操作要求

（1）对工作表进行如下页面设置。

① 纸张大小为 A4，横向，文档打印时水平居中，上、下页边距均为 3 厘米，左、右页边距均为 2 厘米；

② 页眉为“销售统计表”，居中；页脚为当前日期，居右。

（2）根据打印预览情况调整各列宽度，使表格宽度不超过纸张宽度；或在“打印对话框中设置“按纸型缩放”方式为“A4”。

操作步骤

步骤 1　页面设置

（1）单击“页面布局”选项卡中的“页面设置”对话框启动器，弹出“页面设置”对话框。

（2）在“页面”选项卡中设置纸张大小为 A4，方向为横向。

（3）在“页边距”选项卡中设置文档打印时水平居中，上、下页边距均为 3 厘米，左、右页边距均为 2 厘米。

（4）在“页眉/页脚”选项卡中设置页眉为“销售统计表”，居中；页脚为当前日期，居右。

微课 77 打印销售统计表

步骤 2　打印预览

单击快速访问工具栏中的“打印预览”按钮，出现打印预览页面。如果页面宽度不够，将会使原来一个完整的页面被分为两页显示。

这种情况的解决办法有两种。

一是在工作表的编辑状态下，适当减小各列的宽度，使记录能在一个页面完整显示。执行过一次“打印预览”命令后，WPS 表格的工作表编辑状态会显示一些虚线框，每个虚线框代表一个打印页面，调整列宽时可以参照这些虚线来进行。

二是在打印工作表时，在“打印”对话框的“并打和缩放”区单击“按纸型缩放”下拉按钮，在下拉列表中选择纸张类型为 A4，使工作表文件列宽自动适应 A4 纸张的宽度，如图 6-121 所示。

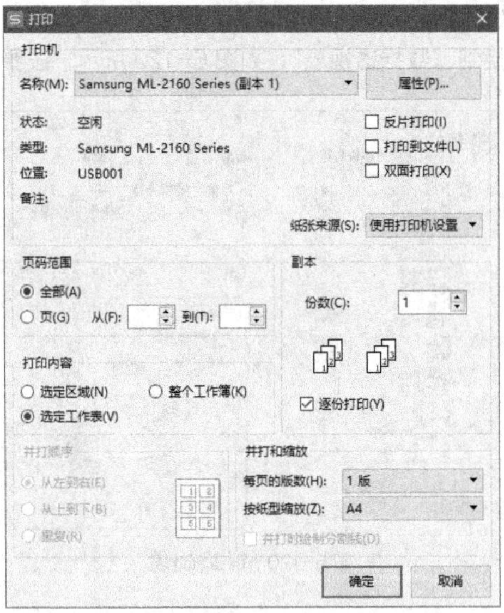

图 6-121　打印设置

步骤 3　打印工作表

预览结果满意后，单击快速访问工具栏中的“打印”按钮，弹出“打印”对话框，在对话框中选择打印机名称，指定打印的“页码范围”，确定“打印内容”和“并打顺序”等，设置完成后，单击“确定”按钮，即可打印指定的工作表。

【项目自测】

学生成绩表制作要求如下。

（1）使用 WPS 表格建立工作簿，将工作表 Sheet1 改名为“成绩表”，并在成绩表中建立图 6-122 所示的表格。

	A	B	C	D	E	F	G	H	I
1					学生成绩表				
2	编号	姓名	语文	数学	计算机	总分	平均分	名次	等级
3	0001	孙涛	55	64	72				
4	0002	张军	89	82	91				
5	0003	刘凤	90	65	88				
6	0004	陈琴	67	57	52				
7	0005	王宁	78	76	74				
8	各科平均分								
9	各科不及格人数								

图 6-122 学生成绩表

（2）将“A1:I1”单元格合并，设置标题为楷体、16 磅，表中所有文本、数据在水平、垂直两个方向上均居中对齐。

（3）用函数计算每个学生的总分和平均分，及各科的平均分（保留一位小数），统计各科的不及格人数并利用条件格式将各科的不及格分数用红色字体显示。

（4）用排位函数按总分由高到低排出每个学生的名次。

（5）用条件函数为“等级”赋值：平均分在 80 分及以上者为“优秀”，60 分及以上者为“合格”，60 分以下者为“不合格”。

（6）新建工作表 Sheet 2，将成绩表 A1:I7 中的数据复制到 Sheet 2 中，按总分由高到低（总分相同的情况下按数学成绩由高至低）排序，并将 Sheet 2 改名为“排序表”。

（7）新建工作表 Sheet 3，将成绩表 A1:I7 中的数据复制到 Sheet 3 中，建立筛选，筛选出各科不及格的学生记录，并将 Sheet 3 改名为“筛选表”。

（8）新建工作表 Sheet 4，将成绩表 A1:I7 中的数据复制到 Sheet 4 中，在“姓名”列之后加入“性别”，在第 3、4 条记录的“性别”栏输入“女”、其他记录的“性别”栏输入为“男”，按“性别”分类汇总各科的平均分（保留一位小数），并将该表命名为“分类汇总表”。

（9）根据每门科目的平均分用簇状柱形图建立图表分析，图表标题为“各科平均分分析图”，柱形图上显示各科的平均分值，插入在“成绩表”的“B11:G24”区域中。

（10）在“成绩表”中设置纸张大小为 A4，方向为纵向，页眉为“学生成绩表”、居右；页脚为“第 × 页”、居中。调整每张工作表的宽度，使其不超出所设置纸张的宽度。

Chapter

7

项目七 Photoshop CS6 图像处理

Photoshop CS6 是 Adobe 公司推出的专业图像处理软件，其功能非常强大，集图像扫描、图像制作、编辑修改、输入与输出于一体，深受广大平面设计人员和电脑美术爱好者的喜爱。从功能上看，Photoshop CS6 可分为图像编辑、图像合成、校色调色及特效制作 4 个部分，被广泛应用于平面广告设计、包装设计、网页设计、数码照片艺术处理及室内外效果图的后期处理等方面。

任务 7.1 Photoshop CS6 的基本操作

7.1.1 图形图像的基础知识

本小节主要介绍图像处理的基础知识，包括位图和矢量图、图像的色彩模式、常见的图像文件格式等。掌握这些基础知识，有助于更快、更准确地处理图像。

1. 位图与矢量图

一般来说，以数字方式记录、处理和存储的图像文件可以分为位图和矢量图两大类。在绘图或处理图像过程中，这两类图像可以相互交叉使用，取长补短。

（1）位图。

位图是由像素（Pixel）组成的，位图的图像质量是由单位长度内像素的多少来决定的。单位长度内像素越多，分辨率越高，图像的效果越好。Photoshop、Painter 以及其他绘画及图像编辑软件都可用于绘制位图。

位图的显示效果与分辨率有关，如果在屏幕上以较大倍数放大显示图像，或以过低的分辨率打印图像，图像就会出现锯齿状的边缘，并且会丢失细节。

运用位图能够制作出色彩和色调变化丰富的图像，同时也可以很容易地在不同软件之间进行交换，但它的文件较大，对内存和硬盘的要求较高。图 7-1 和图 7-2 分别为位图放大前后的对比。

图 7-1 原始大小

图 7-2 放大效果

（2）矢量图。

矢量图是根据几何特性绘制的图形，内容以线条和色块为主。如 AutoCAD、Illustrator 之类的绘图软件均可用于矢量图形的绘制。矢量图的文件较小，显示速度较快，但矢量图的色彩表现力远逊于位图。

矢量图的显示效果与分辨率无关，将它缩放到任意大小，其清晰度不变，也不会出现锯齿状的边缘。在任何分辨率下显示或打印矢量图，都不会损失细节。因此，矢量图形在标志设计、插图设计及工程绘图上占有很大的优势。图 7-3 和图 7-4 分别为矢量图放大前后的对比。

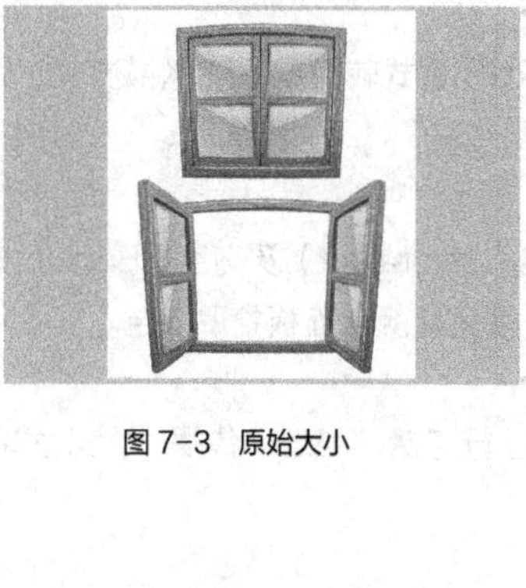

图 7-3 原始大小

图 7-4 放大效果

位图和矢量图的比较如表 7-1 所示。

表 7-1　位图与矢量图的比较

比较内容	位图	矢量图
表现内容	丰富	单一
存储空间	大	小
缩放效果	放大后模糊	无限放大不失真
显示速度	慢	快

2．图像的色彩模式

成色原理的不同，决定了显示器、投影仪、扫描仪这类靠色光直接合成颜色的颜色显示设备和打印机、印刷机等这类靠使用颜料的印刷设备在合成颜色方式上的区别。一般来说，一种色彩模式对应一种输入/输出设备。常见的色彩模式有位图、灰度图、索引颜色、RGB、CMYK、Lab、HSB 等。

（1）位图模式。

位图模式的图像也叫黑白图像，因为图像中只有黑、白两种颜色。除非用于特殊用途，否则一般不选这种模式。当需要将彩色模式转换为位图模式时，必须先将其转换为灰度模式，由灰度模式才能转换为位图模式。

（2）灰度模式。

灰度模式的图像有 256 个灰度级别，亮度从 0（黑）到 255（白）。灰度模式的图像中没有颜色信息，色彩饱和度为零。由于灰度图像的色彩信息都被从图像文件中去掉了，所以灰度相对彩色来讲文件大小要小得多。

（3）索引颜色。

索引颜色采用一个颜色表存放并索引图像中的颜色，包含最多 256 种颜色。当彩色图像转换为索引颜色的图像时，Photoshop 会从颜色表中选出最相近的颜色来模拟这些颜色，这样可以减小图像文件的尺寸。其可用于制作多媒体动画或网页。

（4）RGB 模式。

在 RGB 模式中，由红（Red）、绿（Green）、蓝（Blue）相叠加产生其他颜色，因此该模式也叫加色模式。三种色彩叠加可以形成 1670 万种颜色，也就是真彩色，通过它们足以展现绚丽的世界。所有显示器、电视机、投影仪、扫描仪等显示设备都依赖这种模式来实现颜色的显示。

（5）CMYK 模式。

CMYK 模式是一种印刷色彩模式。CMYK 模式的图像由印刷分色的青（Cyan）、洋红（Megenta）、黄（Yellow）和黑（Black）四种颜色组成，分别代表印刷用的四种油墨的颜色。CMYK 模式主要用于打印机、印刷机等设备。

（6）Lab 模式。

这种模式是在不同颜色之间转换时使用的中间模式。当将 RGB 模式转换成 CMYK 模式时，Photoshop 自动将 RGB 模式转换为 Lab 模式，再转换为 CMYK 模式。

（7）HSB 模式。

在 HSB 模式中，H、S、B 分别表示色相（Hue）、饱和度（Saturation）及亮度（Brightness）。这是一种从视觉的角度定义的颜色模式。Photoshop 可以使用 HSB 模式从颜色面板拾取颜色。

3．常见的图像文件格式

图像文件格式是记录和存储影像信息的格式。对数字图像进行存储、处理、传播时，必须采用一定的图像格式，也就是把图像的像素按照一定的方式进行组织和存储，把图像数据存储成文件就得到图像文件。常见的图像文件格式有 PSD、BMP、TIFF、JPEG、GIF、PNG 等格式。

（1）PSD 格式。

这是 Photoshop 软件的专用格式，可以存储 Photoshop 中所有的图层、通道、蒙板和颜色模式等信息。PSD 格式文件其实是 Photoshop 进行平面设计的一张“草稿图”，它里面包含有图层、通道等图像编辑的所有信息，以便于下次打开图像时可以继续上一次的编辑。

（2）BMP 格式。

BMP 文件是 Windows 操作系统中的标准图像文件格式，能够被 Windows 应用程序所支持。这种格式的特点是包含的图像信息较丰富，几乎不进行压缩，其缺点是占用磁盘空间过大。所以，BMP 格式在单机上比较流行。

（3）TIFF 格式。

TIFF 格式是一种通用的图像文件格式，是除 PSD 格式外唯一能存储多个通道的文件格式。几乎所有的扫描仪和多数图像软件都支持该格式。该格式支持 RGB、CMYK、Lab 和灰度等色彩模式，它包含非压缩方式和 LZW 两种压缩方式。

（4）JPEG 格式。

JPEG 格式是比较常用的图像格式，其压缩比例可大可小，被大多数的图像处理软件所支持。JPEG 格式的图像还被广泛应用于制作网页。该格式支持 CMYK、RGB 和灰度色彩模式，但不支持 Alpha 通道。

（5）GIF 格式。

GIF 格式是能保存背景透明化的图像格式，并且 GIF 格式的图像文件占用磁盘空间比较小，但只能处理 256 种色彩，故常用于网络传输，其传输速度要比其他格式的文件快很多，还可以将多张图像存储为一个文件形成动画效果。

（6）PNG 格式。

PNG 格式是一种新兴的网络图像文件格式，它可以保存 24 位的真彩色图像，具有支持透明背景和消除锯齿边缘的功能，可在不失真的情况下压缩保存图像。但较旧的浏览器和程序可能不支持 PNG 文件。

实际工作中，我们可以根据需要选择合适的图像文件存储格式。

用于 Photoshop 图像处理：PSD、PDD、TIFF。

用于印刷：TIFF、EPS。

出版物：PDF。

Internet 图像：GIF、JPEG、PNG。

7.1.2 Photoshop CS6 的启动和退出

1. 启动 Photoshop CS6 应用程序

常用以下两种方法启动 Photoshop CS6。

（1）执行“开始”→“所有程序”→“Adobe”→“Adobe Photoshop CS6”命令。

（2）如果在桌面上建立了 Photoshop CS6 的快捷方式，则直接双击该图标即可。

2. 退出 Photoshop CS6 应用程序

常用以下两种方法退出 Photoshop CS6。

（1）单击窗口标题栏右侧的“关闭”按钮。

（2）直接按“Ctrl+Q”组合键。

退出应用程序时，如果没有保存所编辑的图像，则系统会弹出一个对话框，提示用户进行保存。

7.1.3 Photoshop CS6 的工作界面

用户成功启动 Photoshop CS6 软件后，将显示 Photoshop CS6 的工作界面，这个界面由菜单栏、工具箱、属性栏、图像编辑区和调板等组成，如图 7-5 所示。

图 7-5 Photoshop CS6 工作界面

菜单栏：Photoshop CS6 里的大部分命令都被分类放在菜单栏的不同菜单中，如文件、编辑、图像、图层、文字、选择、滤镜、视图、窗口等。

工具箱：Photoshop CS6 的工具箱提供了强大的图像编辑工具，包括选择工具、绘图工具、图像修复工具、图像修饰工具、颜色选择工具等，可以方便地编辑图像。

属性栏：属性栏是工具箱中各个工具的功能扩展。通过在属性栏中设置不同的选项，可以快速地完成多样化的操作。

调板：在 Photoshop CS6 中，包含了 20 多个调板。调板可以用来设置图像的图层、通道、颜色、样式、历史记录等。调板可以浮动，在“窗口”菜单中可以选择并进行编辑。

文档标签：通过单击文档标签可以在打开的多个图像文档之间进行切换，也可以单击文档标签右侧的关闭按钮将其关闭。

图像编辑区：用于显示或编辑图像文件。

状态栏：位于窗口的底部，用来记录当前图像的显示比例和文档的大小等信息。

7.1.4 文件管理

文件管理主要包括新建图像文件、打开图像文件、保存图像文件及关闭图像文件。

1. 新建图像文件

新建图像文件的步骤如下。

（1）执行菜单命令“文件”→“新建”。执行“新建”命令后，弹出“新建”对话框，如图 7-6 所示。

（2）在对话框中进行下列参数设置。

宽度、高度、分辨率：在对应的数值框中输入数值，分别设置新建图像的宽度、高度和分辨率。在这些数值框右侧的下拉列表中可以选择单位。

颜色模式：在右侧的下拉列表中可以选择新建图像文件的颜色模式和使用的通道数。

背景内容：在右侧的下拉列表中可以选择新建图像文件的背景颜色。

（3）设置完毕后，单击“确定”按钮即可新建一个空白图像文件。

2. 打开图像文件

如果要对图片进行编辑和处理，就要在 Photoshop CS6 中打开需要的图像。

（1）执行菜单命令“文件”→“打开”。如果是要打开第一张图像，那么也可以通过双击窗口空白区域的方法将其打开。

（2）执行“打开”命令后，弹出“打开”对话框，如图 7-7 所示，选择文件所在位置后，单击“打开”按钮即可打开该图像。

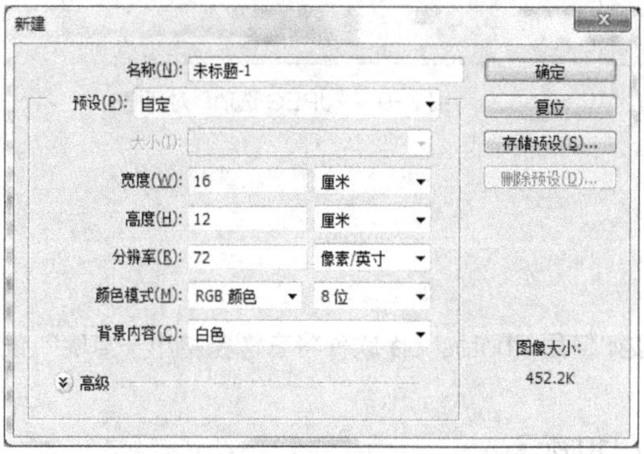

图 7-6 “新建”对话框

图 7-7 “打开”对话框

3. 保存图像文件

图像编辑完成后需要将其保存起来。

（1）执行菜单命令“文件”→“存储”。

（2）执行“存储”命令后，弹出“存储为”对话框，如图 7-8 所示。

在该对话框中，可以对图像文件进行重命名，选择图像文件的保存格式和保存位置。

（3）设置完成后单击“确定”按钮，则根据所选图像文件格式的不同会弹出不同的对话框，图 7-9 所示为保存为 JPEG 格式时的对话框，可以选择图像的品质和文件大小等。

设置完成，单击“确定”按钮，当前图像文件被保存起来。

4. 关闭图像文件

常用以下两种方法关闭图像文件。

（1）选择“文件”→“关闭”命令。

（2）单击图像文档标签右侧的“关闭”按钮。

执行“关闭”命令后，若文件被修改过或者是新建的文件，则系统会弹出一个提示框，询问用户是否进行保存，若单击“是”按钮则进行保存，若单击“否”按钮则不保存。

图 7-8 “存储为”对话框

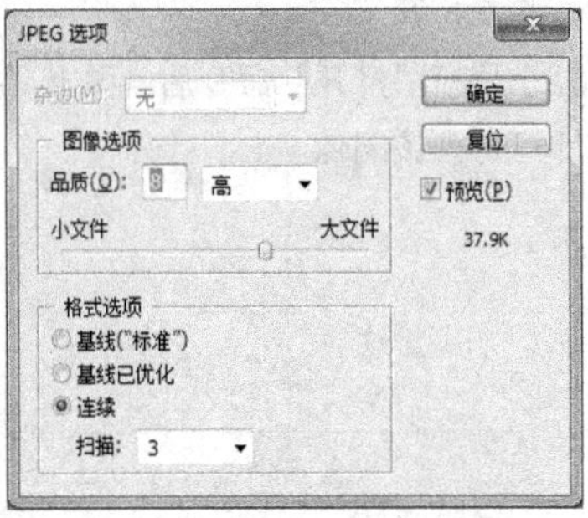

图 7-9 “JPEG 选项”对话框

7.1.5 图像和画布尺寸的调整

下面分别介绍图像和画布尺寸大小的调整方法。

1. 调整图像大小

如果用数码相机拍摄出来的照片尺寸太大了，那么该如何用 Photoshop 软件将它调整得小一点呢？设置图像大小的方法如下。

（1）双击窗口空白区域，打开一幅素材图像，如图 7-10 所示。

图 7-10 素材图像

（2）选择“图像”→“图像大小”命令，弹出“图像大小”对话框，如图 7-11 所示。

对话框中各参数的含义如下。

像素大小：根据需要改变“宽度”和“高度”的数值，可改变图像在屏幕上显示的大小，窗口左上角提示的图像在磁盘上占用的空间大小也会相应改变。

文档大小：通过改变“宽度”“高度”和“分辨率”的数值，可改变图像文件在打印机上打印出来的尺寸大小，图像的像素大小也会相应改变。

缩放样式：控制图层的图层样式随着图像大小的改变而改变。

约束比例：选中此复选框，在“宽度”和“高度”选项右侧会出现锁链标志，表示改变其中任一数值时，这两项会按比例同时改变。

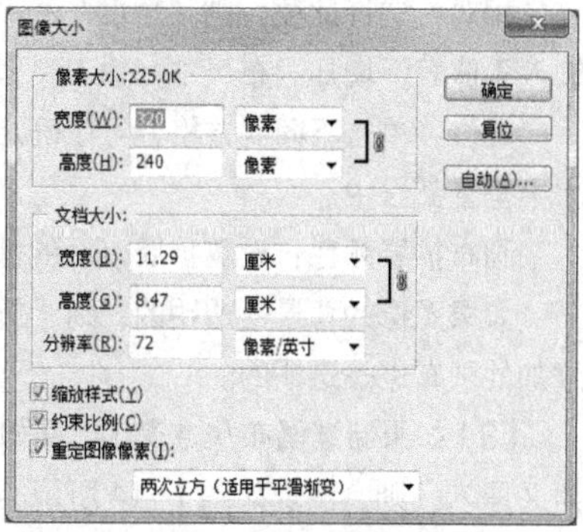

图 7-11　“图像大小”对话框

（3）现在，将“像素大小”栏中宽度改为 240 像素，会发现高度同时变为 180 像素。设置完成后单击“确定”按钮即可，效果如图 7-12 所示，可以看出，图像按比例缩小了。

图 7-12　调整后的图像大小

2. 调整画布大小

图像画布尺寸的大小是指图像文档的工作空间的大小，类似于绘画时所用纸张的大小。修改画布大小的方法如下。

（1）打开图 7-10 所示的素材图像。

（2）选择“图像”→“画布大小”命令，在弹出的对话框中进行设置，如图 7-13 所示。

对话框中各参数的含义如下。

当前大小：显示了图像当前的宽度、高度以及文档的实际大小。

新建大小：通过修改“宽度”和“高度”来修改画布的大小。如果设置的宽度和高度大于图像的尺寸，Photoshop 就会在原图的基础上增加画布尺寸，反之，将减小画布尺寸。

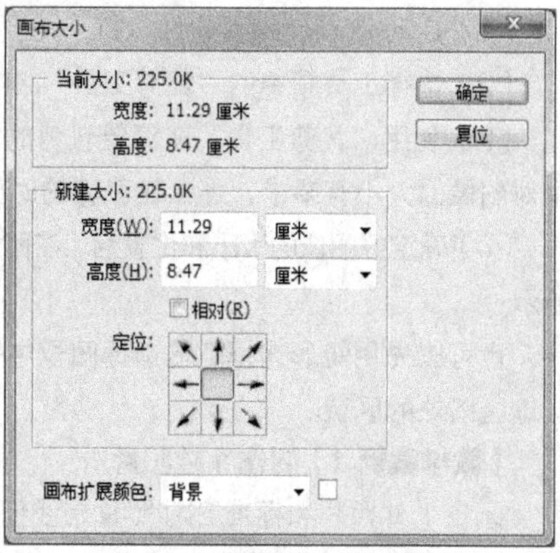

图 7-13　“画布大小”对话框

减小画布会裁剪图像。

相对：选择此项，则“宽度”和“高度”选项中的数值表示实际增加或者减少的区域的大小。此时，输入正值表示增加画布尺寸，输入负值表示缩小画布尺寸。

定位：单击不同的方格，可以确定图像在修改后的画布中的相对位置，有 9 个位置可以选择，默认为水平垂直都居中。

画布扩展颜色：设置扩展以后的那部分画布的颜色，可以设置为背景或前景的颜色。

如果图像的背景是透明的，则“画布扩展颜色”选项将不可用，添加的画布也是透明的。

（3）如果新建画布尺寸变小，例如将宽度改为 10 厘米，高度改为 7 厘米，则会出现如图 7-14 所示的信息提示框。

图 7-14　提示框

（4）单击“继续”按钮，效果如图 7-15 所示，可以看出，原来的图像并没有缩小，但由于画布缩小，所以图像被裁了边。

图 7-15　调整后的画布大小

7.1.6　裁剪图像

裁剪图像用于裁剪掉图像选区以外的部分，而只保留选区以内的部分。

（1）启动 Photoshop 软件，打开需要进行裁剪的图片，如图 7-16 所示。

（2）选择工具箱中的“裁剪工具” 。

（3）利用“裁剪工具”在需要裁剪的图像位置按住鼠标左键然后拖动，其大小和位置由自己确定。如果对图像的大小有要求，那么在裁剪的时候需要在属性栏设置图像的长宽像素，确定图像大小。

（4）确定好图像的大小和位置后，在图像的选定区域内双击，选区内的图片内容即被裁剪出来，如图 7-17 所示。

也可以先用矩形选框工具选择图像中需要保留的区域，然后执行“图像”→“剪裁”命令，裁剪掉矩形选区以外的区域。

【教学案例 1】制作 1 寸照片

标准 1 寸照片和标准 2 寸照片是我们生活中经常会用到的照片，可是我们用数码相机拍摄的照片一般都偏大，不符合要求怎么办？我们以制作标准 1 寸照片的尺寸为例，介绍制作步骤。

图 7-16 图片素材

图 7-17 裁剪效果

首先大家要清楚照片的尺寸关系。

1 寸=2.5 厘米×3.5 厘米

2 寸=3.5 厘米×5.3 厘米

5 寸=12.7 厘米×8.9 厘米

7 寸=17.8 厘米×12.7 厘米

这里的“寸”实为“英寸”，1 英寸=2.54 厘米。

操作要求

（1）制作电子版照片：按照标准 1 寸照片的尺寸要求，对图 7-18 所示的原始照片进行裁剪，且裁剪后的照片文件在磁盘上占用的空间不超过 30KB。

图 7-18 原始照片

（2）制作一版八张的打印版照片：每张照片各边均留出 0.2 厘米的白边。

（3）电子版照片以.JPG 格式保存，打印版照片以.TIFF 格式保存。

操作步骤

步骤 1 启动 Photoshop CS6 软件

双击桌面上的 Adobe Photoshop CS6 图标，或从“开始”菜单启动 Adobe Photoshop CS6 程序，打开 Photoshop CS6 窗口。

步骤 2 裁剪照片

（1）双击窗口空白区域，打开需要裁剪的照片。

（2）单击工具箱中的“裁剪工具”，显示“裁剪工具”属性栏，如图 7-19 所示。

微课 78 制作 1 寸照片 1

图 7-19 “裁剪工具”属性栏

（3）单击“原始比例”栏下拉按钮，显示裁剪比例列表，如图 7-20 所示。单击“大小和分辨率”选项，打开“裁剪图像大小和分辨率”对话框，如图 7-21 所示。在“宽度”和“高度”文本框中分别输入

2.5 厘米和 3.5 厘米，分辨率设置为 72 像素/英寸（电子版照片的分辨率设置为 72 像素/英寸即可），单击“确定”按钮。

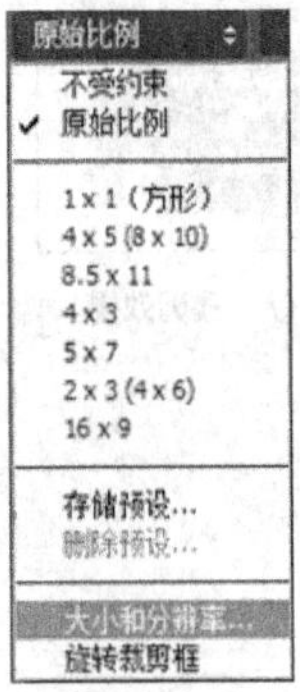

图 7-20　比例列表

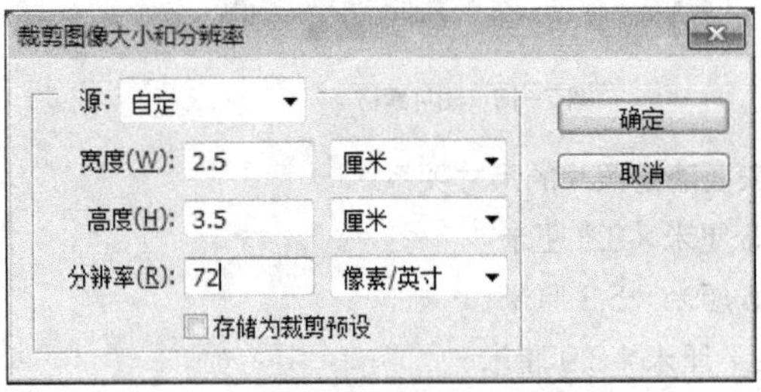

图 7-21　“裁剪图像大小和分辨率”对话框

（4）用键盘或鼠标调整裁剪的范围，如图 7-22 所示。

（5）在选定区域内部双击鼠标，就可以裁剪出需要的部分，如图 7-23 所示。

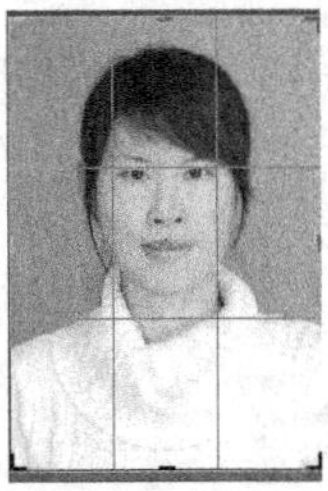

图 7-22　调整“裁剪”范围

图 7-23　“裁剪”效果图

步骤 3　查看照片尺寸是否正确

选择“图像”→“图像大小”命令，弹出“图像大小”对话框，如图 7-24 所示。

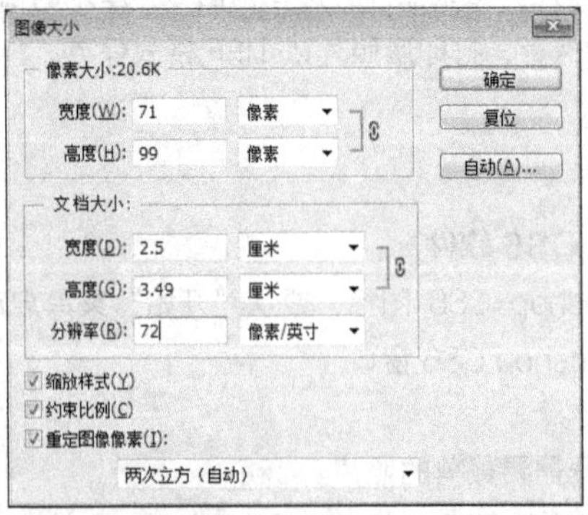

图 7-24　“图像大小”对话框

从对话框可以看出，照片被裁剪后的宽度为 2.5 厘米，高度为 3.49 厘米（剪裁结果可能会有很小的误差），分辨率为 72 像素/英寸，可知图片裁剪正确。

步骤 4　保存为电子版照片

（1）执行菜单命令“文件”→“存储为”（因为还要以该图片为素材制作一版八张的拼版，所以这里不要使用“存储”命令），弹出“存储为”对话框。

（2）在该对话框中，可以对图像文件进行命名并选择图像文件的保存格式。电子版照片一般保存为 JPG 格式。设置完成后单击“确定”按钮，出现如图 7-25 所示的保存为 JPEG 选项时的对话框，用户可以权衡选择图像的品质和文件大小。

（3）设置完成，单击“确定”按钮，当前图像文件被保存起来。

微课 79 制作 1 寸照片 2

步骤 5 制作一版八张 1 寸照的拼版

（1）重新打开原始照片。

（2）设置裁剪分辨率为 300 像素/英寸，裁剪一张 1 寸照片。

（3）执行菜单命令“图像”→“画布大小”，在弹出的“画布大小”对话框中选中“相对”复选框，设置“宽度”和“高度”均为 0.4 厘米（预留的裁边），选择“图像扩展颜色”为白色，如图 7-26 所示。

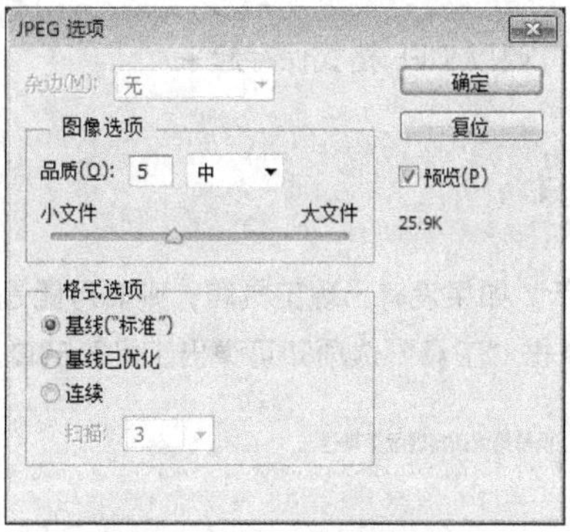

图 7-25 “JPEG 选项”对话框

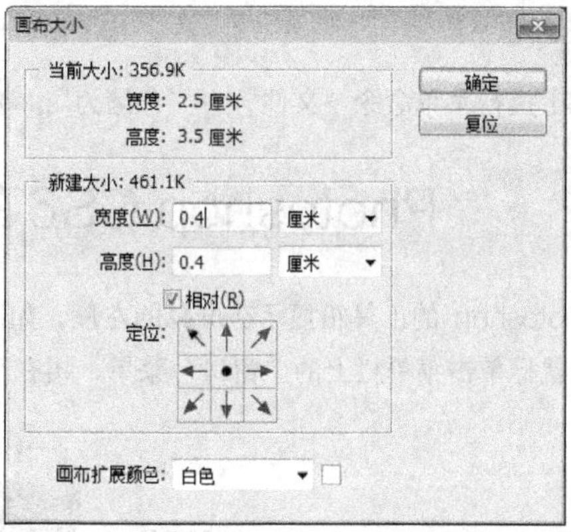

图 7-26 “画布大小”对话框

（4）执行菜单命令“编辑”→“定义图案”，打开“图案名称”对话框，输入图案名称为“1 寸照片”，单击“确定”按钮保存为自定义图案待用，如图 7-27 所示。

（5）新建文档，设定宽度为 11.6 厘米，高度为 7.8 厘米，分辨率为 300 像素/英寸，颜色模式为 CMYK，背景颜色为白色。

（6）执行菜单命令“编辑”→“填充”，打开“填充”对话框，在“使用”下拉列表中选择“图案”，在“自定图案”下拉列表中选择定义的“1 寸照片”图案，选择混合“模式”为“正常”，单击“确定”按钮，如图 7-28 所示。

图 7-27 定义图案

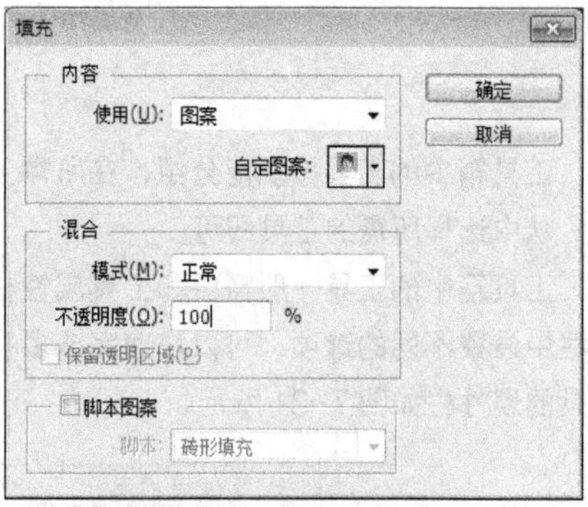

图 7-28 “填充”对话框

（7）填充后，得到一版八张 1 寸照的拼版，如图 7-29 所示。

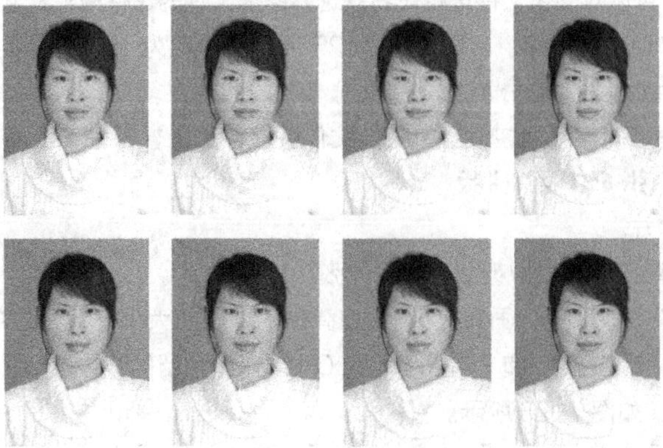

图 7-29　一版八张 1 寸照的拼版

（8）执行菜单命令“文件”→“存储为”，将一版八张 1 寸照以 TIFF 格式保存起来。

任务 7.2　Photoshop CS6 的工具箱

Photoshop 的工具箱显示在屏幕的左侧，如图 7-30 所示。如果没有出现工具箱，则其可能是被隐藏了。用鼠标单击菜单栏上的“窗口”菜单，再在下拉菜单上单击“工具”选项即可弹出工具箱窗口。

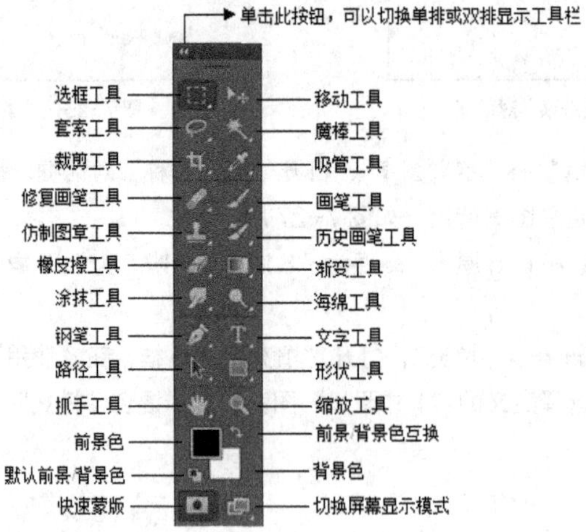

图 7-30　工具箱

工具箱中的工具按功能分组，在所需工具组按钮上长按左键或单击右键，即可弹出该工具组的所有工具，从中选择所需的工具即可。

工具箱中的工具一般需要和工具属性栏配合使用。属性栏是工具箱中每个工具的功能扩展。通过在属性栏中设置不同的选项，可以快速完成多样化的操作。选择不同的工具会对应不同的属性栏，如矩形选框工具的属性栏如图 7-31 所示。

图 7-31　矩形选框工具的属性栏

7.2.1 图像选取工具

对图像进行编辑时，首先要进行选择图像的操作。能够快捷精确地选择图像，是提高处理图像效率的关键。图像选取工具包括选框工具、套索工具、魔棒工具等。根据需要应用合适的选择工具，可以快速选取相应的图像范围。

1. 选框工具组（M）

选框工具组包括矩形、椭圆、单行、单列选框工具，如图 7-32 所示。

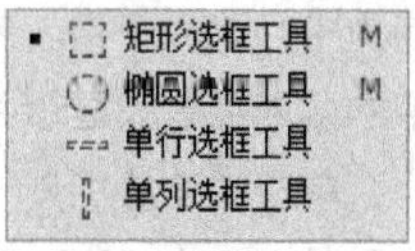

图 7-32 选框工具组

（1）矩形选框工具：选择该工具后在图像上拖动鼠标可以确定一个矩形的选取区域，还可以在属性栏中将选区设定为固定的大小。

（2）椭圆选框工具：选择该工具后在图像上拖动鼠标可确定椭圆形选取范围。

在使用矩形和椭圆选框工具时，按住 Shift 键拖动鼠标，可以画出正方形和圆形的选择区域。

（3）单行选框工具：选择该工具后在图像上拖动鼠标可确定单行（一个像素高）的选取区域。

图 7-33 羽化图像

（4）单列选框工具：选择该工具后在图像上拖动鼠标可确定单列（一个像素宽）的选取区域。

建立选区后，还可以用键盘上的方向键或鼠标移动选区的位置，使之更符合要求。

选框工具的属性栏中有一个“羽化”选项。所谓羽化，就是让选区的边缘变得模糊柔和，使选区内的图像和外面的图像自然过渡，以取得很好的融合效果。羽化半径越大，模糊的范围就越大。图 7-33 所示为图像羽化后的效果。

2. 套索工具组（L）

套索工具组包括套索工具、多边形套索工具和磁性套索工具，如图 7-34 所示。

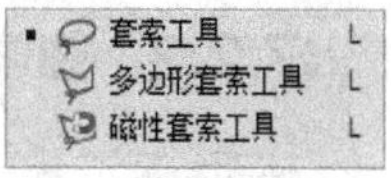

图 7-34 套索工具组

（1）套索工具：用于通过鼠标在图像上绘制任意形状的选取区域。

（2）多边形套索工具：用于在图像上绘制任意形状的多边形选取区域。

（3）磁性套索工具：是一个智能化的选区创建工具，用于自动捕捉具有反差的颜色边缘并以此创建选区，当捕捉到不需要的颜色时可用 Backspace（退格键）返回到上一步。

3. 魔棒工具组（W）

魔棒工具组包括快速选择工具和魔棒工具，如图 7-35 所示。

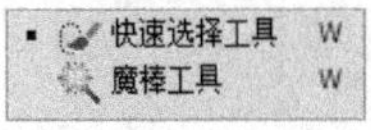

图 7-35 魔棒工具组

（1）快速选择工具：用于选择具有相近属性的连续像素点作为选取区域。按“[”与“]”两个按键可以改变选择工具画笔的大小。

（2）魔棒工具：用于将图像上具有相近属性的像素点设为选取区域，其可以是连续或不连续的内容。

这两种工具的选择区域取决于属性栏设置中的颜色容差，容差越小，颜色选择范围越小，精准度越高；容差越大，颜色选择范围越大，精准度越低。

4. 快速蒙版（Q）

使用“快速蒙版工具”可以方便快速地编辑选区。如果需要修改一个已创建的选区，则可以单击工具箱下方的“以快速蒙版模式编辑”按钮进入快速蒙版模式，这时“以快速蒙板模式编辑”按钮变成“以标准模式编辑”按钮。

快速蒙版编辑模式有一个特点，就是选区部分是没有颜色的，而非选区部分呈现粉红色，这时可以通过“画笔工具”和“橡皮擦工具”对其进行细节修改。其中，使用“画笔工具”可收缩选区，或使用“橡皮擦工具”可扩大选区。

单击“以标准模式编辑”按钮，即可返回选区状态。

5. 缩放工具

缩放图像并不改变图像的真实大小，仅是视觉上的缩放。

单击“缩放工具”，在图像中光标变为放大图标，在图像区域每单击一次鼠标，图像就会以单击点为中心放大一倍。要放大一个区域时，可选择放大工具在图像上框选出一个矩形选区，松开鼠标，选中的区域会放大显示并填满图像窗口。

单击“缩放工具”，在图像中光标变为放大图标，按住 Alt 键，光标变为缩小图标，在图像区域每单击一次鼠标，图像就会以单击点为中心缩小一半。

也可在缩放工具的属性栏中根据需要选择图像大小，如实际像素、适合屏幕、填充屏幕、打印尺寸等，如图 7-36 所示。

图 7-36　缩放工具的属性栏

编辑图像时，为方便操作，通常可以按住 Alt 键同时滚动鼠标滚轮，进行图像缩放。

6. 抓手工具组（H）

抓手工具组包括抓手工具和旋转视图工具，如图 7-37 所示。

（1）抓手工具：用于移动图像处理窗口中的图像，以便对显示窗口中没有显示的部分进行观察。

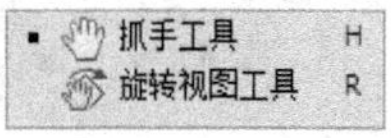

图 7-37　抓手工具组

（2）旋转视图工具：选择旋转视图工具，在图像窗口中按住鼠标左键拖动，图像中出现罗盘指针，即可任意旋转视图图像。

7.2.2　图像绘制工具

使用绘图工具是绘画和编辑图像的基础。画笔工具可以绘制出各种效果的图像，铅笔工具可以绘制出各种硬边缘效果的图像。

1. 画笔工具组（B）

画笔工具组包括画笔工具、铅笔工具、颜色替换工具和混合器画笔工具，它们可用于在图像上作画，如图 7-38 所示。

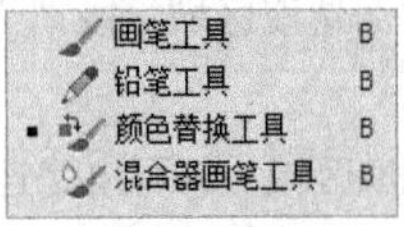

图 7-38　画笔工具组

（1）画笔工具：用于绘制具有毛笔特性的柔和线条。

（2）铅笔工具：用于绘制具有铅笔特性的硬边线条。

（3）颜色替换工具：主要用途是给图片上色。如果使用画笔工具或者铅笔工具给图片上色，画上的颜色会直接覆盖在图片的上面，看起来很不自然，颜色替换工具就很好地解决了这个问题。

（4）混合器画笔工具：可以绘制出逼真的手绘效果，是较为专业的绘画工具。

下面简单介绍一下“颜色替换工具”的用法。

① 打开素材图片，如图 7-39 所示。

② 我们要把图片中的橙子变色。先用“磁性套索工具”把橙子选出来，变成选区。

③ 选择工具箱中的“颜色替换工具”。

④ 单击工具箱中的“设置前景色”按钮，在打开的“拾色器（前景色）”对话框中更改前景色的颜色为“#AF06E6”，设置属性栏，在橙子上涂抹，可以看到以前的橙色被替换了，如图 7-40 所示。

⑤ 按 Ctrl+D 组合键取消选区。

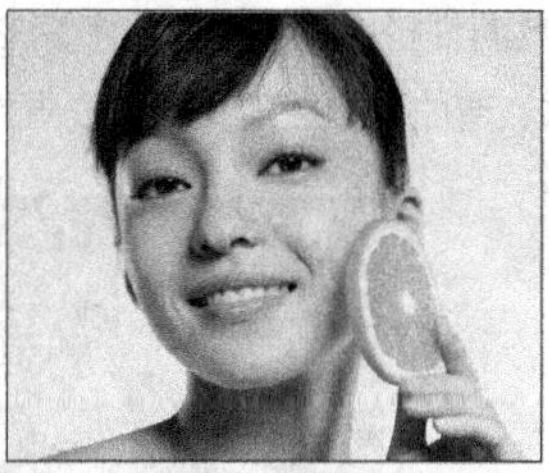

图 7-39 替换颜色前

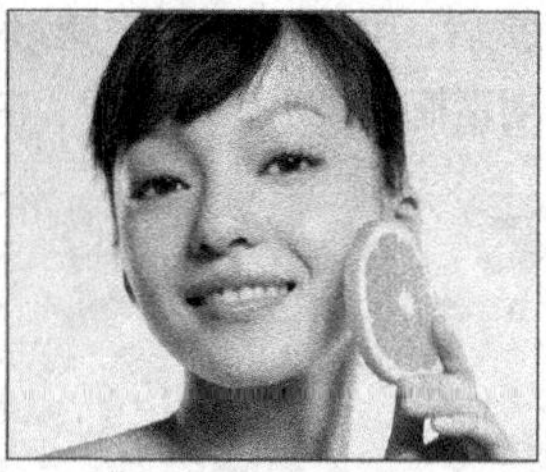

图 7-40 替换颜色后

2. 历史画笔工具组（Y）

历史画笔工具组包括历史记录画笔工具和历史记录艺术画笔工具，如图 7-41 所示。

（1）历史记录画笔工具：用于恢复图像中被修改的部分，还原到图片的初始状态。

（2）历史记录艺术画笔工具：用于使图像中被划过的部分产生模糊的艺术效果。

3. 渐变工具组（G）

渐变工具组包括渐变工具、油漆桶工具和 3D 材质拖放工具，如图 7-42 所示。

（1）渐变工具：用来创建多种颜色间的渐变效果。

（2）油漆桶工具：用于在图像的选定区域内填充前景色或图案。

（3）3D 材质拖放工具：用于对 3D 文字和 3D 模型填充纹理效果。

4. 橡皮擦工具组（E）

橡皮擦工具组包括橡皮擦工具、背景橡皮擦工具和魔术橡皮擦工具，如图 7-43 所示。

（1）橡皮擦工具：用于擦除图像中不需要的部分，并使擦过的地方显示背景图层的内容。

（2）背景橡皮擦工具：用于擦除图像中不需要的部分，并使擦过的区域变成透明。

（3）魔术橡皮擦工具：这是一个智能橡皮擦，可自动选择擦除区域，将颜色相近的地方一起擦除，并使擦过的区域变成透明。

5. 文字工具组（T）

文字工具组包括横排文字工具、直排文字工具、横排文字蒙版工具和直排文字蒙版工具，如图 7-44 所示。

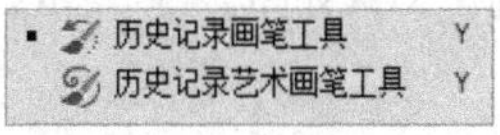

图 7-41 历史画笔工具组

图 7-42 渐变工具组

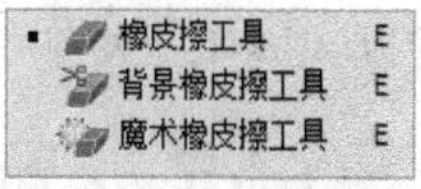

图 7-43 橡皮擦工具组

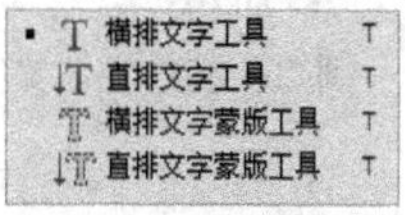

图 7-44 文字工具组

（1）横排文字工具：用于在水平方向上添加文字图层或放置文字。

（2）直排文字工具：用于在垂直方向上添加文字图层或放置文字。

（3）横排文字蒙版工具：用于在水平方向上添加文字图层蒙版。

（4）直排文字蒙版工具：用于在垂直方向上添加文字图层蒙版。

下面介绍“文字工具”的用法。

① 打开需要在其中输入文字的图片。

② 选择工具箱中的“文字工具”。

③ 输入文字。

若要输入单行文字，在文字工具的属性栏中选择文字字体、大小、颜色等，在图片中合适位置单击即可输入文字，输入完成后按属性栏中的 ✓ 按钮。

文字输入完成后，用“文字工具”选定输入的文字，单击文字工具属性栏中的“创建文字变形”按钮 ，弹出“变形文字”对话框，如图 7-45 所示，在对话框中可设置文字样式、弯曲和扭曲等变形，效果如图 7-46 所示。

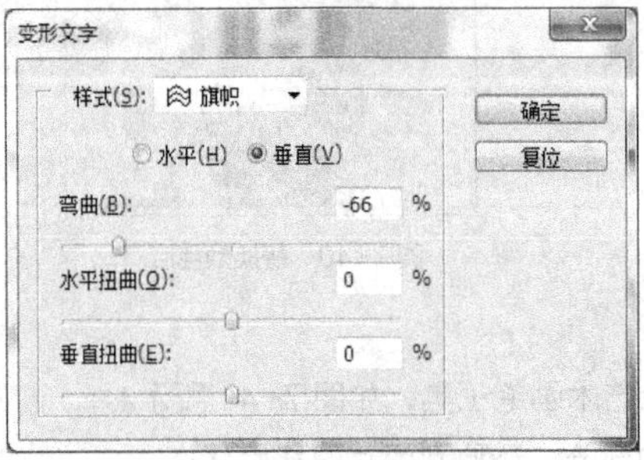

图 7-45 “变形文字”对话框

图 7-46 “变形文字”效果

若要输入段落文本，则在图片中用鼠标拖动出一个文本框，便可以在文本框中输入文字了。输入文字后用“文字工具”选定输入的文本，单击属性栏中的“显示/隐藏字符和段落调板”按钮 ，打开“字符/段落”对话框，如图 7-47 所示，对输入的文本内容进行效果设置。完成文本框内容输入后的效果如图 7-48 所示。

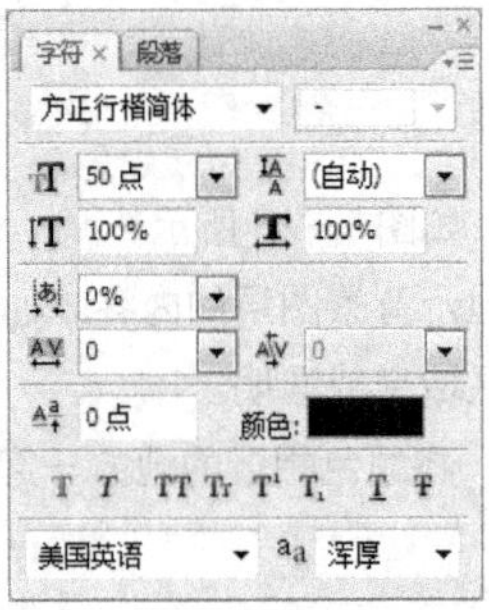

图 7-47 “字符/段落”对话框

图 7-48 输入段落文本后的效果

④ 若需要添加文字特效，则双击“图层”调板中文字图层右侧空白处，打开“图层样式”对话框，如图 7-49 所示。

例如要制作立体文字，可以单击对话框左侧“样式”栏中的“斜面和浮雕”选项，效果如图 7-50 所示。

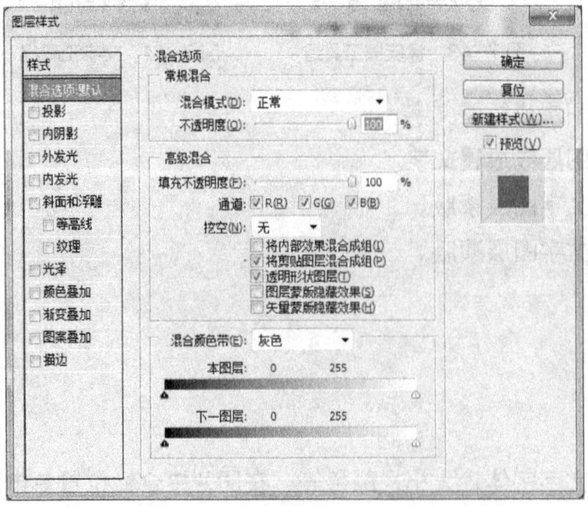

图 7-49 “图层样式”对话框

图 7-50 设置“斜面和浮雕”后的文字效果

6. 吸管工具组（I）

吸管工具组包括吸管工具、3D 材质吸管工具、颜色取样器工具、标尺工具、注释工具和计数工具，如图 7-51 所示。

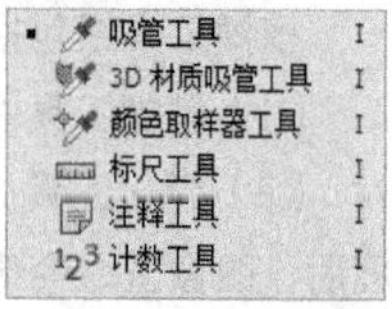

图 7-51 吸管工具组

（1）吸管工具：用于选取图像上鼠标单击处的颜色，并将其作为前景色。

（2）3D 材质吸管工具：用于吸取 3D 材质纹理以及查看和编辑 3D 材质纹理。

（3）颜色取样器工具：结合“信息”调板查看颜色的数值。

（4）标尺工具：测量距离及角度，结合“信息”调板查看数据。

（5）注释工具：用于在图像中添加文字注释及作者信息等内容。

（6）计数工具：数字计数工具。

7.2.3 图像修复工具

图像修复工具用于对图像进行修整，是处理图像时不可缺少的工具。

1. 仿制图章工具组（S）

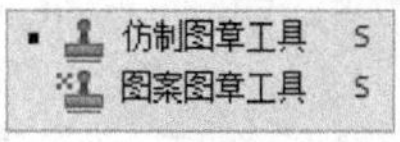

图 7-52 仿制图章工具组

仿制图章工具组包括仿制图章工具和图案图章工具，如图 7-52 所示。

（1）仿制图章工具：用于对图像的瑕疵进行修复。

（2）图案图章工具：用于将图像上用图章擦过的部分复制到图像的其他区域。

2. 修复画笔工具组（J）

修复画笔工具组包括污点修复画笔工具、修复画笔工具、修补工具、内容感知移动工具和红眼工具，如图 7-53 所示。

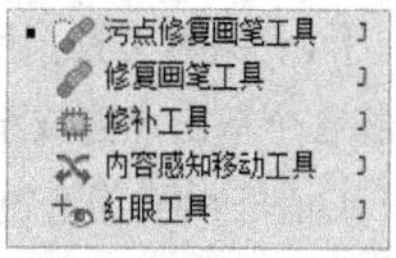

图 7-53 修复画笔工具组

（1）污点修复画笔工具：用于对图像中的污点进行修复。

（2）修复画笔工具：要先取样（按住“Alt+鼠标左键”单击选择），再修复。

（3）修补工具：用一个区域对另一个区域进行修补。修补图像时可选择“源”，将需要去除的污点拖放到干净的区域清除污点；也可以选择“目标”，将干净的区域拖放到需要去除污点的区域清除污点。

（4）内容感知移动工具：选择图像场景中的某个物体，然后将其移动到图像中的任何位置，可以完成极其真实的合成效果。

例如，使用内容感知移动工具，可以将图 7-54 素材图片中的人物复制一份，将右上角的多余文字去掉，并使其和原图背景很好地融为一体，如图 7-55 所示。

图 7-54 素材图片

图 7-55 修复后图片

（5）红眼工具：用于去掉照片中人物眼睛中的红色区域。

在拍摄的数码照片中，眼睛的瞳孔可能会因灯光或闪光灯照射而产生红点，这让照片很不美观，Photoshop CS6 红眼工具专门用来消除数码相片中人物眼睛的红眼现象。

7.2.4 图像修饰工具

1. 模糊工具组（R）

模糊工具组包括模糊工具、锐化工具和涂抹工具，如图 7-56 所示。

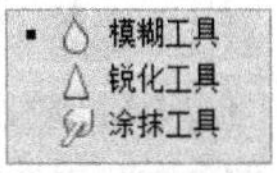

图 7-56 模糊工具组

（1）模糊工具：选用该工具后，可使光标划过的图像变得模糊。

（2）锐化工具：选用该工具后，可使光标划过的图像变得更清晰（当超过一定亮度后，图像区域会像素化）。

（3）涂抹工具：模拟手指绘图在图像中产生流动的效果，被涂抹的颜色会沿着鼠标拖动的方向展开。

2. 减淡工具组（O）

图 7-57 减淡工具组

减淡工具组包括减淡工具、加深工具和海绵工具，如图 7-57 所示。

（1）减淡工具：通过提高图像的亮度来校正曝光度。

（2）加深工具：通过降低图像的亮度、加深图像来校正图像的曝光度。

（3）海绵工具：可精确地更改图像的色彩饱和度，使图像的颜色变得更加鲜艳或更加灰暗。如果当前图像为灰度模式，则使用海绵工具将增加或降低图像的对比度。

7.2.5 路径与形状工具

1. 钢笔工具组（P）

钢笔工具组包括钢笔工具、自由钢笔工具、添加锚点工具、删除锚点工具和转换点工具，如图 7-58 所示。

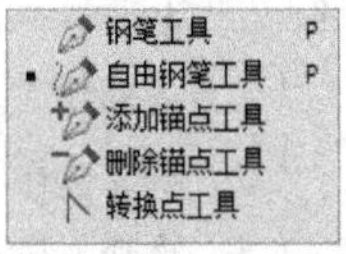

图 7-58 钢笔工具组

（1）钢笔工具：用于绘制路径。选定该工具后，在要绘制的路径上依次单击，可将各个单击点连成路径（Ctrl 键：移动改变路径的位置；Alt 键：改变路径线的形状；Ctrl+Enter 组合键：可以将路径变成选框）。

绘制路径出现错误时，按一次 Delete 键或 Backspace 键将删除最后一段路径，按两次则清除整个路径。

（2）自由钢笔工具：用于手绘任意形状的路径。

（3）添加锚点工具：用于在路径上增加锚点。

（4）删除锚点工具：用于删除路径上的锚点。

（5）转换点工具：使用该工具可以在平滑曲线转折点和直线转折点之间进行转换。

2. 路径工具组（A）

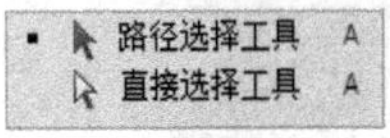

图 7-59 路径工具组

路径工具组包括路径选择工具和直接选择工具，如图 7-59 所示。

（1）路径选择工具：用于选取已有路径，然后进行整体位置调节。

（2）直接选择工具：用于选择路径上的锚点的位置并进行调节。

3. 形状工具组（U）

利用形状工具组可以非常方便地绘制各种规则的几何形状或路径，如图 7-60 所示。

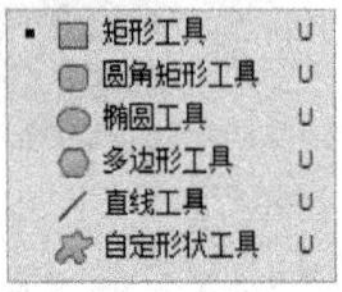

图 7-60 形状工具组

（1）矩形工具：选定该工具后，在图像工作区内拖动可绘制一个矩形图形。

（2）圆角矩形工具：选定该工具后，在图像工作区内拖动可绘制一个圆角矩形图形。

（3）椭圆工具：选定该工具后，在图像工作区内拖动可绘制一个椭圆图形。

（4）多边形工具：选定该工具后，在属性栏中指定“边”数，在图像工作区内拖动可绘制一个指定边数的正多边形图形。

（5）直线工具：选定该工具后，在图像工作区内拖动可绘制一条直线。

（6）自定形状工具：选定该工具后，在属性栏中选择“形状”，在图形工作区内拖动鼠标可绘制一个选定形状的图形。

钢笔画路径和魔棒等选取范围都是为得到选区，而路径的优点是在画好路径后还可以方便地精细调整，并且路径还可以存储为选区，这也是路径在 Photoshop 里的实际用处。

Photoshop 中的选区和路径可以相互转换。单击“路径”调板下方的“从选区生成工作路径”按钮，可将选区转化为路径；单击“路径”调板下方的“将路径作为选区载入”按钮，可将路径转化为选区。

单击“路径”调板下方的“用前景色填充路径”按钮，可将当前前景色填充至路径中；单击“路径”调板下方的“用画笔描边路径”按钮，可配合画笔工具对路径描边。

路径的一个重要作用是抠图。下面我们利用路径工具将图 7-61 中的鹅从原图中抠出来，图 7-62 所示是抠出来的效果图。

① 打开原图，按住 Alt 键同时滚动鼠标滚轮，将原图放大到合适大小，可以看清楚图中的细节。

② 选择钢笔工具，以贴近鹅身体边缘的任一位置为起点单击设置第一个锚点，接着继续沿鹅身体边缘位置单击设置其他锚点。锚点不必太多，应尽量设置在曲线有明显变化的位置。锚点的距离也不要太远，太远了不容易控制和修改。全部选择完成后，选区围成了一个封闭区域，如图 7-63 所示。

图 7-61　素材图片

图 7-62　效果图

图 7-63　绘制路径

③ 修改路径。选择“直接选择工具”，移动一些位置不合适的锚点，或者使用“增加锚点工具”、“删除锚点工具”、“转换点工具”对路径进行调整，让路径线条紧贴所选择对象的边缘，如图 7-64 所示。

④ 调整好路径之后，单击“路径”调板下方的“将路径作为选区载入”按钮，将路径转换为选区。切换到“图层”调板，按 Ctrl+J 组合键（抠图快捷键），创建一个新的图层“图层 1”，如图 7-65 所示。这个图层里就包含了抠出来的图形，如图 7-66 所示（暂时关闭其他图层）。

图 7-64　编辑路径

图 7-65　抠图产生的新图层

图 7-66　抠出的图像

⑤ 鹅的图像被抠出来了，不过，在图像边缘会有一些杂色，这是因为绘制的路径没有紧贴所选对象，还需要进行再加工。按住 Ctrl 键单击“图层”调板中的“图层 1”，得到选区。执行菜单命令“选择”→“修改”→“收缩”，设置收缩量为 1 像素，执行“选择”→“反向”命令后，按 Delete 键，就可以去除图像边缘的杂色。

⑥ 将抠出的图像以.PNG 格式保存。

【教学案例 2】修复老照片

Photoshop 在修复图像方面的功能非常强大，提供有仿制图章工具、修复画笔工具、修补工具、污点修复画笔工具等许多工具。这些工具各有所长，在修复有缺陷照片的时候经常配合使用，以达到最高的效率和最好的修复效果。

几种修复工具的比较如下。

使用“仿制图章工具”时，首先需要在图像中找寻最合适修复目标的像素组来对修复目标进行修复。按下 Alt 键单击鼠标，定义复制的源点，将光标移至需要修复的位置，按下鼠标拖动就可以复制图像了。

“修复画笔工具”的操作方法与仿制图章工具相同，但用这个工具修补图像中边缘线的时候会自动匹配，所以，在修复图像轮廓的边缘部分时还需要使用仿制图章工具。修复大面积相似颜色的部分时，使用修复画笔工具非常有优势。

“修补工具”有两种修补的方式，即使用“源”或使用“目标”进行修补。在图像中将需要修补的地方圈选出来或将修补的目标源圈选出来，使用修补工具拖动这个选区，在画面中寻找要修补的位置进行修补。即使修补的源颜色与目标颜色相差比较大，也同样可以自动匹配。

使用“污点修复画笔工具”时，不需要定义源点，只要确定好修复图像的位置，就会在确定的修复位置边缘找寻相似的像素进行自动匹配，即只要在需要修复的“污点”位置单击一次，就完成了修补。“污点修复画笔工具”只适合修补小范围内的损伤。

修复老照片时，可以通过创建选区来辅助修补。

老照片的修复是一件慢活，需要很细心而且很有耐心。

操作要求

修复如图 7-67 所示的受损老照片，修复结果如图 7-68 所示。

图 7-67　原图

图 7-68　效果图

操作步骤

步骤 1　打开图片文档

（1）启动 Photoshop CS6 软件。

（2）打开图片文档“旧照片”。

步骤 2　去色

由于老照片可能会发黄变色或有污点，所以反拍的照片也会发黄和有杂色。执行菜单命令“图像”→“调整”→“去色”，得到一张黑白照片，如图 7-69 所示。

微课 80 修复老照片 1

步骤 3　用仿制图章工具修复脸部和脸部下方损伤

（1）选择工具箱中的“仿制图章工具”。

（2）在属性栏选择合适的画笔大小和硬度。

（3）在脸部需要修复的位置附近找寻与修复目标最合适的像素，找到后按下 Alt 键单击鼠标，定义复制的源点，之后松开 Alt 键，按下鼠标左键拖动鼠标，对脸部进行修复。

（4）修复好一个目标位置后，再重新定义下一个源点，修补下一个目标。

用同样的方法，修复脸部下方背景中的大面积损伤。

修复过程中，可以借助以下工具。

① 通过创建选区来辅助修补。

② 为看清楚图像细节，可以按住 Alt 键同时滚动鼠标滚轮，进行图像缩放。

③ 如果对修复结果不满意，应及时用 Ctrl＋Alt＋Z 组合键返回上一步，重新修复。

使用“仿制图章工具”修复后的效果如图 7-70 所示。

图 7-69 去色

步骤 4 用污点修复画笔工具去除天安门城墙上的“小斑点”

（1）选择工具箱中的“污点修复画笔工具”。

（2）在属性栏选择合适的画笔大小。

（3）在“小斑点”处单击，即可修复这些“小斑点”，修复后效果如图 7-71 所示。

修复时应对准斑点处单击，最好不要涂抹。由于“污点修复画笔工具”会在确定的修复位置边缘自动找寻相似的像素进行匹配，所以不能用它修复图像中比较明显的轮廓像素。

步骤 5 用修复画笔工具修复城墙大面积损伤

修复画笔工具的操作方法与仿制图章相同，不同之处在于修复后图像轮廓边缘的颜色会自动与轮廓附近颜色做匹配的颜色过渡。

由于使用其他三种工具修复图像时，都会在修复位置边缘找寻相似的像素进行自动匹配，所以，在图像的轮廓边缘部分进行修复时只能使用仿制图章工具。

使用“修复画笔工具”修复后的效果如图 7-72 所示。

图 7-70 修复脸部和脸部下方损伤

图 7-71 去除“污点”

图 7-72 修复城墙

步骤 6 用修补工具修复肩上的背带

（1）选择工具箱中的“修补工具”，并在属性栏中单击“目标”单选按钮，这时鼠标变成补丁状。

（2）按住鼠标左键，圈选背带上完好并颜色相近的区域。松开左键，圈选区域的周围出现蚂蚁线。

（3）用鼠标拖动选区到需要修补的位置后，松开左键，源区域与目标区域颜色自动匹配，完成目标区域的修补。

（4）同样的方法，使用“修补工具”修补背带上的其他“目标”区域。

修复后效果如图 7-73 所示。

微课 81 修复老照片 2

步骤 7 给照片添加文字

（1）单击“默认前景色和背景色”按钮，然后单击“切换前景色和背景色”按钮，使前景色变为白色。

（2）选择工具箱中的“横排文字工具”，并在属性栏中设置字体为“楷体”、文字大小为“4 点”。

（3）把鼠标移到照片右下角区域，单击鼠标，输入文字“摄于 1978 年 5 月”。

（4）单击属性栏中的“确认”按钮 ✓。

（5）使用移动工具将文字移动到合适位置。

这样，翻新完成一张旧照片了，最终修复效果如图 7-74 所示。

图 7-73 修复背带

图 7-74 添加文字

步骤 8 保存照片文件

执行“文件”→“存储为”命令，在弹出的“存储为”对话框中选择图片“格式”为 TIF，将修复后的照片保存起来。

上述过程只是一种修复方法，大家在修复过程中，可根据实际情况灵活掌握。每次修复的过程不一样，修复方法也不一样，只要熟练掌握这几种修复工具，在具体修复过程灵活选择即可。

四个工具各有各的长处，在修复时应搭配使用，以达到最高的效率和最好的修复效果。

任务 7.3 图层的应用

我们可以把图层想象成是一张一张叠起来的透明胶片，可以透过图层的透明区域看到下面的图层。每张透明胶片上都有不同的画面，改变图层的顺序和属性可以改变图层的叠加效果。使用图层可以在不影响整个图像中大部分元素的情况下处理其中一个元素。通过对图层的操作，使用它的特殊功能可以创建很多复杂的图像效果。

图层操作基本上都可以在“图层”调板上进行。“图层”调板在整个界面的右下方，如图 7-75 所示。“图层”调板上显示了图像中的所有图层、图层组和图层效果。可以使用“图层”调板上的各种功能来完成一些图像编辑任务，例如创建、隐藏、复制和删除图层等。还可以使用“图层”调板改变图层上图像的效果，如图层混合模式、透明度、图层样式，制作出添加阴影、外发光、浮雕等效果。

图 7-75 “图层”调板

7.3.1 图层的混合模式

当不同的图层叠加在一起时，除了设置图层的不透明度以外，图层混合模式也将影响两个图层叠加后产生的效果。

单击“图层”调板中的“设置图层的混合模式”下拉按钮，打开图层混合模式列表，表中列出了图层之间的 27 种混合模式，包括正常、溶解、变暗、正片叠底、颜色加深等。

其中“正常”模式是 Photoshop 的默认模式。选择此模式，当前图层的不透明度为 100%时，当前图层上的图像将会完全遮盖下层图像。

要设置其他的混合模式时，只需要在“图层”调板中将不同的图层按一定的顺序排列好，选择要设置混合模式的图层，单击“图层”调板中的“设置图层的混合模式”下拉按钮，在弹出的混合模式下拉列表中选择合适的混合模式即可。

7.3.2 图层的类型

Photoshop CS6 中的图层类型包括以下几种。

背景图层：背景图层不可以被调节图层顺序，永远在最下方，不可以调节其不透明度和添加图层样式以及蒙版，但可以对其使用画笔、渐变、图章和修饰工具。

普通图层：可以对其进行一切操作。

调整图层：可以在不破坏原图的情况下，对图像进行色相、色阶、曲线等操作。

填充图层：填充图层也是一种带有蒙版的图层，内容为纯色、渐变和图案，可以转换成调整图层，也可以通过编辑蒙版制作融合效果。

文字图层：通过文字工具可以创建文字图层。该图层不可以进行滤镜、图层样式等操作。

形状图层：可以通过形状工具和路径工具来创建，内容被保存在它的蒙版中。

7.3.3 图层样式

图层样式是 Photoshop 中一个用于制作各种效果的强大功能，利用图层样式功能，可以简单快捷地制作出各种立体投影、各种质感以及光影效果的图像特效，可以为包括普通图层、文本图层和形状图层在内的任何种类的图层应用图层样式。

（1）选中要添加样式的图层。

（2）单击“图层”调板下方的“添加图层样式”按钮 fx.，从弹出的列表中选择“混合选项”，如图 7-76 所示，打开“图层样式”对话框，如图 7-77 所示。也可以从列表中直接选择图层样式。

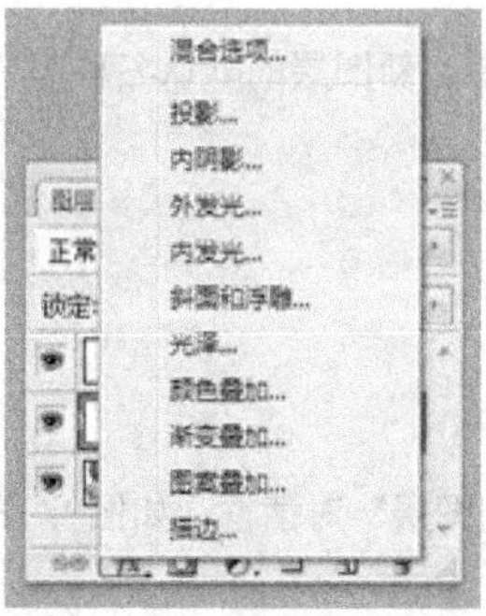

图 7-76 “添加图层样式”列表

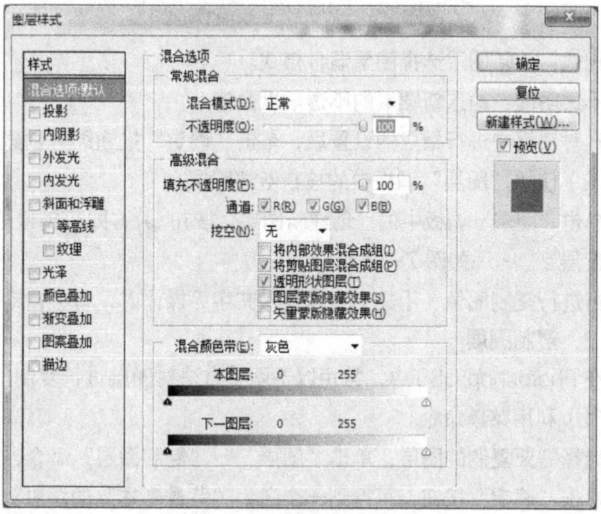

图 7-77 “图层样式”对话框

（3）从对话框中选择需要的图层样式，然后根据需要修改参数。

Photoshop CS6 提供了 10 种图层样式。

① 投影：为图层上的对象、文本或形状添加阴影效果。

② 内阴影：在对象、文本或形状的内边缘添加阴影，让图层产生一种凹陷效果。

③ 外发光：从图层对象、文本或形状的边缘添加向外发光效果。

④ 内发光：从图层对象、文本或形状的边缘添加向内发光效果。

⑤ 斜面和浮雕：斜面和浮雕样式下拉列表中包含以下五种效果。

- 外斜面：沿对象、文本或形状的外边缘创建三维斜面。
- 内斜面：沿对象、文本或形状的内边缘创建三维斜面。
- 浮雕效果：创建外斜面和内斜面的组合效果。
- 枕状浮雕：创建内斜面的反相效果，其中对象、文本或形状看起来下沉。
- 描边浮雕：只适用于描边对象，即在应用描边浮雕效果时才打开描边效果。

⑥ 光泽：对图层对象内部应用阴影，与对象的形状互相作用，产生磨光及金属效果。

⑦ 颜色叠加：在图层对象上叠加一种颜色，即用一层纯色填充到应用样式的对象上。

⑧ 渐变叠加：在图层对象上叠加一种渐变颜色，即用一层渐变颜色填充到应用样式的对象上。

⑨ 图案叠加：在图层对象上叠加图案，即用一致的重复图案填充对象。

⑩ 描边：使用颜色、渐变颜色或图案描绘当前图层上的对象、文本或形状的轮廓。

7.3.4 图层的操作

1. 新建图层

（1）使用菜单命令新建图层。

执行“图层”→“新建”→“图层”命令，弹出“新建图层”对话框，如图 7-78 所示。

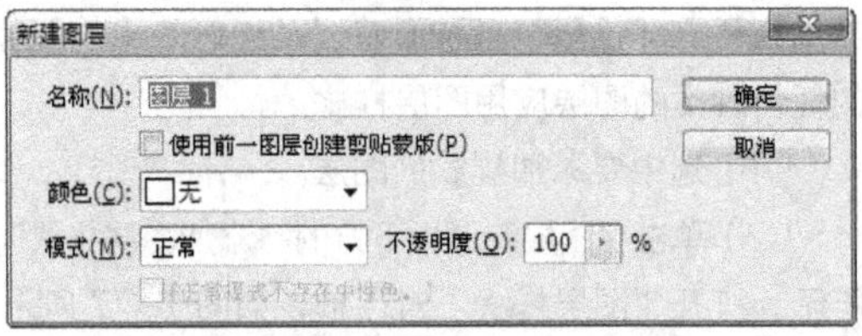

图 7-78 “新建图层”对话框

对话框中各参数的含义如下。

名称：用于输入新图层的名称。

颜色：为不同图层指定不同的颜色，便于区别各图层。

模式：为新图层选择图层混合模式。

不透明度：输入新图层的不透明度数值。

在对话框中进行相应的设置后，单击“确定”按钮即可创建一个新图层。

（2）使用“图层”调板中的按钮新建图层。

单击“图层”调板中的“创建新图层”按钮，即可创建一个新的图层。新图层的默认名称为“图层 1”“图层 2”……如图 7-79 所示。

当进行复制图像、用文字工具录入文字等操作时，也会自动创建新的图层。

2. 复制图层

在 Photoshop CS6 中，常用以下两种方法对图层进行复制。

（1）利用菜单命令。

选择需要复制的图层，单击“图层”→“复制图层”命令，弹出“复制图层”对话框，如图 7-80 所示，单击“确定”按钮，可得到一个名为“背景副本”的图层。

图 7-79 新建图层

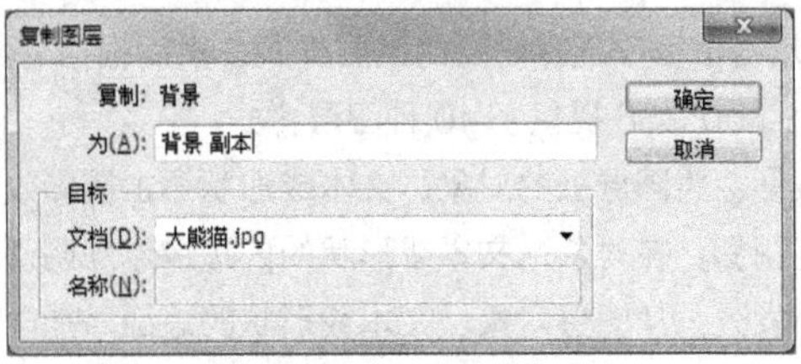

图 7-80 “复制图层”对话框

（2）直接拖动。

打开“图层”调板，选择一个名为“图层 1”的图层，将其拖动至“新建图层”按钮 上，即得到一个名为“图层 1 副本”的图层。

3. 重命名图层

打开“图层”调板，双击需要重新命名的普通图层的名称，图层名称变成可编辑状态，输入新的图层名称，按回车键即可重命名图层。

4. 改变图层顺序

图像中有多个图层时，不同的排列顺序将产生不同的视觉效果。在“图层”调板中，将鼠标指针指向需要调整顺序的图层，通过拖动鼠标的方式即可调整图层的排列顺序。

5. 链接图层

为图层建立链接关系后，移动图像时可以保持链接图层中图像的相对位置不变。当移动一个图层时，与该图层存在链接关系的其他图层将同时发生移动。

在“图层”调板上按住 Ctrl 键或者 Shift 键选择要建立链接的两个或多个图层，单击“图层”调板下方的“链接图层”按钮 ，就实现了所选择的图层的互相链接。

需要解除图层之间的链接时，应再次单击“图层”调板下方的链接按钮。当各链接图层后的链接标志 消失后，便解除了它们之间的链接。

6. 背景图层与普通图层的转换

在 Photoshop CS6 中，背景图层与普通图层是可以相互转换的。

（1）背景图层转换为普通图层。

打开“图层”调板，双击“背景”图层，在弹出的“新建图层”对话框中进行设置，单击“确定”按钮即可将“背景”图层转换为名为“图层 0”的普通图层。

（2）普通图层转换为背景图层。

选中一个图层，执行“图层”→“新建”→“图层背景”菜单命令，即可将普通图层转换为背景图层。

7. 显示/隐藏图层

在 Photoshop CS6 中，可以对图层及图层组进行隐藏与显示处理。

（1）隐藏图层。

选择需要隐藏的图层，单击“指示图层可见性”按钮 ， 标志消失，即可隐藏该图层。

（2）显示图层。

选择被隐藏的图层，单击“指示图层可见性”按钮 ， 标志出现，即可显示该图层。

8. 合并图层

合并图层就是将两个或两个以上的图层合并到一个图层，常用方法有以下几种。

（1）向下合并图层。

向下合并图层就是在“图层”调板中将当前图层与它下面的第一个图层进行合并，其方法是在“图层”调板中选择一个图层，执行“图层”→“向下合并”菜单命令，将当前图层中的内容合并到它下面的第一个图层中。

（2）合并可见图层。

合并可见图层就是将“图层”调板中所有的可见图层合并成一个图层，其方法是执行“图层”→“合并可见图层”菜单命令。

（3）拼合图层。

拼合图层就是将“图层”调板中所有可见图层进行合并，而隐藏的图层将被丢弃，其方法是执行“图层”→“拼合图层”菜单命令。

9. 删除图层

在 Photoshop CS6 中，可以对图层进行删除处理，常用以下几种方法。

（1）利用“图层”调板。

打开“图层”调板，选择需要删除的图层，将其拖放至“删除图层”按钮上，即可删除该图层。也可在“图层”调板上选中需要删除的图层，单击“删除图层”按钮。

（2）利用菜单命令。

选择需要删除的图层，单击菜单栏上的“图层”→“删除”→“图层”命令，弹出提示框，单击“是”按钮，即可删除图层。

10. 创建图层组

图层组是一组图层的总称，其功能类似于文件夹。使用图层组可以充分利用“图层”调板的空间，以便更容易实现对图层的控制。

要创建一个图层组，可单击“图层”调板下方的“创建新组”按钮。创建图层组后，可以将相关的图层拖放进这个图层组内。

对图层组进行复制、删除操作，可以实现对图层组中所有图层的复制、删除操作。通过控制图层组的透明、移动等属性，也可以实现对图层组中所有图层相关属性的控制。

【教学案例 3】合成创意海报

照片合成是图像处理时经常会用到的一种处理方式，其广泛应用于婚纱摄影、广告设计、产品包装、封面制作等领域，能把一些看似不相关的图片素材合成在一起，产生神奇的效果。

操作要求

利用图 7-81、图 7-82 和图 7-83 所示的 3 张素材图片，并配以变形文字和阴影，合成如图 7-84 所示的效果图。

图 7-81　素材 1

图 7-82　素材 2

图 7-83　素材 3

图 7-84　合成效果图

操作步骤

步骤 1 打开并处理电视图片

（1）启动 Photoshop CS6 软件。

（2）打开“电视”素材图片，如图 7-85 所示。

（3）选择“魔棒工具”，单击白色背景区域。

（4）执行菜单命令“选择”→“反向”，选中电视，如图 7-86 所示。

微课 82 合成创意海报 1

图 7-85 “电视”素材图片

图 7-86 选择“电视”区域

（5）使用组合键 Ctrl+J 将电视选区复制为新的图层，命名为“电视”，如图 7-87 所示。

（6）去掉电视屏幕上的图案。用“矩形选框工具”选中屏幕上的图案，如图 7-88 所示。

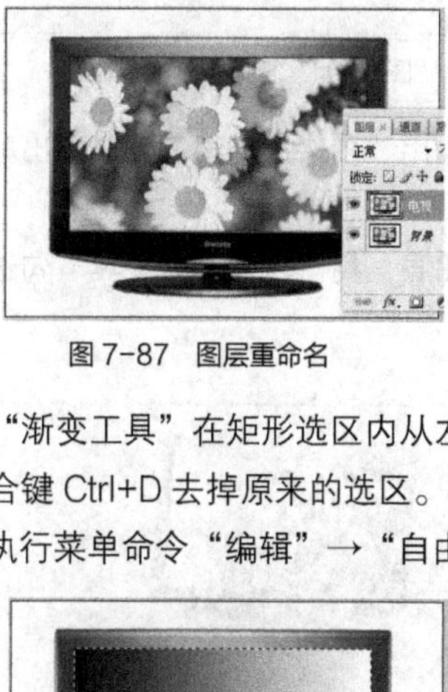

图 7-87 图层重命名

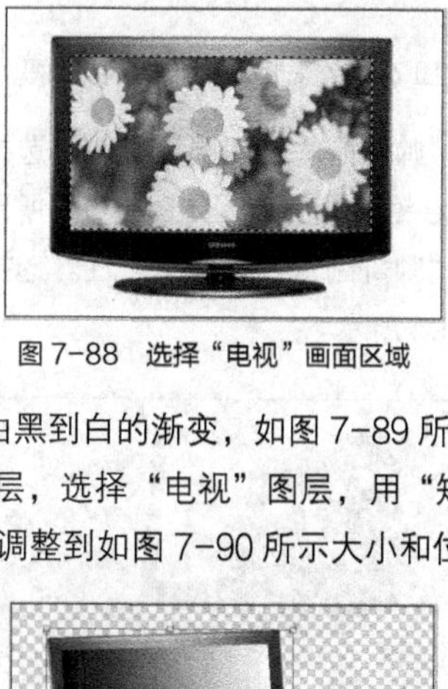

图 7-88 选择“电视”画面区域

（7）选择“渐变工具”在矩形选区内从左向右画出一个由黑到白的渐变，如图 7-89 所示。

（8）按组合键 Ctrl+D 去掉原来的选区。关闭“背景”图层，选择“电视”图层，用“矩形选框工具”选中电视机，执行菜单命令“编辑”→“自由变换”，将电视调整到如图 7-90 所示大小和位置。

图 7-89 填充“渐变”效果

图 7-90 “自由变换”电视

步骤 2 合成人物与电视图片

（1）打开人物素材图片，如图 7-91 所示，拖动文档标签使其成为一个独立窗口。

（2）用“魔棒工具”选出帅哥身后的背景，执行“选择”→“反向”命令反选选出帅哥轮廓，然后执行“选择”→“修改”→“羽化”命令羽化 1 个像素，如图 7-92 所示。

微课 83 合成创意海报 2

图 7-91 “帅哥”素材图片

图 7-92 选择“帅哥”区域

（3）用“移动工具”将帅哥拖入电视文件中，并将本图层命名为“帅哥”。

（4）执行菜单命令“编辑”→“自由变换”，调整“帅哥”到如图 7-93 所示大小和位置。

（5）使用组合键 Ctrl+J 复制出“帅哥副本”图层备用，如图 7-94 所示。

图 7-93 复制并“自由变换”帅哥

图 7-94 复制“帅哥”图层

（6）关闭“帅哥副本”图层可见性。选择“帅哥”图层，用“多边形套索工具”选出帅哥超出电视的部分，按 Delete 键将其删除，如图 7-95 所示。

（7）打开“帅哥副本”图层可见性。选择“帅哥副本”图层，用“磁性套索工具”勾选出帅哥的一只手臂，如图 7-96 所示。

图 7-95 删除选区内容

图 7-96 绘制选区

（8）执行“选择”→“反向”命令进行反选，用 Delete 键删除手臂以外的部分，然后将本图层改名为“手”，完成手臂伸出电视的效果。打开“帅哥”图层可见性，如图 7-97 所示。

步骤 3 合成鸡块与人物电视图片

（1）打开食物素材图片——诱人的鸡块，如图 7-98 所示，拖动文档标签使其成为一个独立窗口。

（2）选择“磁性套索工具”勾选鸡块的轮廓。

（3）选择“移动工具”将鸡块拖入“电视”文件中，放于帅哥面前。

微课 84 合成创意海报 3

（4）执行菜单命令“编辑”→“自由变换”，调整其大小和位置。将本图层命名为“鸡块”，如图 7-99 所示。

图 7-97　删除选区内容

图 7-98　“鸡块”素材图片

（5）添加背景。打开并选择背景图层，用“渐变工具”画出一条从上至下由黑到白的渐变直线，增加图形的空间感，如图 7-100 所示。

图 7-99　复制并“自由变换”鸡块

图 7-100　填充“渐变”效果

步骤 4　添加阴影

给电视和鸡块添加阴影，可以增加图形的立体感和真实感。

微课 85 合成创意海报 4

（1）在图层调板双击“电视”图层，打开“图层样式”对话框，勾选投影，进行如图 7-101 所示的设置。

（2）在图层调板右击“电视”图层的“投影”一栏，在弹出的快捷菜单中选择“创建图层”，将阴影分离成为单独的图层，如图 7-102 所示。

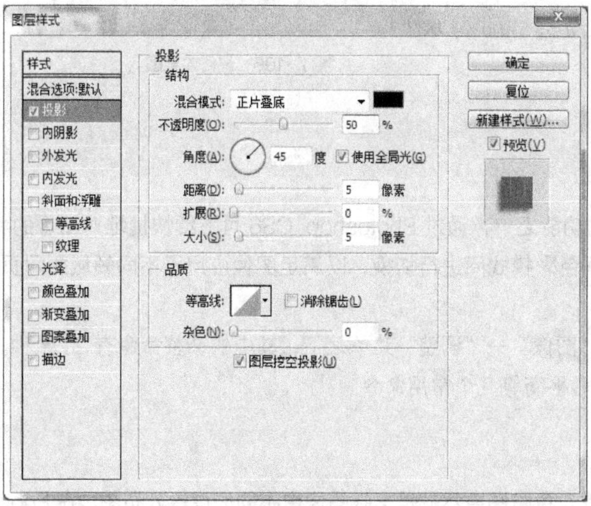

图 7-101　设置“阴影”选项卡

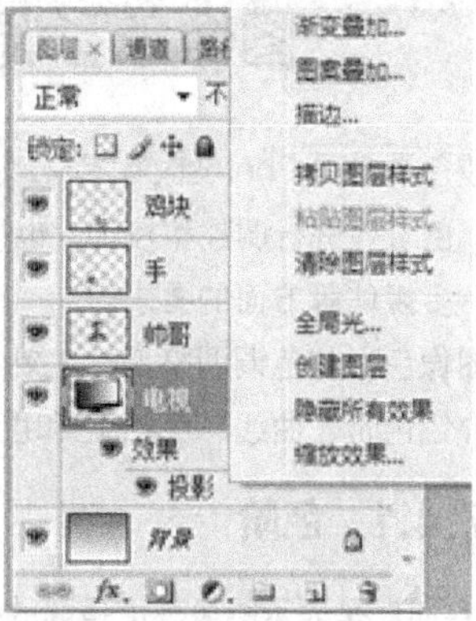

图 7-102　分离“阴影”图层

（3）选择新生成的“电视的投影”图层，用“扭曲”命令将投影调整到如图 7-103 所示的大小和位置。

（4）用同样方法做出“鸡块”的阴影，如图 7-104 所示。

图 7-103　设置“电视“阴影

图 7-104　设置“鸡块“阴影

（5）在“图层样式”对话框中还可以通过改变图层“不透明度”的方法来调整阴影的浓度数值，以显示合适为准。

步骤 5　添加文字

（1）选择工具箱中的“文字工具”并在“文字工具”属性栏中选择合适的字体和大小。

（2）在图像中合适位置输入文字。

（3）在“文字工具”属性栏中单击“创建文字变形”按钮，弹出“变形文字”对话框。进行如图 7-105 所示设置。

（4）单击工具栏中的按钮，确认所有当前文字编辑，以形成文字如香气一般飘荡的效果，如图 7-106 所示。

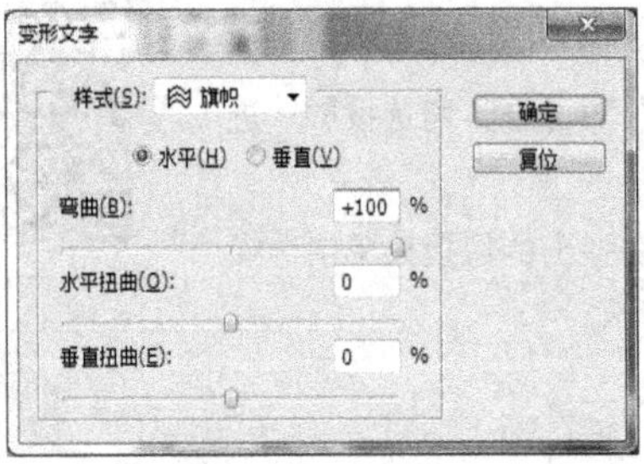

图 7-105　“文字变形“对话框

图 7-106　最终效果图

任务 7.4　图像色彩调整

校色调色是 Photoshop CS6 最重要的功能之一，通过 Photoshop CS6 可方便快捷地对图像的颜色、亮度、色阶等进行调整和校正，也可在不同色彩模式间进行切换，以满足图像应用于不同领域如网页设计、印刷、多媒体等方面的要求。

图像色彩与色调调整工具主要集中在“图像”→“调整”菜单之下，其中的调整命令有 20 余种。下面主要介绍色阶、曲线、色相/饱和度以及色彩平衡等几个常用命令。

7.4.1　色阶

“色阶”是表示图像亮度强弱的指数标准，色阶图自然就是一张图像中不同亮度的分布图。在 Photoshop 中可以使用“色阶”命令调整图像的阴影、中间调和高光的强度级别，从而校正图像的色调范围和色彩平衡。

图像的色彩丰满度和精细度是由色阶决定的。色阶指亮度，和颜色无关，但最亮的只有白色，最不亮的只有黑色。

打开图 7-107 所示的图像，选择“色阶”命令，弹出“色阶”对话框，如图 7-108 所示。

图 7-107 素材图片

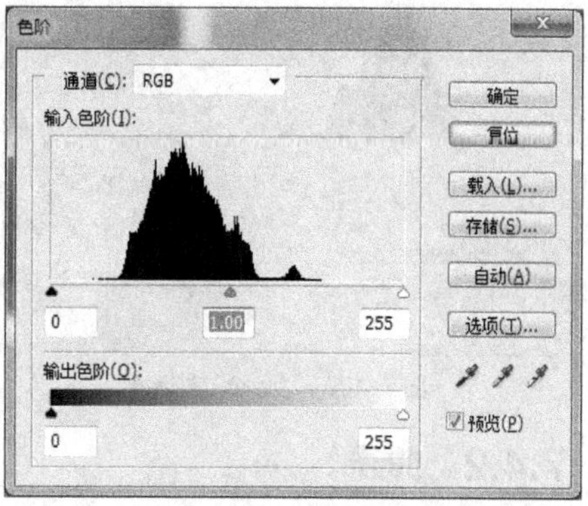

图 7-108 “色阶”对话框

在对话框中央是一直方图，用作调整图像基本色调的直观参考。其横坐标为 0~255，表示亮度值，0 表示没有亮度、黑色，255 表示最亮、白色；而中间是各种不同级别的灰色。纵坐标表示包含特定色调（即特定的色阶值）的像素数目，其取值越大就表示在这个色阶的像素越多。

通道：可以从其下拉菜单中选择不同的通道来调整图像，如果要选择两个以上的色彩通道，则首先在“通道”调板中选择所需要的通道，然后再打开“色阶”对话框。

输入色阶：用于控制图像选定区域的最暗和最亮色彩，通过输入数值或拖动三角滑块来调整图像色彩。左侧的数值框和黑色三角滑块用于调整黑色，图像中低于该亮度值的所有像素将变为黑色；中间的数值框和灰色滑块用于控制暗部区域和亮部区域的比例平衡；右侧的数值框和白色三角滑块用于调整白色，图像中高于该亮度值的所有像素将变为白色。

输出色阶：输出色阶的调整将增加图像的灰度，降低图像的对比度。可以通过输入数值或拖动三角滑块来控制图像的亮度范围，左侧数值框和黑色三角滑块用于调整图像最暗像素的亮度，右侧数值框和白色三角滑块用于调整图像最亮像素的亮度。

自动：它会自动将每个通道中最亮和最暗的像素定义为白色和黑色，然后再按照比例重新分布中间的像素值。使用“自动”工具会为我们节省时间，是一种快速有效的调整方法，但采用“自动”方式极少会得到最好的效果不过使用自动色阶。

单击“选项”按钮，弹出“自动颜色校正选项”对话框，可以看到系统将以 0.10%来对图像进行加亮和变暗。

：很多情况下，我们可能需要自己来指定图像中最亮和最暗的部分，这可以用吸管工具来实现。选择左边的黑色吸管，在图像窗口单击想要使它变成黑色的位置即可。白色也是如此。

预览：选中该复选框，可以即时显示图像的调整结果。

对于打开的这张图像来说，可调整输入色阶和输出色阶中的滑块，将暗部区域变得更暗，亮的区域更亮，调整后的对话框如图 7-109 所示，调整之后的效果图如图 7-110 所示。

取消：按住 Alt 键，“取消”按钮变为“复位”按钮，单击此按钮可以将刚调整过的色阶复位还原，再重新进行设置。

用色阶来调节图像明度时，图像的对比度、饱和度损失较小，而且色阶调整可以通过输入数字的方式来实现，可对明度进行精确设定。

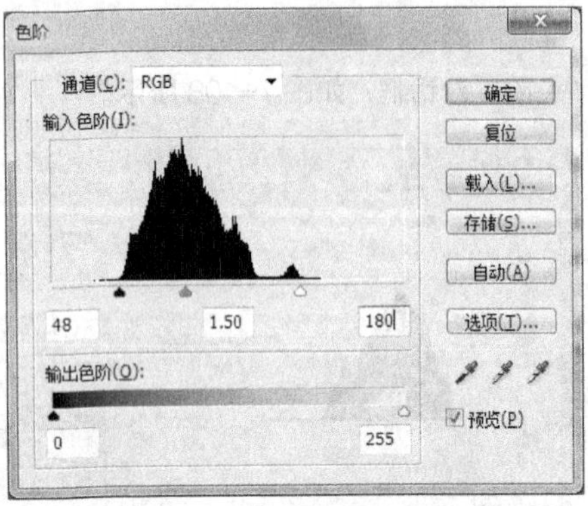

图 7-109 “色阶”对话框

图 7-110 效果图

7.4.2 曲线

通过“曲线”命令，可以调节全部或者单独通道的对比度、任意局部的亮度，还可以调节图像的颜色。打开图 7-111 所示的图像，选择“曲线”命令，弹出“曲线”对话框，如图 7-112 所示。

图 7-111 素材图片

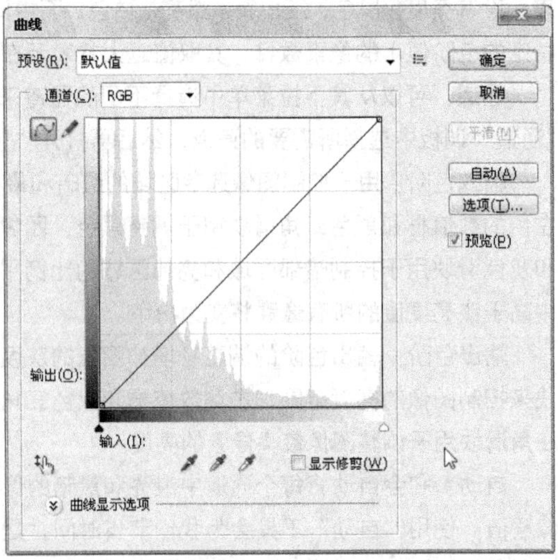

图 7-112 “曲线”对话框

图表中的 x 轴为色彩的输入值，y 轴为色彩的输出值。曲线代表了输入和输出色阶的关系。在未进行任何改变时，输入和输出的色调值是相等的，因此曲线为 45 度的直线。

在图表曲线上单击，可以增加控制点，按住鼠标左键拖动控制点可以改变曲线的形状，拖动控制点到图表外，可删除控制点。

单击窗口左上角的绘图工具，也可以在图表中绘制出任意曲线；单击右侧的“平滑”按钮可使曲线变得平滑。按住 Shift 键，使用绘图工具可以绘制出直线。

输入和输出数值显示的是图表中光标所在位置的亮度值。

为了方便调整曲线，可以记住曲线调整的口诀：一点调节图像明暗，两点控制明暗反差，三点提高暗部层次，四点产生色调分离。

移动曲线上的控制点时，要上下垂直移动，不能按住一个控制点随意斜向移动，因为这样移动时所对应的就不是这个控制点原来的灰阶关系了。

在曲线的中间位置单击创建 1 个控制点，将这个点向上移动，如图 7-113 所示，可看到图像变亮了，如图 7-114 所示。

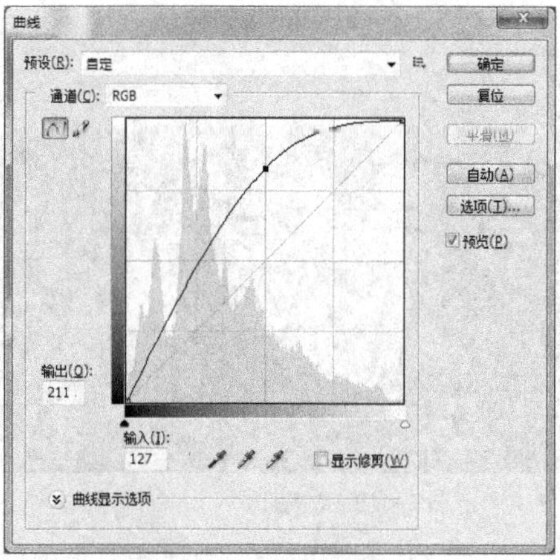

图 7-113 提升 1 个控制点

图 7-114 效果图

将曲线上的这个点向下移动，如图 7-115 所示，可看到图像的影调变暗了，如图 7-116 所示。也就是说，上下移动一个控制点可以调节图像的明暗关系。

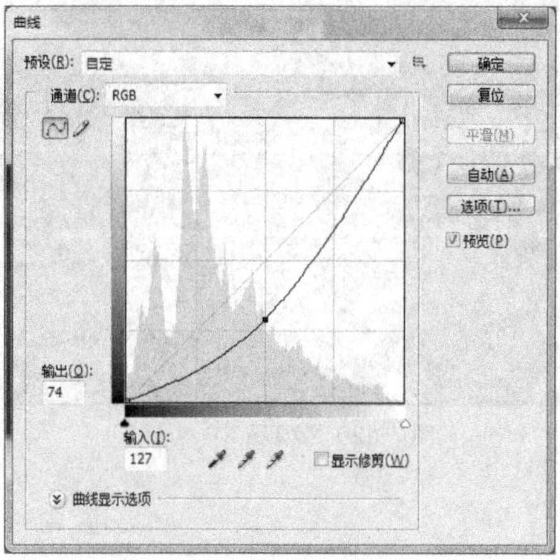

图 7-115 降低 1 个控制点

图 7-116 效果图

在曲线上创建 2 个控制点，将这 2 个点上下拉开，使曲线呈“S 形”，如图 7-117 所示，这样就提高了图像的反差，如图 7-118 所示。

将这 2 个点上下拉开，使曲线呈“反 S 形”，如图 7-119 所示，这样会降低图像的反差，如图 7-120 所示。也就是说，两个控制点控制图像的明暗反差。

在曲线上创建 3 个控制点，中间的点不动，将两边的两个点稍稍向上提一点，曲线呈“M 形”，如图 7-121 所示，这样的曲线主要用来增加图像中暗部的层次，如图 7-122 所示，尤其适合调节大面积暗调为主的图像。

在曲线上创建 4 个控制点，将这 4 个点交错拉开，如图 7-123 所示，可使图像色彩产生强烈的、奇异的变化，这种色彩效果类似于摄影中彩色暗房的色调分离效果，如图 7-124 所示，这样的色调分离效果会使图像给人以特殊的视觉冲击感。

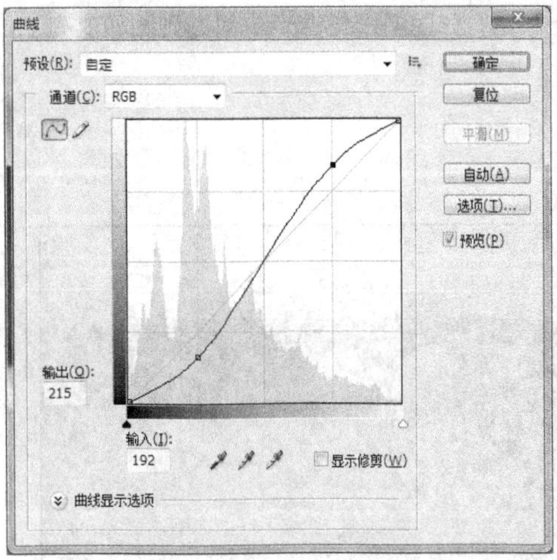

图 7-117 “S”形控制点

图 7-118 效果图

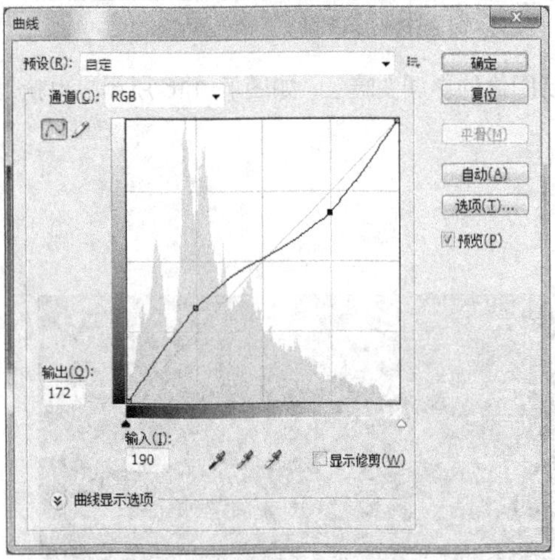

图 7-119 反“S”形控制点

图 7-120 效果图

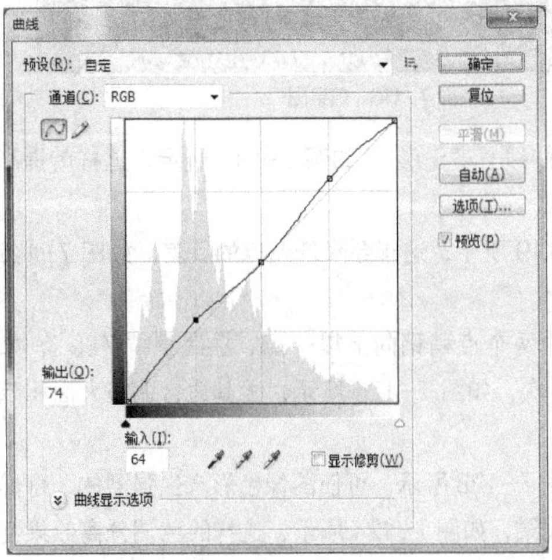

图 7-121 “M”形控制点

图 7-122 效果图

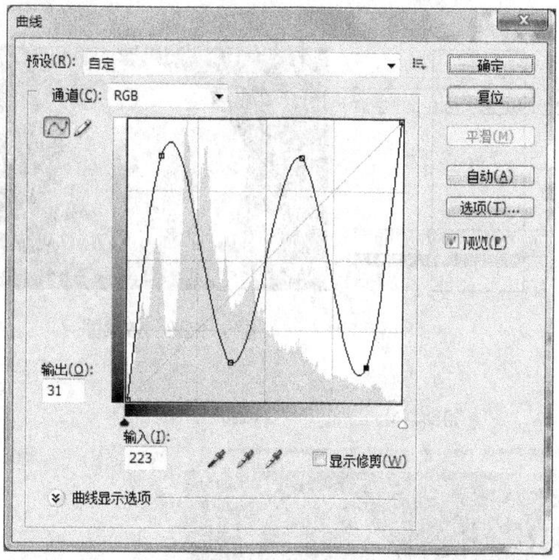

图 7-123　4 个控制点

图 7-124　效果图

7.4.3　色相/饱和度

“色相/饱和度”命令用于调节图像的色相、饱和度和明度。

打开图 7-125 所示的图像，选择“色相/饱和度”命令，弹出“色相/饱和度”对话框，如图 7-126 所示。

图 7-125　素材图

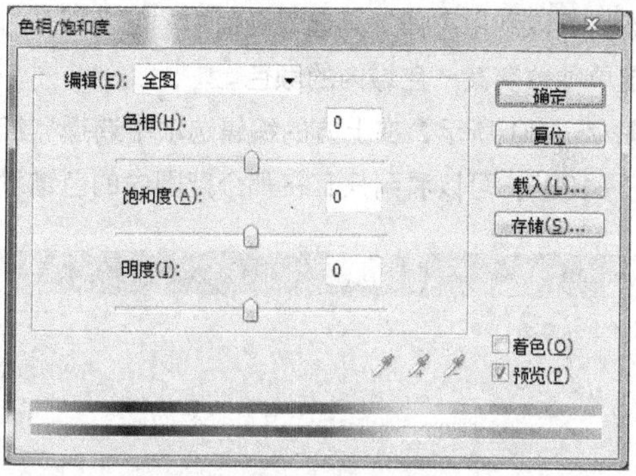

图 7-126　“色相/饱和度”对话框

在中间区域，可以通过拖动各项中的滑块来调整图像的三要素：色相、饱和度和明度。

色相，顾名思义即各类色彩的相貌称谓，比如红色、绿色、黄色，这就是色相。色相是色彩的首要外貌特征，是区别各种不同色彩的最准确标准。

对话框下方有两个色相色谱，如图 7-127 所示，其中上方的色谱是固定的，下方的色谱会随着色相滑块的移动而改变。移动色相滑块至+128 观察两个方框内的色相色谱的变化情况，在改变前红色对应红色，绿色对应绿色。在改变之后红色对应到了绿色，绿色对应到了蓝色。这两个色谱的状态其实就是色相改变的对比。

改变结果如图 7-128 所示，图中红色的花变为了绿色，绿色的树叶变为了蓝色。

饱和度，用于控制图像色彩的鲜艳程度，也称色彩的纯度。饱和度高的色彩较为鲜艳，饱和度低的色彩较为暗淡，如图 7-129 所示。

明度，就是颜色的明亮程度。如果将明度调至最低会得到黑色，调至最高会得到白色。对黑色和白色改变色相或饱和度都没有效果。

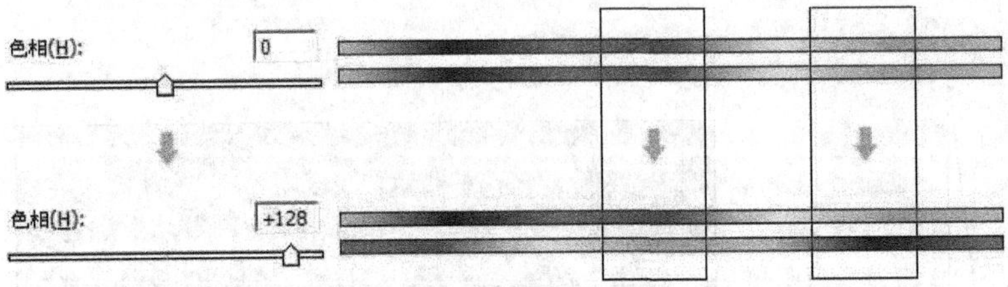

图 7-127　调整“色相”值的颜色变化

图 7-128　效果图

图 7-129　调整“饱和度”值的效果图

现在要求将图片中红色的花变为绿色，但是原来的绿叶不能变为蓝色。

当然，可以利用魔棒工具选取画面中的红色区域，然后改变色相。不过，在“色相/饱和度”选项中就可以指定单独改变某一色域内的颜色。

如图 7-130 所示，在上方的编辑选项中选择“红色”，下方的色谱会出现一个区域指示。现在把色相调整到“+128”，可以看到只有在那个范围内的色谱发生了改变。图 7-131 是调整后的图像效果。

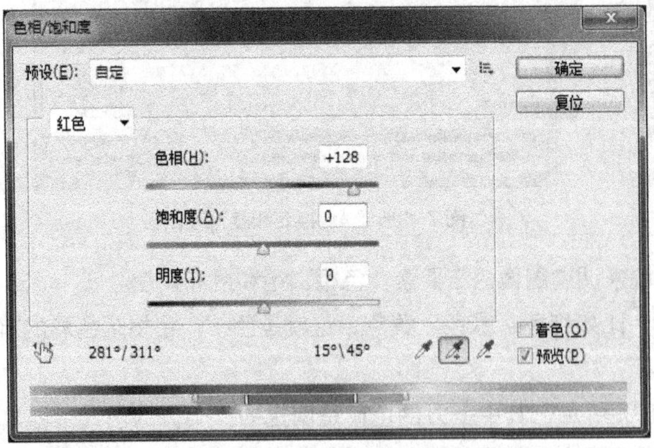

图 7-130　选择“红色”时调整色相

图 7-131　选择“红色”时调整色相的效果图

使用色谱条上方的吸管工具在图像中单击可以将中心色域移动到所单击的颜色区域，使用添加到取样工具可以扩展目前的色域范围到所单击的颜色区域；从取样减去工具与添加到取样工具的作用相反。

“着色”是一种“单色代替彩色”的操作，同时保留原来的像素明暗度。将原来图像中明暗不同的各种颜色，统一变为明暗不同的单一色。观察位于“色相/饱和度”窗口下方的色谱变为了棕色，意味着此时棕色代替了全色相，那么图像应该整体呈现棕色。拉动色相滑块可以选择不同的单色进行着色，如图 7-132 所示。

图 7-132　“着色”效果图

7.4.4　色彩平衡

“色彩平衡”命令主要用于调整图像色彩失衡或是偏色的问题，控制图像的颜色分布，使图像色彩达到平衡的效果。要减少某个颜色，就应增加这种颜色的补色。“色彩平衡”命令的计算速度快，适合调整较大的图像文件。

“色彩平衡”命令能进行一般性的色彩校正，可以改变图像颜色的构成，但不能精确控制单个颜色成分（单色通道），只能作用于复合颜色通道。

打开一幅图像，如图 7-133 所示，选择“色彩平衡”命令，弹出“色彩平衡”对话框，如图 7-134 所示。

图 7-133　素材图

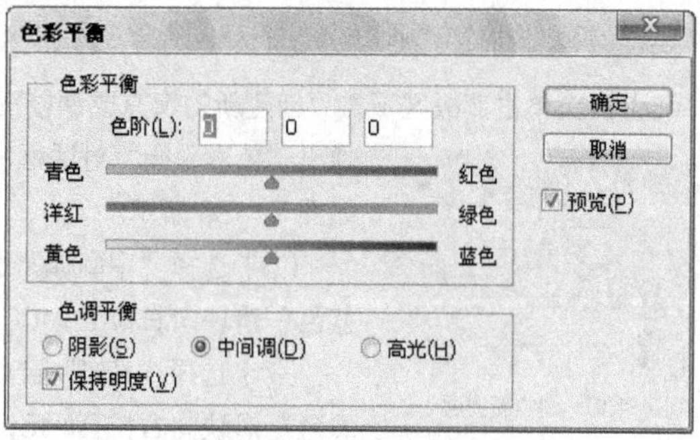

图 7-134　“色彩平衡”对话框

色阶：可将滑块拖向要增加的颜色，或将滑块拖离要在图像中减少的颜色。

色调平衡：通过选择阴影、中间调和高光可以控制图像不同色调区域的颜色平衡。

保持明度：选中此复选框，可以防止图像的亮度值随着颜色的更改而改变。

首先需要在对话框下方的“色调平衡”选项栏中选择想要进行更改的色调范围，其中包括阴影（暗调区域）、中间调和高光，然后在上方的“色彩平衡”栏中的数值框输入数值或移动三角形滑块。三角形滑块移向需要增加的颜色，或是拖离想要减少的颜色，就可以改变图像中的颜色组成。与此同时，“色阶”右边的 3 个数值会在 -100 ~ 100 不断变化（3 个数值框分别表示 R、G、B 通道的颜色变化，在 Lab 色彩模式下，这 3 个值代表 L、a 和 b 通道的颜色）。

通过选项栏下边的“保持明度”复选框可保持图像中的色调平衡。通常，调整 RGB 色彩模式的图像时，为了保持图像的亮度值，都要将此复选框选中。

现在，我们用 Photoshop 软件的“色彩平衡”命令来校正这张偏蓝的照片。

（1）打开原图后，为了保留原图以方便后面的修改，最好创建一个“背景副本”图层和“色彩平衡”图层。拖放“背景”图层到“创建新图层”按钮上，复制出一个新图层——“背景副本”。在调板区下方单击“创建新的填充或调整图层”按钮，在弹出的菜单中选择“色彩平衡”命令，弹出“色彩平衡”对话框，同时“图层”调板上会出现“色彩平衡 1”图层，如图 7-135 所示。

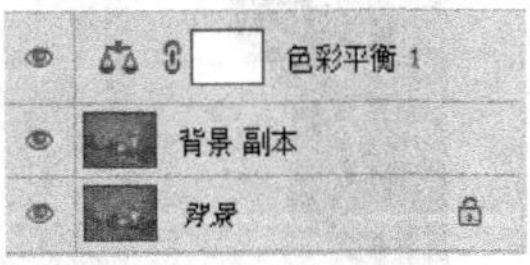

图 7-135 建立新图层

（2）在“色彩平衡”属性对话框的“色调”下拉列表中选择“中间调”选项，将“青色—红色”滑块向右拉到+100，将“黄色—蓝色”滑块向左拉到 0，如图 7-136 所示。

（3）选择“高光”选项，将“青色—红色”滑块向右拉到+100，将“黄色—蓝色”滑块向左拉到 0，如图 7-137 所示。

（4）选择“阴影”选项，将“青色—红色”滑块向右拉到-8。单击“确定”按钮，如图 7-138 所示。

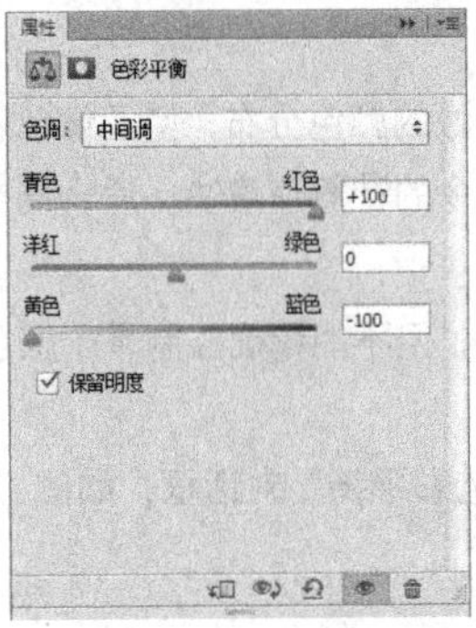

图 7-136 调整“中间调”色彩

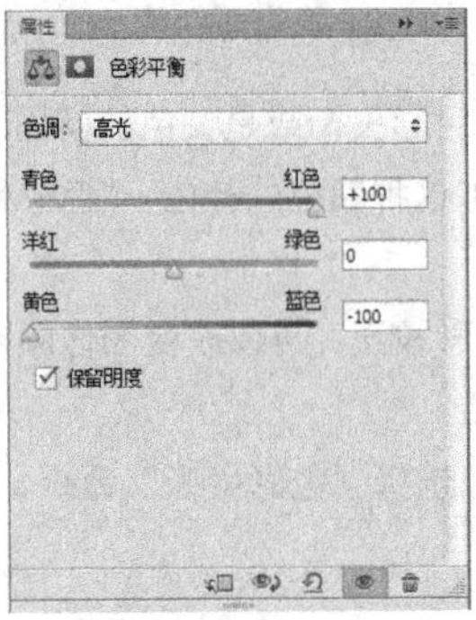

图 7-137 调整“高光”色彩

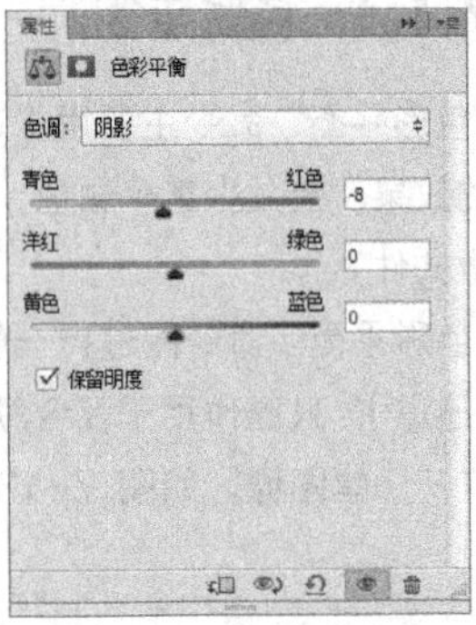

图 7-138 调整“阴影”色彩

（5）再次单击调板区下方“创建新的填充或调整图层”按钮，在弹出的菜单中选择“色彩平衡”命令，弹出“色彩平衡”对话框，同时“图层”调板上出现一个“色彩平衡 2”图层，如图 7-139 所示。

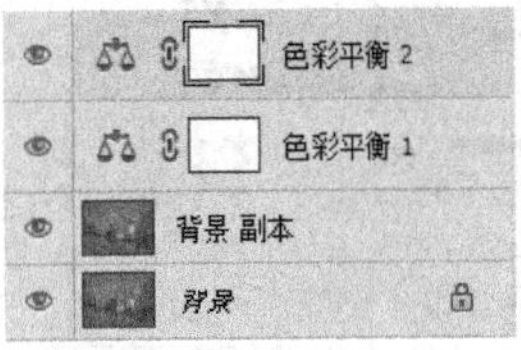

图 7-139 建立新图层

（6）选择“中间调”选项，分别将“青色—红色”“洋红—绿色”“黄色—蓝色”滑块向右拉至+100，如图 7-140 所示。

（7）选择“高光”选项，将“青色—红色”滑块向左拉至-40；将“洋红—绿色”滑块向右拉至+15，将“黄色—蓝色”滑块向右拉至+33，如图 7-141 所示。可以看见，原先偏蓝的照片基本得到了校正，校正结果如图 7-142 所示。

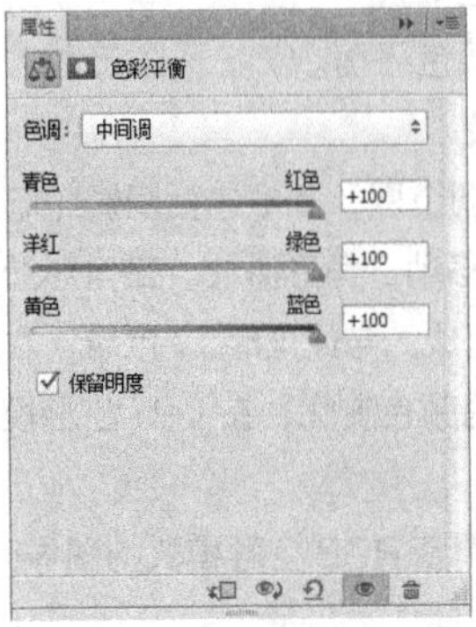

图 7-140 调整“中间调”色彩

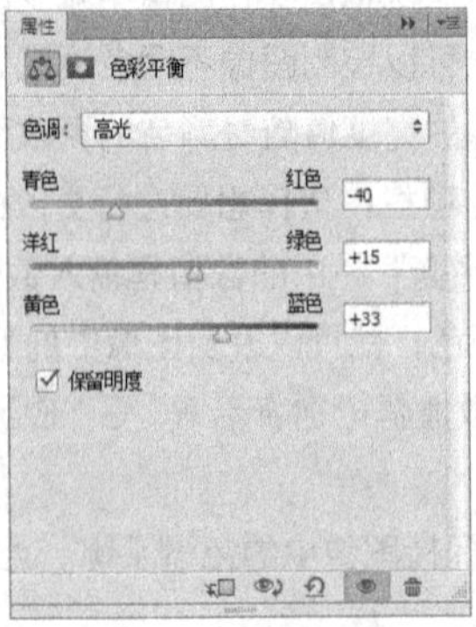

图 7-141 调整“高光”色彩

图 7-142 调整后的效果图

【教学案例 4】黑白照片上色

一张好的照片，除了要有好的内容外，色彩和层次感也一定要分明。“调整”菜单中的命令可以使照片更加赏心悦目。

操作要求

对黑白照片上色最难的地方就是皮肤，要处理出有层次感、白里透红的皮肤效果并不容易，人脸皮肤上色也是旧照片翻新中的一个重要环节，下面以一张较清晰的黑白照片来讲述上色的一般过程。图 7-143、图 7-144 是黑白照片上色前后的对比。

图 7-143 素材图

图 7-144 效果图

操作要求

（1）使用工具箱中的“快速选择工具”选取小孩的帽子区域，执行菜单命令“图像”→“调整”→“色相/饱和度”，弹出“色相/饱和度”对话框，选中“着色”复选框，设置“色相”为 103，“饱和度”为 46，单击“确定”按钮，效果如图 7-145 所示。按 Ctrl+D 组合键取消选择。

微课 86 黑白照片上色 1

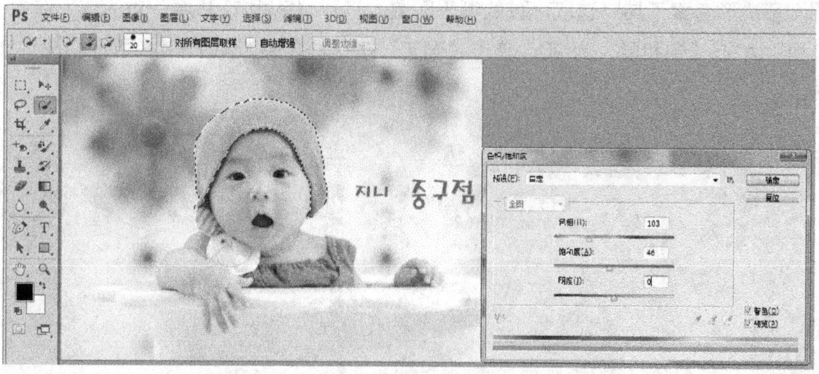

图 7-145 给帽子着色

（2）使用工具箱中的“快速选择工具”选择小孩的衣服区域，打开“色相/饱和度”对话框，选中“着色”复选框，设置“色相”为 148，“饱和度”为 48，单击“确定”按钮，效果如图 7-146 所示。按 Ctrl+D 组合键取消选择。

（3）使用工具箱中的“快速选择工具”选择小孩的皮肤区域，配合“多边形套索工具”，减去小孩的眼睛和嘴巴区域。执行“图像”→“调整”→“色彩平衡”命令，打开“色彩平衡”对话框，调整“中间调”的“色阶”值为+80、0、-40，单击“确定”按钮，效果如图 7-147 所示。按 Ctrl+D 组合键取消选择。

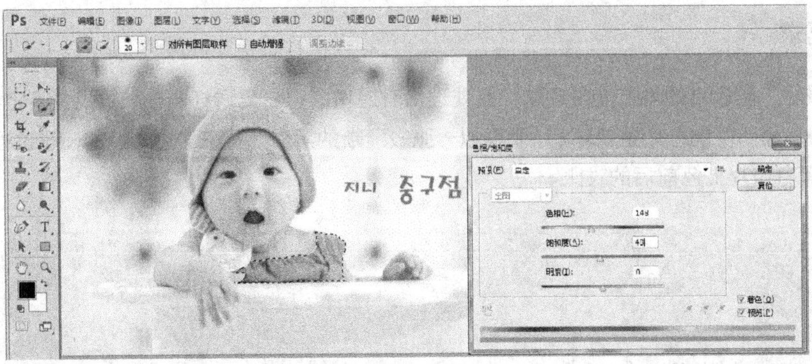

图 7-146　给衣服着色

图 7-147　给皮肤着色

（4）使用“多边形套索工具”选取小孩的嘴巴区域，打开“色相/饱和度”对话框，选中“着色”复选框，设置“色相”为 9，“饱和度”为 40，单击“确定”按钮，效果如图 7-148 所示。按 Ctrl+D 组合键取消选择。

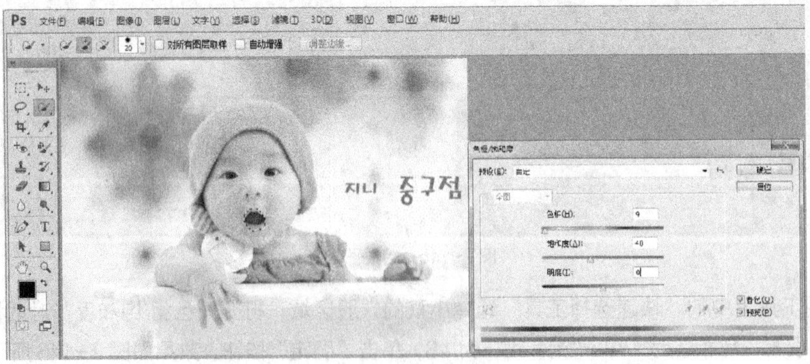

图 7-148　给嘴巴着色

（5）使用“多边形套索工具”选取小玩具的条纹区域，打开“色彩平衡”对话框，设置“中间调”的色阶值为-29、17、57，单击“确定”按钮，效果如图 7-149 所示。按 Ctrl+D 组合键取消选择。

（6）选择小玩具的胡须区域，打开“色相/饱和度”对话框，选中“着色”复选框，设置“色相”为 360，“饱和度”为 60，单击“确定”按钮，效果如图 7-150 所示。按 Ctrl+D 组合键取消选择。

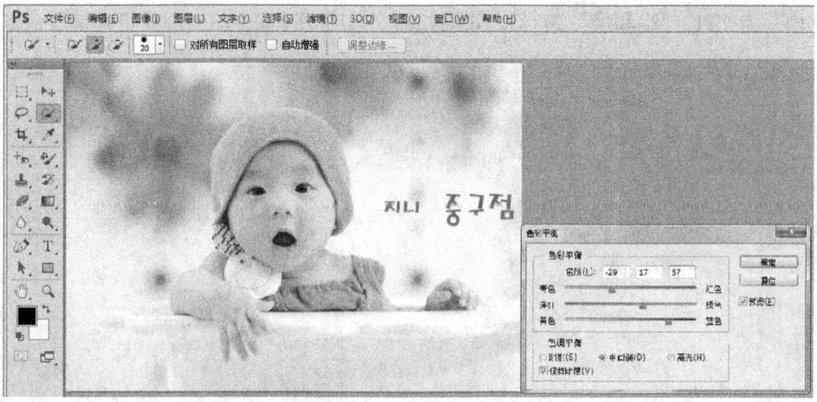

图 7-149 给玩具的条纹着色

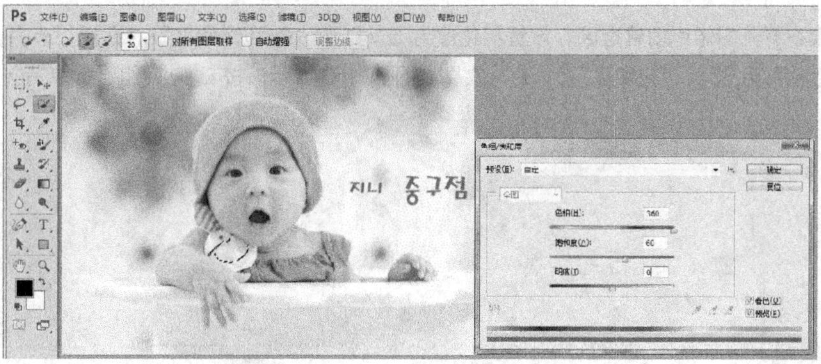

图 7-150 给玩具的胡须着色

（7）选择“套索工具”，在图像背景中创建选区，按 Shift+F6 快捷键，弹出“羽化选区”对话框，设置“羽化半径”为 5。打开“色相/饱和度”对话框，选中“着色”复选框，设置“色相”为 115，“饱和度”为 40，单击“确定”按钮，效果如图 7-151 所示。按组合键 Ctrl+D 取消选择。

微课 87 黑白照片上色 2

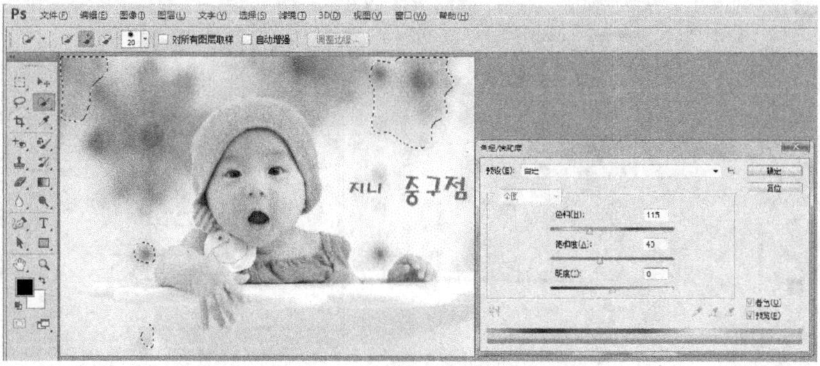

图 7-151 给图像的背景着色 1

（8）继续在背景图像中创建选区，设置羽化值为 5。打开“色相/饱和度”对话框，选中“着色”复选框，设置“色相”为 191，“饱和度”为 60，效果如图 7-152 所示。按 Ctrl+D 组合键取消选择。

图 7-152　给图像的背景着色 2

（9）继续在背景图像中创建选区，设置羽化值为 5。打开“色相/饱和度”对话框，选中“着色”复选框，设置“色相”为 334，“饱和度”为 80，效果如图 7-153 所示。按 Ctrl+D 组合键取消选择。

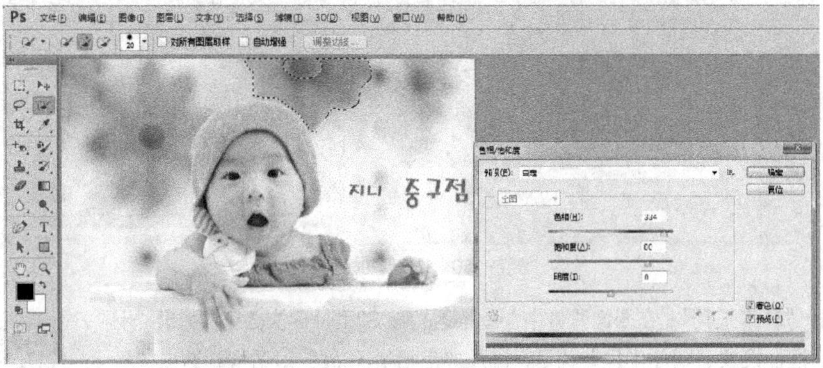

图 7-153　给图像的背景着色 3

（10）使用“套索工具”选取背景“花心”的区域，设置羽化值为 5。按 Ctrl+U 组合键打开“色相/饱和度”对话框，选中“着色”复选框，设置“色相”为 41，“饱和度”为 37，单击“确定”按钮，效果如图 7-154 所示。按 Ctrl+D 组合键取消选择。

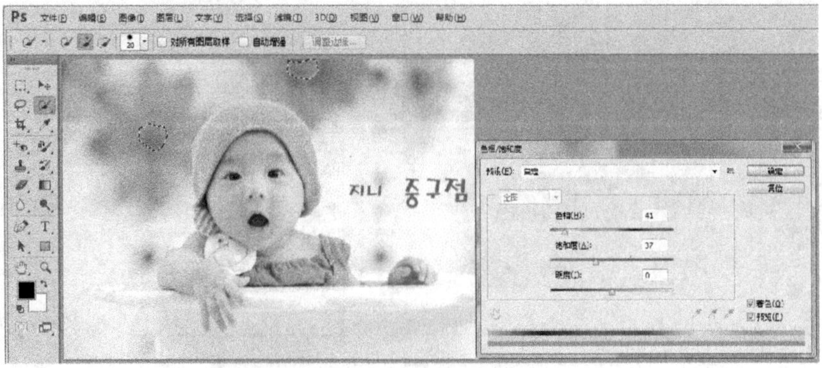

图 7-154　给图像的背景着色 4

（11）使用“魔棒工具”选择文字部分，设置前景色的 RGB 值分别为 52、203、2，按 Alt+Delete 快捷键填充前景色颜色，效果如图 7-155 所示。按 Ctrl+D 组合键取消选择。

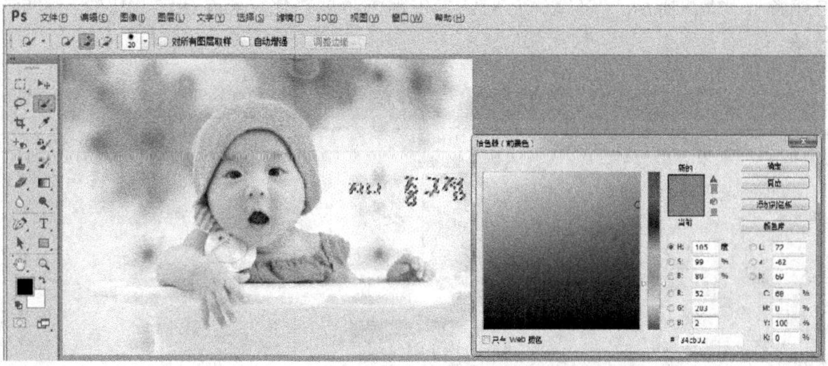

图 7-155 给文字着色

（12）按 Ctrl+L 组合键，打开“色阶”对话框，设置色阶参数为 24、1.00、248。至此，为黑白照片上色制作完成。最终效果如图 7-156 所示。

图 7-156 调整图像色阶

任务 7.5 滤镜的应用

滤镜主要用来实现图像的各种特殊效果，包括图像的特效创意和特效文字的制作，如油画、浮雕、石膏画、素描等常用的传统美术技巧都可由 Photoshop CS6 滤镜来实现，滤镜在 Photoshop 中具有非常神奇的作用。

Photoshop 的内置滤镜大致可分为两类：一类是破坏性滤镜，一类是校正性滤镜。破坏性滤镜是指为制作特效可能会把图像处理得面目全非的滤镜，比如风格化、扭曲、渲染、素描、艺术效果等滤镜。校正性滤镜主要对图像进行一些校正与修饰，如自适应广角、镜头校正、模糊、锐化、杂色等滤镜。

不是所有的色彩模式下都可以使用滤镜，位图和索引模式下不可用滤镜，CMYK 和 Lab 模式下，部分滤镜不可用。滤镜的应用对象不仅限于图层，也可以针对选区、通道或蒙版等。

7.5.1 滤镜库

Photoshop CS6 的“滤镜库”不是一个特定的命令，而是整合了多个常用滤镜组的设置对话框。Photoshop CS6 以图层的形式使用“滤镜库”，即可以在“滤镜库”的滤镜效果层区采取叠加图层的形式，对当前操作的图像应用多个滤镜或多次应用单个滤镜，还可以重新排列滤镜或更改已应用的滤镜设置，“滤镜库”对话框如图 7-157 所示。“滤镜库”对话框中提供了风格化、画笔描边、扭曲、素描、纹理和艺术效果等 6 组滤镜。

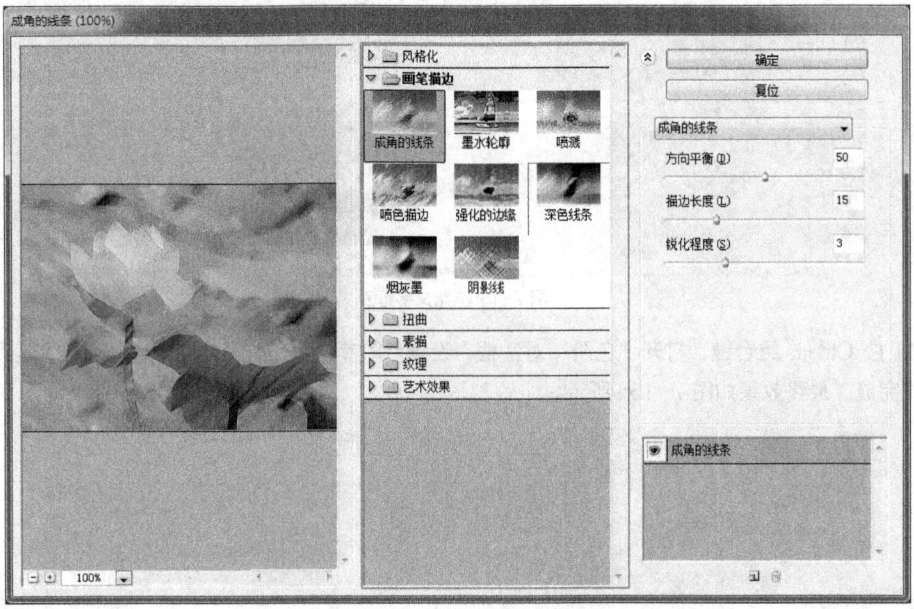

图 7-157 “滤镜库”对话框

使用“滤镜库”可以同时给图像应用多种滤镜，减少了应用滤镜的次数，节省操作时间。使用“滤镜库”应用多种滤镜的操作方法如下。

（1）打开要添加滤镜的图像或选中要添加滤镜的图层。

（2）执行“滤镜”→“滤镜库”命令。

（3）单击一个滤镜名称以添加第一个滤镜。单击滤镜组左边的小三角形以查看完整的滤镜列表。添加滤镜后，该滤镜名称将出现在“滤镜库”对话框右下角的滤镜列表中。

（4）为选定的滤镜设置参数或选取选项。

（5）单击对话框右下角“新建效果图层”图标按钮，然后选取要应用的另一个滤镜。重复此过程以添加其他滤镜。

（6）对设置的滤镜结果满意后，单击“确定”按钮。

一个效果图层只允许存放一种滤镜效果。要删除应用的滤镜，可以在已应用滤镜的列表中选择要删除的滤镜，然后单击“删除”按钮。单击效果图层旁的“眼睛”图标按钮，可在预览图像中隐藏效果。

7.5.2 内置滤镜与外挂滤镜

Photoshop 具有上百个功能各异的内置滤镜命令，这些命令共同构成了丰富多彩的庞大的内置滤镜命令库。内置滤镜有 13 种类型，其中直接在“滤镜”菜单列出来的有 9 种，还有 4 种包含在“滤镜库”中。每种类型的滤镜又包含许多具体的滤镜。

直接在“滤镜”菜单列出来的 9 种是：风格化滤镜、模糊滤镜、扭曲滤镜、锐化滤镜、视频滤镜、像素化滤镜、渲染滤镜、杂色滤镜及其他滤镜。4 组包含在“滤镜库”中的滤镜分别是：艺术效果滤镜、画笔描边滤镜、纹理滤镜及素描滤镜。

滤镜的操作非常简单，一些属性的设置也比较明了，但要真正将其用得恰到好处却很难。要想用好滤镜，除了具有扎实的美术功底外，还需要看用户对滤镜命令的熟悉程度和运用能力，甚至需要用户具有丰富的想象力。滤镜通常需要与通道、图层等配合使用，才能取得最佳的艺术效果。

Photoshop CS6 附带了多达上百种的滤镜，同时 Photoshop CS6 还支持第三方开发商提供的外挂滤镜。安装外挂滤镜可大大增强其对图像进行特效处理的能力。外挂滤镜是由第三方开发的滤镜，它是对 Photoshop 软件本身滤镜的补充。外挂滤镜必须安装在 Photoshop 的 Plug-Ins 目录下才能使用。

安装好的外挂滤镜出现在“滤镜”菜单的底部，可以像 Photoshop 本身的滤镜一样使用。

7.5.3 智能滤镜

智能滤镜就是在智能对象图层上应用的滤镜。应用智能滤镜的最大好处就是对图像应用的所有滤镜均不会对原图像造成破坏。智能滤镜作为图层效果被存储在“图层”调板中，并且可以修改这个滤镜的参数，或者关掉滤镜的“小眼睛”图标来显示原图，还可以删除该滤镜图像数据随时调整这些滤镜。

下面举例说明应用智能滤镜的一般操作步骤。

(1) 打开图 7-158 所示的素材图片。

(2) 执行“滤镜”→“转换为智能滤镜”命令或者在背景图层上单击鼠标右键，选择“转换为智能对象”，都可将普通图层转换为智能图层，如图 7-159 所示。

图 7-158 素材图

图 7-159 普通图层转换为智能图层

(3) 执行菜单命令“滤镜”→“画笔描边”→“喷色描边”，在打开的对话框中设置合适的参数。

(4) 设置完成后，单击“确定”按钮，即可生成一个应用智能滤镜后的效果图，如图 7-160 所示和对应的智能滤镜图层，如图 7-161 所示。

图 7-160 应用智能滤镜后的效果图

图 7-161 智能滤镜图层

应用智能滤镜之后，在应用的滤镜上单击右键，可以对其进行编辑、重新排序或删除等操作。

要展开或折叠智能滤镜的视图，应单击“图层”调板中智能对象图层右侧显示的“智能滤镜”图标旁边的三角形按钮。

【教学案例 5】制作绚丽花朵

滤镜主要用来实现图像的各种特殊效果，它在 Photoshop 中可以发挥非常神奇的作用，通过它可以制作一些文字和图像的特效创意。

操作要求

利用 Photoshop 提供的滤镜命令，可以对已有图片进行特效处理，也可以在一张空白图纸上制作出特效图片。制作如图 7-162 所示的绚丽花朵。

图 7-162 绚丽花朵

微课 88 制作绚丽的花朵

操作步骤

步骤 1 新建文档并保存

（1）启动 Photoshop CS6。

（2）单击“文件”→“新建”命令，打开“新建”对话框，进行如图 7-163 所示的设置，新建一个空白图像文档。

步骤 2 填充渐变

选择工具箱中的“渐变工具”，在属性栏选择“渐变拾色器”中的“黑、白渐变”颜色和“线性渐变”效果，然后在新建画布中绘制一条自下向上的垂直填充线，如图 7-164 所示。黑白线性渐变的填充效果如图 7-165 所示。

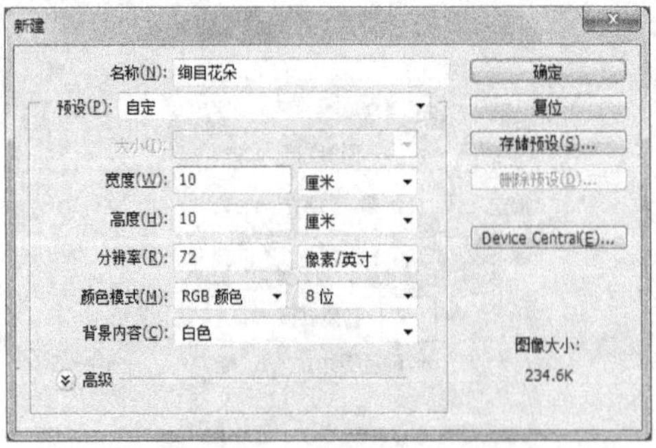

图 7-163 “新建”对话框

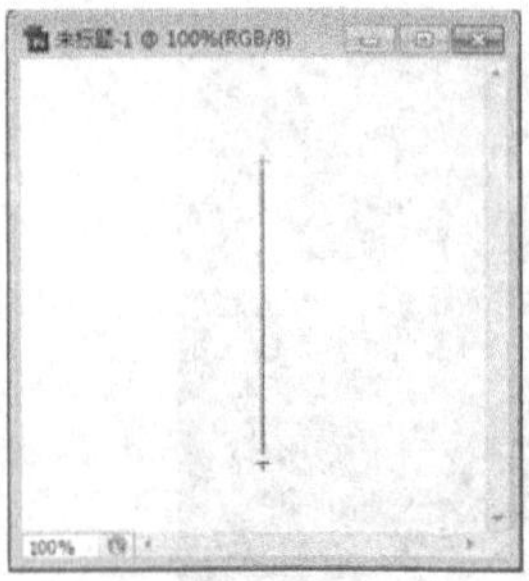

图 7-164 画填充线

图 7-165 填充渐变

步骤 3 执行滤镜命令

（1）执行菜单命令“滤镜”→“扭曲”→“波浪”，打开“波浪”对话框，进行图 7-166 所示的设置，效果如图 7-167 所示。

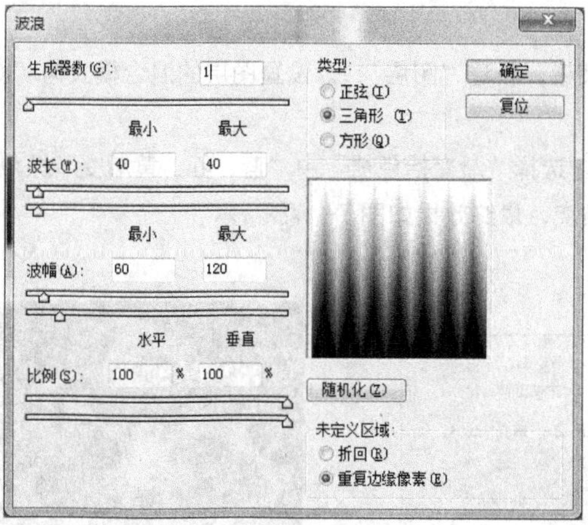

图 7-166 “波浪”对话框

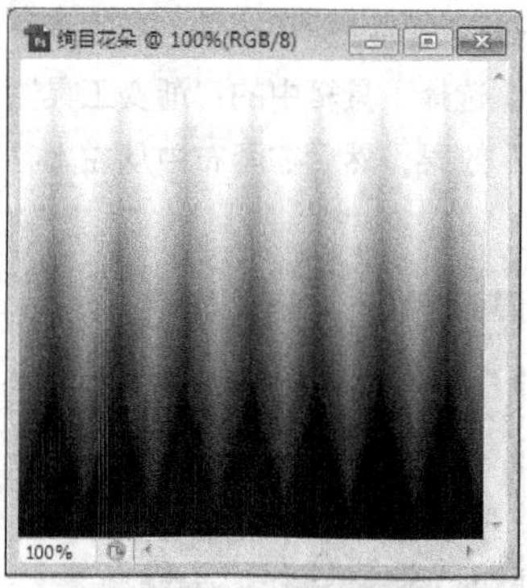

图 7-167 “波浪”效果

（2）执行菜单命令“滤镜”→“扭曲”→“极坐标”，打开“极坐标”对话框，进行如图 7-168 所示的设置，效果如图 7-169 所示。

图 7-168 “极坐标”对话框

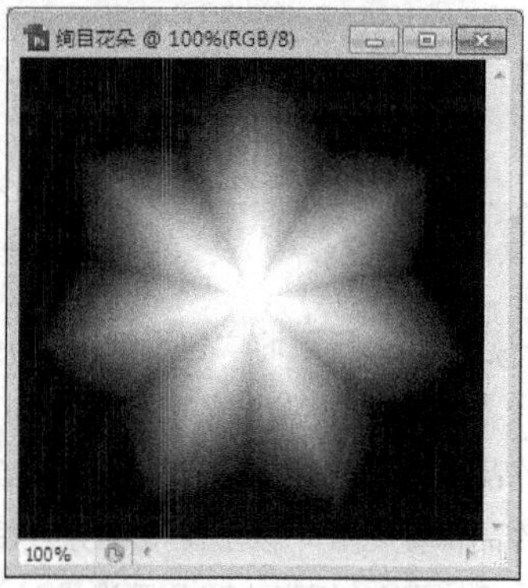

图 7-169 “极坐标”效果

（3）执行菜单命令“滤镜”→“滤镜库”→“素描”→“铬黄渐变”，进行图 7-170 所示的设置，效果如图 7-171 所示。

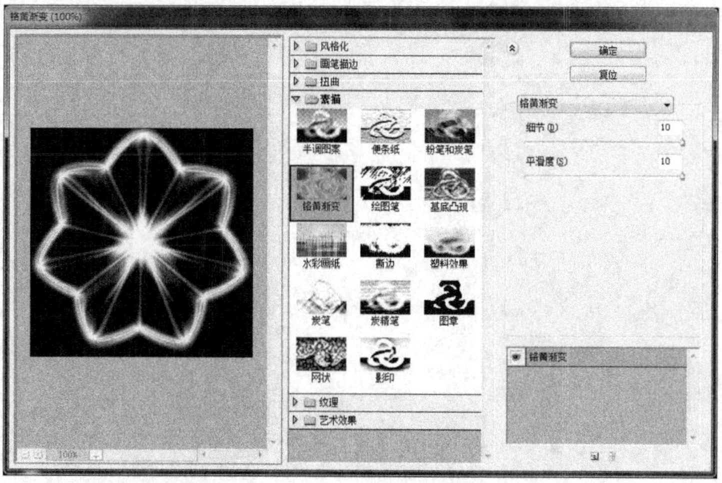

图 7-170 “铬黄渐变”对话框

步骤 4　着色

（1）单击“图层”调板上的“创建新图层”按钮，新建“图层 1”，设置图层的混合模式为“颜色”，如图 7-172 所示。

（2）选择工具箱中的“渐变工具”，在属性栏中选择“渐变拾色器”中“蓝、红、黄渐变”颜色和“线性渐变”效果，然后在画布中从左上往右下填充渐变，最终效果如图 7-173 所示。

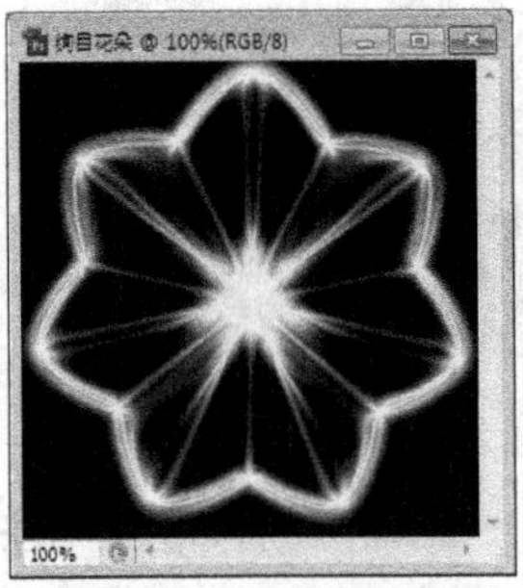

图 7-171　“铬黄渐变”效果

图 7-172　图层设置

图 7-173　填充渐变色

【项目自测】

任选一款产品进行平面广告设计。

要求：

（1）作品中需包含产品名称、产品标志、广告语、生产商家、地址、联系方式等信息。

（2）作品保证在 3 个以上图层，并且每个图层要合理命名。

（3）作品使用 A4 纸张（29.7 厘米×21 厘米，横竖版均可），分辨率为 150 像素/英寸，色彩模式为 RGB。

（4）作品要求布局合理，主题突出，内容健康、创意新颖。

（5）色调柔和，明朗、舒适，能体现产品的魅力。